Jean-Pierre Changeux
Der neuronale Mensch

Wie die Seele funktioniert –
die Entdeckungen der neuen
Gehirnforschung

Deutsch von Hainer Kober

Fachliche Beratung:
Dr. rer. nat. habil. Hansjörg Hemminger,
Freiburg

Rowohlt

Die Originalausgabe erschien 1983 unter
dem Titel «L'homme neuronal» im Verlag
Librairie Arthème Fayard, Paris
Redaktion Jens Petersen
Schutzumschlag und Einbandgestaltung Manfred Waller

1. Auflage August 1984
Copyright © 1984 by Rowohlt Verlag GmbH, Reinbek bei Hamburg
«L'homme neuronal»
Copyright © 1983 by Librairie Arthème Fayard
Alle deutschen Reche vorbehalten
Gesamtherstellung Clausen & Bosse, Leck
Gesetzt aus der Trump-Mediaeval
Printed in Germany
ISBN 3 498 00865 x

Inhalt

Vorwort 7

1. Das «Organ der Seele» –
vom alten Ägypten bis zur Gründerzeit 11
Der Mensch denkt mit seinem Gehirn – Leib und Seele –
Die Phrenologie – Das Neuron – Elektrischer Strom und
«medikamentöse Substanz» – Die Vernunft der Geschichte

2. Das Gehirn in seinen Einzelteilen 53
Makroskopie des Gehirns – Die Expansion des Neokortex –
Mikroschaltkreise – Vernetzung – Module oder Kristalle? –
Von der Maus zum Menschen

3. Die «animalischen Geister» 89
Die zerebrale Elektrizität – Das Nervensignal – Die Oszillatoren –
Von einem Neuron zum andern – Die Molekül-Schlösser –
Revision der «Seelenatome»

4. Vom Nervenimpuls zum Verhalten 127
Zirpen und flüchten – Trinken und Schmerz empfinden –
Lust und Zorn – Der Orgasmus – Analysieren –
Sprechen und handeln – Vom Reiz zur Reaktion

5. Die geistigen Objekte 163
Die materielle Grundlage von Vorstellungen – Perzept, Konzept,
Denken – Auf dem Weg zu einer biologischen Theorie der
geistigen Objekte – Neuronenverbände – Bewußtseinsprobleme –
Achtung! – Die Berechnung der Gefühle – Geistige Objekte
werden sichtbar – Die «Substanz» des Geistes

6. Die Macht der Gene 217
Mutationen der Anatomie – Vererbung von Verhaltensweisen –
Die Einfachheit des Genoms und die Komplexität des Gehirns –

Der Zellautomat – Das Embryo-System – Kortikogenese –
Die Prädestination des Gehirns

7. Epigenese 259
Die Unterschiede zwischen eineiigen Zwillingen – Das Verhalten
des Wachstumskegels – Regression und Redundanz – Die Träume
des Embryos – Die Montage der Synapse – Epigenese durch
selektive Stabilisierung – Die Epigenese auf dem Prüfstand des
Experiments – Die Spezialisierung der Hemisphären:
Macht der Gene oder Epigenese? – Kulturelle Prägung –
«Lernen heißt aussondern»

8. Die Entwicklung des Menschen 311
Affenchromosomen – Fossile Denksportaufgaben –
Das Augenzwinkern des jungen Schimpansen –
Kommunikationsgene und selektive Stabilisierung – Die Genetik
des Australopithecus – Das «Phänomen Mensch» aus neuer Sicht

9. Das Gehirn – Repräsentation der Welt 341

Anhang 357
Anmerkungen 359
Dank 366
Glossar 367
Bibliographie 372
Personenregister 398
Sachregister 399

Vorwort

> Jene Gemütsangst nun und die lastende Geistes-
> verfinsterung
> Kann nicht der Sonnenstrahl und des Tages
> leuchtende Helle
> Schenken, sondern allein der Natur grundtiefe
> Betrachtung.
>
> *Lukrez*
> Über die Natur der Dinge, *Zweites Buch*

Der neuronale Mensch wurde 1979 während eines Gesprächs mit Jacques-Alain Miller und seinen Kollegen von der Psychoanalytiker-Zeitschrift *Ornicar?* – sie heißt inzwischen *L'Âne* – geboren. Dieser unvoreingenommene Dialog zwischen Psychoanalytikern und Neurobiologen war insofern nützlich, als er wider alle Erwartung zeigte, daß zwischen Vertretern beider Lager ein Gespräch und sogar Verständigung möglich waren. Oft wird vergessen, daß Freud selbst Neurologe gewesen war[1] und daß sich die Psychoanalyse seit dem ‹Entwurf einer Psychologie› (1895)[2] im Laufe ihrer wechselvollen Geschichte nur ihrem biologischen Ursprung entfremdet hat. Zeugt nun der wiederaufgenommene Dialog mit den «exakten» Wissenschaften von einem Wandel des Denkens, einer Rückkehr zu den Ursprüngen oder gar – und warum nicht – von einem neuen Anfang?

Die Begegnung hatte noch einen weiteren positiven Aspekt: Sie lieferte uns eine Vorstellung von dem Weg, den es noch zurückzulegen gilt, bevor dieser Meinungsaustausch fruchtbar werden und eine Synthese in Sicht kommen kann. Vielleicht ist es an der Zeit, den *Entwurf* umzuschreiben und die Fundamente einer modernen Biologie des Geistes zu legen.[3] Doch ist dies ganz gewiß nicht die Absicht des vorliegenden Buches, dem bescheidenere Ziele gesteckt sind: den Leser über das Nervensystem zu informieren und, wenn möglich, sein Interesse zu wecken. Unser Wissen auf diesem Gebiet hat in den letzten zwanzig Jahren eine Ausweitung erfahren, die in ihrer Bedeutung allenfalls mit der Entwicklung der Physik zu Beginn unseres Jahrhunderts oder der Molekularbiologie in den fünfziger Jahren vergleichbar ist. Die Entdeckung der Synapse und ihrer Funktionen ist so folgenreich wie die Entdeckung des Atoms oder der Desoxyribonukleinsäure (DNS). Eine neue Welt zeichnet sich ab, und der Augenblick scheint gekommen, das Wissensgebiet über den engen Kreis der Spezialisten hinaus einem größeren Publikum zu erschließen und ihm jene Begeisterung zu vermitteln, die die Forscher beflügelt. Seit dem von *Ornicar?* initiierten Gespräch hatte ich das Bedürfnis, Fakten und Dokumente zusammenzutragen, die die neueren Trends dieser Entwicklung belegen. Es ging mir nicht um eine erschöpfende Darstellung der zeitgenössischen Hirnforschung[4]: Eine Auswahl mußte getroffen werden. Zweifellos wird man mir dabei eine gewisse Einseitigkeit vorwerfen können. Ich bekenne mich schuldig. Meine mehrjährige Lehrtätigkeit am Collège de France hat mich zu der Überzeugung gebracht, daß sich ein fruchtbarer Austausch mit dem Zuhörer oder Leser nur an Hand einer kleinen Anzahl einfacher und überzeugender Gedanken herstellen läßt. Man halte mir also die Einseitigkeit als didaktisches Prinzip zugute.

Die Humanwissenschaften sind in Mode. Ob in der Psychologie, in der Linguistik oder der Soziologie – überall wird viel geredet und geschrieben. Doch wird dabei die Gehirnforschung, von einigen Ausnahmen abgesehen[5], völlig ausgeklammert. Angesichts der Bedeutung des Gegenstands ist das sicherlich kein Zufall. Allerdings ist diese konsequente Enthaltsamkeit relativ jungen Datums. Ist sie der Vorsicht zu verdanken? Befürchtet man, mit dem Versuch einer biologischen Erklärung des Seelenlebens oder der geistigen Prozesse einem allzu einfachen Reduktionismus aufzusitzen? Jedenfalls hat man es vorgezogen, die Wurzeln der Humanwissenschaften aus ihrem Mutterboden, der Biologie, zu lösen. Die überraschende Folge: Ursprünglich naturwissenschaftlich orientierte Disziplinen wie die Psychoanalyse gehen heute praktisch von einer fast vollständigen Autonomie des Seelenlebens aus, womit sie, ohne es zu wollen, zum traditionellen Dualismus von Leib und Seele zurückgekehrt sind.

Die Erforschung des Nervensystems hat es im Laufe der Geschichte immer wieder mit erbitterten ideologischen Widerständen, mit irrationalen Ängsten von links wie von rechts zu tun bekommen. Jede wissenschaftliche Tätigkeit, die direkt oder indirekt die Immaterialität der Seele in Zweifel zieht, ist eine Gefahr für die Religion und mit dem Feuertod zu bestrafen. Ebenso groß ist die Angst vor dem politischen Mißbrauch biologischer Entdeckungen, die in den Händen bestimmter Gruppen zu Werkzeugen der Unterdrückung werden könnten. Unter diesen Umständen läßt man lieber die vielfältigen Bezüge zwischen sozialen und zerebralen Funktionen unter den Tisch fallen. Statt das Problem frontal anzugehen, zieht man es wieder einmal vor, das gefährliche Organ totzuschweigen. Frisch auf, dezerebrieren wir die Gesellschaft!

Schließlich sprechen all die schönen Bilder aus der Abteilung Humanwissenschaften den Leser ganz persönlich an: hier das politische Engagement, dort das Sexualleben und die Kindererziehung. Von weit geringerem Interesse ist da die Suche nach «inneren» Mechanismen, die beteiligt sein könnten. Denn von ihr dürfen wir uns kurzfristig keine Maximen des rechten Verhaltens erhoffen, keine Anleitung zum Glücklichsein, keinen Blick in die Zukunft.*

Einem Besucher von einem anderen Stern würde das Verhalten der Menschen reichlich merkwürdig erscheinen. Der Mensch ist eine ungewöhnliche Spezies, die trotz der Entwicklung außerordentlicher geistiger Fähigkeiten damit fortfährt, ihresgleichen vorsätzlich umzubringen. Mehr noch: Hier urteilt er das individuelle Verbrechen ab, dort schmückt er die für kollektiven Totschlag Verantwortlichen oder die Erfinder grauenhafter Kriegsgeräte mit Orden und Auszeichnungen. Von der Erfindung der Steinaxt bis zur Entwicklung thermonuklearer Waffen zieht sich dieser Aberwitz wie ein roter Faden durch die Geschichte der Menschheit. Er widerstand allen großmütigen Religionen und Philosophien. Es ist schon so, wie Arthur Koestler (1968) sagt: Dieser Aberwitz gehört zur «Hardware» des menschlichen Gehirns. Und doch hat der gleiche Mensch die Sixtinische Kapelle mit gewaltigen Fresken geschmückt, das *Sacre du Printemps* komponiert und das Atom entdeckt. «Was für ein Hirngespinst ist dann der Mensch? Welche Neuerung, was für ein Unbild, welche Wirrnis, was für ein Ding des Widerspruchs, was für ein Wunder!» Was also trägt er in seinem Kopf, dieser *Homo*, der sich schamlos mit dem Beiwort *sapiens* schmückt?

Paris, den 22. November 1982

---

* Es sei denn, die Erkenntnisse, die wir daraus gewinnen, würden uns veranlassen, eingehender über den Menschen und seine Umwelt nachzudenken.

I

Das «Organ der Seele» – vom alten Ägypten bis zur Gründerzeit

Daß die Erforschung des Nervensystems so langsam vorangekommen ist, liegt allein an den zahlreichen Widerständen, die Wissensdrang dieser Art stets zu überwinden hat.

Franz Joseph Gall, 1825

Der Mensch denkt mit seinem Gehirn

1882 erstand Edwin Smith, ein amerikanischer Antiquitätensammler, bei einem Trödler in Luxor eine Papyrusrolle. Etwa fünfzig Jahre später gelang es James Breasted, dem damaligen Direktor des Fachbereichs Orientalistik an der University of Chicago, das Manuskript zu entziffern.[1] Es entpuppte sich als medizinisches Schriftstück. In siebzehn Spalten enthält es die Bruchstücke eines Lehrbuchs der Chirurgie, in dem das Gehirn zum erstenmal in der Geschichte mit einem besonderen Wort benannt wird. Nach der Schreibweise der Hieroglyphen läßt sich der Papyrus auf das 17. Jahrhundert vor unserer Zeitrechnung datieren, doch wahrscheinlich handelt es sich um die Abschrift eines noch früheren Textes aus dem Alten Reich, der um das Jahr 3000 v. Chr. abgefaßt sein dürfte. In ihm sind vierzig verschiedene Kopf- und Halsverletzungen verzeichnet, die knapp und systematisch vorgestellt werden. Jede einzelne ist bereits mit einer Bezeichnung versehen, gefolgt von Hinweisen auf Untersuchung, Diagnose und Behandlung. Bei der Lektüre von Fall 6 erfahren wir, daß sich nach der Entfernung des Schädeldachs Falten zeigen, «die denen schmelzenden Kupfers ähneln», eine erste und sehr anschauliche Beschreibung der Gehirnfurchen und -windungen. Äußerst interessant ist Fall 8: Der Schreiber stellt fest, daß «eine Verletzung, die im Schädel liegt», von einer «Abweichung der Augäpfel» begleitet sei und daß der Kranke «den Fuß beim Gehen nachzieht». Diese Beobachtung verwundert den Schreiber sichtlich, denn innerhalb weniger Zeilen wiederholt er viermal den Hinweis «*diese Verletzung, die im*

Schädel liegt», als wolle er den paradoxen Sachverhalt betonen, daß motorische Beeinträchtigungen in Gliedmaßen weit entfernt vom Ort der Verletzung auftreten können. Weiter unten, in Fall 22, heißt es: «Wenn du einen Menschen untersuchst, dessen Schläfe eingedrückt ist ... so antwortet er dir nicht, denn er ist der Sprache nicht mehr mächtig.» In Fall 31 teilt uns der ägyptische Chirurg schließlich mit, daß nach einer Verschiebung gebrochener Halswirbel «der Kranke weder Arme noch Beine spürt, nicht sagen kann, ob sein Penis erigiert ist, und nicht weiß, wann er uriniert und ejakuliert».

Jeder dieser Fälle entspricht einer genauen Beschreibung der heute bekannten Symptome, die in Begleitung von Schädel- und Halswirbelfrakturen auftreten. Wie sehr sich der ägyptische Chirurg um Objektivität bemüht, zeigt sich sogar in der Wortwahl: Wenn du die und die Verletzung «beobachtest», «findest du» das und das Symptom. Er weigert sich auch, Hilfe bei der Magie zu suchen, und zögert nicht, mehrfach lakonisch festzustellen: «Diese Krankheit läßt sich nicht heilen.» Wir müssen uns allerdings davor hüten, mit dem Wissen des 20. Jahrhunderts zuviel in einen so fragmentarischen Text hineinzulesen. Doch eines ist sicher: Trotz einiger Fehler ist diese Papyrusrolle das erste uns bekannte Dokument, in dem die Zuständigkeit des Gehirns für die Bewegung auch weit vom Kopf entfernt liegender Glieder und Organe festgestellt wird.

Waren sich die Ägypter über die weitreichende Bedeutung ihrer Beobachtung im klaren? Es hat nicht den Anschein, denn sie hielten – wie die Mesopotamier, die Hebräer und selbst Homer – nicht das Gehirn, das «Encephalon», sondern das *Herz*, den Lebensquell, für den Sitz von Intelligenz und Gefühl. «Hier rast», heißt es bei Lukrez, «Schrecken und Angst, hier quillt auch beruhigend nieder/fröhlicher Heiterkeit Born.» Von Beginn an litt die Hirnforschung an einem Mißverhältnis, das bis auf den heutigen Tag erhalten geblieben ist – der Diskrepanz zwischen der objektiven Interpretation der Tatsachen und dem subjektiven Erleben der Empfindungen.

Mit den Vorsokratikern[2] (7. bis 5. Jahrhundert v. Chr.) entwickelte sich eine höchst vielseitige philosophische Reflexion ganz anderer Art. Ihr lag der ehrgeizige Vorsatz zugrunde, das Universum und den Menschen «nachzubilden». Geist und Materie wurden noch nicht eindeutig unterschieden (aber ist das nicht ein Vorzug?). Wasser, Luft, Feuer, Erde und schließlich, mit Leukipp und Demokrit, die Atome bilden den Stoff, aus dem die Welt, der Mensch und anscheinend sogar sein Denken gemacht sind. «Dasselbe ist Denken und Sein», schreibt Parmenides.

Von diesen Philosophen steht Demokrit der hier vertretenen Auffassung am nächsten. Für ihn haben Empfinden und Denken eine materielle Grundlage und sind gebunden an eine vielgestaltige Physik «feinteiliger, glatter und kugelförmiger» Atome. Jede Empfindung oder Vorstellung resultiert aus einer Lageveränderung dieser Teilchen im Raum. Nach Demokrits Auffassung sind die «Seelenatome» im ganzen Körper verbreitet. Aber er schreibt auch: «Das Gehirn überwacht die höchste Extremität wie ein Wachtposten, eine Zitadelle des Körpers, mit seinem Schutz betraut.» Und weiter heißt es: «das Gehirn, der Wächter des Gedankens oder des Verstandes» enthalte die wichtigsten «Seelenbande». Demokrit unterscheidet sich also vom Dichter der ‹Ilias› dadurch, daß er an die Stelle des Herzens das Gehirn setzt. Trotzdem nennt er das Herz «die Königin, die Nährmutter des Zorns» und glaubt, daß «die Begierde ihren Sitz in der Leber hat». Ungeachtet solcher komisch anmutenden Angaben hat Demokrit mit zwei wichtigen Gedanken Orientierungspunkte in der Geschichte der Hirnforschung gesetzt. Erstens unterscheidet er mehrere intellektuelle und affektive Fähigkeiten und weist ihnen verschiedene Orte im Körper zu. Eine dieser Fähigkeiten, das Denken, wird fortan dem Gehirn zugeschrieben. Zweitens konstituieren Demokrits «Seelenatome» das materielle Substrat der Wechselbeziehungen, die das Gehirn mit dem Körper und der Außenwelt unterhält, deuten also offenbar bereits den Begriff der Nervenaktivität an.

Hippokrates und seine Zunftgenossen im perikleischen Zeitalter erhärteten und erweiterten die These des Demokrit durch klinische Beobachtung. Wie der kundige ägyptische Neurologe untersuchten sie Schädelwunden und zeigten, daß diese motorische Beeinträchtigungen zur Folge haben, entdeckten aber darüber hinaus das mittlerweile wohlbekannte Phänomen, daß solche Behinderungen beispielsweise in der linken Körperhälfte auftreten, wenn die rechte Gehirnhälfte betroffen ist, daß also immer die der verletzten Gehirnhälfte gegenüberliegende Körperhälfte beeinträchtigt wird. Außerdem fanden sie heraus, daß sich «bei Reizung des Encephalons der Verstand trübt, das Gehirn von Krämpfen ergriffen wird und diese Krämpfe auf den ganzen Körper überträgt, dem Patienten manchmal die Sprache raubend, manchmal auch seinen Erstickungstod herbeiführend. Dieses Leiden heißt Apoplexie [Epilepsie] ... In anderen Fällen verwirrt sich der Verstand, der Patient läuft ziellos umher, denkt und glaubt Dinge, die nicht der Wirklichkeit entsprechen, und trägt den Stempel der Krankheit in seinem spöttischen Lächeln und seltsamen Gesichtern.» Die hippokratische Medizin traf bereits eine Unterscheidung zwischen neurologischen und psychischen Erkrankungen und schrieb ihnen völlig zutreffend einen zerebralen Ursprung zu. Aber sie überrascht uns doch, wenn man in ihren Schriften liest: «Das Gehirn ähnelt einer Drüse ... ist weiß und körnig wie diese.» Mit der Lehre von den drei Teilen der Seele nahm Platon in ‹Timaios› die Thesen der Vorsokratiker wieder auf und erweiterte sie. Er unterschied zwischen dem erkennenden, dem mutigen und dem begierigen Teil der Seele, wobei er den ersten im Kopf lokalisierte und ihm Unsterblichkeit zuschrieb. Die Verbindung zwischen diesem Seelenteil und den beiden anderen, sterblichen, sah er durch das Rückenmark hergestellt. Platon und die Hippokratiker lieferten also eine explizite Formulierung der «zephalozentrischen» These, derzufolge das Denken seinen Sitz im Gehirn des Menschen hat.

Dieser Standpunkt – so selbstverständlich er uns heute auch erscheinen mag – sollte zum Gegenstand einer langen, heftigen Polemik werden. In diesem Punkt stiftete Aristoteles auf Jahrhunderte hinaus viel Verwirrung. Ohne, wie es heißt, je das Gehirn eines Erwachsenen in Augenschein genommen zu haben, erklärte er, zurückgreifend auf Homer und die Hebräer, das Herz sei der Sitz der Empfindungen, der Leidenschaften und des Verstandes. Seiner Ansicht nach dient das Gehirn – «aus Wasser und Erde gebildet» – lediglich zur Kühlung des Organismus. Es senke die Temperatur des mit Nahrung beladenen Blutes und bringe den Schlaf. Wie kam er auf eine derartig skurrile Idee? Wie Platon war Aristoteles die Existenz der Nerven unbekannt, aber er hatte die Blutgefäße entdeckt und beobachtet, daß sie im Herzen zusammenlaufen. Lag da nicht der Gedanke nahe, sie seien die Verbindung zwischen der Körperperipherie und dem zentralen Steuerorgan? Völlig zutreffend stellte Aristoteles im übrigen fest, daß das freigelegte Gehirn im Unterschied zum Herzen nicht auf mechanische Reizung anspricht. Schließlich gibt es bei den Wirbellosen – Würmern, Insekten und Krebstieren – nichts, was Ähnlichkeit mit dem Wirbeltiergehirn aufweist. Diese Beobachtungen genügten Aristoteles, um die Lehre Platons zu verwerfen.

Ungeachtet seines Irrtums entwarf Aristoteles jedoch eine Theorie der «Seele», die sich im Lauf der Zeit einen festen Platz in den Naturwissenschaften eroberte. In Anlehnung an eine These des Epikur schrieb er: «Die Seele denkt nie ohne Bilder.» Diese Bilder, die in den Sinnesorganen entstünden, seien «Abbilder, Nachbildungen» der sie hervorrufenden Gegenstände. Dank dieser Vorstellungsbilder könne der Verstand «von der Gegenwart ausgehend die Zukunft berechnen und planen, als ob er die Dinge vor sich sieht». Diese Formulierung enthält im Kern hochaktuelle Tendenzen einer bestimmten Richtung der kognitiven Psychologie (Kapitel 5).

Im großen und ganzen hielt sich die griechische Medizin an die hippokratischen Thesen, erlag also nicht dem Einfluß der «kardiozentrischen» Theorie. Alexandria trat die Nachfolge Athens an. Die Ideen der vorsokratischen Atomisten waren dort durch Vermittlung des Epikur bekannt. Einen entscheidenden Fortschritt erlebte die Hirnforschung mit Herophilos und Erasistratos im 3. Jahrhundert v. Chr. Beide Ärzte lehnten die von Aristoteles geschätzte Tieranalogie ab und begannen den menschlichen Körper zu sezieren. Die Berührung eines Leichnams galt damals als «Frevel». Deshalb sezierten sie Verbrecher, die – wie es bei dem römischen Enzyklopädisten Celsus heißt – «die Könige ihnen aus den Gefängnissen überließen und die sie untersuchten, solange sie noch atmeten». Herophilos dürfte auf diese Weise Tausende von Menschen viviseziert haben. Seine Experimente, die glücklicherweise eine Ausnahme blieben, führten zur Unterscheidung von Kleinhirn, Großhirn und Rückenmark. Sie zeigten, daß das Gehirn Kammern oder Ventrikel besitzt, daß sich seine Oberfläche oder Rinde zu Windungen faltet, daß sich die Nerven von den Blutgefäßen unterscheiden und ihren Ursprung nicht im Herzen haben, wie Aristoteles meinte, sondern im Gehirn oder im Rückenmark. Ferner trafen Herophilos und Erasistratos eine Unterscheidung zwischen Nerven der «Bewegung» und Nerven der «Empfindung», das heißt zwischen motorischen und sensorischen Nerven. Schließlich stellten sie fest, daß beim Menschen, «der hinsichtlich seines Verstandes alle anderen Tiere bei weitem übertrifft, die Gehirnwindungen sehr viel zahlreicher sind als bei diesen». Erst im 17. Jahrhundert gelangte man in Europa über diesen gehirnanatomischen Wissensstand hinaus.

Die anatomischen Fakten allein genügten jedoch nicht, um die These des Aristoteles zu widerlegen. Dies gelang erst Galen fast fünfhundert Jahre nach der Blüte der alexandrinischen Schule durch Einführung einer neuen Methode. Er begnügte sich nicht damit, die Nervenorgane zu beschreiben, sondern führte Experimente durch und hob damit die Gehirnphysiologie aus der Taufe. Insbesondere interessierte er sich für die Kammern oder Ventrikeln, die er von der «Substanz» des Gehirns unterschied, wobei er bemerkte, daß diese «den Nervenzellen ähnelt». Die Arbeit von Herophilos und Erasistratos fortführend, entdeckte er drei Kammern, eine vordere, zweigeteilte, eine mittlere und eine hintere. Er stellte fest, daß ein beliebiger Einschnitt im Gehirn dem betreffenden Tier nur dann seine Empfindungs- oder Bewegungsfähigkeit raubt, wenn der Schnitt eine der Gehirnkammern erreicht. Eine Läsion der hinteren Kammer führt, so entdeckte er, zur größten Beeinträchtigung des Tieres. Galen zeigte, daß das Gehirn in der Tat eine entscheidende Rolle für Körperbeherrschung und geistige Tätigkeit spielt und daß letztere ihren Ursprung in der Gehirnsubstanz selbst hat. Eigentlich waren Galens Experimente tödlich für die kardiozentrische These. Doch verquickt mit einem Großteil der philosophischen und naturkundlichen Lehren und tradiert von der mittelalterlichen Scholastik überlebte die irrige Auffassung des Aristoteles bis ins 17. Jahrhundert. Dieser Ungewißheit begegnen wir noch bei Shakespeare. Im ‹Kaufmann von Venedig› heißt es:

> «Ist Verliebtheit Gaukelei,
> Ist Kalkül sie [oder] Herzensschrei ...?»

Und auch das sprichwörtliche «Herzeleid» hat natürlich nichts mit Herzbeschwerden zu tun.

Leib und Seele

Für Platon wie für Galen hatte die rationale Seele ihren Sitz im Gehirn. Aber damit wird weder etwas über das Wesen der Seele noch über ihre Beziehungen zum Körper ausgesagt. Die einzige Gemeinsamkeit der vielen Bedeutungen des Wortes «Seele» ist ihre Vieldeutigkeit. Von Kulturkreis zu Kulturkreis und von Autor zu Autor wandelt sich der Bedeutungsgehalt. Ursprünglich für das Lebensprinzip stehend, wurde das Wort in seiner Bedeutung gelegentlich so verengt, daß es nur noch das Prinzip des abstrakten Denkens bezeichnete, das heißt die höheren Funktionen des Gehirns. Die Fortschritte der Biologie – zunächst auf zellularer, dann auf molekularer Ebene – raubten dem Begriff der Seele die erste seiner beiden Bedeutungen. Von Galen bis ins 17. Jahrhundert ging es in den Diskussionen über die zweite Bedeutung des Wortes in erster Linie um den Versuch, Verbindungen zwischen der Organisation des Gehirns und bestimmten Funktionen herzustellen.

Galen, der Physiologe, entwickelte den Begriff eines «psychischen Pneumas», das die Gehirnventrikel angeblich erzeugen und speichern. Nach seiner Auffassung kreist das «Organ der Seele», das Pneuma, in den Nerven und stellt so eine Verbindung zwischen Ge-

Leib und Seele

hirn, Sinnesorganen und Bewegungsorganen her. Im 17. Jahrhundert wurden aus dem Pneuma die «animalischen Geister», im 18. Jahrhundert dann die «Nervensäfte». Weit mehr Beobachter als Philosoph, zögerte Galen indessen, über Demokrits Auffassungen hinauszugehen. War das Pneuma, das «Organ» der Seele, auch die Substanz der Seele oder gar diese selbst? Allem Anschein nach hat er sich nicht entscheiden können. Durch das Beispiel Moses' gewarnt, hütete er sich allerdings, wie dieser Wahnsinn und Dämonenbesessenheit zu verwechseln, und erteilte in diesem Zusammenhang einen beherzigenswerten Rat: «Haltet euch nicht an die Götter, um durch ihre Eingebung die alles beherrschende Seele zu entdecken, erkundigt euch lieber bei einem Anatomen.»

In Fortführung der analytischen Methode des Herophilos und Erasistratos «zerlegte» Galen die Seele in mehrere Funktionen. Diese wiederum unterteilte er in Fähigkeiten: motorische, sensorische (zu denen die fünf Sinne gehörten) und rationale. Die vernunftbegabte Seele selbst verstand er als einen Komplex von Funktionen, die er Vorstellung, Vernunft und Gedächtnis nannte. Mangels genauerer Kenntnisse schrieb Galen ihnen jedoch keine bestimmten Gehirnabschnitte zu. Ohne neue Beobachtungen beizubringen, nahmen die Kirchenväter, vor allem Nemesius, Bischof von Emesa, und Augustinus im 4. und 5. Jahrhundert n. Chr. Stellung zu dieser Frage. Sie lokalisierten die drei Vermögen in den Gehirnkammern: das Vorstellungsvermögen in der vorderen, die Vernunft in der mittleren und das Gedächtnis in der hinteren. So einfach das Schema auch ist, es verdient in unserem Zusammenhang großes Interesse, weil hier bestimmten Gehirnregionen spezielle Funktionen zugewiesen wurden. Es war das erste Modell einer Lokalisierung der Hirnfunktionen und tauchte bis ins 17. Jahrhundert hinein, also über einen Zeitraum von mehr als tausend Jahren, in zahlreichen Zeichnungen und Stichen immer wieder auf (Abb. 1).

Die mittelalterliche Scholastik hatte Herophilos und Erasistratos vergessen, deren Originaltexte im übrigen verlorengegangen waren. Erst in der Renaissance wurde die Sektion von Tieren und vor allem von menschlichen Leichnamen wieder aufgenommen. In der Zeit von 1504 bis 1507 nahm Leonardo da Vinci im Hospital Santa Maria Nuova in Florenz erstmals einen Wachsabdruck der Gehirnkammern und fertigte eine genaue Zeichnung der Gehirnwindungen an. Vesal (Abb. 2) und Varolio in Italien sowie Fresnel in Frankreich lieferten immer eingehendere Beschreibungen der Gehirnmorphologie, die deutlich machten, wie komplex der Gegenstand ist. Mehr und

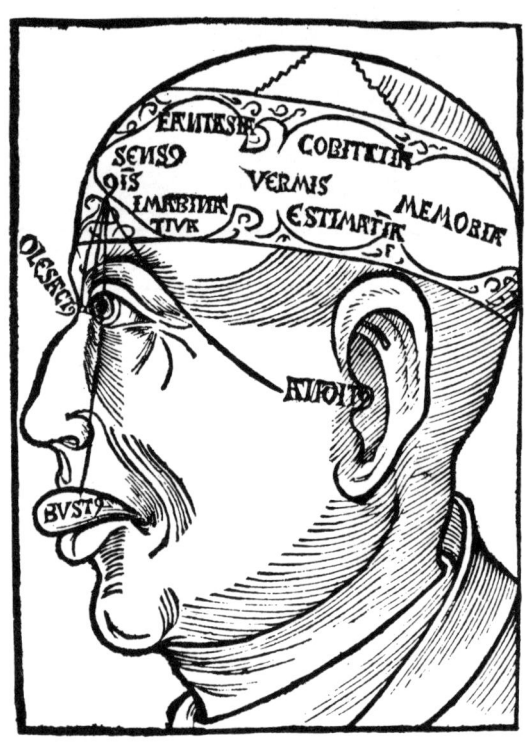

Abb. 1: Der Stich aus dem frühen 16. Jahrhundert zeigt einen der ersten Versuche, die Seele in Grundfähigkeiten zu unterteilen und diese in in verschiedenen Gehirnregionen zu lokalisieren. Doch diese ersten «Phrenologen» (die zugleich Kirchenväter waren!) schrieben die «Seelenfunktionen» irrtümlicherweise den Hohlräumen oder Ventrikeln des Gehirns zu. Im ersten Ventrikel ist *Fantasia, Senso communis, Imaginativa* zu lesen, im zweiten, getrennt durch den Vermis (Wurm), *Cogitativa, Estimativa,* im dritten *Memoria* (nach G. de Rusconibus, 1520).

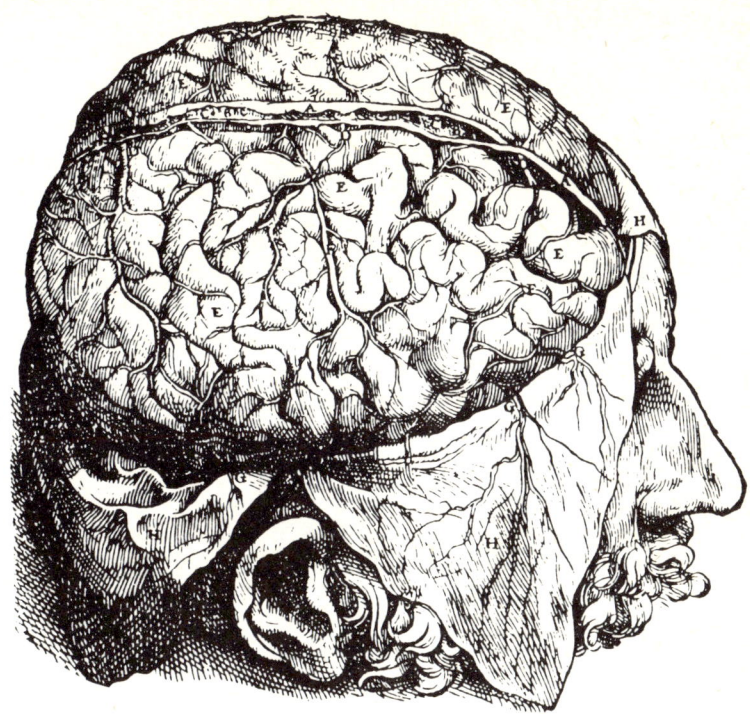

Abb. 2: In der Renaissance werden anatomische Beobachtungen, die seit der alexandrinischen Schule verpönt waren, wieder aufgenommen. In seinem anatomischen Werk ‹*De humani corporis fabrica*› (1543) liefert Vesal mit seinen Illustrationen getreuliche Abbildungen von der Form des Gehirns, seinen Windungen und den Blutgefäßen, die es versorgen (nach Vesal, 1543).

mehr gelangte man zu der Überzeugung, daß nicht die allzu einfachen Gehirnkammern Sitz der psychischen Funktionen sind, sondern die festen Teile der eigentlichen «Gehirnsubstanz». Das Schema des Nemesius wurde durch prächtige anatomische Tafeln ersetzt. Doch die funktionelle Bedeutung der beschriebenen Strukturen blieb unklar.

Forscher und Philosophen befanden sich in einer schwierigen Situation. Das politische Klima ermutigte sie nicht gerade, sich in offenen Widerspruch zur offiziellen Doktrin von der Immaterialität der

Seele zu begeben; sie hätten sonst empfindliche Strafe riskiert. In den Texten dieser Zeit ist nicht leicht zu erkennen, wo der Autor äußert, was er wirklich denkt, und wo er nur schreibt, um zu überleben oder sich gar bei den etablierten Mächten beliebt zu machen. So ist auch der merkwürdige Synkretismus bei René Descartes zu verstehen. In Anlehnung an Aristoteles meint er, der vom Herzen zum Gehirn entsandte Blutstrom diene der Erzeugung der animalischen Geister. Diese wiederum – ein Rückgriff auf Nemesius – «ergössen» sich in die Gehirnkammern und gelangten von dort durch Körperöffnungen in die Nerven, um auf den Körper einzuwirken. In diesem Punkt erweist sich Descartes als zugleich originär und radikal. Für ihn ist der Körper eine Maschine. Er vergleicht ihn mit einer Orgel, in der die animalischen Geister ihre Wirkung entfalten wie «die Luft zwischen den Windkanälen der Pfeifen». Doch der Mensch unterscheidet sich vom Tier durch eine Seele, die Descartes keinesfalls mit den animalischen Geistern gleichsetzt. Platons Theorie der drei Seelenteile ersetzt er durch eine dualistische Auffassung. Die Seele hält er für einzigartig, immateriell und unsterblich.

Wie ließen sich so gegensätzliche, ja widersprüchliche Doktrinen miteinander vereinbaren? Mehr Philosoph als Anatom, behalf Descartes sich mit der Zirbeldrüse, die den wesentlichen Vorzug hat, nur einmal vorzukommen, denn «die anderen Teile unseres Gehirns sind doppelt, während wir doch nur einen einzigen Gedanken von einer bestimmten Sache zu einem bestimmten Zeitpunkt haben». Hier verbinde sich die einmalige Seele mit dem Körper. Hier steuere sie den Kreislauf der animalischen Geister. Umgekehrt würden diese auf die Seele einwirken, «wenn bestimmte Teile des Körpers sich bewegen oder durch Gegenstände der sinnlichen Wahrnehmung erregt werden». Zu Recht begegneten Theologen wie Anatomen dieser These, die der Zirbeldrüse eine derart exklusive Rolle zuschrieb, mit Skepsis. Der Kritik eines Philosophen vom Rang Spinozas hielt sie nicht stand.

Doch einen wichtigen Baustein des kartesischen Gedankengebäudes übernahm die Nachwelt: die Vorstellung, der Mensch sei eine *Maschine* «und wie eine solche aus Knochen, Nerven, Muskeln, Adern und Haut zusammengefügt». Als Descartes an Hand dieser Vorstellung untersuchte, wie Bewegungen durch visuelle oder auditive Signale ausgelöst werden könnten, kam er zu Ergebnissen, die große Ähnlichkeit mit heutigen Vorstellungen über Reflexbögen in den Nervenbahnen aufweisen.

Der britische Mediziner Thomas Willis (Abb. 3) erreichte nicht

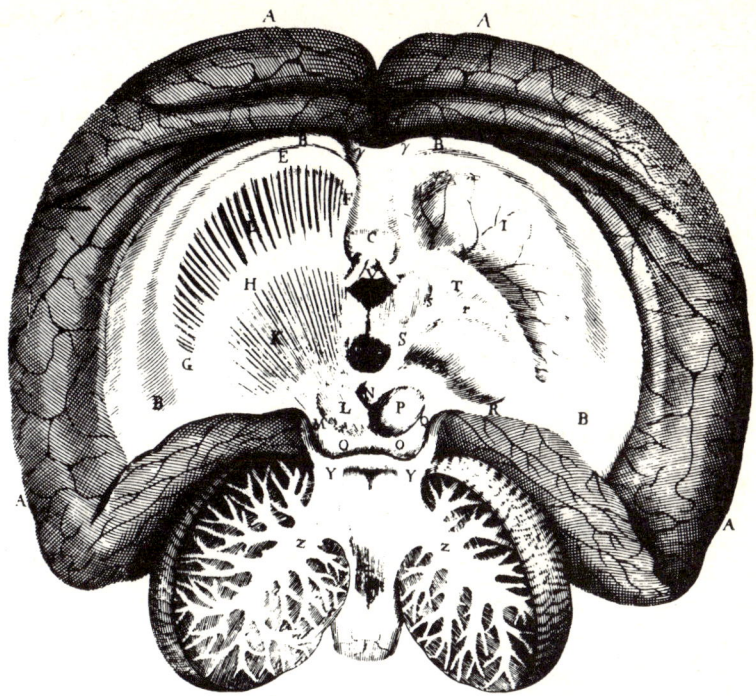

Abb. 3: Im 17. Jahrhundert trat der Engländer Willis der Ventrikellehre entgegen, indem er der Großhirnrinde die Vorrangstellung einräumte, die ihr gebührt. Man sieht sie auf dieser Abbildung rechts und links; der Schnitt liegt zwischen beiden Hemisphären. Mit dem Skalpell sind der Balken oder das *Corpus callosum* (B, in der Abbildung weiß), der Nervenstrang, der die beiden Hemisphären verbindet, durchtrennt und die *unterhalb* des Kortex gelegenen Zentren freigelegt worden (so der *Thalamus*, K). Willis unterscheidet auch die an der Oberfläche befindliche graue Substanz von der innen gelegenen weißen. Besonders deutlich wird diese Unterscheidung an der Sektion des Kleinhirns (Z), die sich im unteren Teil der Abbildung befindet (nach Willis, 1672).

Descartes' Abstraktionsniveau. Er beobachtete. Unter Mitwirkung des Architekten der Saint Paul's Cathedral, Christopher Wren, der die Zeichnungen anfertigte, lieferte er die besten Bilder vom Gehirn, die man bislang zu sehen bekommen hatte. Er zeigte, daß die gefaltete Großhirnrinde «subkortikale» Zentren bedeckt, etwa das Corpus striatum, die Thalamuskerne oder das Corpus callosum, das die beiden Gehirnhälften verbindet. Er unterschied eine *graue* Rindensubstanz, die nach seiner Auffassung die animalischen Geister hervorbrachte, von einer *weißen* Marksubstanz, zuständig für die Verteilung der Geister an die übrigen Teile des Organismus, den sie mit Wahrnehmungs- und Bewegungsvermögen ausstatteten. Willis sprach sogar vom «explosiven» Charakter der animalischen Geister. Damit befand er sich in großer Nähe zu modernen Vorstellungen über die Rolle der grauen beziehungsweise der weißen Substanz bei der Auslösung und Fortleitung von Nervenimpulsen. Doch ließ er noch wie Descartes – vielleicht um sich die Gunst des mächtigen Bischofs von Canterbury zu sichern – die Vorstellung einer vernunftbegabten Seele gelten, die dem Menschen eigen und immateriell sei und die sich den Schnitten seines Skalpells entzöge. Während Descartes sie durch die Zirbeldrüse mit dem Körper vereinigt wähnte, wies Willis diese Aufgabe dem Corpus striatum zu. Im übrigen waren seine Zeitgenossen in diesem Punkt höchst unterschiedlicher Meinung: Jede neuentdeckte Struktur wurde zum potentiellen Bindeglied zwischen Seele und Leib. Der Versuch eines Descartes oder Willis, die Seele an einem bestimmten Punkt des Gehirns heimisch zu machen, war ohne Zweifel lokalisatorisch. Er scheiterte jedoch an dem Postulat von der Einmaligkeit und Unteilbarkeit der Seele und bedeutete insofern einen Rückschritt gegenüber den Überlegungen eines Galen oder Nemesius.

Eine andere Denkrichtung zeichnete sich mit dem französischen Naturforscher und Philosophen Petrus Gassendi ab, der zu Beginn des 17. Jahrhunderts den griechischen Atomisten und Lukrez wieder zu Ehren verhalf. Wenn er auch noch den Bruch mit der offiziellen Lehre der Kirche scheute (der er im übrigen angehörte), so lehrte er doch am Collège de France, daß die Tiere, die Gedächtnis, Vernunft und andere dem Menschen eigene psychologische Merkmale erkennen ließen, ebenfalls eine Seele besitzen müßten. Ferner war er der Ansicht, daß die Seele nicht an einem bestimmten Punkt mit dem Körper verbunden sei.

Die Auffassung, daß auch die Tiere eine Seele besäßen, entfachte einen Sturm der Empörung. Freilich – damit wurden nicht die Tiere vermenschlicht, sondern die Menschen näher an die Tiere herangerückt. Ob gewollt oder nicht, de facto ergab sich eine historische Abwertung der Seele. Gassendis Schüler Guillaume Lamy schrieb später: «Ich habe die Wörter Seele und [animalische] Geister ohne Unterschied verwendet, wovon sich allerdings niemand verwirren lassen sollte, denn sie bedeuten dasselbe.» Nach einem Jahrhundert wurde Descartes' Dualismus von eben den Forschern überwunden, die sich von ihm hatten anregen lassen. Jacques de Vaucanson, ein Meister in der Kunst des Automatenbaus, schuf, beraten von dem Chirurgen Le Cat, eine Ente, die ging, schnatterte, mit den Flügeln schlug, Körner fraß und sie verdaute. Er entwarf sogar einen «künstlichen Menschen». Schließlich schrieb der französische Philosoph Julien Offray de Lamettrie, daß man die Seele aus dem kartesischen System entfernen könne, ohne ihm großen Schaden zuzufügen, und daß auch der Mensch in die Kategorie der Tiermaschinen gehöre. Er wurde wegen dieser Auffassung verbannt. Nach Ansicht des französischen Arztes und Philosophen Pierre Jean George Cabanis «sondert das Gehirn Gedanken ab wie die Leber Galle». Mehr und mehr schwand die These von der Immaterialität der Seele aus den Büchern, die sich mit dem Gehirn beschäftigten. Fast dreitausend Jahre hatte man gebraucht, um die Gedanken der griechischen Atomisten in ihrer ursprünglichen Einfachheit wiederzuentdecken und sie frei von allen Einschränkungen zu formulieren.

Die Phrenologie

Der Ideenflut der Enzyklopädisten verdanken wir zwei Theorien – beide Anfang des 19. Jahrhunderts veröffentlicht –, die das biologische Denken revolutionierten: die Lamarcksche Deszendenztheorie und die Gallsche Phrenologie. In beiden Fällen war der theoretische Ansatz grundsätzlich richtig, bot nur die Anwendungsweise Anlaß zur Kritik.

Der 1758 in Deutschland geborene, von 1807 bis zu seinem Tod im Jahre 1828 in Paris tätige Arzt und Anatom Franz Joseph Gall[3] hatte reichlich Erfahrung am Seziertisch gesammelt. Ihm war der Aufbau des Gehirns wohlvertraut, doch hatte er auf diesem Gebiet wenig Neues zu bieten. Immerhin kam er auf Grund seiner Erfahrungen zu dem Schluß, daß die Großhirnrinde der höchstgelegene Teil des Gehirns ist und daß ihre Entwicklung die Säugetiere und den Menschen charakterisiert. Außerdem wies er auf die anatomische Einheitlichkeit der Großhirnrinde hin – ein Punkt, auf den ich noch zurückkommen werde. Wenn die Rinde ausgebreitet wird – spontan (zum Beispiel bei einem Wasserkopf) oder experimentell (durch einen schwachen Wasserstrahl) –, so scheint sie ungeachtet ihrer Faltung einen zusammenhängenden Mantel zu bilden. Sie liefert die Substanz des

Gehirns und der Ganglien, die sich in unmittelbarem Kontakt mit den Organen befinden. Mit dem Hinweis auf die Identität der grauen und weißen Substanz im zentralen und peripheren Nervensystem vollendete Gall nur jene «Säkularisierung» des Gehirns, die von Lamettrie und Cabanis eingeleitet worden war.

Dennoch nimmt Gall dank seines theoretischen Ansatzes und seiner Methode eine Sonderstellung unter seinen Zeitgenossen ein. Er hatte sich das Ziel gesetzt, die Funktionen des Gehirns zu analysieren und sie ohne Rückgriff auf Selbstbeobachtung zu lokalisieren. Unter Verzicht auf jegliche philosophische Spekulation wollte er sich als Naturforscher und Physiologe mit den geistigen Fähigkeiten des Menschen auseinandersetzen. Gall hielt nichts von Platons und Galens Theorie, daß die vernunftbegabte Seele in verschiedene Teile zerfalle, und natürlich genausowenig vom kartesischen Dualismus. Ebenso distanzierte er sich von der «sensualistischen» Lehre Lockes und Condillacs, derzufolge jede Fähigkeit und jeder Trieb aus einfachen Sinneswahrnehmungen erwächst. Gall vertrat vielmehr die Auffassung, daß der Mensch über eine große Anzahl von «moralischen und intellektuellen Fähigkeiten» verfüge, die angeboren, zum Wesen des Menschen gehörend und irreduzibel seien. Er stellte seinen Katalog empirisch zusammen, wobei er sich an die Substantive und Adjektive der Umgangssprache hielt, an die Biographien berühmter Männer und an Beschreibungen bestimmter psychischer Störungen, sogenannter Monomanien, in denen, so glaubte er, jeweils eine dieser Fähigkeiten übersteigert zum Ausdruck komme. Der Katalog, dem er nur vorläufigen Wert beimaß, enthielt siebenundzwanzig Eintragungen, von denen angeblich sieben nur dem Menschen eigentümlich sind. Zu den siebenundzwanzig Fähigkeiten gehörten: Fortpflanzungstrieb (oder Geschlechtstrieb), Liebe zur Nachkommenschaft (oder Muttertrieb), Selbstverteidigung und Tapferkeit, Wortgedächtnis, Sprachgefühl und Sprachverständnis, Orientierungssinn. Sie sind durch die neuere Forschung mehr oder minder bestätigt worden. Hingegen berührt es merkwürdig, dort von Hochmut und Unterwerfungsdrang zu lesen, von Eitelkeit und Ruhmsucht, von Sinn für Metaphysik, dichterischem Talent und Religion. Mit der Liste in der Hand ordnete Gall jeder dieser Fähigkeiten eine bestimmte *Gehirnregion* zu. Jede Verhaltenskategorie hat danach ihr eigenes «Organ», das in einem streng abgegrenzten Bereich des funktionell höchstentwickelten Teils des Gehirns, der *Großhirnrinde*, liegt.

Aber wie davon eine Karte anfertigen? Das Gehirn selbst ist schwer

Die Phrenologie

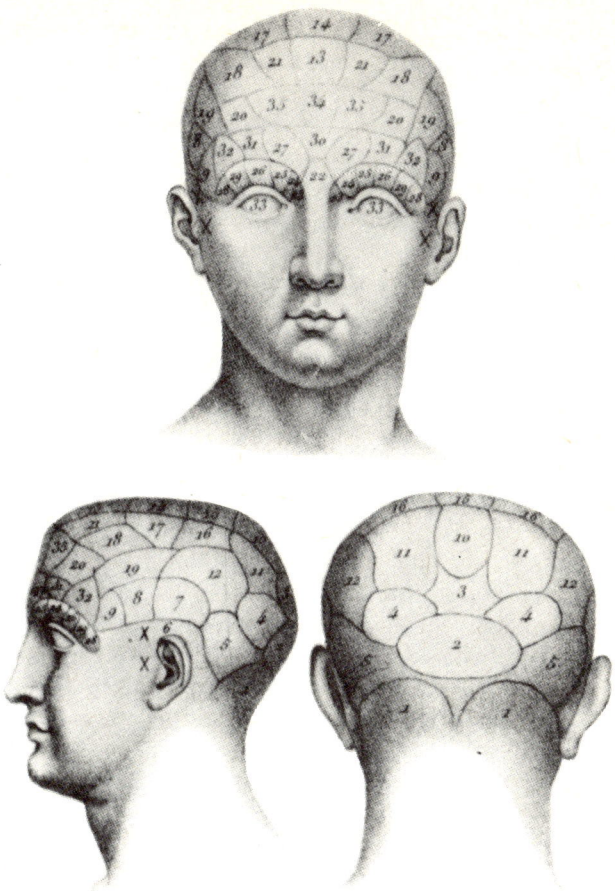

Abb. 4: Eine höchst ungenaue Darstellung des Gallschen «Modells». Gall nahm eine genaue Lokalisation der von ihm postulierten 27 geistigen Fähigkeiten auf der Großhirnrinde vor. Die phrenologische Lehre wurde Gegenstand heftiger Angriffe, bei denen nicht immer leicht zu entscheiden ist, in welchen Fällen es sich um wissenschaftliche Kontroversen im engeren Sinne und in welchen um ideologischen Streit handelte: Gall galt als Materialist und «Linker». Obwohl die Phrenologie ideengeschichtlich genauso bedeutsam ist wie die Evolutionstheorie, läßt ihre ursprüngliche Formulierung und vor allem ihre Anwendung im Detail zu wünschen übrig. Mangels empirischer Daten hielt sich Gall mehr an die Schädelform als an die Struktur der Gehirnwindungen. Die von ihm beschriebenen 27 Fähigkeiten (auf dieser Abbildung sind es 35!) sind oft überraschend naiv akzeptiert worden (nach Broussais, 1836).

zugänglich. Gall behauptete, der Schädel sei ein getreues Abbild der Rindenoberfläche. Man könne also durch bloßes Abtasten des Schädels einen Zusammenhang zwischen seinen Vorsprüngen und den besonders entwickelten Fähigkeiten der betreffenden Person herstellen. Das Verfahren nannte er *Kranioskopie*. Gall sammelte die Schädel von Verbrechern und Geisteskranken sowie die Büsten berühmter Männer. An Hand eingehender Untersuchungen erstellte er eine Karte der Schädelregionen, die den besonders ausgeprägten Neigungen und Fähigkeiten seiner verschiedenen Versuchspersonen entsprachen. Mochte es Zufall oder tiefere Eingebung sein, jedenfalls verlegte Gall das Wortgedächtnis und Sprachgefühl in frontale Regionen, eine Zuordnung, die sich mit der heute gültigen Lokalisation fast deckt. Im übrigen aber gehört die von Gall vorgeschlagene Topographie in das Reich der Phantasie (Abb. 4).

Zu Recht wurde Galls «Modell» heftiger Kritik unterzogen, fußte es doch auf sehr oberflächlichen Beobachtungen. Diese Kritik fiel um so vernichtender aus, als die Phrenologie rasch zu einem Sinnbild des Materialismus wurde. Gall erhielt Lehrverbot in Wien, wurde von der Kirche verfolgt und fiel bei Napoleon in Ungnade, nachdem er nach Paris emigriert war. Wenn der französische Kaiser, so schrieb er, die Neigung zum Materialismus, wie er ihn verstehe, ausrotten wolle, hätte er dreihunderttausend Bajonette und ebenso viele Kanonen gebraucht, um zu beweisen, daß die Funktionen der Seele absolut unabhängig vom Organismus seien.

Im Prinzip ist die Phrenologie nur eine Fortführung des Ansatzes von Nemesius und den Kirchenvätern, deren Hirnkammernmodell ebenso lokalisatorisch war wie Galls Lehre – was die Phrenologen übrigens in ihrem Streben nach Anerkennung mit Nachdruck betonten. Dennoch unterschieden sie sich von den Kirchenvätern durch ihre Entscheidung für die Großhirnrinde an Stelle der Gehirnkammern, eine Entscheidung, die notwendig geworden war durch die Entwicklung der Anatomie und vor allem durch die weit wichtigere Zergliederung der Seele in konkrete Fähigkeiten. Manche kamen bei Tieren vor und konnten infolgedessen einer experimentellen Prüfung unterworfen werden. Darin liegt einer der wesentlichen Vorzüge von Galls Modell, wie im übrigen jeder biologischen Theorie, der es um Anwendbarkeit geht.

Der französische Physiologe Marie Jean Pierre Flourens, ein sehr angesehener Mann, der Mitglied der Académie française und Großoffizier der Ehrenlegion wurde und dessen dualistische Theorien mehr Anklang fanden, unterzog Galls Lehren einer strengen Prüfung.

Er nahm nicht nur Einstiche (Punkturen) oder Schnitte (Sektionen) im Gehirn vor wie Gall, sondern löste auch bestimmte anatomische Felder oder Zentren heraus, um anschließend das Verhalten des operierten Tiers zu beobachten (Ablationen). Er zeigte, daß die Entfernung des Kleinhirns (Zerebellum) die Bewegungskoordination beeinträchtigt. Ferner beobachtete er in Übereinstimmung mit Galen, daß örtlich begrenzte Läsionen im Bereich des verlängerten Marks (wo sich die hintere Hirnkammer befindet) auf lebensnotwendige Funktionen wie etwa die Atmung einwirken. Diese Ergebnisse sprachen eigentlich für die Lokalisationstheorie, und Flourens' Ablationstechnik wurde eine bevorzugte Methode für die Kartographie der kortikalen Lokalisationen. Seine Experimente jedoch und vor allem seine Auffassung von der Rolle der Großhirnrinde standen im Widerspruch zu den Ansichten dieser Schule. Laut Flourens «kann man einen erheblichen Teil der Großhirnlappen entfernen, ohne daß ihre Funktionen verlorengehen ... Im Zuge einer fortschreitenden Ablation werden alle Funktionen schwächer und schwinden allmählich ... Die Großhirnlappen tragen also alle in ihrer Gesamtheit zur vollständigen und ganzheitlichen Leistung ihrer Funktionen bei.» Seiner Ansicht nach funktioniert die Großhirnrinde als nicht differenziertes Ganzes. Sie sei der Sitz der «im wesentlichen ungeteilten» Fähigkeit «der Wahrnehmung, des Urteils, des Willens». Bei Flourens wird die Großhirnrinde zum letzten Fluchtpunkt der Seele, oder, wenn man dieses Wort vorzieht, des Geistes. Unbedenklich mengt er die Metaphysik und die Politik in die Interpretation seiner Experimente – kein Wunder, daß heute viele seiner Auffassungen von der Großhirnrinde angezweifelt werden müssen.

In der Tat war seine Ablationstechnik manchmal blind. In dem Glauben, nur die Rinde zu entfernen, zerstörte er auch subkortikale Strukturen. Gall hatte leichtes Spiel, ihn seinerseits zu kritisieren. Obendrein verwendete Flourens in seinen Experimenten grundsätzlich Vögel oder niedere Wirbeltiere, deren Kortex weniger differenziert ist und weniger ausgeprägte Funktionen aufweist als der der Säugetiere und vor allem des Menschen. Außerdem war seine Verhaltensanalyse der operierten Tiere zu grob, um mit ihrer Hilfe ernsthaft auf eine der von Gall vorgeschlagenen Fähigkeiten schließen zu können. Wie so häufig wurde auch hier die ideologische Auseinandersetzung durch unzulängliche Forschungsmethoden ausgelöst.

Im Sog dieser Auseinandersetzung wurden die anatomischen Untersuchungen der Großhirnrinde immer genauer. Aus dieser Zeit (1839–1857) stammen Leurets und Gratiolets naturgetreue, fast fotografische Darstellungen der Windungen und Furchen der Rinde, die zu unentbehrlichen Orientierungshilfen aller künftigen Kortexkartographie werden sollten. Begrenzt durch die Sylvische und Rolandische Furche erhielten Frontallappen (Stirnlappen), Temporallappen (Schläfenlappen), Parietallappen (Scheitellappen), Okzipitallappen (Hinterhauptslappen) und Inselregion ihre Namen (Abb. 5).

Die ersten unwiderleglichen Beweise, die für Galls Modell sprachen, erbrachte weder die Kranioskopie noch das Tierexperiment. Bouillaud, der ein Schüler Galls war und sein Werk fortführte, arbeitete mit Menschen und interessierte sich vor allem für eine Fähigkeit, der schon Gall besondere Aufmerksamkeit gewidmet hatte: die Sprache. Bouillaud hielt sich an die «natürlichen Experimente», das heißt, er untersuchte unfallbedingte Schädelverletzungen oder spontane Hirnläsionen in ihrer Beziehung zu Sprachstörungen. Damit hob er die pathologische Anatomie der Sprache aus der Taufe, aus der sich später die Neuropsychologie entwickelte. Er wies nach, daß es Fälle von selektiver Lähmung der Sprache und der Stimmbildungsorgane ohne Beeinträchtigung der Gliedmaßen gibt und daß umgekehrt Fälle von Gliederlähmung ohne Einbuße der Fähigkeit zu artikuliertem Sprechen vorkommen. In Übereinstimmung mit Galls Phrenologie lokalisierte er das Zentrum dieser Funktion im Stirnlappen. Bouillaud schreibt: «Der Verlust der Sprache liegt in manchen Fällen am Verlust des Wortgedächtnisses, in anderen am Verlust jener Muskelbewegungen, die zur Realisierung dieses Gedächtnisses erforderlich sind.» Angesichts der von Flourens ausgelösten ideologischen Kontroverse vermochten diese Beobachtungen bei ihrer Veröffentlichung im Jahre 1825 die wissenschaftliche Welt trotz ihrer Schlüssigkeit nicht zu überzeugen.

Erst wesentlich später, am 18. April 1861, hatte der Arzt und Anthropologe Paul Broca damit Erfolg und verschaffte sich durch seine Entdeckung große Anerkennung. An diesem Tag trug er der Anthropologischen Gesellschaft zu Paris den Fall Leborgne vor, in dem er am Vortag eine Autopsie durchgeführt hatte. Zwanzig Jahre zuvor war der Kranke, kurz nachdem er die Sprache verloren hatte, in die Anstalt von Bicêtre eingeliefert worden. Er machte sich durch Zeichensprache verständlich, schien im Vollbesitz seiner geistigen Fähigkeiten zu sein, vermochte aber nur die eine Silbe *tan, tan* zu artikulieren, die ihm auch seinen Spitznamen eingetragen hatte. Die postmortale Untersuchung seines Gehirns ergab eine Läsion, deren Herd in der Mitte des Stirnlappens der *linken* Hemisphäre lag. Seinen Erfolg in der wissenschaftlichen Welt verdankt Broca dem Umstand, daß das vorge-

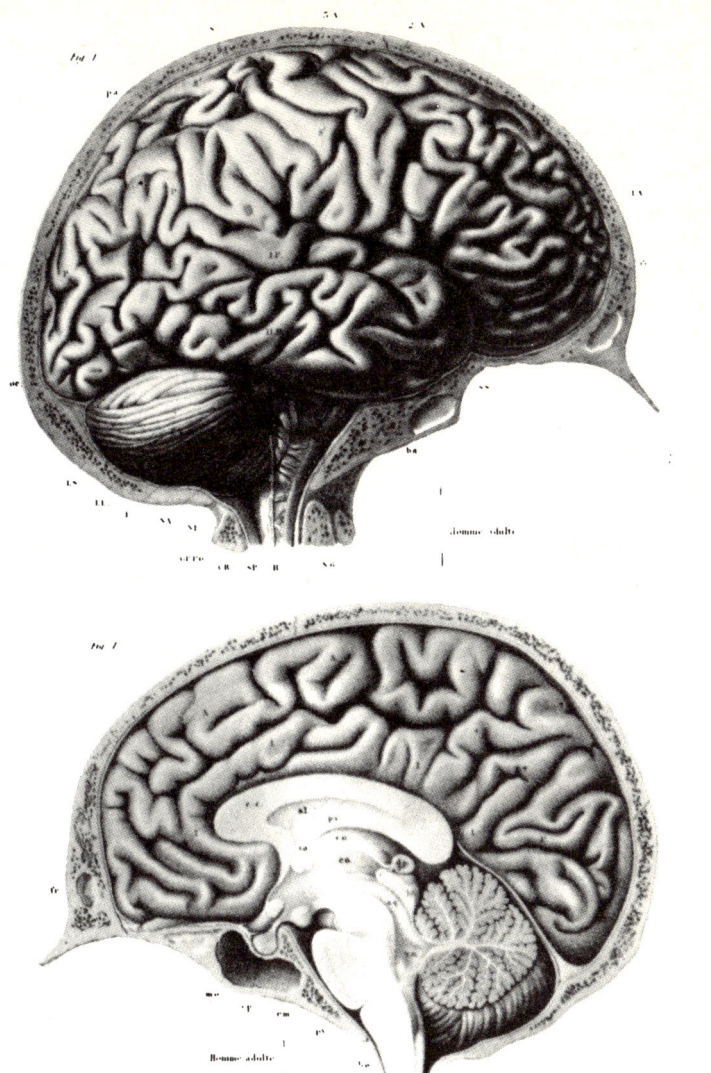

Abb. 5: In der Romantik bildeten die Anatomen, die unter dem Einfluß der Gallschen Theorien standen, die Windungen der Großhirnrinde mit großer Genauigkeit und einem kaum wieder erreichten Reichtum an Einzelheiten ab. Hier eine herrliche Tafel aus dem Werk von Leuret und Gratiolet. Auf der unteren Abbildung erkennen wir einen Schnitt durch den Balken (cc), die Ventrikel und den Hirnstamm, der in das verlängerte Mark und das Rückenmark übergeht (nach Leuret und Gratiolet, 1839/1857).

legte anatomische Beweismaterial – ebenso wie nachfolgende Befunde – über jeden Zweifel erhaben war. Die Läsion des linken Stirnlappens war die Ursache für den Sprachverlust, die Aphasie.

Der Streit um die Phrenologie und die Kritiker, die sie auf den Plan gerufen hat, gehören schon längst der Vergangenheit an. Immerhin zeigt uns Broca, daß die Phrenologen mit ihrer Kranioskopie die anatomische Untersuchung des Patienten zu sehr vernachlässigt hatten. Deshalb müsse man, schreibt er, «Bezeichnung und Lage der erkrankten Windungen genau angeben». Durch die direkte Verbindung zwischen anatomischen Fakten und beobachtetem Verhalten lieferte Broca den ersten Beweis für die genaue kortikale Lokalisation einer bestimmten Fähigkeit, jenes Grundpostulat von Galls «Organologie». Die von Broca entdeckte Läsion war einseitig, genügte aber, um zur Aphasie zu führen. Zugleich wies er eine Asymmetrie der beiden Hemisphären nach, von der Gall nichts geahnt hatte. Aber in gewisser Weise teilte er Descartes' Bestreben, die Seele an einem einmaligen, unpaarigen Punkt des Gehirns mit dem Körper zu verbinden, um so die Integrität des «Ich» zu bewahren.

Die Jahre um 1900 waren also auch die «Gründerzeit» der kortikalen Lokalisationen. Die Fortschritte der zunächst von Bouillaud und dann von Broca eingeleiteten klinischen Anatomie verbanden sich mit denen der Tierphysiologie. 1909 faßte Brodman die verfügbaren Daten über höhere Affen und Menschen zusammen. Er unterteilte die Großhirnrinde in zweiundfünfzig Areale oder Felder und ordnete jedem eine Nummer, vor allem aber eine Funktion zu. Feld 4, der vordere Teil der Zentralwindung, ist für das motorische Geschehen verantwortlich, das okzipital gelegene Feld 17 für das Sehen, die temporal gelegenen Felder 41 und 42 für das Hören, während die Felder 44 und 45 der Brocaschen Windung entsprechen. Große, bislang kaum erforschte Rindenabschnitte, sogenannte *Assoziationsfelder*, verbinden diese *primären* Rindenfelder oder *motorischen und sensorischen Projektionsfelder* und scheinen für höher integrierte Funktionen zuständig zu sein. Die noch heute verwendete Brodmansche Karte verhalf Galls Versuch zu neuer Aktualität. Diese «neue Phrenologie» – die die alte, sehr naive Nomenklatur der Fähigkeiten durch präzise Funktionsbeschreibungen ersetzte – gründete sich fortan nicht mehr auf die vage Kranioskopie, sondern auf unstrittige anatomische und funktionelle Kriterien (Abb. 6).

Damit gaben sich jedoch die Holisten, die an ihrer ganzheitlichen Sicht festhielten, noch nicht geschlagen. Im Gegenteil: Mit dem ganzen Gewicht seines akademischen Ansehens verkündete der franzö-

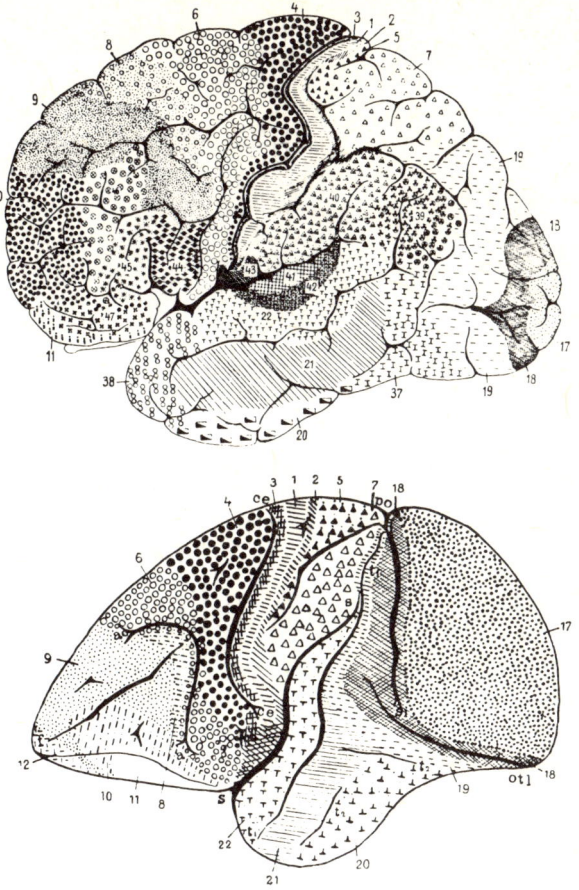

Abb. 6: Karte der Rindenfelder in der 1908 von Brodmann veröffentlichten Form (oben: Gehirn des Menschen; unten: Gehirn der Meerkatze). Die Bezeichnung und Bezifferung der Felder ist noch heute gebräuchlich. Die Unterscheidung der einzelnen Felder fußt auf mikroskopischen anatomischen Unterschieden des Kortexgewebes sowie auf Experimentaldaten über Läsionen und elektrische Stimulation, an Hand derer sich jedem Feld eine spezielle Funktion zuweisen läßt. Der Vergleich zwischen der Karte des Affen und der des Menschen zeigt, daß beiden Arten eine große Zahl von Feldern gemeinsam ist, so die primären Felder, auf die die Sinnesorgane «projizieren» (Sehen: okzipitales Feld 17 [bei der Meerkatze umfangreicher als beim Menschen]; Gehör; temporale Felder 41, 42, 22; Körperempfindung: parietale Felder 1, 2, 3), oder das motorische Feld 4. Beim Menschen ist eine sprunghafte Ausweitung der Fläche zu erkennen, die von den sogenannten «Assoziationsfeldern» besonders im frontalen Bereich eingenommen wird (nach Brodmann, 1908).

sische Philosoph Henri Bergson, daß «die Hypothese einer Äquivalenz zwischen psychischen und zerebralen Zuständen eine ausgemachte Absurdität darstellt». Konstruktiver und differenzierter ist da die Ansicht des Londoner Nervenarztes Henry Head, der im übrigen nur die fünfzig Jahre alten, in Vergessenheit geratenen Thesen des britischen Mediziners John H. Jackson aufgriff. Er berief sich auf die Beobachtung, daß die örtlich begrenzte Läsion eines bestimmten Rindenabschnitts niemals zum vollständigen Verlust der betreffenden Funktion führt. Die Lokalisation einer Läsion läßt sich nicht mit der einer Funktion zur Deckung bringen. Nach Jacksons und Heads Auffassung schaltet ein Prozeß um so mehr Bereiche des Gehirns ein, je komplexer und willkürlicher er ist. Eine Läsion der Großhirnrinde zerstöre keine «Rindenzentren», sondern bringe vielmehr eine geordnete Sequenz physiologischer Prozesse durcheinander. Man müsse den Begriff des «Zentrums» durch den des «bevorzugten Integrationsherds» ersetzen. Es ging Head nicht um eine Widerlegung der Lokalisationstheorie, sondern um den Nachweis der Schwierigkeiten, auf die dieses Verfahren stößt, wenn es zu eng und ausschließlich auf die Großhirnrinde begrenzt wird. Bei einer objektiven Analyse der Gehirnfunktionen gilt es, wie wir gleich sehen werden, wichtige Schaltstationen, ja sogar «Integrationszentren» zu berücksichtigen, die nicht in der Großhirnrinde liegen. Die Kritik der Holisten zwang zu einer besseren Definition der Lokalisation und rückte eine Komplexität der Organisation in den Blick, die sonst leicht hätte unterschätzt werden können.

Das Neuron

Von der Antike bis zu Broca war der Nachweis der ersten Lokalisationen kaum auf spezielle Instrumente angewiesen – nur auf die, die man brauchte, um den Schädel zu öffnen und das Gehirn freizulegen. Die Beobachtung ließ sich mit bloßem Auge vornehmen, doch die Sorgfalt, mit der man hinsah und vor allem das Gesehene interpretierte, wuchs. Hingegen stand die Enträtselung des inneren Aufbaus der «Nervensubstanz» in direktem Zusammenhang mit der Entwicklung eines optischen Geräts: des Mikroskops, das zunächst natürliches Licht verwendete, in neuerer Zeit (seit 1950) auch Elektronenstrahlen.[4]

Schon im 17. Jahrhundert, vor allem dank Willis, wußte man, daß das Gehirn sich aus «aschfarbener» oder grauer und aus weißer Substanz zusammensetzt. Doch woraus bestanden diese Substanzen? Aus jenen «Zellen», die zunächst der britische Naturforscher Robert Hooke (1665), dann der Niederländer Antoni van Leeuwenhoek in Pflanzengeweben und im Blut entdeckten? Entsprach das Gehirn in seiner Feinstruktur der Leber oder dem Herzen? Wenn dem so war, wäre das Gehirn in der Tat, wie Cabanis meinte, ein «Organ» wie jedes andere.

Um Antworten auf diese Fragen zu finden, mußten die Forscher eine zusätzliche, für das Nervengewebe typische Schwierigkeit überwinden. Das Gewebe ist weich und läßt sich nicht leicht in Schnitte zerlegen, die dünn genug für die mikroskopische Betrachtung sind. Lange Zeit begnügte man sich damit, es mittels zweier Nadeln zu zerreißen, bis man Anfang des 19. Jahrhunderts lernte, es zu härten, ohne seine Struktur zu zerstören – durch *Fixierung* mit «Holzessig», Alkohol, Formalin, Chromsäure oder Osmiumsäure. Dann imprägnierte man es, bettete es in immer härtere Schutzsubstanzen ein, zunächst in Paraffin und dann in Plastik. Danach wurden Dünnschnitte gefertigt, wobei die Dicke der Schnitte von einigen Dutzend Mikrometern (Millionstelmeter) auf wenige Nanometer (Milliardstelmeter) schrumpfte. Das machte sie zunächst für Licht, dann für Elektronen durchlässig. Schließlich wurden beim Mikroskopieren auch verschiedene von der chemischen Industrie seit dem 19. Jahrhundert entwickelte Farbstoffe eingesetzt, so daß man allmählich die ganze Vielfalt der inneren Zellstruktur erkannte.

1685 betrachtete der italienische Anatom Marcello Malpighi erstmals die Gehirnoberfläche unter einem Vergrößerungsgerät. Zuvor hatte er das Gehirn gekocht und, nach Entfernung der Hirnhäute, mit Tinte eingefärbt, um stärkere Kontraste zu erhalten. Er sah «durchsichtige, weiße Körperchen», die er für «kleine Drüsen» hielt. Wie kam er zu dieser Interpretation? Durch die Analogie des Erscheinungsbildes oder durch die Erinnerung an die hippokratischen Schriften? Die «Drüsen» geisterten noch einige Jahrzehnte lang durch die Beobachtungsprotokolle der Forscher und verschwanden erst, als sich neuere Methoden durchsetzten. Die Bilder waren reproduzierbar, aber wenig naturgetreu. Lag es an der sehr primitiven optischen Technik oder an einer zu unvorsichtigen Präparierung des Nervengewebes? Die Geschichte der mikroskopischen Untersuchung des Nervengewebes begann mit einem Artefakt. Es sollte nicht das letzte sein.

Dem Holländer van Leeuwenhoek verdanken wir die erste naturgetreue Beschreibung des unter dem Mikroskop betrachteten Nervengewebes. «Häufig fand ich großes Vergnügen daran», schrieb er 1718, «die Struktur des Nervengewebes zu betrachten, dieses Geflechts aus sehr kleinen *Gefäßen* von unvorstellbarer Feinheit, die, nebeneinander verlaufend, einen Nerv bilden.» Das Wort Gefäße überrascht. Er hielt sie wirklich für hohl. Eine Täuschung, hervorgerufen durch die optische Apparatur? Van Leeuwenhoek benutzte nämlich ein ziemlich unvollkommenes, nur mit einer einzigen Linse ausgestattetes Gerät. War es ein theoretisches Vorurteil – Erinnerung an Aristoteles, der Nerven und Blutgefäße verwechselte – oder eines, das von der Vorstellung herrührte, die man sich damals von den gasförmig oder flüssig gedachten animalischen Geistern machte? Keine *Nervenfaser* enthält einen Kanal, allerdings sind manche von einer «Hüllschicht» umgeben, der Markscheide oder *Myelinscheide*. Das waren die «Nervenzylinder» (die späteren «Axonzylinder» und heutigen *Axone*), aus denen sich die weiße Substanz der Nerven zusammensetzt (Abb. 7).

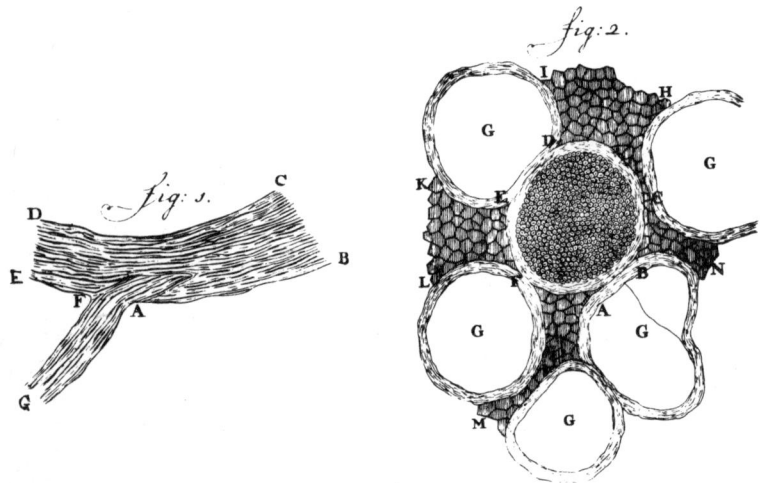

Abb. 7: Eine der ersten Zeichnungen, auf denen Nervenfasern dargestellt sind. Sie stammt von A. van Leeuwenhoek (1719) und zeigt den Schnitt durch einen unter dem Mikroskop betrachteten Nerv. Zeichnung 1 stellt einen Längsschnitt dar, der die Bündelung der Nervenfasern zu einem Strang erkennen läßt. Der Querschnitt in Zeichnung 2 zeigt die Häute der Nervenfaserbündel, während die Fasern selbst nur in der Mitte der Zeichnung wiedergegeben sind. Van Leeuwenhoek war der irrigen Ansicht, die Fasern seien hohl (nach Leeuwenhoek, 1719).

Fast ein Jahrhundert lang machte die mikroskopische Anatomie kaum erwähnenswerte Fortschritte, bis Dutrochet (1824) auf Grund seiner Untersuchungen an Ganglien (Nervenzentren) von Schnekken die sogenannten «Kugelkorpuskeln» beschrieb und zeichnete, seiner Ansicht nach «die Elemente, die die von den Nervenfasern fortgeleitete Nervenenergie hervorbringen». Zu Recht nannte er sie «kleine Zellen». Damit hielt die Nervenzelle, charakterisiert durch den Zellkörper oder das *Soma*, Einzug in die wissenschaftliche Literatur. Einige Jahre später wies Valentin darauf hin, daß einige dieser «Sphären» im Kleinhirn mit einem oder mehreren «Schwänzen» aus Protoplasma versehen sind, die, wie man in der Folgezeit erkannte, vielfältig verzweigt sind wie die Äste eines Baums, was ihnen ihren Namen *Dendriten* eintrug.

Die Beziehungen zwischen Nervenfasern oder Axonen und Zellkörpern waren damals Gegenstand heftiger Diskussionen. Bildeten Axone und Zellkörper eine Einheit? Oder waren die Nervenfasern zu einem eigenen Netz zusammengeschlossen? Von jetzt an benutzte man Mikroskope mit achromatischer (farbkorrigierter) Optik und färbte die Schnitte. Es dauerte jedoch noch mehrere Jahrzehnte, bis die Forscher das Puzzle zusammengesetzt und erkannt hatten, daß der Zellkörper mit den oft verwechselten Dendriten und Axonen zusammenhängt. Deiters war es, der in einem 1865 entstandenen, aber erst postum veröffentlichten Aufsatz als erster das heute vertraute Bild der Nervenzelle entwarf, ihr – wie er schon damals erkannte – allgemeingültiges Schema (Abb. 8). Die Nervenzelle besitzt wie jede andere Zelle einen Zellkörper mit Kern und Zytoplasma, ist aber zusätzlich gekennzeichnet durch zwei unterschiedliche Arten von Fortsätzen: das jeweils nur einmal vorkommende Axon (der Neurit) sowie die im allgemeinen zahlreichen und verzweigten Dendriten. Die «Nervensubstanz» wird also tatsächlich wie jedes andere Gewebe aus Zellen aufgebaut. Dennoch zeichnet diese Zellen, deren Körper sich in der grauen Substanz befinden, eine Besonderheit aus – die langen und verzweigten Verlängerungen. Überdies sind sie von einer Art «Leim» umgeben, der *Neuroglia*.

Wie schließen sich diese von Deiters beschriebenen Nervenzellen zum Nervengewebe zusammen? Der Versuch, diese Frage objektiv zu beantworten, scheiterte lange Zeit an einer erheblichen technischen Schwierigkeit: Die Nervenzellen sind nicht durch ihr leicht unter dem Mikroskop erkennbares Soma miteinander verbunden, sondern durch ihre axonischen oder dendritischen Fortsätze, deren dünne letzte Verzweigungen an der Grenze des Auflösungsvermö-

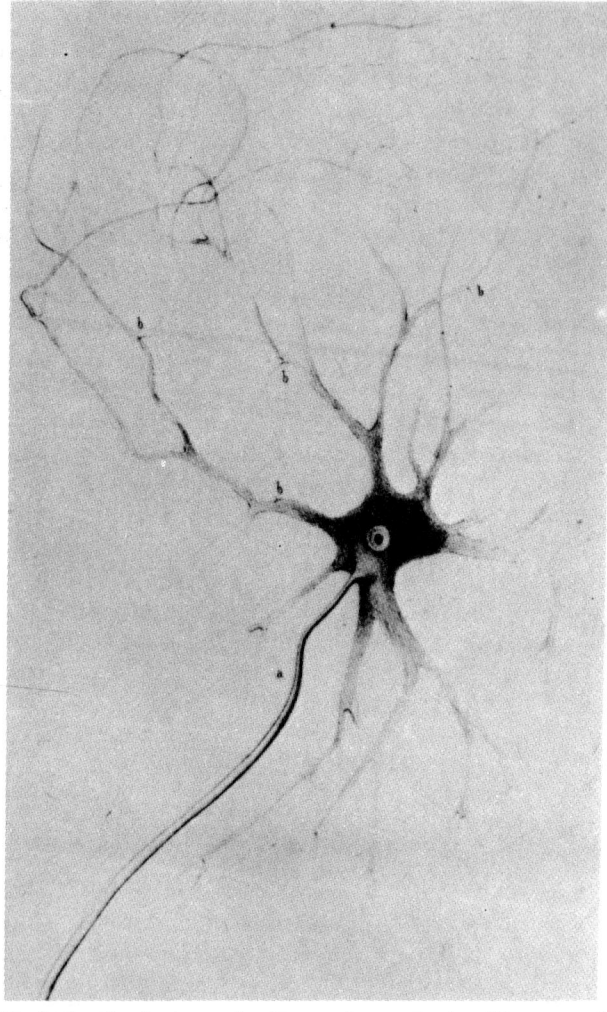

Abb. 8: Nach der Entdeckung der Nervenfasern in den Nerven und in der weißen Substanz sowie der Zellkörper in der grauen Substanz dauerte es noch einige Jahrzehnte, bis man Nervenfasern und Zellkörper unter dem Mikroskop in einen zutreffenden Zusammenhang brachte. Hier eine der ersten vollständigen und richtigen Darstellungen des Neurons – den Vorderhörnern des Rückenmarks entnommen –, die in einem postum erschienenen Buch von Deiters (1865) veröffentlicht wurde. In der Mitte ist der Zellkörper (Soma) mit Kern zu erkennen, umgeben von den vielfältigen und verzweigten Dendriten (b), die im Zellkörper zusammenlaufen, während das einzige Axon (a) von ihm fortführt (nach Deiters, 1865).

gens des optischen Mikroskops liegen. Es folgte eine Kontroverse, oder besser eine polemische Auseinandersetzung, die in den siebziger Jahren des 19. Jahrhunderts begann und erst in den fünfziger Jahren nach Einführung des Elektronenmikroskops beigelegt wurde.

Dabei ging es um folgende Frage: Für die einen, die *Retikularisten*, bildeten die Nervenzellen ein *kontinuierliches* Netzwerk, etwa wie die Kanäle der Camargue aus der Vogelperspektive betrachtet. Für die anderen, die *Neuronisten*, befanden sich die Nervenzellen wie die Bäume eines Waldes oder die Steinchen eines Mosaiks als unabhängige Einheiten in einer Beziehung der *Kontiguität* (Angrenzung) zueinander. In dem Augenblick, da die Lokalisationisten mit Broca den Sieg über die Holisten davontrugen, entwickelte sich eine neue, ganz ähnliche Kontroverse, wenn sie auch eine andere Organisationsebene betraf.

Gerlach, der Wortführer der Retikularisten, arbeitete über die Hirnrinde des Menschen. Das von ihm entwickelte Verfahren der Färbung mit Goldchlorid ließ zwei unterschiedliche Fasernetze erkennen (1872): ein feines, aus Dendriten bestehendes Geflecht schien die Somata miteinander zu verbinden, das andere, gröbere, schien axonalen Ursprungs zu sein. Beide waren jedoch reine Artefakte. Zunächst wurde die Existenz des Dendritengeflechts von dem italienischen Nobelpreisträger Camillo Golgi in Frage gestellt, der an der Universität von Pavia Histologie lehrte. Golgi hatte eine besondere Färbemethode entwickelt, die «reazione nera», die noch heute seinen Namen trägt (Golgi-Färbung). Dabei wird eine Nervenzelle bis in die feinsten axonalen und dendritischen Verzweigungen völlig schwarz gefärbt.

Bei Ramon y Cajal, Golgis großem Konkurrenten, liest sich die Beschreibung dieser Entdeckung wie folgt:

«Tagelang härtet ein Stück Nervengewebe in reiner oder mit Osmiumsäure gemischter Müllerscher Lösung. Versehentlich oder aus wissenschaftlicher Neugier taucht der Histologe es in Silbernitrat. Nach kurzer Zeit wird seine Aufmerksamkeit von glitzernden Nadeln mit schillernden Goldreflexen gefesselt. Er macht Schnitte von dem Gewebe, entwässert sie, hellt sie auf und betrachtet sie. Welch unerwarteter Anblick! Auf einem gelben Untergrund von vollkommener Transparenz zeichnen sich dünngesät die schwarzen Fasern – glatt und dünn oder stachlig und gedrungen – schwarzer Körper in Dreiecks-, Stern- oder Spindelform ab! Man könnte meinen, Tuschezeichnungen auf durchscheinendem Japanpapier vor sich zu haben. Das Auge ist verwirrt. Hier ist alles einfach, klar, ohne Geheimnis.

Man braucht nicht mehr zu interpretieren, nur noch hinzusehen und zur Kenntnis zu nehmen...» (vgl. Abb. 15).

Golgis erste Feststellung lautete: Das von Gerlach beschriebene Dendritengeflecht tritt bei der «reazione nera» nicht in Erscheinung. Dann aber wurde Golgi von seinem geschulten Auge im Stich gelassen. Er glaubte, ein kontinuierliches Axonennetz zu erkennen. Was war der Grund für dieses hartnäckige Festhalten an der retikularistischen These? Er selbst lieferte uns die Antwort in seiner Nobelpreisrede aus dem Jahr 1906: «Bis heute habe ich keinen Grund gefunden, der mich veranlassen könnte, die Überzeugung [von der Kontinuität] aufzugeben, die ich immer vertreten habe... Ich kann die Vorstellung einer *einheitlichen* Wirkung des Nervensystems nicht fallenlassen, ohne mich unbehaglich zu fühlen...» Wie zu erwarten, wirkten im Retikularismus die holistischen, ja spiritualistischen Thesen fort, die Flourens so erbittert verteidigt hatte.

Golgi, ein Kortexspezialist, wußte nichts von den Forschungsarbeiten über das periphere Nervensystem, den Bereich, in dem das motorische Axon auf die Muskelfaser trifft. 1869 erklärte Kühne, daß der Nerv an der Faser ende und keinesfalls in den «kontraktilen Zylinder» eindringe. Die «Endplatte» oder «motorische Platte» bilde eine Zwischenschicht, die den Muskel vom Neuriten trenne. An dieser Stelle reiße also die Kontinuität zwischen dem Axon und seinem Zielpunkt ab. Die Beweisführung war nicht ganz schlüssig, zumal sie an die Voraussetzung geknüpft war, daß das, was für die Peripherie gelte, auch auf das Zentrum zutreffe (Abb. 9).

Zwei Schweizer, Wilhelm His und Auguste Forel, brachten 1887, im Abstand von nur wenigen Monaten, die ersten ernst zu nehmenden Einwände gegen die retikularistische Theorie vor. In beiden Fällen stützten sich die Argumente nicht einfach auf die Beobachtung des ausgewachsenen Gehirns. Der Embryologe His hatte nach seiner Promotion bei Claude Bernard gearbeitet. Er entdeckte, daß das Nervensystem auf frühen Entwicklungsstufen aus unabhängigen, unverbundenen und noch nicht mit Neuriten versehenen Zellen besteht. Dann wachsen die Neuriten aus den Zellkörpern heraus, die aber mit ihren Fortsätzen immer noch unabhängige Einheiten bleiben. Es gibt kein Geflecht außer diesen von den Zellkörpern ausgehenden axonalen Endigungen.

Forel war Nervenarzt. Damals zeigten die Psychiater noch Interesse an der anatomischen Forschung und beteiligten sich aktiv an ihr. Sogar Freud (1882) hat anatomische Arbeiten veröffentlicht, mit denen er die retikularistische These zu unterstützen meinte. Forels

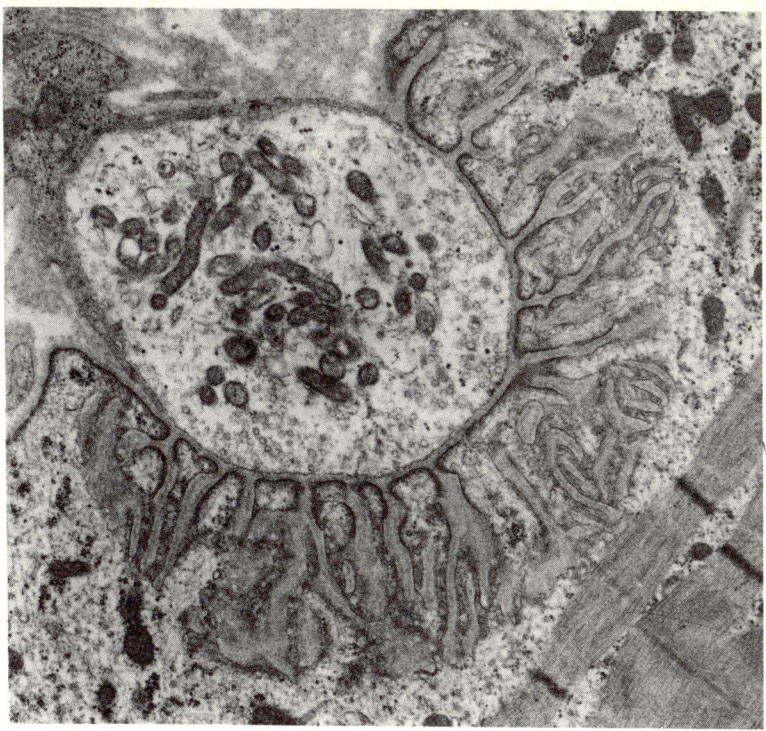

Abb. 9: Querschnitt durch eine Synapse zwischen einem motorischen Nerv und einem Skelettmuskel aus menschlichem Gewebe bei 20 000facher Vergrößerung unter dem Elektronenmikroskop. In der Mitte die Nervenendigung (rund) mit Bläschen und Mitochondrien (dunkle Flecken); rechts die Muskelfaser mit ihren Bündeln kontraktiler Fibrillen, die in regelmäßigen Abständen dunkle Streifen tragen. Ein Zwischenraum – der synaptische Spalt – trennt die feine Membran der Nervenfaser von der dickeren und eingefalteten Membran der Muskelfaser. Das Nervennetz ist diskontinuierlich, wie Cajal behauptet hat (Originalklischee von Michel Fardeau).

Experimente beschäftigten sich mit der Entartung der axonalen und dendritischen Verzweigungen, zu denen es beim Durchtrennen der Axone kommt. Er wies nach, daß die Degenerationserscheinungen in ganz bestimmten Fällen bis zum Zellkörper und zu den Dendriten zurückreichen, daß sie aber auf die beschädigte Einheit beschränkt bleiben und nicht auf das ganze Gewebe übergreifen, wie es nach der retikularistischen Hypothese zu erwarten wäre.

Schließlich erwuchs Golgis Ansichten in dem Madrider Mediziner Santiago Ramon y Cajal ein erbitterter Gegner, der mittels der Methode seines Widersachers eine eindrucksvolle Zahl von Beobachtungen über die Morphologie und Funktion der Nervenzelle sowie ihre Degeneration und Regeneration zusammentrug. Den ersten Schlag führte er 1888 – anläßlich einer Arbeit über bestimmte Kleinhirnzellen, deren Axonenenden einen «Korb» um das Soma eines anderen, sehr großen Zelltyps, der Purkinje-Zelle, bilden. Er wies nach, daß dieser «Korb» anatomisch völlig unabhängig von der Zielzelle ist, so daß von Kontinuität keine Rede sein kann. Für den endgültigen Sieg der Neuronisten sorgte er 1933 mit dem beeindruckenden Forschungsüberblick ‹Neuronismo o reticularismo? las pruebas objectivas de la unidad anatomica de las células nerviosas› (‹Neuronentheorie oder Retikularismus? Die objektiven Beweise für die anatomische Einheit der Nervenzellen›), zu dem er sich durch die Hartnäckigkeit der Retikularisten gezwungen sah.

Den Terminus *Neuron* verdanken wir allerdings weder Cajal noch His oder Held, sondern dem deutschen Anatomen Wilhelm Waldeyer (1890), von dem Cajal schrieb, sein ganzer Beitrag bestehe darin, «daß er in einer Tageszeitung seine Forschungsarbeiten zusammengefaßt und den Terminus ‹Neuron› erfunden hat». Mag das zutreffen oder nicht, Waldeyer hatte auf jeden Fall ein Empfinden für das richtige Wort, denn auch der Begriff «Chromosom» wurde von ihm geprägt.

Auf geradezu spektakuläre Weise wurde die Neuronentheorie durch das Elektronenmikroskop bestätigt. Es macht eine tausendmal stärkere Vergrößerung wie optische Mikroskope möglich, da sein Auflösungsvermögen im Nanometerbereich (10^{-9} m) liegt. An der Kontaktstelle von Nervenendigung und Ziel verschmelzen die Zellmembranen nicht miteinander, sondern sind durch einen Spalt von einigen Dutzend Nanometern getrennt – sie sind unverbunden.[5] Die Neuronen befinden sich folglich im Verhältnis der Kontiguität und nicht der Kontinuität zueinander. Ihre Verbindungsstelle wurde als *Synapse* bezeichnet, ein Name, den kein Anatom, sondern der englische Physiologe Charles Scott Sherrington (1897) erfand.

Elektrischer Strom und «medikamentöse Substanz»

Die Vorstellung, daß das Gehirn die Körperbewegungen kontrolliert oder Informationen auswertet, die es von den Sinnesorganen empfängt, setzt seine Kommunikation mit der Peripherie des Organismus voraus. Was für ein Signalsystem verwendet es dabei? Mit Demokrits Seelenatomen und Galens Pneuma setzte sich immer deutlicher der Begriff eines die Nerven durchlaufenden «subtilen Wirkstoffs» durch. Im 17. Jahrhundert stellte man sich die animalischen Geister meist flüssig oder auch gasförmig vor. Descartes bezeichnete sie als die in der «Orgel» des Körpers kreisende Luft. Für Newton dagegen waren sie ein «ungreifbarer Äther». Schon zu Beginn des 18. Jahrhunderts brachte man in diesem Zusammenhang die gerade entdeckte Elektrizität ins Spiel.

Doch erst mit dem Konzept der Erregbarkeit des Nerven- oder Muskelgewebes, das heißt mit der Erkenntnis, daß sich in diesen Geweben eine Reaktion künstlich, durch Eingriff von außen, auslösen läßt, konnte man die animalischen Geister «dingfest» machen. Interessant ist, daß diese Vorstellung in theoretischer Form (1654, 1677) von dem Cambridger Medizinprofessor Francis Glisson in Gegenreaktion zu Descartes' mechanistischem Materialismus entwickelt wurde. Glisson glaubte nämlich, sogenannte «Lebenskräfte» durch die Vielfalt und Unterschiedlichkeit der Bewegungen – die «Erregbarkeit» – jener «Fasern» nachweisen zu können, aus denen, so meinte er, jedes Gewebe oder Organ aufgebaut sei. Außerdem wies er darauf hin, daß sich in den Nerven eine weitere Eigenschaft manifestiere – das «Empfindungsvermögen». Erst ein Jahrhundert später gelang dem Schweizer Albrecht von Haller der experimentelle Nachweis dieser Eigenschaften. Er verwendete verschiedene Arten von Reizen: mechanische (Skalpell, Luft) oder chemische (Alkohol, Kali, Vitriol), die er mit einer Vielzahl von Geweben in Berührung brachte: mit Haut, Blutgefäßen, Hirnhäuten, Drüsen. Er zeigte, daß sich im Gegensatz zu Glissons Auffassung nur Muskeln zusammenziehen, daß aber andererseits – in Übereinstimmung mit der Ansicht des englischen Mediziners – das «Empfindungsvermögen» eindeutig an das Vorhandensein von Nerven gebunden ist.

Aber immer noch war der Wirkstoff unbekannt, die «Energie», die, von den sensibilisierten Nerven ausgehend, die Muskelkontraktionen hervorruft. Für viele waren es immer noch die «Lebenskräfte», die sich ein für allemal menschlichem Erkenntnisvermögen entzogen. Angesichts dieser Situation ist verständlich, daß Luigi Galvani 1791 mit der Veröffentlichung seiner Schrift ‹De viribus electricitatis in motu musculari commentarius› eine wissenschaftliche Revolution hervorrief, vergleichbar nur noch mit derjenigen, die sich gleichzeitig auf der politischen Bühne vollzog. Bereits 1780 hatte Galvani beobachtet, daß die Entladung statischer Elektrizität aus Leidener Flaschen Muskelkontraktionen hervorruft. Ferner kannte man seit der Antike jene merkwürdigen Geschöpfe, die bei Berührung elektrische Schläge austeilen, zum Beispiel die Zitterrochen. Trotzdem waren Luigi Galvani und seine Frau Lucia sehr überrascht, als sie am 20. September 1786 bei dem Versuch, die Auswirkungen atmosphärischer Elektrizität auf die Muskelkontraktionen von Froschschenkeln nachzuweisen, die Beobachtung machten, daß die Froschschenkel *spontan* zuckten, als sie ihr Präparat mit einem in das Rückenmark gebohrten Kupferhaken an einem Eisengitter aufhängten. Das Wetter war gut – und nichts deutete auf ein Gewitter hin. Galvani schloß daraus, daß der Frosch selbst eine «tierische Elektrizität» produziere, die die Nerven entlangfließe, als Reiz auf die erregbaren Muskelfasern wirke und die Kontraktion hervorrufe. Er erklärte auch, daß «das Organ, das die Elektrizität vor allem absondert, das Gehirn ist». Mit anderen Worten, Galvani setzte die animalischen Geister mit Elektrizität gleich[6] (Abb. 10).

Diese Ansicht wurde sogleich von seinem Landsmann Graf Alessandro Volta, einem Physikprofessor an der Universität von Pavia, heftig kritisiert. Volta bewies, daß Galvani nicht die behauptete tierische Elektrizität nachgewiesen hatte. Er habe nur gezeigt, daß sich die durch den Kontakt zwischen Kupferhaken und Eisengitter erzeugte «metallische Elektrizität» auf die Muskelkontraktion des Frosches ausgewirkt habe. Volta hatte recht. Durch die Feder seines Neffen Aldini antwortete Galvani umgehend auf Voltas Einwand. Galvani hatte nämlich in einem neuen Experiment auf jegliches Metall verzichtet. Er löste das Rückenmark aus dem Froschkörper, bog eines der Hinterbeine zurück, nachdem er dessen Muskel freigelegt hatte, und brachte es in Kontakt mit dem Rückenmark. Kaum war der Kreis geschlossen, zuckte das freibewegliche andere Bein, was, so Galvani, beweise, daß der Frosch selbst tierische Elektrizität erzeuge.

Die Kontroverse zwischen «metallischer Elektrizität» auf der einen und «tierischer Elektrizität» auf der anderen Seite fand erst ein Ende, als man ein adäquates Meßgerät entwickelte. Mit dem Galvanometer, dessen Name sich von Galvani herleitet, zeichnete C. Matteucci (1838) erstmals einen muskulär erzeugten elektrischen Strom auf, den er «Eigenstrom» nannte. Der Muskel reagierte nicht nur auf einen elektrischen Reiz, sondern erzeugte auch in Übereinstimmung mit Galvanis Vorstellungen eine Elektrizität, die sich genauso messen ließ wie Voltas Elektrizität. Das war die Geburtsstunde der Elektrophysiologie.

Nachdem dieser Erkenntnisstand erreicht war, erwiesen sich die Verwendung physikalischer Instrumente und vor allem die Einführung von Methoden, die man aus der Physik entlehnt hatte, als außerordentlich hilfreich. Es galt, die biologischen Phänomene der Erregbarkeit und des Empfindungsvermögens auf physikalische Mechanismen zurückzuführen. Emil Du Bois-Reymond, Sproß einer französischen Hugenottenfamilie, gründete in Berlin eine materialistische Denkschule, die mechanische Physiologie, aus der sich

Abb. 10: Die «Studierstube», in der Galvani und seine Mitarbeiter Ende des 18. Jahrhunderts ihre Experimente zur tierischen Elektrizität durchführten. Die Laborgeräte sind noch sehr einfach! Unter der Decke, über die ganze Breite des Raumes laufend, ist der Metalldraht zu erkennen, an dem Galvani und seine Frau eines Tages ihre präparierten Froschschenkel aufhängten und so ungewollt ein einfaches elektrisches Element herstellten, das die Kontraktion der Froschschenkel bewirkte (nach Galvani, 1791).

die heutige «Biophysik» entwickelt hat. Ihr gelang es in wenigen Jahrzehnten, den animalischen Geistern ihre «lebensspendende» Funktion zu nehmen. Du Bois-Reymond zeigte, daß das Signal, welches zunächst den Nerv, dann den Muskel durchläuft und dessen Kontraktion bewirkt, eine «Negativitätswelle» ist, die zu einem elektrischen Strom oder «Aktionspotential» wird (1848). Dann übertrug der Physiker und Physiologe Hermann von Helmholtz die ballistischen Methoden, die er verwendet hatte, um die Geschwindigkeit einer Gewehrkugel beim Verlassen des Laufs zu messen, auf die Nerventätigkeit. Das Aktionspotential breitet sich nicht so rasch aus wie der elektrische Strom in einem Kupferdraht. Die Geschwindigkeit liegt je nach dem untersuchten Nerv zwischen 25 und 40 Metern pro Sekunde, ist also niedriger als die Schallgeschwindigkeit. Sie ist aber immer noch hoch genug, um die raschen Bewegungen des menschlichen Geistes zu erklären, die damit meßbar geworden waren.

Die Pioniere auf dem Gebiet der tierischen Elektrizität arbeiteten mit Froschteilen. Das am meisten verwendete Präparat bestand aus den Hinterschenkeln eines Frosches, die mit den Lumbalsegmenten des Rückenmarks (Mark der Lendenwirbel) verbunden blieben. Waren die an so einfachen Präparaten erzielten Ergebnisse aber auch übertragbar auf ganze Nervenzentren oder gar auf die Großhirnrinde? Magendie, Flourens, Matteucci hatten alle selbst versucht, die Rinde mittels Elektrizität oder verschiedener chemischer «Reizstoffe» zu stimulieren. Sie erzielten keinerlei Reaktion. Hatte Aristoteles recht? Die Ergebnisse schienen eindeutig für die in der ersten Hälfte des 19. Jahrhunderts sehr beliebten spiritualistischen Thesen von Flourens zu sprechen. Die Berliner Ärzte Fritsch und Hitzig wagten es 1870 – sie waren beide 32 Jahre alt –, diese ehrwürdige Theorie in Zweifel zu ziehen. In Kenntnis der Untersuchungen zur Aphasie, die Bouillaud etwa 35 Jahre zuvor veröffentlicht hatte, stellte einer der beiden zufällig fest, daß Augenbewegungen hervorgerufen werden, wenn ein galvanischer Strom den hinteren Schädelteil oder auch die Schläfenregion durchfließt. Beide maßen der Beobachtung große Bedeutung bei und wiederholten sie in systematischen Tierversuchen. Fritsch und Hitzig entschieden sich für Hunde als Versuchstiere, die dem Menschen in der zoologischen Rangordnung wesentlich näher stehen als Flourens' Tauben. Aus Geldmangel sahen sie sich gezwungen, ihr Laboratorium in der Hitzigschen Wohnung einzurichten. Das Öffnen und Schließen eines galvanischen Elements, stark genug, um eine spürbare Empfindung auf der Zungenspitze hervorzurufen,

Elektrischer Strom und «medikamentöse Substanz» 47

lieferte den Reiz. Elektroden an bestimmten Punkten der Rindenoberfläche riefen Muskelkontraktionen hervor, die in der gegenüberliegenden Körperseite auftraten. Wenn der Reiz stark war, ergriffen die Kontraktionen die ganze Körperhälfte, wenn er schwach war, beschränkten sie sich auf einige Muskel. Ein ganz bestimmtes Rindenfeld erwies sich als zuständig für die Motorik. Es liegt auf der Wölbung im Vorderteil des Gehirns. Die Experimente von Fritsch und Hitzig gingen in ihrer Tragweite noch über den bereits hochbedeutsamen Nachweis von motorischen Feldern hinaus. Sie stellten im Effekt eine unauflösliche Verbindung zwischen Galvani und Broca, zwischen Elektrizität und Gehirnfunktion her.

Der Einwand, den Volta gegen Galvani vorbrachte, richtete sich offensichtlich gegen eine zu weitgehende Auslegung der Befunde von Fritsch und Hitzig. Auch wenn sie bewiesen hatten, daß bestimmte Felder der Hirnrinde auf elektrische Reize ansprechen, so bedeutete das ja noch lange nicht, daß die Hirnrinde auch selbst Elektrizität erzeugt. Als junger Assistent am physiologischen Institut der Royal Infirmary in Liverpool zeigte R. Caton (1875) dann allerdings, daß auch die zweite Annahme richtig ist. Er setzte eine Elektrode an die Oberfläche der grauen Substanz im Gehirn eines Kaninchens und zeichnete mit seinem Galvanometer schwache Ströme auf, die sich spontan umpolten. Als er die Netzhaut des Kaninchens einem hellen Lichtstrahl aussetzte, traten stärkere Ströme mit negativem Pol in der Hinterhauptsregion der Hirnrinde auf. Damit entdeckte Caton sowohl das Elektroenzephalogramm als auch die evozierten Potentiale. Also auch die Zellen der Großhirnrinde erzeugen Aktionsströme wie jene, die Du Bois-Reymond in den peripheren Zellen gemessen hatte. Gall hatte das Gehirn «säkularisiert», indem er gezeigt hatte, daß es sich aus derselben grauen und weißen Substanz wie das periphere Nervensystem zusammensetzt. Caton und seine Nachfolger besiegelten diesen Prozeß, indem sie die Hirnaktivität an elektrischen Phänomenen festmachten.

Aber genügten Du Bois-Reymonds «Aktionsströme», um alle im zentralen und peripheren Nervensystem ablaufenden Signalprozesse zu erklären? Was geschah – wenn die «Neuronisten» recht hatten – an den Nervenendigungen, zum Beispiel an den Kontaktstellen von motorischem Axon und Muskel? Schon Du Bois-Reymond meinte, es müsse *entweder* ein Sekret in Form einer feinen Ammoniak- oder Milchsäureschicht oder irgendeiner anderen Substanz an der Oberfläche des kontraktilen Gewebes abgesondert werden, so daß es zu einer heftigen Reizung des Muskels komme, *oder* es müsse ein elektrischer Einfluß ausgeübt werden. Damit lag bereits die Hypothese vor, daß irgendein chemischer Mechanismus für den Kontakt zwischen Nerv und Muskel sorge. Feste Gestalt nahm sie allerdings erst an, als eine sehr alte Disziplin mit ihrem Interesse an Giften, Drogen und Arzneimitteln wieder auf der Bildfläche erschien: die Pharmakologie.

Die experimentelle Analyse der Wirkungsweise «toxischer und medikamentöser Substanzen» setzte sich erst mit Claude Bernard (1857) durch, der in einer Reihe sehr einfallsreicher Experimente versuchte, die Wirkungsweise des Curare, der tödlichen Substanz im Pfeilgift südamerikanischer Indianer, zu ermitteln. Der Wirkstoff lähmt die Beutetiere, wenn er in den Blutkreislauf gelangt. Aber wo wirkt er? In den Nerven, den Muskeln, an ihren Kontaktstellen? Bernard wies zunächst nach, daß Curare die durch Galvanisierung ausgelöste Muskelkontraktion nicht blockiert. Ebensowenig wirkt es auf die sensorischen Nerven ein, sondern nur auf die äußerste Peripherie der motorischen Nerven. Trotzdem täuschte sich Bernard, als er zu dem Schluß kam, das Gift führe «den natürlichen Tod des motorischen Nervs» herbei. Vulpian, ein eifriger Hörer von Bernards Vorlesungen am Collège de France, bemerkte es und lieferte die richtige Antwort nach: Das Curare «unterbricht die Verbindung zwischen Nervenfasern und Muskelfasern» (1866). Wird diese Verbindung durch eine dem Curare ähnliche chemische Substanz hergestellt?

Die Lösung lieferte T. Elliott (1904), allerdings nicht für die Verbindung von motorischem Nerv und willkürlichem Muskel, sondern für die «sympathische» Innervation der Harnblase einer Katze. Einige Jahre zuvor hatte man aus dem Nebennierenmark eine sehr wirksame Substanz in gereinigter und kristalliner Form gewonnen – das Adrenalin. In die Blutbahn injiziert, unterbindet das Adrenalin nicht etwa die Wirkung des Nervenreizes – wodurch ja das Curare die willkürlichen Muskeln lähmt –, sondern wirkt vielmehr *in gleicher Weise* wie der Nerv und führt zu einer Erschlaffung der Harnblase. Hingegen wird die Wirkung des Nervs wie des Adrenalins durch Gifte blockiert, die aus dem Mutterkorn des Roggens gewonnen werden. Elliott schloß daraus, daß «das Adrenalin der chemische Reizstoff sein könnte, der jedesmal freigesetzt wird, wenn der Nervenimpuls die Peripherie erreicht». Einige Jahrzehnte später wurde das Acetylcholin als diejenige natürliche Substanz identifiziert, die von den willkürmotorischen Nerven freigesetzt und deren Wirkung vom Curare blockiert wird. Acetylcholin und Adrenalin waren die zuerst entdeckten Stoffe auf einer langen Liste von natürlichen, in den Ner-

Elektrischer Strom und «medikamentöse Substanz»

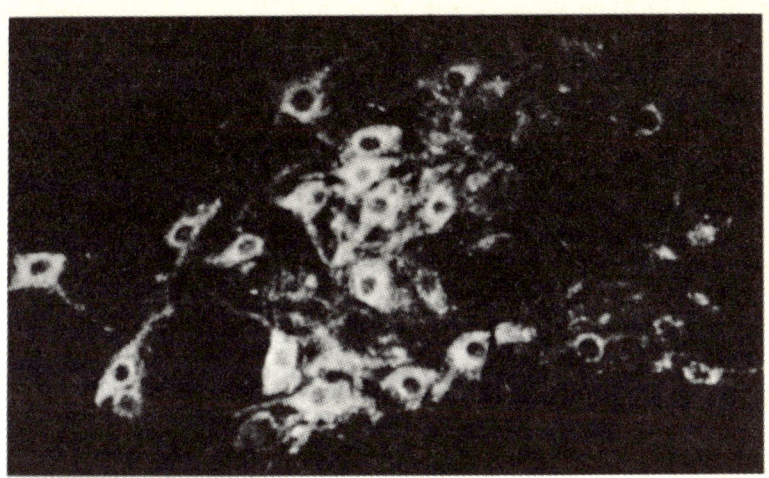

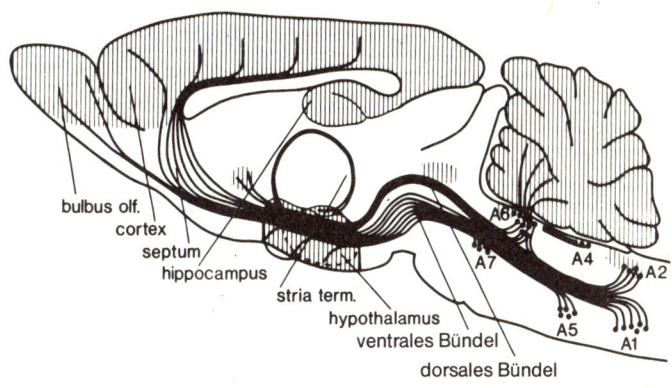

Abb. 11: Mit der Entdeckung der Neurotransmitter begann ein neues Kapitel in der Geschichte der Gehirnforschung. Von nun an waren die Neuronen nicht mehr allein durch ihre Form oder ihre elektrische Aktivität kenntlich, sondern auch durch die chemischen Substanzen, die sie präsynaptisch herstellen und ausschütten. Hier nehmen die Neuronen des *Locus caeruleus*, nachdem ein Schnitt aus dem Hirnstamm der Ratte mit Formalindämpfen behandelt wurde, eine intensive grüne Fluoreszenz an, die typisch für das Vorkommen von Noradrenalin ist (nach Dahlström und Fuxe, 1964). Grafik unten: «Chemische Karte» der adrenergen Neuronen; Zellkörper sind durch den Buchstaben A bezeichnet, die Axonenstränge sind schwarz gezeichnet, und die Felder, in denen die Nervenendigungen liegen, sind schraffiert. Der *Locus caeruleus* wird mit A 6 bezeichnet (nach Ungerstedt, 1971).

venzellen produzierten Verbindungen, den *Neurotransmittern*, die für die Übertragung des Nervensignals über den Synapsenspalt hinweg sorgen. An den Stellen, wo die anatomische Kontinuität zwischen den Nervenzellen und ihren Zielen abreißt, übernehmen chemische Stoffe die Aufgabe der Elektrizität.

Es sollte allerdings noch geraume Zeit verstreichen, bis man die für die Peripherie erkannten Mechanismen auch für das Gehirn gelten ließ, woran die – bewußten oder unbewußten – weltanschaulichen Vorbehalte der beteiligten Wissenschaftler sicherlich nicht ganz unschuldig waren. 1904 hat Elliott erstmals behauptet, daß chemische Wirkstoffe – die Neurotransmitter – dem Nervenimpuls helfen, die Synapse zu überwinden. Noch 1949 bestritten zahlreiche Physiologen, daß Neurotransmitter auch im zentralen Nervensystem wirksam wären. In die Peripherie mit der Chemie – und für das Refugium der Seele die flüchtigere und weniger greifbare Elektrizität! Indes, seit Beginn der vierziger Jahre entdeckten Pharmakologen und Biochemiker[7] das Acetylcholin in verschiedenen Gehirnregionen, vor allem in der Rinde. Auch die zentralen Neuronen reagierten auf Acetylcholin. 1954 zeigte dann M. Vogt, daß das kurz zuvor von U. von Euler isolierte Noradrenalin, eng verwandt mit dem von Elliott verwendeten Adrenalin, gleichfalls im Hypothalamus anzutreffen ist. B. Falck, N. Hillarp und ihre Mitarbeiter am Karolinska-Institut in Stockholm[8] machten in fluoreszierendem gelbem oder grünem Licht auf histologischen Hirnschnitten abgegrenzte und genau lokalisierte Neuronengruppen sichtbar, die Noradrenalin und verwandte Neurotransmitter enthielten. Die Beteiligung dieser Neuronen an wichtigen Gehirnfunktionen steht außer Zweifel. Seither zerfällt Galens «Pneuma» in Natrium-, Kalium- oder Calciumionen, in Acetylcholin, Noradrenalin oder irgendwelche anderen Neurotransmitter. Sie werden an genau abgegrenzten und *lokalisierten* Punkten des Gehirns erzeugt und folgen vorgeschriebenen Bahnen. Die «animalischen Geister» haben sich als die Bewegungen von Atomen und Molekülen entpuppt. Die Wissenschaften, die sich mit dem Nervensystem beschäftigen, sind molekular geworden (Abb. 11).

Die Vernunft der Geschichte

Dieser flüchtige geschichtliche Überblick, der natürlich tendenziös ist, da er unter dem Eindruck der aktuellen Hirnforschung steht, sollte dennoch genügen, um die Forschungsrichtungen und theoretischen Positionen deutlich zu machen, die wiederholt und systematisch die Entwicklung unseres Wissens vorangebracht haben. Im Lauf der Geschichte hat die Lokalisationstheorie immer wieder zu ganz entscheidenden Entdeckungen geführt, die ihren unbestreitbaren Wert als progressives Element unserer Wissenschaft dokumentieren. Es liegt im Wesen der analytischen Methode, daß sie vereinfacht, wobei die Vereinfachung gelegentlich zu weit getrieben wird. Der Spiritualist Glisson führte Erregbarkeit und Empfindungsvermögen gegen Descartes' mechanistische Thesen ins Feld. Zu Anfang des Jahrhunderts bewahrten (und sie tun es auch heute noch) bestimmte ganzheitliche Argumente die Forschung vor einer zu radikalen Interpretation, die sich etwa einzig und allein auf Brodmans Rindenkartographie verließ und den Blick auf die Vielfalt der kortikalen und subkortikalen Gehirnzentren und auf die Komplexität ihrer Beziehungen verstellte. Deshalb dürfen die holistischen Thesen trotz ihrer spiritualistischen Obertöne nicht einfach ohne Prüfung verworfen werden. Wenn ihnen auch möglicherweise der «Erklärungswert» abzusprechen ist, so bedeuten sie doch gelegentlich eine nützliche Einschränkung der aus analytischen Experimenten gewonnenen Schlußfolgerungen und rücken dadurch neue Probleme in den Blick.

Eine andere Forschungsrichtung versucht, anatomische Fakten und beobachtbares Verhalten miteinander in Beziehung zu setzen, das materielle Substrat einer Funktion ausfindig zu machen – zunächst unabhängig von der Nervenaktivität, dann durch diese vermittelt. Von unserem ägyptischen Chirurgen bis Herophilos und Erasistratos, von Galen bis Nemesius, von Gall bis Broca – stets hat die analytische Methode zu einer Vielzahl von Entdeckungen geführt und trägt noch heute an der vordersten Linie der neurobiologischen Forschung reiche Früchte.

Schließlich erweist sich auch die Suche nach den physikalisch-chemischen Grundlagen der Gehirnfunktionen im allgemeinen als recht fruchtbar. Das Pneuma, das man sich zuerst in Gestalt der animalischen Geister, dann als Nervenflüssigkeit vorstellte, wurde zur tierischen Elektrizität, anschließend zum Aktionspotential, schließlich zur Verlagerung elektrisch geladener Ionen. Ein anderes Beispiel ist der Beweis für das Wirken von Neurotransmittern an der Synapse.

Für die Bedenken und Ängste der Spiritualisten bringen diese Entdeckungen wenig Erbauliches und Tröstliches. Aber das ist auch nicht das Ziel, das wir uns gesteckt haben: Wir wollen verstehen, wie unser Gehirn funktioniert.

2
Das Gehirn in seinen Einzelteilen

> Das Nervensystem wird von einer unermeßlichen
> Zahl separater Einheiten aufgebaut, den Neuronen, die nur Kontakt miteinander haben, sonst
> aber völlig unabhängig voneinander sind.
>
> Santiago Ramon y Cajal
> Histologie du Système Nerveux (1909)

Seit ältesten Zeiten ließen die griechischen und ägyptischen Priester heimlich «bewegliche Götter» anfertigen, mit deren Hilfe sie das Volk beeindruckten. In ganz anderer Absicht stellte Vaucanson 1738 der Öffentlichkeit seine «Verdauungsente» vor, die, von Hebeln und Nokken bewegt, mit den Flügeln schlug, Körner verschlang und sie wieder ausschied, nachdem sie ihren Körper durchquert hatten. Heute wird die sorgfältige und genaue Lackierung von Autokarosserien durch Roboter besorgt, und riesige Elektronenrechner überwachen Raumsonden bei ihren Reisen an die Grenzen unseres Sonnensystems. Der Mensch erfindet Maschinen, die ihn ersetzen und ihm aus diesem Grund in seinen Bewegungen oder Handlungen ähneln. Für Descartes war nur der Körper eine Maschine, doch schon Lamettrie bezog auch die Seele in diese Vorstellung ein. Sie sei, schrieb er, «nur ein leeres Wort, von dem man keinen Begriff hat. Wagen wir also den kühnen Schluß, daß der Mensch eine Maschine ist.»

Norbert Wiener griff diese These in seiner Begründung der Kybernetik wieder auf. Das Gehirn des Menschen wurde nun allerdings nicht mehr der Mechanik eines Automaten oder Uhrwerks gleichgesetzt, sondern war aufgebaut und funktionierte *wie* ein Elektronenrechner. Handelt es sich nur um ein Bild, eine Metapher? Wenn Lamettrie schreibt, daß die Körpermaschine «sich selbst aufzieht», müssen wir die Analogie dann so ernst nehmen, daß wir unsere Organe und Zellen mit Stahlfedern und Gummiröhren oder auch Transistoren und integrierten Schaltkreisen gleichsetzen? Der Leser kann beruhigt sein: Es geht hier nicht darum, das Gehirn mit einem Uhrwerk zu vergleichen, die Nervenzelle als Antriebsrad zu verstehen, noch nicht einmal darum, um jeden Preis eine Ähnlichkeit zwischen der Organisation der Neuronennetze und den Schaltkreisen eines Computers oder irgendeines anderen «künstlichen» Mechanismus zu entdecken. Wir wollen vielmehr unseren Gegenstand «Nervensystem» mit allen uns zur Verfügung stehenden Mitteln untersuchen: seine anatomischen Bestandteile betrachten, ihre Beziehungen untereinander erkennen und schließlich ihre Organisation beschreiben. Die erste Etappe, die Zerlegung der «Gehirnmaschine», endet auf zellularer Ebene. Darunter verliert sich die Besonderheit des Nervensystems, sich mittels seiner axonischen und dendritischen «Kabel» zu Nachrichtennetzen zu organisieren. Das Neuron liegt heute im Schnittpunkt zweier Forschungsrichtungen: der des Molekularchemikers oder -biologen, der das Neuron als ein System von interagierenden Makromolekülen sieht, und der des Neurobiologen oder Embryologen, der es im Gegensatz dazu als die Grundeinheit versteht, aus der sich das Organ aufbaut. Deshalb wählen wir für die «Zerlegung» der Nervenmaschine in ihre Einzelteile die Organisationsebene des Neurons und seiner Synapsen.

Makroskopie des Gehirns

In seinem Gemälde ‹Anatomiestunde› bildet Rembrandt auf der Leinwand die beiden Hirnhemisphären des Leichnams ab, den der Arzt Johann Deyman seziert. Bei entferntem Schädeldach (der Assistent des Chirurgen am linken Bildrand hält es in der Hand) erkennt der Betrachter die graue, gewundene Masse, reichlich versorgt mit Blutgefäßen. Aus dem Schädel gelöst, gliedert sich die Gesamtheit dieses Gewebes, das «Encephalon», in drei große Teile: vorne in die beiden Hemisphären des Großhirns, hinten das Kleinhirn und schließlich den Hirnstamm, der die beiden anderen Teile mit dem Rückenmark verbindet.

Seit der Renaissance bestand die Beschäftigung mit dem Gehirn in erster Linie darin, daß man seine Form in Zeichnungen oder, später, fotografisch festhielt und seine Teile benannte. Eine andere Methode beruhte auf quantitativen Messungen. Ein leicht zu ermittelnder Parameter ist das Frischgewicht. Meist steht den Anthropologen allerdings nur der Schädel zur Verfügung, der sich weit besser hält als die Weichteile. Da das Gehirn mit den Hirnhäuten sehr eng an die Schädelwand anschließt, kann sein in Kubikzentimetern ausgedrücktes inneres Volumen als ein gewisser Maßstab für das in Gramm ausge-

Makroskopie des Gehirns 57

drückte Gehirngewicht gelten (der Rauminhalt des Schädels übertrifft das Gehirnvolumen nur um 6 Prozent). Auf eine Waage gelegt, wiegt das menschliche Gehirn 1330 Gramm. Das ist ein Mittelwert, denn das Gewicht weist von einer Person zur anderen beträchtliche Schwankungen auf. Häufig werden Anatole France und Gall selbst als Beispiele für besonders niedrige Werte genannt (1000–1100 Gramm), Cromwell und Lord Byron als Beispiele für besonders hohe Werte (2000–2230 Gramm). Broca hat sich eingehend mit der Messung des Gehirngewichts beschäftigt. Er hat sogar berichtet, das durchschnittliche Gewicht von 51 ungelernten Arbeitern habe 1365 Gramm betragen, das von 24 Facharbeitern dagegen 1420 Gramm. Ein Jahrhundert später hat Eugène Schreider vergeblich versucht, diese Beobachtungen empirisch zu bestätigen.[1] Tatsächlich ist der *absolute* Wert des Gehirngewichts für sich genommen ohne Bedeutung. Niemand zweifelt daran, daß die Körperproportionen bei Individuen unterschiedlicher Größe gleich bleiben; so entspricht es allgemeiner Erwartung, daß sich die Maße des Gehirns mit denen des übrigen Körpers verändern. Broca scheint diesen Umstand bei der Wertung seiner Ergebnisse nicht bedacht zu haben. Tatsächlich waren die ungelernten Arbeiter, ohne Zweifel von einfacher Herkunft und während der Kindheit unterernährt, im Durchschnitt kleiner als die anderen.

Auf welchen Körperparameter ist dann aber das Gehirngewicht zurückzuführen? Bei den Wildtierarten schwankt das Körpergewicht nur unwesentlich mit unterschiedlichen Umweltbedingungen und wird deshalb meist als Bezugspunkt genommen. Beim Menschen weist das Körpergewicht sehr große Unterschiede auf. Weniger abhängig von der sozialen Umwelt ist die Größe, die deshalb in statistischen Untersuchungen meist festgehalten wird. Aber auch das mittels dieses Parameters «normalisierte» Gehirngewicht fällt noch sehr unterschiedlich aus. Die Schwankungsbreite ist für Menschenpopulationen sehr viel größer als für Populationen wildlebender Tierarten. Darüber hinaus scheint ein signifikanter Unterschied zwischen den Geschlechtern vorzuliegen. Nach Spann und Dustmann (1965) besitzen männliche Erwachsene *im Durchschnitt* 8,3 Gramm Gehirn pro Zentimeter Körpergröße, Frauen dagegen nur 8,0 Gramm, was für die Männer einen leichten Vorteil von *durchschnittlich* 45 Gramm bei einer Größe von 1,65 Metern ergibt. Dieser Geschlechtsdimorphismus, der genauso für die Werte des Schädelvolumens gilt, ist auch bei den Menschenaffen (Anthropoiden) zu beobachten.[2] Am ausgeprägtesten ist er beim Gorilla. Unter diesem Aspekt betrachtet ist der Mensch zwischen dem Schimpansen und dem Orang-Utan angesiedelt. Mehrere Tierarten übertreffen den Menschen bei weitem hinsichtlich des absoluten Gehirngewichts – so zum Beispiel der Blauwal und der Afrikanische Elefant, die Gehirngewichte von 6000 beziehungsweise 5700 Gramm haben. Am Körpergewicht gemessen sind diese Gehirne jedoch nicht mehr als der zehntausendste Teil im ersten Fall und der sechshundertste im zweiten Fall. Das Gewicht des menschlichen Gehirns stellt dagegen den vierzigsten Teil des Körpergewichts dar. Aber auch in dieser Hinsicht wird der Mensch übertroffen, und zwar von den kleinen Säugern, dem Seidenäffchen etwa oder dem Frettchen, bei denen das Gehirngewicht bis zu einem Zwölftel des Körpergewichts ausmachen kann. An welchem Parameter ist also das Gehirngewicht zu messen, damit die Korrelationen sich mit den Evolutionsreihen der vergleichenden Anatomie decken, damit der Mensch sich sowohl vom Elefanten wie vom Seidenäffchen unterscheidet und damit seine «Überlegenheit» sichtbar wird, wenn es sie denn wirklich gibt? Seit Ende des vorigen Jahrhunderts hat man verschiedene Untersuchungsmethoden entwickelt. Die befriedigendste fußt auf einer Analogie.[3]

Wählen wir zufällig einige erwachsene Exemplare unterschiedlich großer Säugetierarten aus und ordnen wir sie nach dem Gewicht: Spitzmaus, Seidenäffchen, Schimpanse, Mensch, Gorilla. Diese Reihe gleicht augenscheinlich dem Werdegang des jungen zum ausgewachsenen Tier innerhalb einer einzigen Art, als wäre der Gorilla bei seiner Geburt eine Spitzmaus und würde im Lauf seiner Entwicklung zunächst ein Seidenäffchen und dann ein Schimpanse. Um die Gewichtsverteilung zwischen ausgewachsenen Exemplaren verschiedener Arten zu untersuchen, lassen sich deshalb die Darstellungen verwenden, die zur quantitativen Beschreibung von Wachstumserscheinungen innerhalb einer Art entwickelt wurden. Eine Zellteilung führt zu zwei Tochterzellen, jede der neuen Zellen teilt sich ebenso, so daß vier, dann acht, dann sechzehn Zellen entstehen. Das Ergebnis ist ein exponentielles Wachstum. Bekanntlich wird aus einer Exponentialfunktion in einem logarithmischen Koordinatensystem eine Gerade. Obwohl die Evolution der Gehirngewichte einer recht komplizierten Formel folgt, können wir in einem logarithmischen Koordinatensystem die Werte des Gehirngewichts (E) auf der Ordinate eintragen und abhängig davon die des Körpergewichts (P) auf der Abszisse (Abb. 12). Zunächst erprobte man das Verfahren an den Arten einer zoologischen Ordnung, etwa der der Insektenfresser,

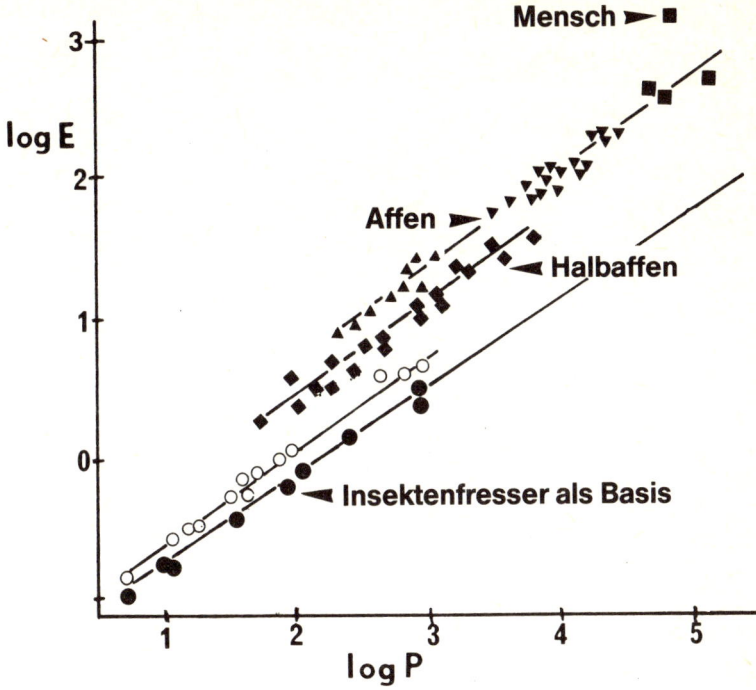

Abb. 12: Variation von Gehirngewicht (E) und Körpergewicht (P) bei Insektenfressern und Primaten. Jeder Punkt steht für eine bestimmte Art. Im doppelt logarithmischen Koordinatensystem ordnen sich die Werte zu einer Reihe von Parallelen an, die jeweils einer in bezug auf die Gehirnleistung homogenen zoologischen Gruppe entsprechen. Die Daten sind an Hand der Werte einer Reihe von primitiven Insektenfressern genormt (schwarze Kreise), die als «Basis» dienen. Unmittelbar darüber liegen die höher entwickelten Insektenfresser (helle Kreise), dann kommen die primitivsten Affen, die Halbaffen (schwarze Karos), also Lemuren, Koboldmakis und Galagos; schließlich die höher entwickelten Affen (schwarze Dreiecke) und ganz oben auf der Stufenleiter die Hominoiden (schwarze Quadrate). Orang-Utan, Schimpanse und Gorilla. Der Wert für den heutigen Menschen liegt rechts oben (nach Bauchot und Stephan, 1969; und Stephan, 1972).

die am einen Ende die Spitzmaus, am anderen den Igel umfaßt. Man erhält eine Gerade, allerdings ist ihre Steigung m nicht gleich 1: Das Gehirngewicht wächst nicht linear mit dem Körpergewicht, sondern weist für den Bereich der höheren Gewichte einen relativen Gewichtsrückgang auf. Der Wert von m beträgt 0,63. Er liegt sehr nahe bei

⅔, dem Verhältnis von Oberfläche und Volumen, das sich ergäbe, wenn man die Körperoberfläche auf der Ordinate und das Volumen auf der Abszisse auftragen würde. Die *Körperoberfläche* liefert also einen besseren Index für das Gehirngewicht als das Gewicht des Körpers oder sein Volumen. Das ist keine überraschende Entdeckung. Es leuchtet ein, daß sich das Gewicht des Gehirns, wenn es etwas mit seiner Leistungsfähigkeit zu tun hat, eher nach dem Wachstum der Körperoberfläche richtet, über die der Organismus mit seiner Umwelt Kontakt hält, als nach dem Gewicht der Knochen oder dem Blutvolumen.

Trifft das, was für die Insektenfresser gilt, auch auf andere zoologische Ordnungen, etwa die Primaten, zu? Die Analyse von Bauchot und Stéphan (1969) zeigt, daß die Werte jeder Gruppe tatsächlich auf einer Geraden mit der Steigung 0,63 liegen, daß sich aber die Geraden der verschiedenen Gruppen nicht überlagern. Es ergibt sich eine Reihe von Geraden, die etwa parallel verlaufen. Die der Affen (zu denen auch die Hominiden gehören) liegt über der Geraden der Halbaffen, deren Gerade wiederum über der der Insektenfresser verläuft. Das erscheint noch ganz einleuchtend. Entlang einer bestimmten Geraden verändert sich nicht die Organisation, sondern nur die Dimension: Das Verhalten einer Spitzmaus unterscheidet sich nicht wesentlich von dem eines Igels. Mit dem Übergang von einer Geraden zur anderen vollführt man allerdings einen «evolutionären Sprung», mit dem man beispielsweise von der Ordnung der Spitzmaus und des Igels zu der des Lemuren und Galagos gelangt, also von den Insektenfressern zu den Primaten. Von einer Parallele zur anderen verändert sich die *Qualität* der Organisation und des Verhaltens.

Der Abstand zwischen den Parallelen gibt demnach die stammesgeschichtlichen Entwicklungsschritte der Beziehung zwischen Gehirn und Körper an, den Fortschritt der «Enzephalisation» von den Fischen zu den Reptilien, den Reptilien zu den Säugetieren, den Insektenfressern zu den Affen und zum Menschen. An Hand dieser Werte haben Bauchot und Stéphan einen «Zephalisationskoeffizienten» entwickelt, der unter Ausschluß des absoluten Gewichts die qualitativen Veränderungen charakterisiert. Jede parallele Linie läßt sich durch einen bestimmten Punkt festlegen: durch den Punkt, der einem Tier jener Gruppe entspricht, die als Gewichtseinheit gewählt worden ist. Mit anderen Worten: Man geht davon aus, daß der «theoretische Schimpanse» das gleiche Körpergewicht hat wie die Spitzmaus, deren Gewicht gleich 1 gesetzt wird. Die sehr homogene

Gruppe der Insektenfresser dient als Bezugsgröße; in ihr setzen wir der Einfachheit halber auch das Verhältnis zwischen Gehirngewicht und Körpergewicht gleich eins. Dann besäße unser «theoretischer Schimpanse» mit seinem Einheitsgewicht ein 11,3mal schwereres Gehirn als der Insektenfresser gleichen Gewichts. Bei dieser Berechnungsgrundlage erreicht der Homo sapiens einen durchschnittlichen Koeffizienten von 28,7. Das heißt, daß der Mensch bei gleichem Körpergewicht im Vergleich zum Insektenfresser der Grundeinheit das 28,7fache Gehirngewicht aufwiese. Oder anders: Wenn es eine riesige Spitzmaus gäbe, die so groß und so schwer wie ein Mensch wäre, würde ihr Gehirn nur etwa 46 Gramm wiegen.

Nach diesem Maßstab übertrifft der Mensch alle anderen Wirbeltiere. Recht nahe kommt ihm noch der Schimpanse: nur ein Faktor von 2,5 trennt die beiden. Noch gefährlicher werden dem Menschen die Seehunde, deren Koeffizienten über 15 betragen, oder die Delphine und andere Zahnwale, deren Koeffizienten gar bei zu 20 und mehr liegen. Und wir wissen ja, zu welchen außergewöhnlichen Leistungen diese Meersäuger fähig sind. Dennoch ist man sich darüber einig, daß die Maße für das Gehirngewicht nur sehr allgemeine Hinweise liefern. Ganz offensichtlich vernachlässigen sie wichtige Unterschiede der Gehirnorganisation.

Die Expansion des Neokortex

Herophilos, Eristratos und später Gall haben hervorgehoben, daß «die *Hirnhemisphären* den wichtigsten Unterschied zwischen dem Menschen und den verschiedenen Tierarten ausmachen». Das Gehirn der Fische ähnelt in mancherlei Hinsicht dem Modell des Nemesius (Abb. 1). Weit weniger kompakt als das Gehirn der höheren Wirbeltiere, verlängert es das Rückenmark nach vorn und gruppiert sich um die Gehirnkammern: die beiden vorderen, den mittleren und den hinteren Ventrikel (Abb. 13). Doch in diesem Entwicklungsstadium bilden die *Hemisphären* erst einen kleinen Bruchteil des Gehirns: die Rückwand der beiden vorderen Ventrikel. Größere Mengen grauer Substanz befinden sich in ihrem Boden – die *Basalganglien*, die an der Steuerung der Motorik beteiligt sind. Aus der Wand des mittleren Ventrikels entwickelt sich der Thalamus, eine wichtige Schaltstation für alle Bahnen von und zu den Hemisphären, sowie der *Hypothalamus*, der – wie wir noch sehen werden – sehr wichtig für die «fundamentalen» Verhaltensweisen des Organismus ist und die Hormonausschüttung, vor allem die der Hypophyse, steuert. An der Dorsalwand des hinteren Ventrikels liegt schließlich das Kleinhirn (Cerebellum), das Gleichgewichtsorgan. Im Vorderteil dieser Wand befinden sich auch die aminergen Neuronen, deren Entdeckung durch eine schwedische Forschungsgruppe bereits geschildert wurde (Abb. 11).

Dieser – natürlich sehr schematische – Aufbau des Wirbeltiergehirns bleibt im gesamten Verlauf der Evolution, von den Fischen bis zum Menschen, erhalten. Veränderungen zeigen sich nur in der relativen Entwicklung, in der Komplexität und der Beziehung der Einzelteile untereinander. Ein genauer Vergleich der Gehirne heute noch lebender Arten von Fischen, Amphibien, Reptilien und Säugetieren macht diese Veränderungen deutlich und läßt ihre Entwicklungsgeschichte erkennen. Bei den Fischen spielt der hochentwikkelte Geruchssinn eine wichtige Rolle für die Nahrungssuche; deshalb spezialisieren sich die winzigen Hirnhemisphären auf diese Sinneswahrnehmung. Einem solchen Riechzentrum begegnen wir auch bei den Amphibien und Reptilien, aber bei ihnen nimmt es nur noch die ventrale Hälfte der Hemisphären ein. Noch rudimentärer wird es bei den Säugetieren und dem Menschen, wo es einen birnenförmigen Lappen bildet, der sich an der Unterseite des Großhirns verbirgt. Bei den teilweise auf dem Lande lebenden Amphibien und später

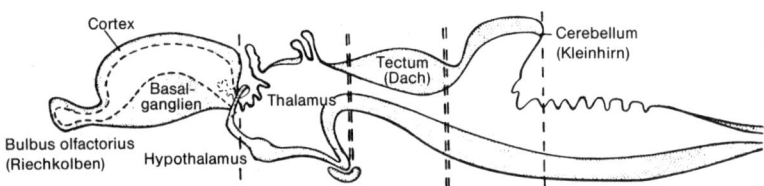

Abb. 13: Gesamtansicht des Gehirns, das allen Wirbeltieren, einschließlich des Menschen, gemeinsam ist. Das Gehirn besteht aus einer Reihe von Bläschen und mehreren Einschnürungen: 1. Das Vorderhirn enthält drei Bläschen: die beiden Großhirnhemisphären (auf dieser Seitenansicht ist nur eine zu erkennen) mit dem Riechkolben vorn und den Basalganglien ventral, außerdem einem dritten Bläschen hinten, aus dessen Wänden sich vor allem Hypothalamus und Thalamus entwickeln. 2. Das Mittelhirn, das sich dorsal zum optischen «Dach» verdickt. 3. Das Endhirn, aus dem sich dorsal das Kleinhirn sowie ventral und lateral das verlängerte Mark oder Nachhirn entwickelt (frei nach Romer, 1955).

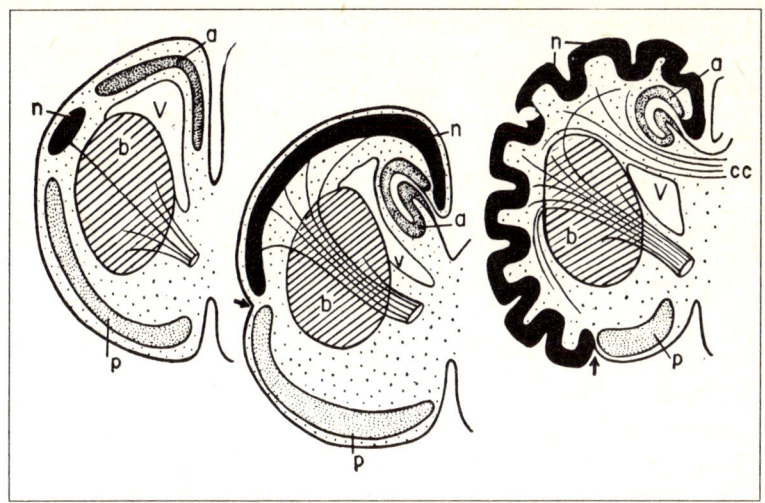

Abb. 14: Die Expansion des Neokortex von den Reptilien (*links*) über die zu den primitiven Säugern zählenden Beuteltiere (*Mitte*) zum Menschen (*rechts*) in schematischer Darstellung. Der primitivste Teil des Kortex (p), der auf den Geruch spezialisiert ist, bildet sich ebenso zurück wie eine nicht ganz so alte Region (a), die bei den Säugetieren nach innen verlagert wird und die Windung des Hippocampus bildet. Dagegen erobert der Neokortex (n, schwarz), der bei den Reptilien wenig (oder gar keinen) Raum beansprucht, die Hemisphären der Säugetiere und nimmt sie bei den Primaten und beim Menschen völlig in Beschlag. Basalganglion (b), Ventrikel (v), Corpus callosum (cc) (nach Romer, 1959).

bei den Reptilien entwickeln sich die anderen Sinneswahrnehmungen, vor allem der Gesichtssinn, und ein anderer Kortextypus bildet sich in der dorsalen Region der Hemisphären aus. Er dient der «Assoziation» der Sinnesempfindungen und der motorischen Funktionen, aber auch ihm ist keine weitere Entwicklung bestimmt. Nach innen verlagert erscheint er beim Menschen in Form der Hippocampuswindungen. Doch bei den höher entwickelten Reptilien zeigt sich noch eine dritte, zukunftsträchtigere Veränderung: Vor den beiden phylogenetisch älteren Kortizes entsteht ein sich verdickender «neuer Kortex», der *Neokortex*. Dieser übernimmt mit atemberaubender Geschwindigkeit wichtige Funktionen: die der «Projektion» der Sinnesorgane und der «Assoziation». Beim Menschen sieht man praktisch nur noch den Neokortex (Abb. 14).

Bauchot und Stéphan haben diese Differenzierung des Neokortex quantitativ ausgedrückt. Sie weisen jeder Gehirnregion einen «Progressionskoeffizienten» zu, den sie genauso bestimmen wie den für die Gesamtmasse des Gehirns geltenden «Zephalisationskoeffizienten». Setzt man den Koeffizienten der Insektenfresser wieder gleich 1, so weisen die höheren Affen beim Neokortex einen Koeffizienten zwischen 8 und 25 auf, die Schimpansen einen von 25, und der Mensch erreicht schließlich einen Wert von 156. Die relativen Zahlen für die Basalganglien wachsen auf dem Weg zum Menschen lediglich von 1 auf 16,5. Der Koeffizient für den Riechkolben (Bulbus olfactorius) nimmt sogar ab. Setzt man ihn bei den Insektenfressern gleich 1, beträgt er beim Schimpansen 0,07 und beim Menschen 0,023.

Diese auffällige und differenzierte Entwicklung des Neokortex hängt im wesentlichen mit einer Ausdehnung seiner Oberfläche zusammen, was im übrigen eine Reihe schwieriger geometrischer Probleme aufwirft. Wenn das menschliche Gehirn Würfelform hätte, besäße der Neokortex eine Oberfläche von 7 dm². Würde man jedoch die Großhirnrinde ganz entfalten, so würde seine durchschnittliche Fläche 27 dm² betragen. Deshalb läßt sie sich in der Enge des Schädelinneren nur durch Faltung ihrer Oberfläche unterbringen, so daß zwei Drittel dieser Fläche in den Furchen und Windungen versteckt liegen. Während der Neokortex der primitiven Säuger so gut wie keine Windungen aufweist, nimmt ihre Zahl bei den Primaten erheblich zu und erreicht beim Menschen ihr Maximum.

In der Entwicklungslinie von den Fischen zum Menschen beansprucht das Gehirn also einen immer größeren Bruchteil des Körpergewichts. Bei den Säugetieren läßt sich innerhalb des Gehirns eine ähnliche Entwicklung des Neokortex beobachten. Das Großhirn des heutigen Menschen stellt das höchste Entwicklungsstadium dieser «Kortikalisation» des Gehirns dar.

Mikroschaltkreise

Seit Willis und Gall wissen wir, daß der Neokortex der Säugetiere (der Einfachheit halber werde ich ihn «Kortex» oder Hirnrinde nennen) wie der Rest des Nervensystems aus grauer und weißer Substanz besteht. Doch unterscheidet er sich von anderen Nervenzentren durch die besondere Verteilung dieser Substanzen. Ende des 18. Jahrhunderts entdeckte man auf Teilen der Hirnrinde mit bloßem Auge «einen geradlinigen weißen Strich, der allen Umrissen der Windungen folgt und jenem Teil der Rindensubstanz das Aussehen eines gestreiften Bandes verleiht».

J. Baillarger (1840), ein «Irrenarzt» an der Anstalt Charenton, interessierte sich für diese Feinstruktur, weil er – aus seiner Sicht völlig zu Recht – nach anatomischen Anhaltspunkten für Geisteskrankheiten suchte. Dabei legte er dünne Kortexschnitte, die von dreißig verstorbenen Patienten stammten, zwischen zwei Glasplatten und betrachtete sie, noch immer mit bloßem Auge, gegen das Licht. Zwar konnte er keinerlei Unterschiede zwischen den Schnitten geisteskranker und normaler Personen entdecken, doch machte er bei dieser Gelegenheit einige wichtige Beobachtungen. Zunächst einmal liegt in der Hirnrinde die graue Substanz «außen» und die weiße «innen» – das unterscheidet sie von anderen Nervenzentren wie dem Rückenmark oder den «Ganglien». Zweitens ist die Hirnrinde aus sechs übereinanderliegenden Schichten aufgebaut.

Baillarger besaß nicht die technischen Möglichkeiten, um dieser «Schichtung» des Kortex auf den Grund zu gehen. Dazu muß man die Zellstruktur untersuchen, was sich nicht ohne Hilfe eines Mikroskops bewerkstelligen läßt. Man muß auch das Grundschema der Nervenzelle begriffen haben und das Axon beziehungsweise die Dendriten dem Zellkörper richtig zuordnen können (Kapitel 1). Deshalb wurde zuerst das periphere Nervensystem erforscht und erst später die Zellstruktur der Hirnrinde – übrigens wiederum von Psychiatern[4] (Abb. 15).

Unter dem optischen Mikroskop zeigt ein dünner Kortexschnitt – etwa nach Golgi-Färbung –, daß ein bestimmter Neuronentyp alle anderen zahlenmäßig übertrifft. Es handelt sich um die Pyramidenzelle, die ihren Namen der Gestalt ihres Somas verdankt. Ihre Spitze ist der Außenseite der Hirnrinde zugewandt, und ihre Grundfläche erreicht einen Durchmesser von 25 bis 80 µm. Auf einem nach der Golgi-Methode eingefärbten Schnitt ähnelt sie einem Tannenwald an einem Berghang. Die Dendritenverzweigung unterstreicht noch die Ähnlichkeit mit einem Nadelbaum. Die Spitze des Somas wird von einem «apikalen» Dendriten verlängert, der den gesamten Kortex senkrecht durchquert, bis er sich mit seiner Endverzweigung in der obersten Schicht verliert. Wie niedrige Zweige wachsen zahlreiche «basale» Dendriten aus der Grundfläche des Zellkörpers hervor. Alle Dendriten sind von einer Vielzahl mikroskopisch kleiner Fortsätze bedeckt, *Dornen* oder «Spines» genannt. Beim Menschen sind es im Durchschnitt 20 000 pro Pyramidenzelle. Aber an einigen

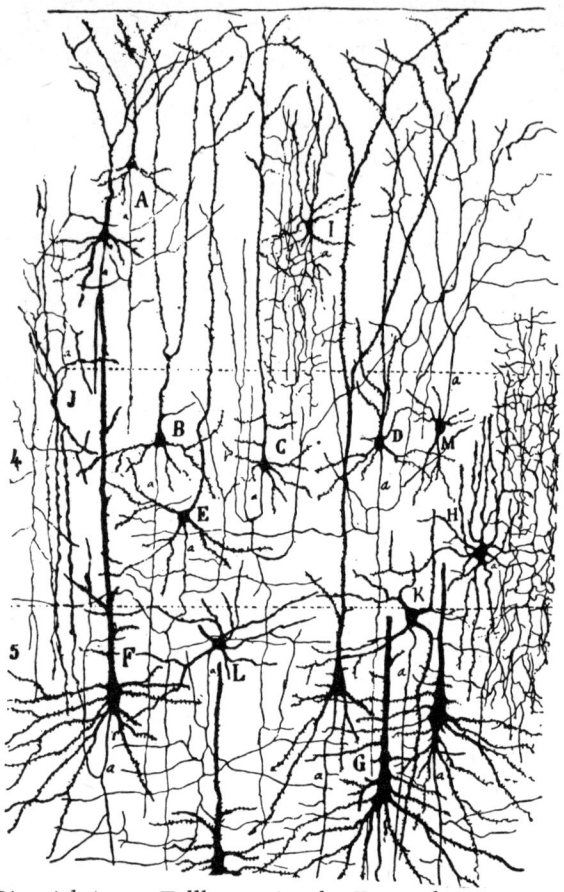

Abb. 15: Die wichtigsten Zellkategorien des Kortex, hier zusammengefaßt in einer Abbildung gezeigt. Die Neuronen wurden durch eine von Golgi erfundene Methode sichtbar gemacht, bei der Zellkörper, Dendriten und Axon vollständig eingefärbt werden. Die «Pyramidenzellen» (A, B, F, G) sind erkennbar an ihrem kegelförmigen Zellkörper, an ihrem apikalen Dendriten, der senkrecht zur Kortexoberfläche aufsteigt, und ihren wurzelförmigen Basaldendriten. Ihr Axon (a) verläuft nach unten und verläßt schließlich den Kortex. Die anderen Zellen, «Sternzellen» genannt, liegen vollständig im Innern des Kortex (C, D, E, H 5 m). Sie werden nach den vielfältigen Formen ihrer Verzweigungen benannt, so zum Beispiel H «mit doppeltem Dendritenbaum», dessen Achsenzylinder (oder Axon), sich zu einer außergewöhnlich buschigen Verzweigung entfaltet, oder L «mit kurzem, in langen waagerechten Ästen verzweigtem Axon». Es handelt sich hier um einen Schnitt aus dem Schläfenlappen einer 24 Tage alten Katze. Die Zellkategorien des Menschen sind ganz ähnlich (nach Cajal, 1909).

besonders großen Zellen dieses Typs – zum Beispiel an den Meynert-Zellen von Makaken – können bis zu 36 000 solcher Dornen vorkommen.[5] Das Axon der Pyramidenzelle verläuft entgegengesetzt zum apikalen Dendriten, dringt in die Tiefe und weist von Zeit zu Zeit kollaterale Verzweigungen auf, bevor es die Hirnrinde verläßt und sich mit der weißen Substanz vermischt. Diese Axone sind der einzige Ausgang, die einzige *Efferenz* des Neokortex: Alle von der Hirnrinde ausgehenden Befehle müssen also über die Pyramidenzellen laufen, denen deshalb eine ganz entscheidende Aufgabe zufällt (Abb. 15).

Über die Klassifizierung der anderen Neuronentypen, die sehr allgemein unter dem künstlichen Oberbegriff *Sternzellen* zusammengefaßt werden, streitet man sich noch. Eines indes ist sicher: Alle haben sie axonale Verzweigungen im Innern der Hirnrinde, sie sind also «Inter»-Neuronen, die für die sogenannte «intrinsische» Struktur des Kortex zuständig sind. Sie sorgen sowohl für die Verbindung der Pyramidenzellen untereinander wie auch für die Verknüpfung der Pyramidenzellen mit Nervenfasern, die in den Kortex *eindringen*. Diese Sternzellen-Interneuronen haben im allgemeinen einen ovalen oder sphärischen Zellkörper, der kleiner ist als das Soma der Pyramidenzellen. Von bestimmten Sternzellen der Sehrinde abgesehen besitzen sie keine Dornen. Ihre axonalen und dendritischen Verzweigungen lassen zumindest sechs charakteristische Formen erkennen[6], denen sie ihre sprechenden Bezeichnungen verdanken: «korbförmig», «mit doppelter protoplasmischer Endigung», «neurogliaförmig», «spindelförmig», «mit kurzem Axon» oder «aufsteigend» (Abb. 15).

Pyramiden- und Sternzellen sind nicht gleichmäßig über den Querschnitt der Hirnrinde verteilt. 1867 konnte T. Meynert (Abb. 16) nachweisen, daß die von Baillarger mit bloßem Auge beobachtete Schichtstruktur der Hirnrinde der Verteilung verschiedener Neuronenkategorien in übereinander gelagerten Bereichen entspricht. Man bezeichnet diese Bereiche gewöhnlich von oben nach unten als Schicht I bis VI. Schicht I enthält keine Pyramidenzellen, während dieser Zelltypus in den Schichten II und III sowie V und VI reichlich vorhanden ist. Die Pyramidenzellen der tieferen Schichten (V und VI) werden dabei in der Regel größer als diejenigen nahe der Oberfläche (II und III). Von den anderen Schichten eingezwängt, häufen sich die Sternzellen in der Schicht IV.

Besonders auffällig an der zellulären Architektur des Säugerkortex und vor allem an der des Menschen ist ihre ausgeprägte morphologi-

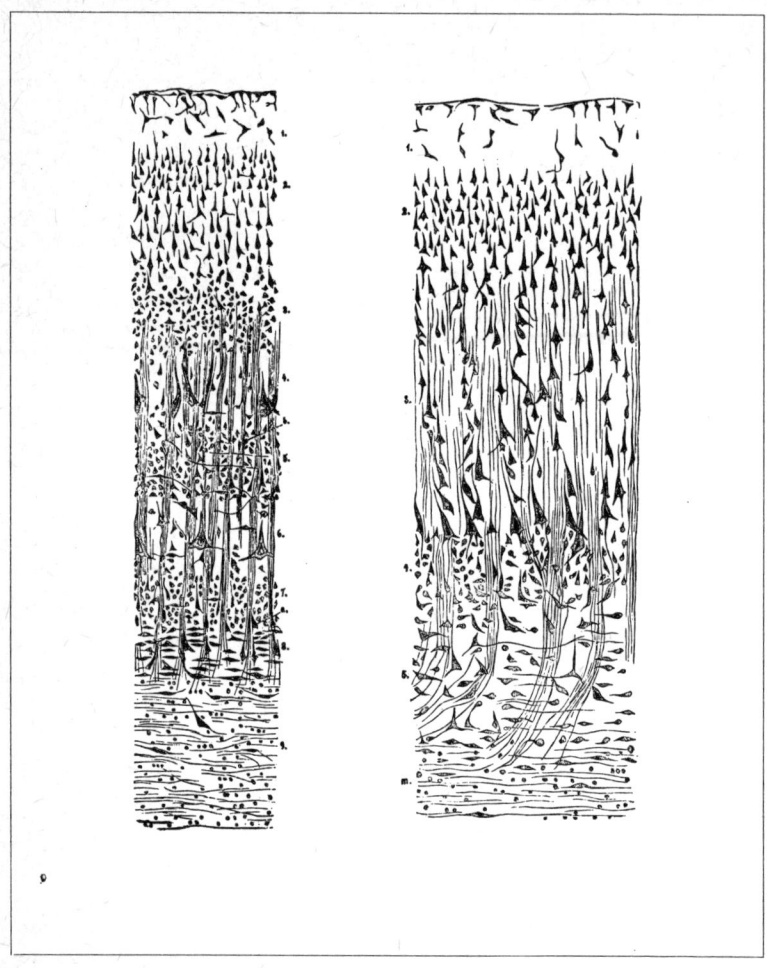

Abb. 16: In seinem 1884 erschienenen Buch ‹*Psychiatrie*› zeigte Meynert, daß sich die Zellarchitektur des Kortex allem Anschein nach von einem Feld zum anderen verändert. Links ein Querschnitt durch den sensorischen Kortex (visuelles Feld), in dem sich die Sternzellen in drei dichten Schichten häufen, daher die Bezeichnung «granulärer» Rindentyp; rechts der motorische Kortex mit großen Pyramidenzellen (nach Meynert, 1884).

sche Einheitlichkeit. Proben aus frontalen, parietalen und okzipitalen Rindenabschnitten zeigen alle eine sehr ähnliche Form und Verteilung der Pyramiden- und Sternzellen. Die Hirnrinde scheint sich überall aus den gleichen Zellelementen, den gleichen «Zellkategorien» zusammenzusetzen.

Da die Verwendung von «Kategorien» nicht ohne Bedeutung für das Verständnis von Kortex und Nervensystem ist, verdienen sie eine nähere Betrachtung.[7] Man faßt diejenigen Neuronen in einer Kategorie zusammen, die im gleichen Zentrum die gleiche Somaform und gleiche axonale und dendritische Verzweigungen aufweisen. Diese morphologischen Kriterien hat man in jüngerer Zeit durch bestimmte biochemische Kriterien ergänzt, etwa den Typ des Neurotransmitters, der synthetisiert wird[8], oder die Reaktivität der Zellteile gegenüber monospezifischen Antikörpern.[9] Danach wird eine Neuronenkategorie definiert durch die Zellform, die sie zum Beispiel bei Golgi-Färbung zeigt, und durch die Moleküle – vor allem die Proteine, aber auch die Lipide und Polysaccharide –, die sie synthetisiert. Zu einer bestimmten Kategorie gehören also alle Neuronen, die sowohl die gleiche Gestalt wie auch die gleiche chemische Zusammensetzung besitzen. Letztere wird durch das Inventar, die «Karte» der «offenen» Gene bestimmt, das heißt der Gene, die für den Eiweißaufbau zuständig sind (vgl. Kapitel 6).

Obwohl die Pyramidenzellen der Hirnrinde hinsichtlich ihrer Größe und der Einzelheiten ihrer Verzweigungen Unterschiede aufweisen, faßt man sie in einer Kategorie zusammen. Allerdings ist durchaus denkbar, daß künftige Ergebnisse der biochemischen Forschung uns zwingen, diese Kategorie zu unterteilen. Doch selbst in diesem Fall bliebe die Zahl der *Kategorien* von Pyramiden- und Sternzellen immer noch recht klein: Dutzende, höchstens Hunderte im Vergleich zu den Milliarden von Neuronen, die sich in der Hirnrinde (des Menschen) befinden. Die Großhirnrinde ist also aus einer kleinen Zahl sehr häufig vorkommender Zellelemente aufgebaut.

Bemerkenswert ist auch, daß die gleichen Kategorien auf allen Stufen der Evolution, von den primitiven Säugern bis hin zum Menschen, anzutreffen sind. Entgegen den Hoffnungen der ersten Zytologen, die sich auf Ramon y Cajal stützten, gibt es keine Zellkategorie, die ein Privileg der menschlichen Großhirnrinde wäre. Sie ist aus den gleichen Einzelteilen aufgebaut wie das Großhirn der Ratte oder des Affen.

Allerdings lassen sich trotz dieses einheitlichen Aufbaus große Unterschiede zwischen den einzelnen Rindenabschnitten beobachten. Schon Meynerts geübtes Auge[4] und die ersten Histologen des Gehirns[10] haben sie wahrgenommen (Abb. 16). Zum einen ist die Hirnrinde nicht überall gleich dick, zum anderen scheinen sich die Zelldichte und das Vorkommen der verschiedenen Neuronenkategorien in den sechs Schichten von Rindenfeld zu Rindenfeld zu verändern. Zum Beispiel scheint das primäre visuelle Projektionsfeld (Feld 17) außerordentlich dünn und reich an Sternzellen zu sein. Felder mit einer solchen Häufung von Sternzellen werden als granulärer Rindentyp bezeichnet. Im Gegensatz dazu zeichnet sich das motorische Feld (Feld 4) durch besondere Dicke, außergewöhnliche Größe der Pyramidenzellen und eine geringe Zahl von Sternzellen aus, weshalb man in diesem Falle vom «agranulären» Rindentyp spricht. Ist dieses unterschiedliche Erscheinungsbild, das Brodman übrigens auch für seine Kartographie heranzog, auf größere Unterschiede in der Zahl und Verteilung der Kortexneuronen zurückzuführen?

Die kürzlich veröffentlichten Ergebnisse der quantitativen Untersuchungen von Rockel, Hiorns und Powell (1980) widerlegen diese Vermutung. Die Forscher ließen die Unterschiede in der Kortexdicke und in der Neuronendichte pro Einheit des Volumens außer acht, indem sie sich dazu entschlossen, die Gesamtzahl der Neuronen innerhalb einer «Probesäule» von *konstanter* Größe (25 × 30 µm) auszuzählen, der die ganze Dicke des Kortex umfaßt. Das – zunächst bei Makaken ermittelte – bemerkenswerte Ergebnis: Jeder Kegel weist die *gleiche* Anzahl von Neuronen auf, und zwar genau 110 ± 10, gleichgültig, um welches Feld es sich handelt, und gleichgültig, ob der granuläre oder agranuläre Rindentyp vorliegt. Einzige Ausnahme ist die Sehrinde, die die zweieinhalbfache Neuronenzahl enthält. Die Gesamtzahl der im Querschnitt gezählten Neuronen scheint also mehr oder minder für alle Abschnitte der Großhirnrinde zu gelten.

Eine andere wichtige Beobachtung dieser Forscher besagt, daß auch die Zahlen für den Kortex anderer Säugetiere – Maus, Ratte, Katze und schließlich Mensch – identisch sind (wiederum mit Ausnahme der Sehrinde, die bei den Primaten und dem Menschen die zweieinhalbfache Neuronenzahl aufweist). Nicht nur die Kategorien der Pyramiden- und Sternzellen bleiben von der Maus bis zum Menschen konstant, sondern auch die Gesamtzahl der Zellen pro Probe bei konstanter Oberfläche bleibt in der ganzen Evolutionskette der Säugetiere gleich. Die Ergebnisse der quantitativ-mikroskopischen Untersuchungen des Kortex decken sich mit denen der vergleichenden Anatomie: Die Evolution des Kortex bei den Säugetieren verändert in erster Linie die Größe seiner Oberfläche.

Es versteht sich von selbst, daß mit diesem Flächenwachstum *ipso facto* auch die *Gesamtzahl* der Neuronen zunimmt. Diese läßt sich heute unschwer schätzen. T. P. Powell ist zu dem Ergebnis gekommen, daß man unabhängig davon, welche Säugetierart man untersucht, mit 146 000 Neuronen pro Quadratmillimeter Kortexoberfläche zu rechnen hat. Die beiden Hemisphären des menschlichen Großhirns weisen eine Fläche von ungefähr 22 dm² auf. Sie enthalten also *mindestens* dreißig Milliarden Neuronen (erheblich mehr als die zehn oder zwanzig Milliarden, von denen man lange Zeit ausging). Die Kortexfläche des Schimpansen beträgt 4,9 dm², die des Gorillas 5,4 dm². In ihrer Hirnrinde befinden sich also insgesamt 7,1 beziehungsweise 7,8 Milliarden Neuronen, während die Hirnrinde der Ratte mit ihren vier bis fünf Quadratzentimetern Oberfläche allenfalls 65 Millionen Neuronen besitzen dürfte. Da in der Entwicklungskette von den primitiven Säugern bis zum Menschen stets die gleichen Zellkategorien anzutreffen sind, nimmt die Zahl der Neuronen innerhalb der einzelnen Kategorien erheblich zu.

In der Geschichte der Arten lassen sich durchaus auch andere Evolutionstendenzen beobachten. So findet sich bei den Wirbellosen – etwa dem Seehasen (Aplysia) – nur eine kleine Gesamtzahl von Zellen, dafür aber eine große Vielfalt von Zelltypen (vgl. Abb. 26). Hier wächst die Zahl der Kategorien an, während die Zahl der Zellen gleich bleibt. Eine bemerkenswerte Ausnahme bei den Wirbellosen stellen die Kopffüßer dar, die Kraken und Kalmare, die die gleiche Evolutionstendenz wie die Säugetiere erkennen lassen, allerdings nicht in homologen Rindenabschnitten. Auch bei den Kopffüßern nimmt die Zahl der Zellen pro Kategorie rascher zu als die Zahl der Kategorien. Wie noch zu zeigen sein wird, ist das ein einfacher und wenig aufwendiger Weg zu größerer Komplexität.

Vernetzung

Das Elektronenmikroskop läßt Einzelheiten der Zellstruktur erkennen, deren Größenordnung zwischen einigen Tausendstel eines Mikrometers (den Ausmaßen eines großen Moleküls) und einigen Dutzend Mikrometern (den Ausmaßen eines Zellkörpers) liegt. Mit diesem Gerät ließ sich die These von der *Diskontinuität* des Neuronennetzes (Kapitel 1) beweisen. Es zeigt sich, daß die Neuronen durch sogenannte *Synapsen* getrennt sind.[11] Die meist sehr kleinen

Synapsen der Hirnrinde (einige Mikrometer groß) sind die Kontaktstelle zwischen einer Nervenendigung, die eine Vielzahl von Vesikeln aufweist, und einer *postsynaptischen Verdickung*. Dazwischen liegt ein Spalt von einigen Nanometern (Tausendstel Mikrometern) Breite. Bei den Dornen oder «Spines», die, wie erwähnt, nach Golgi-Färbung in großer Zahl auf den Dendriten der Pyramidenzellen sichtbar werden, handelt es sich um solche postsynaptischen Verdickungen, die im Gegensatz zu ihrer Umgebung den Farbstoff aufnehmen und in diesem Falle spitz auslaufen (Abb. 17).

Mancher Forscher hat sicher geglaubt, das überlegene Auflösungsvermögen des Elektronenmikroskops würde eine neue Welt im Innersten der Großhirnrinde erschließen. Zwar konnte mit seiner Hilfe die synaptische Verknüpfung des Nervennetzes unseres Gehirns bestätigt werden, doch die Freunde exotischer Formenvielfalt sahen sich enttäuscht: Das Erscheinungsbild der Synapsen ist noch weit monotoner als das der Zellkategorien. Mit Mühe und Not lassen sich zwei Synapsenarten unterscheiden: Wenn die postsynaptische Membran dicker ist als die präsynaptische Membran, handelt es sich um eine «asymmetrische» Synapse (Abb. 17); wenn beide Membranen gleich dick sind, spricht man von einer «symmetrischen» Synapse. Mit anderen Worten: Die Montage des zerebralen Apparates läßt sich mit Hilfe sehr weniger – im Grunde genommen zweier – Arten von «Verbindungsstücken» bewerkstelligen.

Die Anatomen stehen jetzt vor einer anderen Schwierigkeit: Ein zufällig ausgewählter Abschnitt des Kortex enthält eine außerordentlich große Menge von Synapsen – ein Kubikmillimeter etwa sechshundert Millionen. Danach befinden sich in der Großhirnrinde des Menschen zwischen 10^{14} bis 10^{15} Synapsen. Wenn es einem Forscher gelänge, tausend pro Sekunde zu zählen, würde er 3000 bis 30000 *Jahre* brauchen, um sie alle zu zählen – eine wahrhaft «übermenschliche» Aufgabe! Und es ist noch komplizierter: Diese Synapsen liegen an axonalen und dendritischen Endigungen, an Zellkörpern, die auf den ersten Blick unauflöslich miteinander verflochten zu sein scheinen – ein «Dschungel», in dem sich an jedem beliebigen Punkt Hunderte, ja Tausende von Ästen der verschiedensten Bäume ineinander verschlingen (Abb. 17, oben). Dank des Elektronenmikroskops lassen sich auch noch die letzten Ästchen und Blätter unterscheiden, aber da sie einander gleichen, läßt sich sehr schwer feststellen, zu welchem Stamm sie gehören.

Wie sollte man ein derartiges Durcheinander entwirren? Aus methodischen Gründen mußte man zunächst nach den einfachen Re-

Vernetzung

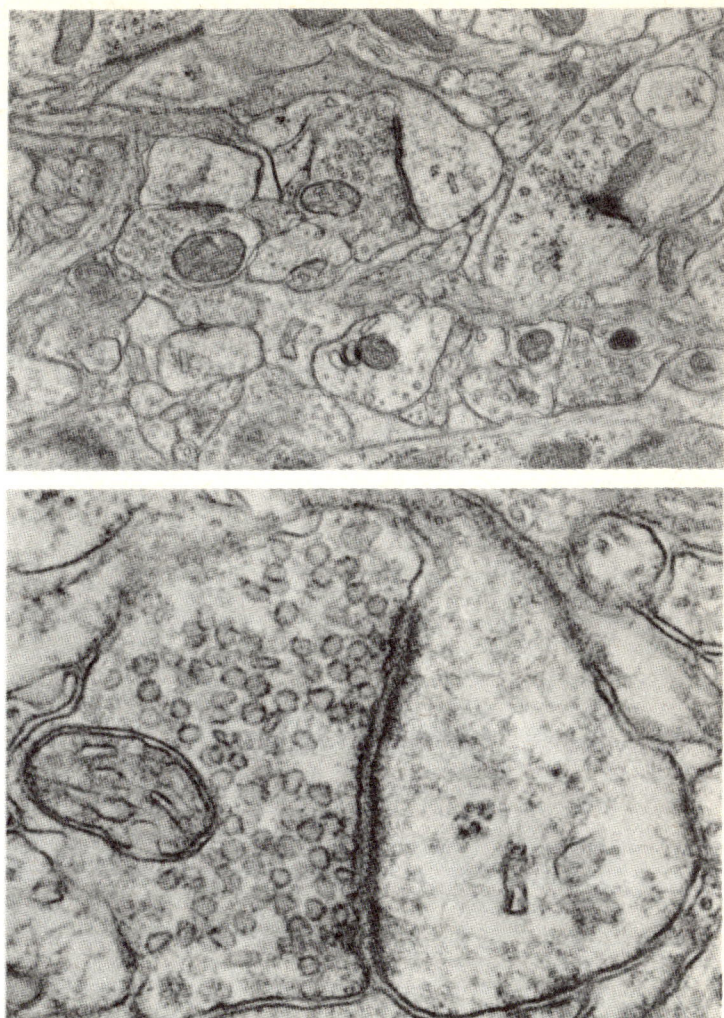

Abb. 17: Ein Dünnschnitt aus dem Großhirn der Maus, unter dem Elektronenmikroskop betrachtet. Oben: schwache Vergrößerung (ungefähr 36000fach) des außerordentlich dichten Geflechts von Nervenendigungen (leicht erkennbar an den Vesikeln) und von Dendriten, die in Gliazellen eingehüllt sind. Unten: Ausschnitt einer «asymmetrischen» Synapse in etwa 100000facher Vergrößerung: links die Nervenendigung mit einer Mitochondrie und einer Vielzahl von Vesikeln; rechts ein Dendritendorn (*spine*); zwischen beiden der synaptische Spaltraum, markiert durch die postsynaptische Verdickung (Originalfoto Constantino Sotel).

geln des Aufbaus suchen, auch wenn sie nur die großen Linien des Bildes erkennen ließen. Dann galt es, Methoden zu entwickeln, um dem Weg einzelner Fasern durch das Labyrinth zu folgen. Die Anatomen helfen sich beispielsweise damit, daß sie einen bestimmten Nervenfortsatz in sukzessiven Schnitten einer Gewebsprobe verfolgen, oder sie arbeiten mit einer Kombination aus elektronenmikroskopischen Untersuchungen – die eine zuverlässige Identifikation der Synapsen gestatten – und Färbeverfahren im Zellmaßstab, mit deren Hilfe sich die Neuronenkategorie eindeutig bestimmen läßt. Zwar sind die Ergebnisse noch recht fragmentarisch, doch einige Regeln kristallisieren sich schon heraus.

Eine dieser Regeln legt fest, aus welchen Neuronenkategorien sich die kortikalen Netze aufbauen. Während bei Golgi-Färbung nur ein Neuron unter mehreren hundert oder Millionen markiert wird, zeigt das Elektronenmikroskop *alle* Zellstrukturen, die in einem bestimmten Kortexabschnitt vorhanden sind (Abb. 17). Bei ihrer quantitativen Analyse des kortikalen Zellaufbaus benutzten Powell und seine Mitarbeiter das Elektronenmikroskop[12], um die Pyramidenzellen, die großen Sternzellen (Korbzellen) und die kleinen Sternzellen (alle anderen) voneinander zu unterscheiden und um *alle* Zellen *jeder dieser Kategorien* in einem «Probekegel» des Kortex auszuzählen. Obwohl bislang erst die Daten zu zwei Kortexproben vorliegen – eine aus dem motorischen Rindenabschnitt und eine aus dem somato-sensorischen –, kommt Powell zu dem Schluß, daß das prozentuale Vorkommen von Pyramidenzellen und Sternzellen in diesen beiden funktionell sehr verschiedenen Rindenabschnitten *gleich* ist, wenn sich ihre Verteilung auch offensichtlich von einer Rindenschicht zur anderen ändert. Die Neuronennetze der Hirnrinde scheinen also nicht nur aus den gleichen Bestandteilen aufgebaut zu sein, sondern auch unabhängig vom Rindenabschnitt immer die *gleiche Stückzahl* aufzuweisen.

Die anderen Regeln betreffen die «Anschlüsse» für die Ein- und Ausgänge des Kortex. Seit Caton und seinen Nachfolgern wissen wir, daß die Sinnesorgane auf bestimmte Rindenfelder projizieren (Kap. 1), die, wie Pawlow es formuliert, an der «Analyse» der eintreffenden Signale beteiligt sind. Die sensorischen Bahnen sind also ein wichtiger Eingang der Hirnrinde. Trotzdem reicht praktisch keine von einem Sinnesorgan ausgehende Nervenfaser direkt bis in den Kortex hinein. Gleichgültig, um welche Empfindungsmodalität es sich handelt, die sensorischen Axone enden unterwegs in den subkortikalen Zentren, deren wichtigste die *Thalamuskerne* sind. Hier

Vernetzung

übernehmen andere Neuronen die weitere Nachrichtenübermittlung; für ihre Axone ist der Zugang zum Kortex also gewissermaßen «reserviert». Doch der Thalamus kontrolliert nicht nur die Eingänge der sensorischen Bahnen. Alle Rindenabschnitte, die motorischen wie die assoziativen, empfangen Nervenfasern von einem für sie zuständigen Thalamuskern. Also auch im Bereich dieser Eingänge stoßen wir auf eine bemerkenswerte Gleichförmigkeit des Aufbaus (Abb. 18).

Die vom Thalamus ausgehenden Axone bilden indessen nicht die einzigen Zugänge der Hirnrinde. Ein anderer wichtiger Eingang besteht aus Fasern, die von der Hirnrinde selbst ausgehen. Jedes Rindenfeld ist Zielpunkt einer beträchtlichen Zahl von Axonen, die von weiteren Feldern derselben oder der anderen Hemisphäre kommen. Die Fasern verbinden mehrere Felder untereinander; deshalb werden sie als Assoziationsfasern bezeichnet. Die vom Thalamus kommenden Fasern treten, wie die vom Kortex selbst ausgehenden Fasern, über die tiefste Schicht in den Kortex ein und durchqueren ihn senkrecht von unten nach oben zur Oberfläche hin. Die im Kortex beginnenden Fasern enden in der Regel auf verschiedenen Ebenen des Kortex, während die aus dem Thalamus stammenden Fasern alle in bestimmten Schichten enden, vorwiegend in Schicht III und vor allem Schicht IV. Schicht IV stellt folglich das «Haupteinfallstor» der Hirnrinde dar (Abb. 18).

Folgen wir jetzt einer thalamischen Faser bei ihrem Eintritt in Schicht IV, und versuchen wir festzustellen, mit welchen «inneren» Schaltkreisen sie Verbindung aufnimmt. Sie endet in einem Büschel von im Umriß «kugelförmigen» Verzweigungen, dessen feinste Verästelungen mit den dort befindlichen Zellkörpern und Dendriten Synapsen bilden. Wichtige Anlaufstellen sind die bereits erwähnten Dornen der Dendriten der Pyramidenzellen. Dank der überwiegend «senkrechten» Lage dieser Zellen breiten sich die Impulse in der Hirnrinde senkrecht zur Oberfläche aus. Die Sternzellen, deren axonale und dendritische Verzweigungen ebenfalls senkrecht angeordnet sind, empfangen eine große Zahl von thalamischen Fasern und leiten die Impulse in gleicher Richtung weiter. Schließlich nehmen die thalamischen Fasern noch Verbindung mit bestimmten anderen Sternzellen auf, deren Axone sich «waagerecht» verzweigen. Folglich entfalten sie ihre Wirkung auch *lateral*. Die Signale breiten sich also senkrecht und waagerecht aus (Abb. 18).

Die «Rechenergebnisse» dieser intrakortikalen Mikroschaltkreise werden schließlich von den Pyramidenzellen gesammelt, deren

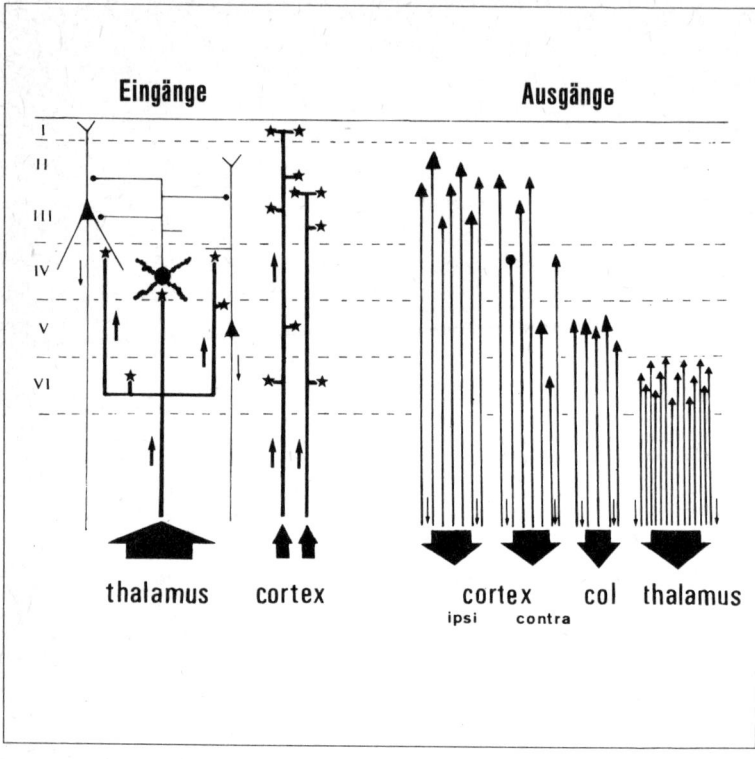

Abb. 18: Vereinfachte Darstellung der wichtigsten Ein- und Ausgänge der Großhirnrinde. Die Wirklichkeit ist sehr viel komplexer und erst teilweise bekannt. Außerdem verändern sich die Einzelheiten von Rindenfeld zu Rindenfeld. Von den eingehend erforschten Rindenabschnitten (zum Beispiel der Sehrinde) weiß man, daß die vom Sinnesorgan (Auge) ausgehenden Fasern im Thalamus auf Neuronen umgeschaltet werden, deren Axone direkt in den Kortex eindringen und sich «kugelförmig» verzweigen (hier schematisch dargestellt durch eine Gabel), und zwar vor allem in Schicht IV. Dort stellen sie synaptische Verbindungen (Sterne) mit den Dendriten der Pyramidenzellen her (die senkrecht ausgerichtet sind), aber auch mit den Sternzellen (die häufig waagerecht orientiert sind). Weitere wichtige Eingänge sind die Axone von Pyramidenzellen, die von anderen Rindenfeldern derselben oder der anderen Hemisphäre kommen. Nur die Axone der Pyramidenzellen verlassen die Kortex. Ihr Zielpunkt steht in Verbindung mit dem Ausgangspunkt der Bahnen. Die Zellen mit dem Soma in Schicht IV schicken ihr Axon zum Thalamus, die der Schicht V zu anderen subkortikalen Zentren (im Falle der Sehrinde zum Colliculus, der Vierhügelplatte), die der Schichten II, III und IV zu anderen Rindenfeldern der gleichen Seite (ipsilateral) oder der gegenüberliegenden Seite (contralateral) (nach White, 1981, und Creutzfeldt, 1978).

Vernetzung

Axone, wie erwähnt, die einzigen Ausgänge der Hirnrinde sind. Bevor sie jedoch die Hirnrinde verlassen, bilden sie «kollaterale» Abzweigungen, die in Schleifenform in den Kortex zurückkehren. Die Rechnungen verketten sich ...
Schließlich verlassen die Signale die Hirnrinde. Aber wohin fließen sie? Allgemeiner gefragt: Welches Schicksal ist den Axonen der Pyramidenzellen beschieden?[13] Eine genaue Antwort auf diese Frage wurde erst kürzlich dank einer höchst einfallsreichen Markierungsmethode möglich. Dabei wird ein Enzym benutzt, die Peroxydase des Meerrettichs, die sich durch ihre Farbreaktion sehr leicht auf dem Schnitt erkennen läßt. Wie an einem Ariadnefaden kann der Anatom sich mittels der Peroxydase vom äußersten Ende des Axons bis zum Soma des Neurons zurücktasten. Wenn man nämlich das Enzym an den Endverzweigungen des Axons injiziert, wird es von den Nervenendigungen absorbiert und gegen die Leitungsrichtung bis zum Soma transportiert. Dieses färbt sich ein und läßt sich ohne Mühe identifizieren. So kann man über eine Entfernung von mehreren Zentimetern die Verbindung des Zellkörpers mit der Kontaktstelle seines Axons herstellen. Dank dieser Methode ließen sich die wichtigsten «Ausfallstore» des Kortex ermitteln, die offensichtlich alle von Pyramidenzellen gebildet werden.

Ein Ziel der Kortexausgänge ist der Kortex selbst. Eine große Zahl der Axone, die aus dem Kortex hinausführen, kehren auf derselben oder auf der gegenüberliegenden Seite in ihn zurück. Sie sind jene «Assoziationsfasern», von denen bereits die Rede war. Die Axone der übrigen Pyramidenzellen enden außerhalb des Kortex in tiefer gelegenen, sogenannten subkortikalen Zentren. Doch auch dort scheinen die aus dem Kortex austretenden Signale nicht wirklich hinauszugelangen.

Die zweite Anlaufstelle für die pyramidalen Ausgänge sind nämlich die Thalamuskerne. Nun wissen wir aber, daß die wichtigsten Eingänge des Kortex die Axone eben dieser Thalamusneuronen sind. Die aus dem Kortex austretenden Fasern nehmen also mit Neuronen Verbindung auf, deren Axone zum Kortex führen. Also auch auf dieser Ebene haben wir es mit «Schaltkreisen» zu tun, die wieder in den Kortex eintreten!

Der dritte und letzte Ausgang des Kortex besteht aus Axonen von Pyramidenzellen, die tatsächlich von der Hirnrinde und den Thalamuskernen fortführen. Diese Axone sind beteiligt an der Analyse und/oder Auslösung von motorischen Befehlen, die sich als eine auf die Umwelt einwirkende Handlung, als ein Verhalten manifestieren.

Sie enden in nicht zum Thalamus gehörigen Zentren, die sich von einem Rindenfeld zum anderen unterscheiden. Ich kann sie hier nicht vollständig auflisten, sondern möchte nur als Beispiel für ein Ziel von Sehrinden-Axonen den Colliculus superior des Mittelhirns nennen (Abb. 18). Einige Axone reichen noch weiter. Die Axone bestimmter Pyramidenzellen des motorischen Kortex verlassen das Gehirn, verlaufen durch das Rückenmark und enden erst an dessen Motoneuronen, die die Muskelkontraktionen steuern.

Die aus dem Kortex austretenden Axone haben also im wesentlichen drei Ziele: entweder den Kortex selbst oder den Thalamus oder schließlich Zentren, die weder im Kortex noch im Thalamus liegen. Diese Unterscheidung gilt für alle Rindenfelder. Es stellt sich deshalb die Frage, ob zwischen der Lage des Somas der Pyramidenzellen in der Hirnrinde und den Zielen ihrer Axone ein Zusammenhang besteht. Die *Tracer*-Technik mittels Peroxydase ermöglicht eine genaue Antwort auf diese Frage (Abb. 18). Die Pyramidenzellen, deren Axone zum Thalamus führen, liegen alle in der tiefsten Rindenschicht, der Schicht VI (oder dem unteren Teil der Schicht V), und zwar unabhängig davon, welcher Thalamuskern als Zielpunkt dient. Die Somata der Pyramidenzellen, deren Axone in nicht zum Thalamus gehörigen subkortikalen Zentren enden – zum Beispiel im Colliculus (visuelles Feld) oder im Rückenmark (motorisches Feld) –, befinden sich in Schicht V. Die in den Kortex zurückkehrenden Axone gehören zu Pyramidenzellen aus den oberen Rindenschichten, den Schichten II und III (gelegentlich befinden sich diese Zellen allerdings auch in Schicht V). Die Ausgänge des Kortex folgen also einer allgemeinen Regel, die unabhängig von der funktionellen Bedeutung des betrachteten Feldes gilt (Abb. 18).

Wir können festhalten, daß die «Verdrahtung» des Kortex einer ansehnlichen Zahl von Organisationsregeln unterworfen ist, die für seinen Gesamtbereich gelten. Im großen und ganzen finden sich unabhängig von den speziellen Funktionen der Rindenfelder überall die gleichen Verdrahtungspläne. Die Netze sind aus der gleichen Zahl von Zellkategorien und innerhalb der einzelnen Kategorien aus der gleichen Zahl von Zellen zusammengesetzt, die Ein- und Ausgänge liegen auf gleichen Ebenen, und die Pläne der inneren Mikroschaltkreise ähneln sich. Angesichts dieser Tatsachen dürfte die Funktion eines Rindenfelds weit eher durch die Orte bestimmt sein, an denen die Eingänge eintreffen und zu denen die Ausgänge letztlich führen, als durch die intrinsische Organisation der lokalen Schaltkreise. Bei der metaphorischen Gleichsetzung von Gehirn und Elektronenrech-

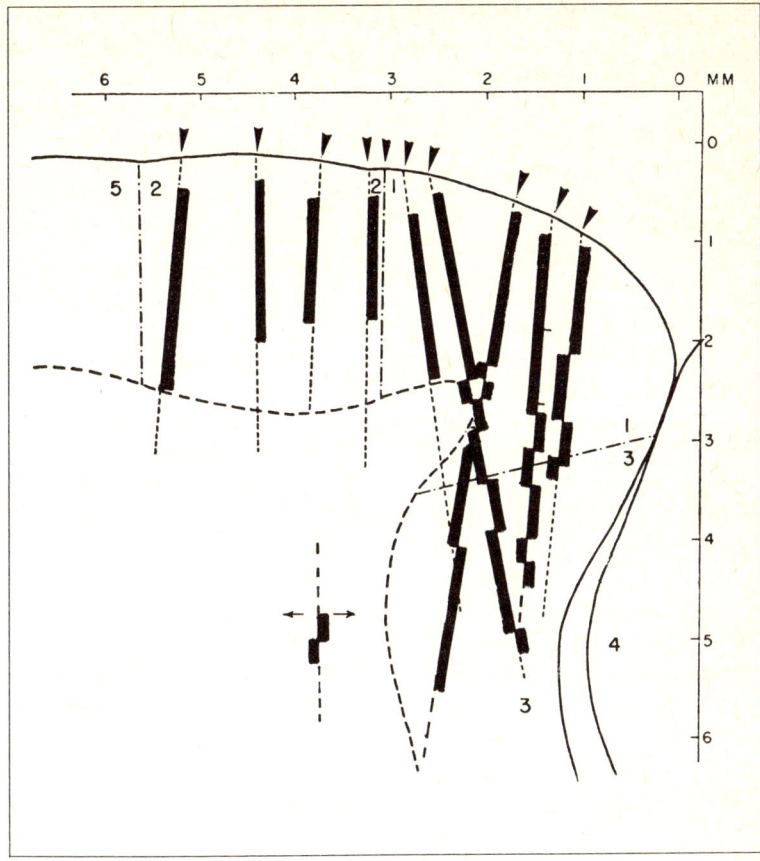

Abb. 19: Einer der ersten experimentellen Beweise für die »vertikale« Strukturierung der Großhirnrinde von Powell und Mountcastle (1959). Der sensomotorische Kortex (Feld 1, 2, 3 und 4) ist hier im Querschnitt wiedergegeben. Jeder Pfeil zeigt den Eintrittspunkt einer Mikroelektrode, die von dort aus immer tiefer in den Kortex eingeführt wird. Man reizt die Haut oder die tieferen Gewebe und mißt über die Mikroelektrode die in den Kortexzellen evozierte Reaktion. Wenn die Mikroelektrode senkrecht zur Kortexoberfläche eindringt, reagieren alle Zellen, auf die sie trifft, auf die gleiche «Sinnesmodalität»: Haut (schwarzer Balken links von der gestrichelten Linie) oder tiefere Gewebe (schwarzes Fähnchen rechts). Dringt die Mikroelektrode schräg zur Kortexoberfläche ein (rechte Seite der Abbildung), kommt es zu einem «unvermittelten» Übergang zwischen Zellen, die auf verschiedene Stimulationen reagieren. Jeder Übergang entspricht dem Wechsel von der einen «senkrechten Säule» mit ihren »unimodalen« Neuronen zur nächsten (nach Powell und Mountcastle, 1959).

ner denken wir sogleich an gedruckte Schaltkreise oder Mikroprozessoren, deren Anschlußweise ihre Aufgabe in der Maschine festlegt. Wenn wir diese Analogie konsequent zu Ende denken, wird die Großhirnrinde zu einem aus «Modulen» zusammengesetzten Gebilde. Aber darf man so weit gehen?

Module oder Kristalle?

Wie schon mehrfach erwähnt, sind die genauen Einzelheiten der kortikalen «Verdrahtung» noch lange nicht erforscht. Ihre erschöpfende Kenntnis setzt quantitative Methoden voraus, über die wir noch nicht verfügen. So sind wir auf *Modelle* angewiesen, die uns nur eine partielle und vereinfachte Ansicht der tatsächlichen Organisation liefern. Meiner Auffassung nach sind sie nur insofern gerechtfertigt, als sie zu einem besseren Verständnis der Anatomie beitragen.

Zunächst bietet sich das einfache Modell des «Moduls» an [14], von dem schon die Rede war. Nach diesem Modell wäre der Kortex aus einer Reihe geometrisch gleicher Einheiten aufgebaut. Die ersten physiologischen Untersuchungen der Hirnrinde ließen auf einen solchen Aufbau schließen. Betrachten wir sie genauer.

V. Mountcastle wiederholte die ersten Experimente von Caton. Dabei maß er die elektrische Aktivität der Hirnrinde nach peripherer Stimulation der Sinnesorgane. An Stelle einer großformatigen Elektrode benutzte er allerdings eine Mikroelektrode (2 bis 4 μm im Durchmesser), mit der er die Impulse *eines einzigen* Neurons empfangen konnte (vgl. Kap. 3). Beim Eindringen in die Hirnrinde registriert die Mikroelektrode die elektrische Aktivität jeder Zelle, auf die sie trifft. Zunächst stellte Mountcastle fest, daß bei Reizung verschiedener Rezeptoren – etwa in der Haut oder im Bereich von Gelenken – verschiedene Neuronen reagierten. An Katzen und Affen machte Mountcastle die entscheidende Beobachtung, daß bei senkrechtem Eindringen der Mikroelektrode – senkrecht zur Kortexoberfläche – alle gemessenen Neuronen auf dieselbe Empfindungsmodalität der Haut oder der Gelenke reagieren. Bei schrägem Eindringen findet ein abrupter Wechsel von einer Modalität zur anderen statt. Deshalb kam man auf den Gedanken, die Kortexneuronen seien in vertikalen Säulen angeordnet, die jeweils für eine bestimmte Empfindungsmodalität zuständig seien: etwa für die Haut- oder für die Gelenkempfindungen. Danach würden sich die Säulen nicht durch ihre geometrische Lage in der Hirnrinde, sondern durch ihre Verbindung mit der Peripherie unterscheiden: Sie wären die «Module» des Kortex.

D. Hubel und T. Wiesel[15] wiederholten diese Experimente an der Sehrinde – ebenfalls von Katzen und Affen –, wobei sie sich naturgemäß anderer Reize bedienten. Sie plazierten Lichtsignale im Gesichtsfeld des Tieres und maßen die Reaktionen, die vom rechten oder vom linken Auge ausgingen. Hubel und Wiesel bestätigten die Beobachtung von Mountcastle. Neuronen, die in gleichen senkrechten «Säulen» angeordnet sind, reagieren auf gleiche Empfindungsmodalitäten. Die Säulen sind jeweils einem Auge zugeordnet und scheinen von konstanter Größe zu sein – ungefähr 400 µm im Durchmesser. Alle diese Beobachtungen lassen sich mit einem Modell vereinbaren, dem zufolge der Kortex aus Modulen zusammengesetzt ist – etwa so, wie Konservenbüchsen im Regal eines Lebensmittelgeschäftes aufgereiht sind.

Doch schon bald tauchten Schwierigkeiten auf. Die erste ergab sich aus der Frage, wie sich die dem linken und dem rechten Auge zugeordneten Säulen verteilen – nicht in den verschiedenen Schichten, sondern in der Fläche der Hirnrinde. Wenn man nämlich die Fläche des Kortex betrachtet, so erscheinen diese Säulen keineswegs wie eine Ansammlung von senkrechten Schäften, die etwa mit dem Tausendsäulenkomplex der Tempel von Chichen Itzá zu vergleichen wären. Die Ergebnisse unlängst durchgeführter anatomischer Untersuchungen von Hubel, Wiesel und ihren Mitarbeitern[16] zeigen, daß sich die Sehrinde nicht aus Säulen zusammensetzt, sondern daß sich dort senkrechte *Streifen* wie Bücher im Regal einer Bibliothek aneinanderreihen (Abb. 20). Auf der Fläche der Hirnrinde bilden diese Streifen ein Schwarzweißmuster, das Ähnlichkeit mit dem Fell eines Zebras hat. Erste elektrophysiologische Untersuchungen, die auf zu kleine Flächen beschränkt blieben, erwiesen lediglich, daß diese Streifen senkrecht organisiert sind, so daß sie im Querschnitt der Hirnrinde tatsächlich als Säulen erscheinen – oder, um beim Bild der Bibliothek zu bleiben, wie die nebeneinanderstehenden Buchrücken im Regal. Die Streifen sind von gleichbleibender Stärke (ungefähr 400 µm) und erreichen eine Länge von einigen Dutzend Millimetern. Ist es sinnvoll, diese Streifen als Module des Kortex anzusehen? Die Hypothese, daß die Hirnrinde aus Modulen aufgebaut ist, setzt definitionsgemäß voraus, daß zumindest die Module einer bestimmten Kategorie gleiche Ausmaße aufweisen. Nun gelang Wiesel und Hubel[16] jedoch in einer Reihe von Experimenten, von denen im siebten

Kapitel noch die Rede sein wird, der Nachweis, daß die Ausmaße der für das linke und das rechte Auge zuständigen Streifen veränderlich sind. Die radikalste Methode besteht darin, ein Auge bei der Geburt zu entfernen: Beim ausgewachsenen Tier nehmen dann die dem anderen Auge zugeordneten Streifen den gesamten Raum des Rindenfelds ein, sind also doppelt so groß wie normal. Folglich liegen die Ausmaße der zum rechten und linken Auge gehörigen Streifen nicht fest (Abb. 67).

Die genaue physiologische und anatomische Analyse dieser Streifen zeigt im übrigen, daß ihre Stärke unmittelbar von der Größe der «kugelförmigen» Verzweigungsbereiche jener Axone abhängig ist, die vom Thalamus her in den Kortex eintreten. Wie beschrieben, enden diese meist in der Schicht IV. Nun wird diese Schicht von einem ganzen Wald vertikaler Spitzen durchzogen – den apikalen Dendriten der Pyramidenzellen aus den darunterliegenden Schichten und vor allem den «blumenförmig» verzweigten oder «aufsteigenden» Dendriten der Sternzellen. Lorente de Nó meint, daß diese Kontaktstellen zwischen den Endigungen der vom Thalamus kommenden Axone und den vielfältigen Dendritenverzweigungen die Ausgangspunkte «vertikaler Neuronenketten» sind. Danach gibt es keine «Module», die sich aus einer festliegenden Zahl von Kortexneuronen zusammensetzen, sondern ein dreidimensionales kortikales «Geflecht». Die aus dem Thalamus kommenden Nervenenden in der Schicht IV übermitteln also den dort verketteten Neuronen die Funktion ihres Thalamuskerns – in unserem Beispiel die Zugehörigkeit zum linken oder zum rechten Auge. Danach entscheidet eine *extrinsische* Innervation des Kortex (die Zugänge aus dem Thalamus) über seinen Aufbau aus regelmäßigen Streifen – nicht die *intrinsische* Anordnung der Kortexneuronen.

Das wird noch deutlicher, wenn man nicht nur die Reaktion der Neuronen auf das linke oder das rechte Auge, sondern auch andere Eigenschaften untersucht, wobei sich andere Streifenmuster nachweisen lassen. Wir können beispielsweise im Gesichtsfeld eines Tieres – einer Katze oder eines Affen – Lichtstreifen mit einer bestimmten Orientierung im Raum zeigen. Wiederum stellen wir fest, daß senkrecht übereinander angeordnete Neuronen auf die gleiche Orientierung reagieren. Doch die so definierten orientierungsabhängigen Streifen sind nur noch 25 bis 30 µm dick. Sie wären folglich «Minimodule» in «Hypermodulen». Außerdem überschreiten die orientierungsabhängigen Streifen die Grenzen der zum rechten und linken Auge gehörigen Streifen. Die Netze beider Streifenkategorien

Module oder Kristalle? 83

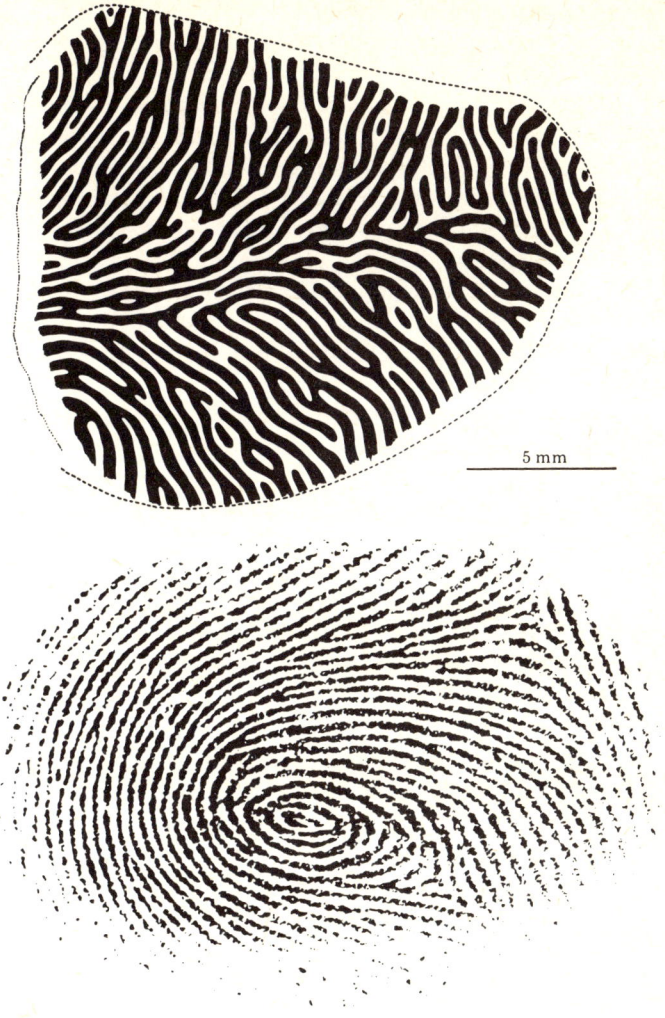

Abb. 20: Blick auf die Oberfläche der Sehrinde des Makaken, die aus Tangentialschnitten rekonstruiert wurde. Wenn man im Bereich eines schwarzen Streifens senkrecht mit der Mikroelektrode eindringt, so reagieren alle von der Mikroelektrode erfaßten Neuronen auf dasselbe Auge. Wechselt man von einem schwarzen Streifen zu einem weißen über, reagieren die Neuronen zuerst auf das eine, dann auf das andere Auge. Die senkrechten Streifen, deren Rand man hier sieht, bilden ein Zebramuster. Unten: Abdruck eines Zeigefingers zum Größenvergleich (nach Hubel und Wiesel, 1977).

scheinen voneinander unabhängig zu sein.[17] An welche der beiden Kategorien haben wir uns zu halten? Das Modulschema erscheint also zu einfach. Was für ein Modell sollen wir an seine Stelle setzen? Es bietet sich an, zunächst einfachere Systeme als den Kortex zu betrachten, die wie dieser zwar aus Schichten aufgebaut sind, aber weniger Zellen und vor allem weniger Synapsen aufweisen. Solche Systeme sind beispielsweise die Netzhaut des Auges oder die Kleinhirnrinde. Können sie als Modelle der Großhirnrinde dienen?

Sowohl die Anatomie wie die Funktion der Kleinhirnrinde sind uns weitgehend bekannt.[18] Bei allen höheren Wirbeltieren einschließlich des Menschen setzt sie sich aus fünf in großer Zahl vorkommenden Zellkategorien zusammen: den Purkinje-Zellen (sie entsprechen den Pyramidenzellen des Neokortex), deren Axone als einzige aus der Rinde hinausführen, den Körnerzellen, die den kleinen Sternzellen analog sind, und drei anderen Zellkategorien, die den großen Sternzellen des Neokortex entsprechen. Doch alles ist sehr viel einfacher (Abb. 21), da die Purkinje-Zellen nur eine einzige Schicht bilden, ebenso wie die Körnerzellen, die unmittelbar darunter liegen. Dank dieser Anordnung lassen sich mögliche Regelmäßigkeiten in der Topologie der Neuronen und ihrer Synapsen leichter entdecken. Solche Regelmäßigkeiten gibt es in der Tat, doch entsprechen sie nicht dem Modell der «Module». Sie zeigen sich vielmehr in einer Anordnung der Zellkörper, die horizontal zur Oberfläche der Kleinhirnrinde liegt. Die Zellkörper sind wie die Knoten eines Netzes verteilt. Die Abmessungen der Maschen sind innerhalb einer bestimmten Neuronenkategorie konstant, ändern sich aber, sobald man eine andere Neuronenkategorie betrachtet. Eine ähnliche Organisation findet sich in der Netzhaut (Abb. 22). Warum sollte nicht auch der Neokortex aus solchen Zellkristallen aufgebaut sein? Sie könnten übereinandergelagert sein und so die verschiedenen Schichten des Kortex bilden.

Selbstverständlich verträgt sich dieses Modell mit dem von Powell und seinen Mitarbeitern ermittelten Befund, daß sich im gesamten Kortexbereich pro Oberflächeneinheit eine gleichbleibende Zahl von Neuronen befindet. Es verträgt sich auch mit der Tatsache, daß es eine vertikale Verkettung gibt, da die Neuronen eines jeden Kristalls – wie man aus anderen Untersuchungen weiß – über ihre Axone und Dendriten auf spezielle Weise nach oben und unten verknüpft sind. Dadurch sind die übereinander gelagerten Kristalle miteinander verbunden. Jeder zweidimensionale «Kristall» würde demnach den

Module oder Kristalle? 85

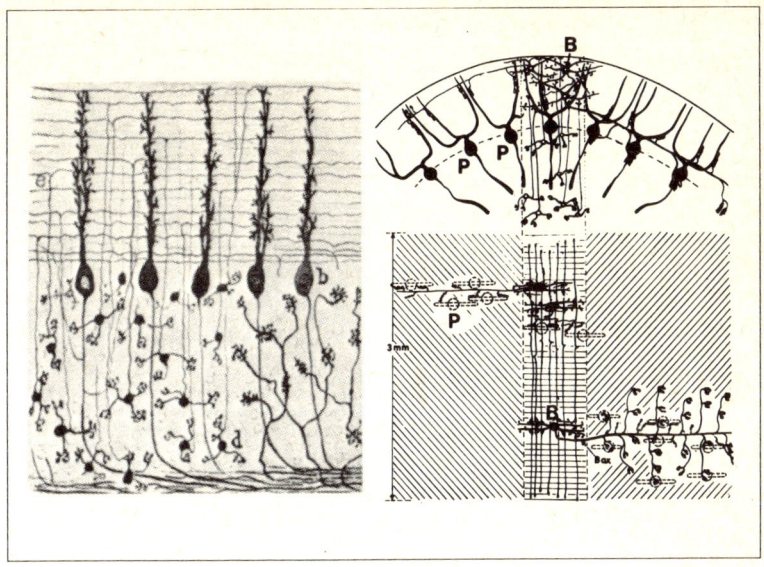

Abb. 21: «Quasikristalline» Struktur der Purkinje-Zellen in der Kleinhirnrinde. *Links:* Cajals (1900) Zeichnung eines Schnitts durch den Kleinhirnkortex senkrecht zur Symmetrieebene des Tieres. Die Purkinje-Zellen (b) sind mit ihren dendritischen Verzweigungen im Profil zu erkennen. *Rechts* oben: Zeichnung von Eccles u. a. (1967) nach einem Schnitt parallel zur Symmetrieebene des Tieres. Die «spalierbaumartig» verzweigten Dendriten der Purkinje-Zellen (P) sind (sehr vereinfacht) von vorn zu sehen. Unten: Blick auf die tangentiale Organisation der Kleinhirnrinde: die Purkinje-Zellen (P) sind gestrichelt dargestellt; die «Korbzellen» (B), die bestimmten Sternzellen der Großhirnrinde homolog sind, weisen ebenfalls eine regelmäßige Struktur auf. Bax = Axon einer Korbzelle.

zweidimensionalen «Einschuß» eines dreidimensionalen kortikalen «Gewebes» darstellen.

Wird dieses Modell geschichteter Zellkristalle den Tatsachen gerechter als das Modulmodell? Gibt es die erwähnten Unterschiede zwischen dem «granulären» (sensorischen) Kortex und dem motorischen oder assoziativen Kortex besser wieder? Wie bekannt, betreffen die Unterschiede nicht die Zahl der Neuronen, sondern die Verteilung der axonalen und dendritischen Verzweigungen sowie die Dichte der Verknüpfungen. Haben sie etwas mit den Ein- und Ausgängen des Kortex zu tun? Verschiedene neuerlich entwickelte Tracertechniken zeigen, daß sich die Dichte der Eingänge in der Tat von einem Rindenfeld zum anderen erheblich unterscheidet. Wie zu erwarten, empfängt ein granulärer «sensorischer» Rindenabschnitt eine bedeutende Anzahl von Axonen, die ihren Ursprung im Thalamus haben. Da sie vor allem in Schicht IV enden, ist diese Schicht dort besonders dick. Die Zahl der vom Kortex selbst ausgehenden Zuflüsse, die in diesen Abschnitten geringfügig ist, ist in den sogenannten «Assoziationsfeldern» weit größer. Auch hinsichtlich der Ausgänge weisen diese Felder Unterschiede auf. Je weiter der Endpunkt eines Axons vom Zellkörper entfernt ist, desto größer ist dieser. Geradezu riesenhaft sind die Zellkörper der Pyramidenzellen in der Schicht V des motorischen Kortex, deren Axone bis ins Rückenmark reichen. Die architektonische Vielfalt der Rindenfelder erklärt sich also zumindest teilweise aus ihren Ein- und Ausgängen sowie aus den Verbindungen zwischen den verschiedenen «Zellkristallen», die sich in der Tiefe des Kortex überlagern. Das Kristallmodell liefert eine plausible Erklärung für die unterschiedliche Stärke der Schichten, ohne die großen Organisationsprinzipien des Kortex zu vernachlässigen. Es läßt in den verschiedenen Schichten des Kortex eine weit

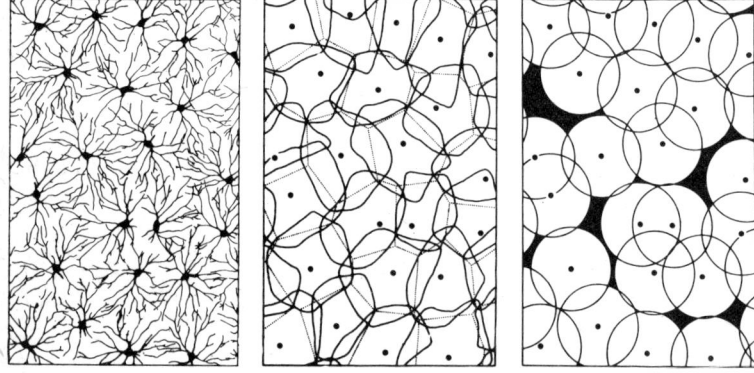

Abb. 22: Regelmäßige Anordnung von Ganglienzellen (der Kategorie α-ON) in der Fläche der Netzhaut. Die dendritischen Verzweigungen überlagern sich teilweise, und die Verteilung der Zellkörper ist nicht zufallsbedingt. Im mittleren Bild sind die Enden der dendritischen Verzweigungen mit durchgehenden Strichen verbunden worden. Rechts hat man Kreise mit gleichbleibendem Radius um die Zellkörper gezogen. Die Regelmäßigkeit in der mittleren Abbildung ist größer. Zellen der gleichen Kategorie ordnen sich also in «quasikristalliner» Weise an (nach Wässle u. a., 1981).

größere «Flexibilität» zu als die Vorstellung von nebeneinander gelagerten Modulen fester Größe.

Nach diesem notgedrungen sehr vereinfachten Modell wird die besondere Funktion jedes Rindenfeldes genau wie im Modulmodell durch die Anschlüsse der Ein- und Ausgänge bestimmt. Doch durch die reziproke Wechselwirkung zwischen Zellkristallen einerseits und den Ein- und Ausgängen andererseits wird hier ein «Modellierungsvorgang» möglich. Wenn wir aus dieser Sicht die Kategorie der Pyramidenzellen betrachten, die wir uns als homogen vorstellen (doch unsere Überlegungen würden genauso zutreffen, wenn diese Zellart aus mehreren Unterkategorien bestehen würde), können wir erwarten, daß ungeachtet allgemeiner Formgleichheit die Einzelheiten der dendritischen und axonalen Verzweigungen innerhalb eines Rindenfeldes von einer Schicht zur anderen und innerhalb einer Schicht von einem Rindenfeld zum anderen Unterschiede aufweisen. Das Repertoire der synthetisierten Makromoleküle (oder «offenen» Gene, vgl. Kap. 6) muß folglich durch das Repertoire jener Verknüpfungen ergänzt werden, die die «Singularität», die «Besonderheit» jeder einzelnen Zelle innerhalb einer Kategorie ausmachen.[20] Es muß also ein beträchtliches Repertoire von solchen singulären Eigenschaften geben. In jeder Schicht und in jedem Kristall eines gegebenen Rindenfelds unterscheidet sich jedes Neuron von seinem Nachbarn durch seine funktionelle Singularität. So kann zum Beispiel im motorischen Kortex jede Pyramidenzelle nach dem Muskel klassifiziert werden, für dessen Kontraktion sie zuständig ist (vgl. Kap. 4). Anders als vielfach angenommen, ist die funktionelle Organisation des Kortex von sehr begrenzter Redundanz. Zur vollständigen Beschreibung der kortikalen «Maschine» würde also die Beschreibung von einigen Dutzend Milliarden jeweils «singulärer» Neuronen gehören, wobei jedes singuläre Element noch ein Repertoire von etlichen tausend synaptischen Kontakten einschließt. Läßt sich diese – theoretisch gewiß mögliche – Darstellung praktisch überhaupt verwirklichen? Die Aufgabe ist ungeheuer.

Von der Maus zum Menschen

Keine Zellkategorie, keine Schaltung des Gehirns bildet ein spezielles Merkmal der menschlichen Großhirnrinde. Die Einzelteile und Verbindungsstücke der zerebralen Maschine des Menschen sind einem Fundus entnommen, der dem der Maus sehr ähnlich, wenn nicht gar mit ihm identisch ist. Wichtigstes Ereignis in der Evolution des Gehirns der Säugetiere war, wie gesagt, die Expansion des Neokortex. Damit wuchs die Gesamtzahl der Neuronen und infolgedessen die Zahl und Komplexität der dem Kortex möglichen Operationen. Unverändert blieb die Zahl der Zellelemente pro Einheit der Oberfläche. Allerdings ist die Dicke des Kortex unterschiedlich, wenn auch in geringerem Maße als die Ausdehnung seiner Oberfläche. Der Kortex des Menschen ist im Durchschnitt nur dreimal dikker als der der Maus. Von dieser Verdickung sind nicht alle Schichten gleichmäßig betroffen: In erster Linie profitieren davon die Schichten III und V, die wichtigsten Quellen intrakortikaler Verknüpfungen. Je größer die Oberfläche des Kortex wird, desto größer wird auch die Zahl der Neuronen, die «Assoziationsverbindungen» herstellen können. Die Gesamtfläche der Assoziationsfelder ist beim Menschen größer als die Fläche der primären sensorischen und motorischen Felder (vgl. Kap. 4). Dadurch ergibt sich eine durchschnittlich höhere Zahl von Kontaktstellen pro Neuron. Die dendritischen und axonalen Verzweigungen werden immer vielfältiger und erreichen beim Menschen ein Höchstmaß an Komplexität. Allerdings wächst die Durchschnittszahl der Synapsen pro Neuron durchaus nicht proportional mit der Kortexoberfläche. Die Synapsendichte pro Kubikmillimeter Großhirnrinde hat bei der Ratte und beim Menschen die gleiche Größenordnung. Da die Kortexstärke sich bestenfalls verdreifacht, kann auch die Durchschnittszahl der Synapsen pro Neuron beim Menschen nur dreimal höher liegen als bei der Ratte, während die Kortexoberfläche vierhundertmal größer ist. Mit der Zunahme der synaptischen Kontaktstellen allein läßt sich die wachsende Komplexität der Großhirnrinde in der Evolutionsreihe der Säugetiere nicht erklären. Dazu müssen andere Parameter herangezogen werden wie zum Beispiel die Diversifizierung der Rindenfelder (vgl. Kap. 4).

Weder im Bereich der makroskopischen Anatomie noch im mikroskopischen Aufbau des Kortex markiert irgendeine dramatische «qualitative» Veränderung den Übergang vom «tierischen» zum «menschlichen» Gehirn. Die Evolution ist *quantitativer* Natur, sie äußert sich in der kontinuierlichen Zunahme der Neuronengesamtzahl, der Vielfalt der Rindenfelder, der Zahl möglicher Verknüpfungen zwischen Neuronen und der daraus resultierenden Komplexität der Neuronennetze, aus denen die «Gehirnmaschine» besteht.

3
Die «animalischen Geister»

> ...man [muß] sich daran erinnern, daß all unsere psychologischen Vorläufigkeiten einmal auf den Boden organischer Träger gestellt werden sollen. Es wird dann wahrscheinlich, daß es besondere Stoffe und chemische Prozesse sind, welche die Wirkungen der Sexualität ausüben und die Fortsetzung des individuellen Lebens in das der Art vermitteln.
>
> Sigmund Freud
> Zur Einführung des Narzißmus (1914)

Wenn wir den Verdrahtungsplan der «Gehirnmaschine» kennen, wissen wir noch lange nicht, wie sie funktioniert. Die Zerlegung in Einzelteile liefert nur eine statische Beschreibung. Zur Kenntnis ihrer Funktion müssen wir etwas über ihre dynamischen Eigenschaften in Erfahrung bringen. Wie greifen die Einzelteile ineinander? Wodurch werden ihre Ventile oder Schaltelemente geöffnet und geschlossen?

Jede Form von Kommunikation setzt einen Sender und einen Empfänger voraus. Diese müssen durch einen Kanal verbunden sein, der die «Signale» befördert. Zu Beginn des 20. Jahrhunderts versah der große Anatom Ramon y Cajal[1] seine Zeichnungen der Neuronennetze mit Pfeilen, welche die seiner Meinung nach plausibelste Richtung der «Ströme» angaben. Dadurch wurden seine Schemazeichnungen zu Schaltkreisen. Wer das System verstehen wollte, mußte sich also Einblick in die *Verbindungen zwischen den Nervenzellen* verschaffen. Die Drähte dieses «inneren Telefons» sind die Nervenfasern – die Axone und Dendriten, die Sender und Empfänger über beträchtliche Entfernungen verbinden. In den Drähten der Nervenmaschine breiten sich also Signale aus. Theoretisch wird ein Signal durch die zeitlichen Schwankungen eines physikalischen Parameters definiert. Diese Schwankungen werden von einem Sender produziert, breiten sich in einem Kanal aus und werden schließlich von einem Empfänger erkannt, der sie von den Zufallsschwankungen des Hintergrundrauschens unterscheidet.

Seit sich Galen in der Antike zum erstenmal mit dem Problem befaßte, fragte man sich, welcher oder welche physikalischen Parameter von den Nerven benutzt werden. Die im Lauf der Jahrhunderte entwickelten Hypothesen entsprachen dem jeweiligen physikalischen und technischen Erkenntnisstand, speziell den Übertragungs- und Übermittlungsverfahren, die die Menschen in ihren Maschinen verwendeten: pneumatisch oder hydraulisch im 17. und 18. Jahrhundert, elektrisch im 19. Jahrhundert, elektrochemisch und chemisch in der Gegenwart. Wir wollen prüfen, welcher Mittel sich das Gehirn, die Sinnesorgane und die motorischen Zentren tatsächlich bedienen, um jene der Kommunikation dienenden Signale auszubreiten, zu übermitteln und zu erzeugen, deren Gesamtheit die «*Nervenaktivität*» darstellt.

Die zerebrale Elektrizität

1929 veröffentlichte der Psychiater Hans Berger einen aufsehenerregenden Aufsatz mit dem Titel ‹*Über das Elektroenzephalogramm des Menschen*›. Eigentlich vermittelte der Aufsatz keine neuen Erkenntnisse. Schon 1875 hatte Caton geschrieben: «Bei jedem Affengehirn, das ich untersucht habe, haben mir die Schwankungen des Galvanometers das Vorkommen elektrischer Ströme angezeigt.» Und etwas später heißt es: «Die elektrischen Ströme der grauen Substanz scheinen mit ihren Funktionen in Zusammenhang zu stehen.» Doch Berger beschrieb ein Meßinstrument, das sich auch auf das menschliche Gehirn anwenden ließ. Fortan brauchte man den Schädel nicht mehr zu öffnen. Man konnte die Elektroden an der Kopfhaut anlegen und die Schwankungen des elektrischen Potentials von dort ableiten.

Die von Berger an der Schädeloberfläche gemessene Gehirnelektrizität ist nicht zu vergleichen mit den 300 Volt und 0,5 Ampere starken Entladungen des Zitteraals. Um die Gehirnströme registrieren zu können, muß man einen sehr leistungsfähigen Verstärker benutzen. Dann erst sieht man die Schwankungen des elektrischen Potentials auf dem Bildschirm erscheinen (Abb. 23). Sie sind sehr schwach – einige Dutzend Mikrovolt (Millionstel Volt). Überdies liegt ihre Frequenz sehr niedrig. Beim ruhenden Erwachsenen, der die Augen geschlossen hält, sind die aufgezeichneten Wellen von großer Regelmäßigkeit. Die mittlere Frequenz beträgt 10 Hertz. Dies sind die Alpha- oder Ruhe-Wellen.

Die zerebrale Elektrizität

Sobald die Versuchsperson die Augen öffnet, ändert sich der Rhythmus abrupt, die Amplitude schrumpft mindestens um die Hälfte, und das regelmäßige Erscheinungsbild verflüchtigt sich. Die durchschnittliche Frequenz der aufgezeichneten Potentialschwankungen oder *Beta-Wellen* beträgt etwas mehr als das Doppelte der Alpha-Wellen-Frequenz. Im übrigen zeigen sie ein sehr unregelmäßiges Muster, das sich deutlich von dem gleichmäßigen, redundanten Aussehen der Alpha-Wellen unterscheidet. Deshalb bezeichnet man die Beta-Wellen auch als *Aktivitätswellen*.

Resultiert der Übergang vom Alpha- zum Beta-Rhythmus einfach aus der Einwirkung des Lichts auf das Auge, aus den Veränderungen in der Netzhaut? Betrachten wir die Reaktion auf andere Sinnesreize. Die Versuchsperson hält die Augen geschlossen. Jetzt wird sie aufgefordert, dem Ticken einer Uhr zu lauschen. Wiederum wird der Alpha-Rhythmus von den Beta-Wellen verdrängt. Wenn die Versuchsperson im Dunkeln sitzt, die Augen öffnet und zu sehen versucht, zeigt sich das gleiche Phänomen – abermals treten Beta-Wellen an die Stelle der Alpha-Wellen. Das Auftreten der Aktivitätswellen ist demnach nicht an eine besondere sensorische Reizung visueller, auditiver oder taktiler Art gebunden, sondern zeugt von einem allgemeineren Prozeß – der Fixierung der *Aufmerksamkeit*[2] (vgl. Kap. 5).

Sogar bei geöffneten Augen treten die Ruhewellen wieder auf, sobald die Aufmerksamkeit nachläßt. Wenn man jetzt die Versuchsperson auffordert, im Kopf alle Steuern zusammenzurechnen, die sie im Jahr zu bezahlen hat, setzt der Alpha-Rhythmus für die Dauer der Rechnung aus. Ohne Zweifel entsprechen die unterschiedlichen Rhythmen des EEGs unterschiedlichen Zuständen der «geistigen» Aktivität. Das zeigt sich noch deutlicher, wenn die Versuchsperson einschläft. Der Übergang vom Wach- in den Schlafzustand ist gekennzeichnet durch die allmähliche Verdrängung der Alpha- durch die noch langsameren Delta-Wellen, deren Frequenz drei bis fünf Hertz beträgt und deren Amplitude mehrere hundert Mikrovolt erreicht. Von Zeit zu Zeit machen diese langsamen Wellen kurzen Zwischenspielen heftiger elektrischer Aktivität mit erhöhter Frequenz Platz. Diese Phasen «paradoxen» Schlafs werden mit den Träumen in Zusammenhang gebracht[3] (vgl. Kap. 5).

Allgemeiner gesehen, stellen die beschriebenen Beobachtungen eine *Korrelation* zwischen Gehirnaktivität und elektrischen Phänomenen her. Berechtigt uns das zu dem Schluß, daß die beiden *identisch* sind? Einiges spricht dagegen. Die Alpha- und Beta-Wellen lassen sich, wenn nicht an der gesamten Schädeloberfläche, so doch in

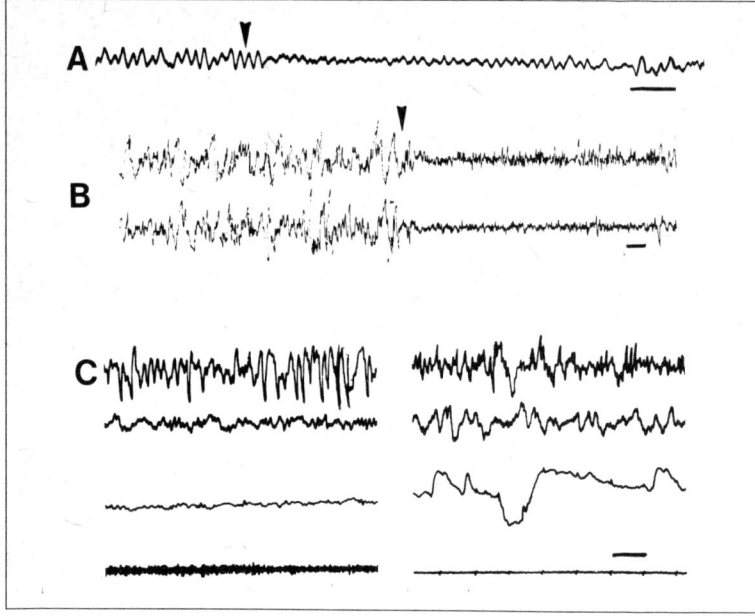

Abb. 23: Einige Hirnstrombilder (EEG). 1929 befestigte Hans Berger Elektroden an der Kopfhaut seiner Versuchspersonen und maß sehr schwache Schwankungen der elektrischen Spannung, die von der Summe der verschiedenen Gehirnaktivitäten herrührten.

A: Eines der ersten Originalbilder von Berger: Die wache, aber ruhende Versuchsperson zeigt eine sehr regelmäßige Aktivität mit Wellen von ungefähr 10 Hz (Alpha-Wellen); dann wird ihr rechter Handrücken mit einem Glasstab berührt (Pfeil), die Kurve wird unregelmäßig, die Amplitude kleiner, der Rhythmus schneller; die Versuchsperson richtet ihre Aufmerksamkeit aus (Beta-Wellen); nach und nach schwindet die Aufmerksamkeit, die Alpha-Wellen kehren zurück (Balkenlänge 0,5 Sekunden) (nach Berger, 1969).

B: Erwachen: Zunächst ist an den Wellen von großer Amplitude und langsamem Rhythmus (Balkenlänge 1 Sekunde Delta-Wellen) der Zustand des sogenannten Tiefschlafs zu erkennen; eine taktile Stimulation (Pfeil) weckt die Versuchsperson und läßt den Alpha-Rhythmus erscheinen (nach Sharpless und Jasper, 1956).

C: Tiefschlaf (*links*) und paradoxer oder REM-Schlaf (*rechts*). Das obere Bild, das mit Hilfe einer Elektrode in der Sehrinde gewonnen wurde, zeigt den Übergang von langsamen Wellen (Delta) mit großer Amplitude zum rascheren «paradoxen» Rhythmus mit Impulsbündeln. Noch deutlicher zeigt er sich auf dem zweiten Bild, das aus der äußeren Hinterhauptsregion stammt. Während des paradoxen Schlafs bewegen sich die Augen (drittes Bild von oben), und der Muskeltonus sinkt (unteres Bild [Balkenlänge 1 Sekunde], nach Salzarulo, 1975).

weiten Bereichen messen. Diese Manifestationen sind also zu global, um die Einzelheiten der zerebralen Aktivität zu erfassen, die *a priori* sehr differenziert und genau lokalisiert sind. Außerdem haben sowohl die Alpha-Wellen wie die langsamen Schlaf-Wellen einen gleichmäßigen Wiederholungscharakter, ähnlich dem von «Störwellen» oder «Rauschen». Ihr Informationsgehalt kann also nicht besonders groß sein. Umgekehrt lassen die Beta-Wellen überhaupt keine erfaßbare Regelmäßigkeit erkennen. Schließlich sind alle diese Phänomene im Vergleich zu der Geschwindigkeit, mit der bestimmte Gehirnprozesse ablaufen, sehr langsam. Sind also die elektrischen Manifestationen, die mittels der Elektroenzephalographie aufgezeichnet werden, bloße «Epiphänomene» eines Zusammenspiels weit komplexerer Prozesse?

Um diese Frage zu beantworten, sind genauere Untersuchungsmethoden erforderlich. Erheblich weiter kommt man, wenn man die wache Versuchsperson einem kontrollierten Experimentalreiz aussetzt. Man versetzt ihr zum Beispiel an den Fingerspitzen einen leichten elektrischen Schlag und mißt die Reaktion im Bereich eines bestimmten Rindenfeldes (in unserem Beispiel im somato-sensorischen Feld). Bei einem einzigen elektrischen Schlag lassen sich keine auffälligen Potentialschwankungen messen. Ein solches *evoziertes Potential* zeigt sich erst, wenn man die Zufallsschwankungen eliminiert, indem man mit Hilfe eines Computers mehrere Dutzend oder hundert Meßergebnisse überlagert. Die ersten charakteristischen Anzeichen der Reaktion treten schon nach sehr kurzer Zeit auf – etwa 20 bis 40 Tausendstelsekunden nach der Stimulation – und dauern fast eine halbe Sekunde an.[4] Die Messungen, eine Wiederholung von Cantons Tierexperimenten am Menschen, zeigen, daß sich in der Mikrostruktur von Beta-Wellen wacher Versuchspersonen elektrische Aktivitäten elementarer Art verbergen, die sowohl rasch auftreten als auch lokalisiert sind und hier zum Beispiel durch sensorische Reizung des peripheren Nervensystems evoziert werden.

Eingehender läßt sich die Gehirnelektrizität nur noch mit Instrumenten untersuchen, die empfindlicher messen als eine an der Kopfhaut befestigte Elektrode. Notgedrungen mußte man wieder zu Tierexperimenten zurückkehren, um die Elektrode an der Hirnrinde selbst oder in ihrem Innern ansetzen zu können. Mit einer Elektrode in der Größenordnung von Millimetern, die man im Kortex implantiert, läßt sich bei einmaliger Stimulation eine evozierte Reaktion messen, die sehr dem Bild des kumulierten EEGs ähnelt.

Eine andere Analyseebene erschließt die Mikroelektrode, deren

Spitze mit 0,5 bis 5 μm *kleiner* ist als die Nervenzelle.[5] Das gesamte elektrische Geschehen scheint sich dadurch abrupt zu verändern. Man kann mit ihr nicht nur Feldstärken von sehr schwacher Amplitude aus einem Abstand von Zentimetern oder gar Millimetern messen, sondern auch das «Prasseln» sehr kurzer, oft nur Millisekunden dauernder Impulse, die aus bestimmten Quellen zu stammen scheinen und deren Heftigkeit zu- oder abnimmt, wenn man die Position der Mikroelektrode um nur wenige Mikrometer verändert. Diese «diskreten» Quellen sind über alle Schichten des Kortex verteilt und erzeugen spontane Impulse von mittlerer Frequenz, die sich von einer Quelle zur anderen unterscheidet und von einem bis zu mehreren Dutzend Hertz reichen kann (Abb. 24).

Mit einer in den somato-sensorischen Kortex eingeführten Mikroelektrode wurde das Experiment der elektrischen Reizung des Fingers wiederholt. Statt einer gleichmäßigen Welle zeigten sich jetzt Impulsbündel mit Frequenzen bis zu 100 Hertz (Abb. 24). Die kortikalen Quellen reagieren auf eine periphere Reizung mit einer bis dahin nicht vermuteten Vielfalt. Heute ist zweifelsfrei erwiesen, daß jede Quelle, die elektrische Impulse erzeugt, aus einer einzelnen Nervenzelle besteht. Mittels der Mikroelektroden läßt sich die kontinuierliche elektrische Aktivität des Kortex sowohl auf der Ebene der Generatoren – der Neuronen – wie auf der Ebene der von ihnen erzeugten Impulse, also im Raum und in der Zeit in *diskontinuierliche* Elemente *zerlegen*.

Um aus diesen Einzelmessungen EEG-Bilder zusammenzusetzen, müßte man umgekehrt verfahren wie bei der Zerlegung in elementare Aktivitäten. Diese Aufgabe ist aber aus rein praktischen Gründen äußerst schwierig. Beim Menschen werden in einem Kubikmillimeter Hirnrinde Zehntausende von Neuronen gezählt, die alle elektrische Impulse erzeugen können. Ihre Aktivitäten müßten in einem Kortexbereich von mehreren Kubikmillimetern alle zur gleichen Zeit gemessen werden. Dazu fehlen gegenwärtig noch die technischen Voraussetzungen (allerdings dürften sie in naher Zukunft vorliegen – vgl. Kap. 5). Daher ist der Versuch, die elektrische Gesamtaktivität eines solchen Bereichs zu rekonstruieren, heute noch auf mathematische Modelle angewiesen, die zu einfach sind und sich auf zu unvollständige Daten stützen. Dennoch reichen die vorliegenden Daten aus, um die evozierten Reaktionen und sogar den Alpha-Rhythmus zumindest teilweise zu deuten. Letzterer resultiert aus dem autonomen Aktivitätsrhythmus der Kortexneuronen, der sich in den geschlossenen Schaltkreisen zwischen Kortex- und

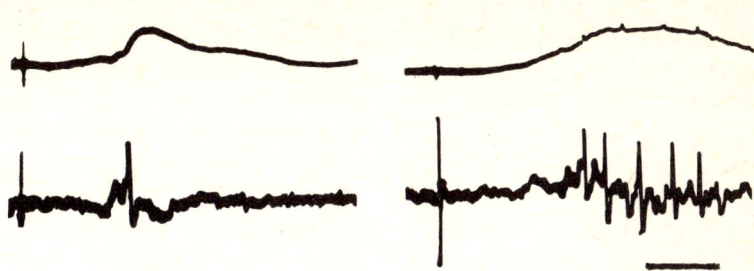

Abb. 24: Evozierte elektrische Reaktion bei einer Ratte (durch Stimulation der Pfotenhaut). Zwei Analyseebenen: Die obere Kurve entspricht der «Globalmessung» der Reaktion mittels einer Elektrode in der Tiefe des somatosensorischen Kortex (Feld 1, 2 und 3). Die Kurve unten zeigt die zugrunde liegende Mikrostruktur, die im Bereich einzelner Zellen gemessen wurde: einer (*links*) oder mehrerer (*rechts*). Kurze, unterscheidbare «Impulse» zeigen sich, die mit der evozierten Welle zusammenfallen (Balkenlänge 4 Millisekunden) (nach Bindman und Lippold, 1981).

Thalamusneuronen einstellt (vgl. Kap. 2). Schließlich zeigen Einzelmessungen an Kortexneuronen in Übereinstimmung mit den elektroenzephalographischen Daten, daß sich die zeitliche Verteilung und die spontane Frequenz ihrer Impulse beim Übergang vom Wachzustand zum ruhigen Schlaf radikal verändern (vgl. Kap. 5).

Man darf also behaupten, daß sich die globalen elektrischen Manifestationen der Großhirnrinde, wie sie das EEG sichtbar macht, aus der elektrischen Aktivität der einzelnen Nervenzellen (und Gliazellen) – der Ausbreitung von Impulsen entlang der Axone, ihrer Übertragung an den Synapsen und ihrer Entstehung in den Zellkörpern – erklären und folglich auch auf sie zurückführen lassen. Die Umstellung von der Globalmessung auf die Registrierung der Vorgänge im Zellbereich bedeutet für die Interpretation der elektrophysiologischen Daten des Gehirns eine Revolution.

Das Nervensignal

Als Glisson die «Empfindungsfähigkeit» der Nerven entdeckte, dachte er, er sei auf eine «vitalistische» Eigenschaft gestoßen. Galvani (für das periphere Nervensystem) und Fritsch und Hitzig (für die

Großhirnrinde) wiesen nach, daß die Empfindungsfähigkeit der «physikalischen» Fähigkeit entsprach, auf eine elektrische Entladung zu reagieren. Dann zeigten zunächst Matteucci, danach Du Bois-Reymond (1848–1884), daß diese Reaktion selbst eine elektrische Entladung darstellt. Nerven und Nervenzellen besitzen also die doppelte Eigenschaft, auf Elektrizität zu reagieren und Elektrizität zu erzeugen, das heißt als Sender und Empfänger in einem elektrischen Kommunikationssystem zu dienen.

Zwar läßt sich das Nervensignal wie ein elektrisches Phänomen aufzeichnen, aber es breitet sich nicht wie der Strom im Kupferkabel aus. Nach den Worten von Du Bois-Reymond handelt es sich um eine «Negativitätswelle», die im Soma des Neurons entsteht und mit gleichbleibender Amplitude durch das Axon wandert, wobei sie stets langsamer als der Schall ist (Abb. 25). Die Dauer dieses «Impulses», dieser «Nervenerregung», beschränkt sich an jeder Stelle auf eine oder ein paar Millisekunden. Seine Geschwindigkeit liegt zwischen 0,1 Meter pro Sekunde bei bestimmten Quallenarten, also sehr primitiven Tieren, und mehr als 100 Metern pro Sekunde in einigen Axonen von Säugetieren. Die Geschwindigkeit nimmt mit dem Durchmesser der Nervenfasern zu. Ihre Größe ist für die Verzögerungen verantwortlich (zwischen zehn und hundert Millisekunden), die zwischen der Stimulation der Sinnesorgane und der im Kortex gemessenen Reaktion ermittelt wurden.

Die Dauer des einzelnen Nervenimpulses unterliegt keinen Schwankungen. Auf ihn folgt eine Refraktärphase, die für eine ausreichende Dauer des Impulses sorgt und zwei aufeinanderfolgende Impulse durch eine Pause von einigen Millisekunden Länge trennt. Auch die Amplitude der Impulse – einige Zehntelvolt – ist unveränderlich. Ganz gleich, wo die Nervenerregung gemessen und wie sie hervorgerufen wird, sie zeigt immer die gleiche Impulsform. Die Kommunikation innerhalb des Nervensystems wird von einem System sehr gleichförmiger, ja universeller elektrischer Impulse getragen. Insoweit sind die ausgesandten Signale lediglich die Zeichen und Pausen eines sehr einfachen Morsealphabets.

Die Nervenmaschine funktioniert also dank eines Systems elektrischer Impulse, die sich manchmal bis zu einem Meter weit ausbreiten, ohne an Stärke zu verlieren. Aber die Nervenkabel sind keine Kupferdrähte. Woher kommt die «Nervenelektrizität», und welche Energie «hilft» ihr bei der Ausbreitung? Von entscheidender Bedeutung für die Elektrizitätserzeugung ist die Zellmembran.

Wie jede lebende Zelle ist auch das Neuron von einer Membran umschlossen. Es handelt sich um ein sehr dünnes, aus Lipiden und Proteinen zusammengesetztes Häutchen, fünf bis zehn Nanometer (Milliardstel Meter) dick, was etwa einem Tausendstel des Zelldurchmessers entspricht. Trotzdem ist das Häutchen fest genug, um das Zellvolumen eindeutig zu begrenzen; es verleiht der Zelle ihre *Einheit*.

Kommen wir nun auf die Messungen zurück, die mit Mikroelektroden am und im Kortex vorgenommen werden. Statt sich einer Nervenzelle nur zu nähern, kann man *ins Innere* des Neurons eindringen, wobei man seine Membran perforiert. Dabei springt das elektrische Potential, das gemessen wird, plötzlich nach unten auf einen stabilen Wert, das sogenannte Ruhepotential. Das gleiche geschieht, wenn wir das Experiment an einer leicht zugänglichen Nervenfaser wiederholen, an einem sogenannten Riesenaxon des Kalmars, das einen Durchmesser von fast einem Millimeter erreicht. Zwischen Innen- und Außenseite der Zellmembran herrscht also eine elektrische Potentialdifferenz, und zwar sowohl im Bereich des Zellkörpers wie in dem des Axons. Ihre Größe ist für alle Punkte der Zelle in etwa gleich – im allgemeinen zwischen 50 und 90 Millivolt.

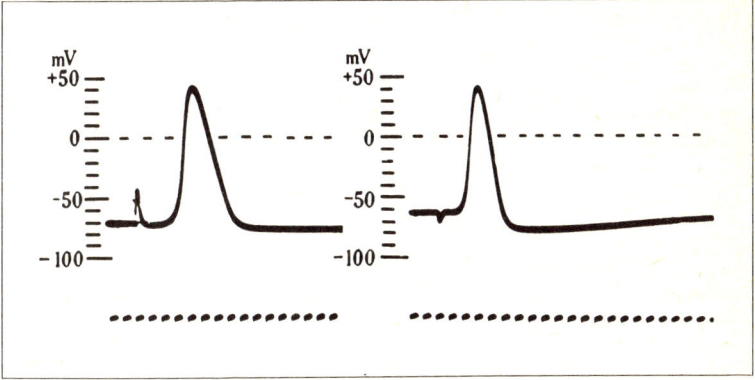

Abb. 25: Das Nervensignal: Die weitergeleitete elektrische Welle wird mit Hilfe einer Elektrode gemessen, die in das Innere des riesigen Kalmaraxons eingeführt worden ist. Die Meßergebnisse im Axon des lebenden Tieres (*links*) oder im abgetrennten und isolierten Axon (*rechts*) sind sehr ähnlich. Man kann sogar das Zytoplasma des Axons entfernen, ohne die Membran zu verletzen, das so erhaltene Röhrchen mit Salzlösungen füllen und trotzdem ein sehr ähnliches Nervensignal registrieren (zeitliche Skala: vier Punkte stellen eine Millisekunde dar; nach Hodgkin, 1964).

Die Membran des Neurons wirkt also wie ein «elektrochemisches Element». Wie kommt das?

Im Innern des Neurons ist pro Volumeneinheit mindestens zehnmal weniger Natrium enthalten als im äußeren Milieu, dafür aber zehnmal soviel Kalium wie draußen. Diesseits und jenseits der «Membranschranke» sammelt sich also Energie in Form chemischer Konzentrationen. Diese chemische Energie wird in elektrische Energie umgewandelt.

Der Übergang von der Chemie zur Elektrizität beruht zunächst auf einer einfachen Eigenschaft der Natrium- und Kaliumatome: Sie geben in wäßriger Lösung eine negative elektrische Ladung – ein Elektron – ab. Dadurch nehmen die Natrium- und Kaliumatome eine positive Ladung an. Sie werden zu *positiven Ionen*, durch deren Bewegung ein elektrischer Strom entstehen kann. Auf der einen Seite der Membran besteht also ein Überschuß an Natriumionen, auf der anderen Seite ein Überschuß an Kaliumionen. Wenn die Membran beide Ionenarten durchließe, würden sich die elektrischen Ströme, die durch die gegenläufigen Bewegungen entstünden, gegenseitig aufheben. Folglich muß die Membran als «selektiver Filter» fungieren. Im Ruhezustand läßt sie nur Kaliumionen durch, keine Natriumionen. Es entsteht eine elektromotorische Kraft, deren Wert und Vorzeichen (negativ im Innern) in direkter Beziehung zum Konzentrationsgefälle des Kaliums zwischen innerem und äußerem Zellmilieu steht. Die Umwandlung eines chemischen Konzentrationsgefälles in ein chemisches Potential erklärt sich also aus sehr einfachen physikalisch-chemischen Tatsachen.

Aber wird das Problem dadurch nicht einfach verlagert? Wenn die elektrischen Phänomene aus Unterschieden in der chemischen Konzentration entstehen, wie ergibt sich dann dieses Gefälle zwischen den beiden Seiten der Membran? Und vor allem: Wie bleibt es erhalten? Dafür sorgt ein spezialisiertes Molekül, das isoliert und gereinigt werden konnte. Es handelt sich um ein Eiweißmolekül, die sogenannte *Ionenpumpe*, die die Membran durchquert, die Ionen auf der einen Seite der Membran aufnimmt und sie auf die andere befördert. Da dieser Transport im Normalzustand gegen den Strom erfolgt, kostet er Energie. Die Energie ist chemischer Natur und wird von einer den Biochemikern wohlbekannten Substanz geliefert, dem ATP (Adenosintriphosphat), einem Produkt der Zellatmung. Die Ionenpumpe (die ATPase) spaltet das ATP-Molekül und benutzt die dadurch freigesetzte Energie, um die Natrium- und Kaliumionen durch die Membran zu befördern. Kein Geheimnis also umgibt die Energie, mit deren Hilfe das Neuron seine Elektrizität erzeugt. Ihr Ursprung ist äußerst banal. Er liegt im ATP, das die Zelle praktisch immer als «Energiemünze» benutzt, wenn sie irgendwo Energie verbraucht. Das ATP liefert die Energie, die erforderlich ist, um die Unterschiede in der Konzentration der Ionen zu beiden Seiten der Membran herzustellen, und die Membran wandelt diese *spontan* in ein elektrisches Potential um.

Im Ruhezustand steht die Membran also «unter Spannung». Ionenpumpe und Zellatmung sorgen ständig für ein «elektrochemisches» Potential zwischen den beiden Seiten der Membran. Dieses Potential kann *nach Belieben* dazu verwendet werden, Nervenimpulse zu erzeugen. Dafür wird eine Eigenschaft der Membran benötigt, die ich bislang außer acht gelassen habe: Im Ruhezustand ist sie für Natriumionen undurchlässig. Trotzdem existiert ein Konzentrationsgefälle: Das Zellinnere weist nur sehr wenige Natriumionen auf. Zu Beginn des Jahrhunderts äußerte H. Bernstein, dem wir die Theorie des Ruhepotentials verdanken, die Vermutung, daß die Entladung der Nervenzelle durch die zeitweilige Aufhebung dieser Membranschranke ausgelöst werde. E. Overton (1902) nahm diesen Gedanken wieder auf und entdeckte tatsächlich Hinweise darauf, daß die Natriumionen im äußeren Milieu an der Entstehung des Nervenimpulses beteiligt sind. A. Hodgkin und A. Huxley (1952) gelang schließlich der endgültige Beweis dafür, daß der Nervenimpuls auf diesem Ionenmechanismus beruht. Dazu bedienten sie sich eines außergewöhnlichen Präparats, von dem schon die Rede war: des Riesenaxons der Kalmare. Dank seiner Ausmaße ist es möglich, den Zellinhalt eines Riesenaxons zu entfernen und die Membran als Röhre zu konservieren, die man dann nach Belieben mit Salzlösungen unterschiedlicher Zusammensetzung füllen kann.

Die Ergebnisse dieser bemerkenswerten Experimente waren eindeutig. Ausgelöst wird der Nervenimpuls durch die Öffnung der Membran für Natriumionen. Für die Öffnung sorgt das elektrische Potential selbst: Wenn es einen Schwellenwert überschreitet, gibt es Kanäle frei, durch die die Natriumionen sich «explosionsartig» in das Zellinnere ergießen, wobei offensichtlich keine andere Energie wirksam ist als die durch die Ionenpumpe erzeugte «Leere». Die Wanderung der Natriumionen erzeugt einen elektrischen Strom und infolgedessen eine Veränderung des Potentials. Für die Dauer mindestens einer Zehntel Millisekunde wird das Nervensignal ausgelöst. Das elektrische Potential ändert sein Vorzeichen und erreicht infolge des veränderten Konzentrationsgefälles einen Wert von + 20 Millivolt.

Die Amplitude der Reaktion erreicht sofort ihren Maximalwert: etwa 100 Millivolt. Dann schließen sich die Kanäle für die Natriumionen wieder (und die Kanäle für die Kaliumionen öffnen sich vorübergehend). Das Membranpotential kehrt zum Ruhewert zurück, der Impuls endet. Er hat ungefähr eine Millisekunde gedauert. Das Nervensignal hat die Form einer einzelnen Welle, die sich selbsttätig ausbreitet.

Die bemerkenswerten Experimente von Hodgkin und Huxley wurden durch eine Theorie ergänzt, die die elektrischen Eigenschaften des Nervenimpulses erklärte und seine Fortleitung mittels einer sehr kleinen Zahl von Kanalmolekülen plausibel machte. Der wichtigere der beiden erforderlichen Kanäle ist offensichtlich der Natriumkanal, dessen Öffnung vom elektrischen Potential gesteuert wird.

Ihren aufsehenerregenden Erfolg verdanken die Ergebnisse und theoretischen Folgerungen der beiden Forscher nicht nur ihrer Überzeugungskraft und Logik, sondern auch der universellen Geltung ihrer Argumente. Ob im Riesenaxon des Kalmars, im Ischiasnerv der Ratte oder im Neuron der Großhirnrinde, die Ausbreitung des Nervenimpulses läßt sich an Hand sehr ähnlicher oder gar identischer Mechanismen erklären. Schließlich wurde die Theorie durch eine wachsende Zahl von Untersuchungsergebnissen belegt, deren Höhepunkt die Isolierung einer chemischen Substanz war, die sich als der Natriumkanal erwies.

Damit läßt sich Glissons immaterielle «Empfindungsfähigkeit» höchst materiell aus dem Einwirken physikalischer Faktoren, vor allem elektrischer Felder, auf die Kanalmoleküle erklären. Die von Mateucci nachgewiesene Elektrizitätserzeugung ist dem Transport von Natrium- und Kaliumionen durch die Kanäle zu verdanken, während die dazu verwendete Energie ein ganz und gar natürliches Produkt der Zellatmung ist.

Die Oszillatoren

Die Kommunikation im Nervennetz vollzieht sich also mit Hilfe einzelner Wellen, die sich entlang der Nerven von einem Punkt des Netzes zum anderen bewegen. Aber woher kommen diese Signale? Das EEG zeigt deutlich, daß auch ohne erkennbare sensorische Reizung, sogar während des Schlafs, heftige elektrische Aktivität erzeugt wird. Wenn man eine Mikroelektrode in eine beliebige Nerven-

Die Oszillatoren

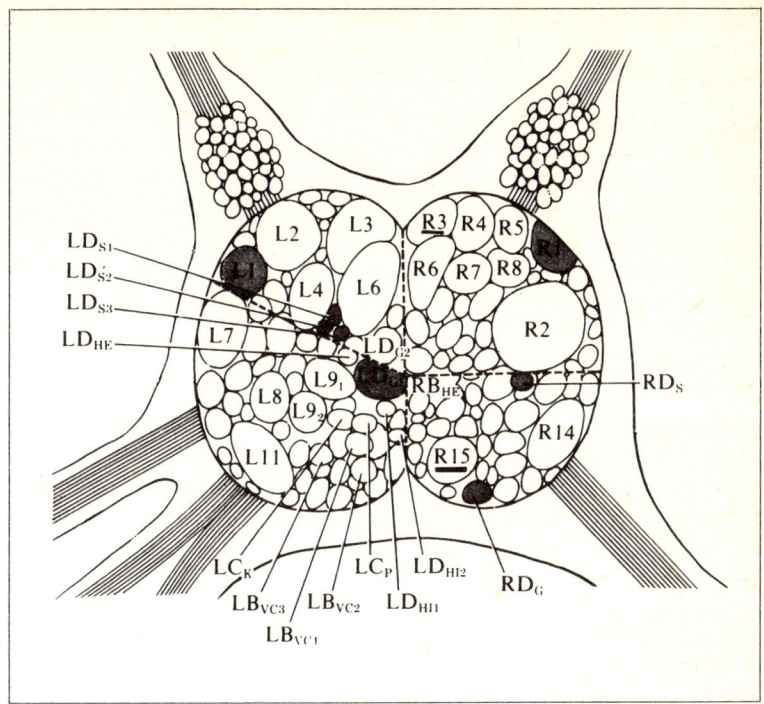

Abb. 26: Abdominalganglion des Seehasen (*Aplysia californica*). Es besteht aus ungefähr 2000 Neuronen, von denen mehr als fünfzig ein leicht zu entdeckendes Riesensoma besitzen (nach Kandel, 1976).

zelle des Kortex einführt, erkennt man, daß die elektrischen Impulse spontan entstehen. Das Phänomen zeigt sich überall. Sogar die Neuronen einer Kultur, die aus einem Tumor wie dem Neuroblastom stammen, erzeugen spontan Aktionspotentiale. Die Untersuchung solcher Impulsgeneratoren wurde durch die zeitliche Regelmäßigkeit der Impulse erleichtert. Sie funktionieren wie Oszillatoren. Das gilt zum Beispiel für das spontanaktive Neuron R_{15} der bereits erwähnten Meeresnacktschnecke Aplysia (Seehase).

Die Aplysia besitzt ein sehr übersichtliches (vgl. Kap. 2 und 7) und deshalb für Experimente sehr geeignetes Nervensystem (Abb. 26): kein Gehirn und kein Rückenmark, statt dessen 100 000 Neuronen, die sich in kompakten Ganglien über verschiedene Körperregionen verteilen. Jedes Ganglion besteht nur aus wenigen Neuronen (das

Bauchganglion zum Beispiel aus ungefähr zweitausend), deren Verteilung und Funktion sich bei jedem Individuum in identischer Weise wiederholen.[6] Sie lassen sich deshalb einzeln und vollständig klassifizieren, und das um so leichter, als einige riesenhafte Ausmaße haben. Die fast für das bloße Auge sichtbaren Zellkörper erreichen einen Durchmesser von einem Zehntelmillimeter und mehr. Das Neuron R_{15} befindet sich im hinteren Abschnitt des Bauchganglions. Mit einer Mikroelektrode aus Glas kann man seine Membran durchbohren. Als Ergebnis hält der Schreiber des Meßgerätes einen erstaunlichen elektrischen Monolog fest (Abb. 27B). Mit der Regelmäßigkeit eines Uhrwerks entladen sich alle fünf bis zehn Sekunden Bündel von zehn bis zwanzig Impulsen. Auch nach Isolierung des Ganglions setzen sich die Schwingungen fort. Selbst wenn das Neuron R_{15} isoliert wird, dauert das Phänomen an. Die oszillatorische Aktivität des Neurons resultiert nicht aus den Verknüpfungen mit dem Nervensystem der Aplysia, sondern ist eine «intrinsische» Spontanaktivität der Nervenzelle.

Natürlich wirkt es geheimnisvoll, daß ein einzelnes Neuron über eine solche Sprache verfügt. Welcher «Klopfgeist» läßt sich da mit solch schöner Regelmäßigkeit vernehmen? Zunächst erhebt sich die Frage, ob sich das osziallatorische Verhalten mit den Gesetzen der Thermodynamik verträgt. Ilya Prigogine[7] und seine Mitarbeiter haben sich damit in dem höchst allgemeinen Rahmen einer Oszillationstheorie chemischer Systeme auseinandergesetzt. Erster Schluß: Schwingungen können in keinem geschlossenen thermodynamischen System auftreten. Das System muß *offen* sein und in ständigem Energieaustausch mit der Außenwelt stehen. Zweiter Schluß: Schwingungen entwickeln sich niemals im Umfeld eines Gleichgewichtszustandes. Das System muß *aus dem Gleichgewicht*, aber in einem stabilen Zustand sein, kurzum, es muß eine «dissipative Struktur» besitzen. Die Zelle, vor allem das Neuron, wird beiden Bedingungen gerecht. Durch den Verbrauch energiehaltiger Nährstoffe wie etwa der Glukose und durch die das ATP erzeugende Zellatmung steht die Zelle in ständigem Energieaustausch mit der Außenwelt. Für ein stabiles Ungleichgewicht sorgt sie durch die unterschiedliche Ionenkonzentration zu beiden Seiten der Membran. Dabei bedient sie sich einer Pumpe, die die Energie des ATP verwendet.

Der dritte und letzte Schluß aus Prigogines Arbeit klärt die Frage, wie die chemischen Reaktionen des betrachteten Systems beschaffen sind und wie die materiellen und energetischen Austauschprozesse zwischen System und Außenwelt aussehen. Zwischen Kräften

Die Oszillatoren

und Austauschprozessen müssen *nichtlineare* Beziehungen bestehen. Das ist der Fall, wenn die zeitliche Entwicklung der Reaktionen «explosionsartig» verläuft oder wenn es zu Kopplungen zwischen den Reaktionen kommt, wenn etwa das Endprodukt einer Reaktionskette auf die Ursprungsreaktion zurückwirkt (das «Feedback» der Kybernetiker). Die explosionsartige Auslösung des Nervenimpulses wird der Bedingung der Nichtlinearität ohne Frage gerecht.

Das oszillatorische Verhalten eines Neurons entspricht also den Gesetzen der Thermodynamik. Das war zwar zu erwarten, doch galt

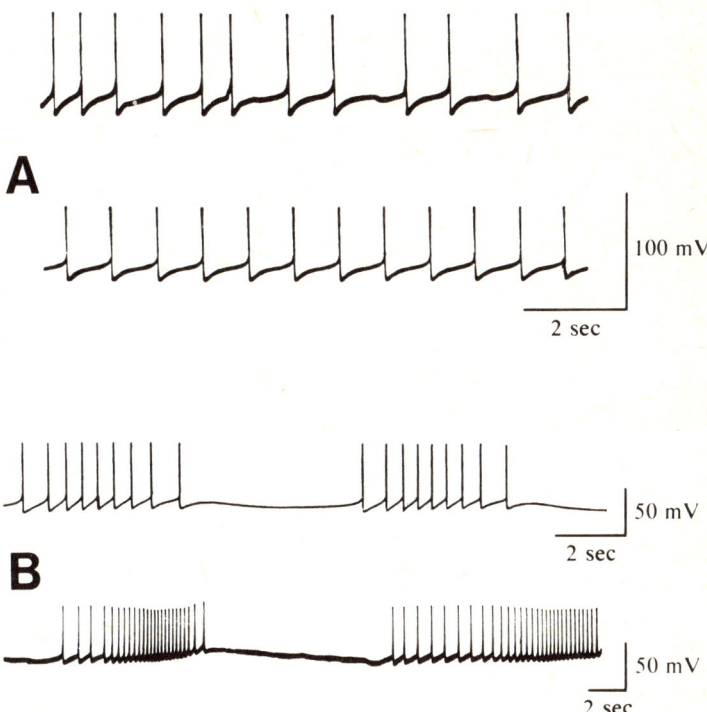

Abb. 27: Spontanaktivität einzeln identifizierter Neuronen der Aplysia. A: Regelmäßig oszillierende Aktivität eines Zelltyps, die bei Neuron R_3 gemessen wird. B: Regelmäßige Impulsbündel eines Zelltyps, die bei Neuron R_{15} gemessen werden. In beiden Fällen entspricht das obere Bild der Messung im lebenden Tier, das untere der Messung nach Isolierung des Nervenganglions. Die Spontanaktivität hält auch nach der Isolierung an (nach Alving 1968).

es, den Beweis zu erbringen. Betrachten wir jetzt etwas genauer, wie diese Schwingungen entstehen.

Sie bestehen aus Bündeln der üblichen Nervenimpulse, jenem Mechanismus unterworfen, den Hodgkin und Huxley zur Erklärung der Nervenleitung im Riesenaxon des Kalmars vorgeschlagen haben. Erklärt werden muß aber das Auftreten regelmäßiger Impulsbündel ebenso wie die regelmäßige Folge solcher Bündel. Jede Aktivitätswelle überlagert sich einem eigenen, Schwingungen erzeugenden System, einem «Schrittmacher» oder «Pacemaker», durch den das elektrische Potential an der Neuronenmembran langsamen Schwankungen unterliegt.[8] Es schwankt zwischen zwei Extremwerten, die über und unter dem Schwellenwert liegen, der den Nervenimpuls auslöst. Immer wenn das Potential den Schwellenwert überschreitet, entlädt sich ein Impuls, der nächste, noch einer – solange das Potential oberhalb des Schwellenwertes bleibt. Sobald es darunter absinkt, ist das Impulsbündel beendet.

Der Schrittmacher, der das elektrische Potential Schwankungen von etwa zehn Sekunden Dauer unterwirft, besteht aus zwei Kanalmolekülen. Sie öffnen sich langsam (in Sekunden), vergleicht man sie mit den an der Erregungsleitung beteiligten Kanälen, die nur Millisekunden brauchen. Außerdem sind sie für jeweils andere Ionen durchlässig. Die einen lassen Kalium-, die anderen Calciumionen durch. Elektrische Potentialänderungen und Änderungen in der Konzentration des Calciums (das wie das Natrium von einer Enzympumpe aus dem Zellinnern hinausbefördert wird) sorgen für die nach den Gesetzen der Thermodynamik erforderliche Rückkopplung: Die Öffnung des Calciumkanals wird durch das Potential bewirkt, das der Kaliumkanal erzeugt, während die Öffnung des Kaliumkanals durch die Calciumkonzentration gesteuert wird, die natürlich vom Calciumkanal abhängig ist (Abb. 28).

Ausgangspunkt der Oszillation ist die Verringerung des elektrischen Potentials durch Verschluß des Kaliumkanals: dadurch kommt es zu einer langsamen Öffnung des auf die Potentialänderung reagierenden Calciumkanals. Das Calcium dringt in die Zelle ein. Bevor es von der Pumpe wieder hinausbefördert wird, bewirkt es die ebenfalls langsame Öffnung des Kaliumkanals. Das Kalium tritt aus der Zelle aus, und dadurch erhöht sich das Potential. Da sich der Kaliumkanal dadurch wieder schließt, ist damit der Ausgangspunkt wieder erreicht. Das Membranpotential schwingt langsam hin und her. Wenn die Amplitude groß genug ist, überschreitet das Membranpotential den Schwellenwert für die Auslösung des

Die Oszillatoren

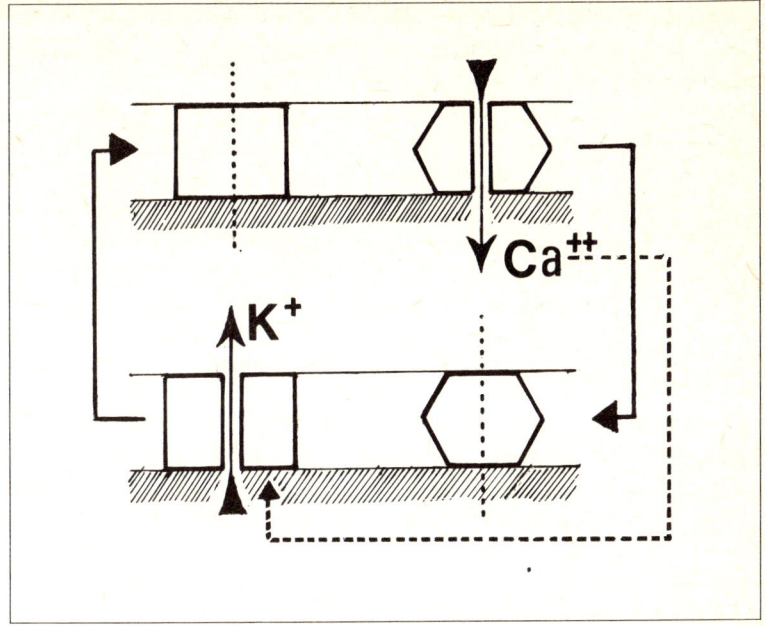

Abb. 28: Stark vereinfachtes Funktionsschema eines normalen Oszillators. Er besteht aus zwei langsamen Ionenkanälen; der eine läßt selektiv Kalium (K$^+$) (links), der andere Calcium (Ca^{++}) (rechts) passieren. Das vorübergehende Eindringen des Calciums führt zu einer Verminderung des elektrischen Potentials. Sobald das Calcium ins Zytoplasma gelangt ist, öffnet es den Kaliumkanal (punktierter Pfeil), das Kalium strömt aus der Zelle aus und bewirkt dadurch einen Anstieg des elektrischen Potentials. Dann wird der Calciumgehalt im Innern durch eine Enzympumpe verringert, das Kalium zurückgeholt, und der Kreislauf beginnt von vorn. Dadurch kommt es zu einer regelmäßigen Schwankung des elektrischen Potentials an der Membran.

Nervenimpulses, so daß sich auf dem Kamm jeder langsamen Schwingung ein Impulsbündel entlädt. Die Länge des Impulsbündels hängt von der Amplitude und von der Dauer der Schwingung ab. Wenn die Amplitude den Schwellenwert für einen sehr kurzen Zeitraum erreicht, kommt es nur zu einer oder einigen wenigen Entladungen (Abb. 27 A). Es muß noch nicht einmal bei jeder Schwingung zu Entladungen kommen. Sie können auf Schwingungen mit besonders großer Amplitude beschränkt bleiben. Damit wird aus unserem Präzisionsuhrwerk ein stochastischer Impulsgenerator. Die Neuronenoszillatoren werden also sowohl durch das Membranpotential wie durch die Calciumkonzentration im Inneren geregelt.

Vier Kanalmoleküle, drei Ionen, zwei Pumpen sowie das ATP sind die Bausteine einer regelbaren biologischen Uhr, die pausenlos und spontan funktioniert. Vom Seehasen bis zu den Säugetieren fanden die Forscher in den meisten Arten von Nervenzellen und sogar in Zellen, die nicht zum Nervensystem gehören, Oszillatoren, die diesem Konstruktionsprinzip folgen. Der weitverbreitete Mechanismus erklärt einen Großteil der spontanen Aktivität, die in den verschiedenen Bereichen des Nervensystems gemessen wird.

Wozu dient diese spontane Aktivität? Den Psychologen widerstrebt es, geistige Arbeit als spontane Aktivität zu verstehen, und auch die Physiologen in der Nachfolge von Sherrington und den Kybernetikern sind an Reaktionen interessiert, deren Zusammenhang mit einer peripheren Reizung außer Zweifel steht. Auf der Ebene der Einzelimpulse sind spontane und «evozierte» Erregungen miteinander identisch. Daher ist die Unterscheidung zwischen spontanen Impulsen und Impulsen, die durch eine Interaktion mit der Umwelt evoziert werden, durchaus strittig. In einigen Fällen ließ sich nämlich eindeutig nachweisen, daß die evozierte Aktivität von einem spontan arbeitenden Impulsgenerator ausging!

Das augenfälligste Beispiel liefern die Sinnesrezeptoren, die die aus der Außenwelt empfangenen physikalischen Signale in Nervenimpulse «umwandeln». Sie sind der Ursprung jeder evozierten Aktivität. Betrachten wir die Vestibularrezeptoren, die, im Innenohr gelegen, für den Gleichgewichtssinn und die Bewegungen im dreidimensionalen Raum zuständig sind. Wenn an den Gleichgewichtsnerv (Nervus vestibularis) eines Affen im Wachzustand eine Elektrode angeschlossen wird, verzeichnet sie eine gleichmäßige spontane Aktivität von etwa zwanzig Impulsen pro Sekunde. Wenn der Stuhl, auf dem der Affe sitzt, in eine bestimmte Richtung gedreht wird, erhöht sich die Aktivität auf bis zu dreißig Impulse pro Sekunde. Bei einer Drehung in die entgegengesetzte Richtung sinkt sie auf unter zehn Impulse pro Sekunde ab.

Die spontane Aktivität, die schon vor dem Einwirken des physikalische Reizes vorlag, erlaubt eine Veränderung in zwei Richtungen und deshalb ein Maximum an Kodierungsmöglichkeiten. Die Reaktion des Rezeptororgans und infolgedessen auch die Reaktion, die im zentralen Nervensystem empfangen wird, kann sich also entweder in einer Frequenzerhöhung oder in einer Frequenzverminderung der Impulse äußern.

Das Gleichgewichtsorgan im Innenohr besteht aus zwei Zellkategorien: den Neuronen, die die Impulse erzeugen und deren Axone in Richtung des zentralen Nervensystems verlaufen, und den eigentlichen Sinneszellen, die an der Oberfläche eine Gruppe von Tasthärchen tragen. Die Härchen reichen in die Flüssigkeit hinein, die Vorhof und Labyrinth des Innenohrs füllt, und können außerdem mit einem «Steinchen» (Statolithen) in Berührung kommen, das sich dort befindet. Bei Kopfbewegungen kommt es entsprechend dem Trägheitsgesetz zu einer Verlagerung der Flüssigkeit. Die Härchen der Sinneszellen werden dabei abgebogen. Diese Bewegung wirkt auf das Membranpotential in ähnlicher Weise ein wie die Bewegung des Steuerknüppels auf den Kurs des Flugzeugs. Wird die Härchengruppe mechanisch nach der einen Seite bewegt, bewirkt dies eine Verringerung des Membranpotentials; in die andere Richtung bewegt, verursacht es eine Steigerung dieses Potentials. Bewegen sich die Härchen nach hinten, schließen sich die Kanäle. Ein mechanisches Signal wird in ein elektrisches verwandelt. Dieser mechanisch-elektrische Effekt wird an die angrenzende Nervenzelle weitergegeben, verändert deren Membranpotential und modifiziert infolgedessen auch den Rhythmus der von ihr erzeugten Impulse.[9]

Dadurch wird die Veränderung eines physikalischen Parameters der Umwelt in eine Veränderung von Nervenimpulsen übersetzt. Das gilt für alle Parameter – Gravitation, Licht, chemische Veränderungen –, für die unsere Sinnesorgane empfänglich sind. Eine Kette von Reaktionen, die alle physikalisch-chemisch zu erklären sind, verbindet die sensible Oberfläche mit dem inneren Oszillator und steuert dessen spontane Aktivität, die jeder Interaktion mit der Außenwelt vorangeht. Die dabei erzeugten Impulse sind also unabhängig von dem physikalischen Parameter, auf den das Sinnesorgan reagiert. Die Sinnesorgane verhalten sich wie die «Regler» für eine molekulare Uhr. Die physikalischen Reize, die sie aus der Außenwelt empfangen, lassen die zelluläre «Uhr» schneller gehen, langsamer gehen oder weitergehen wie zuvor. Es gibt keinerlei physikalische «Ähnlichkeit» zwischen dem aus der Umwelt aufgenommenen physikalischen Parameter und dem erzeugten Nervensignal.

Die von den peripheren Oszillatoren ausgesandten Impulse breiten sich bis ins zentrale Nervensystem einschließlich der Großhirnrinde aus. Diese «evozierte» Aktivität stellt tatsächlich aber nur einen kleinen Bruchteil der Gesamtaktivität dar, die sich in Abwesenheit jeder erkennbaren sensorischen Reizung beobachten läßt. Die Fähigkeit der Impulserzeugung ist, wie wir gesehen haben, nicht allein auf sensorische Zellen beschränkt. Es handelt sich um eine generelle Eigenschaft der Nervenzelle (und mancher nicht zum Nervensystem gehörigen Zellen wie zum Beispiel einiger Drüsenzellen), eine Eigenschaft, die sowohl im zentralen wie im peripheren System anzutreffen ist. Der Nervenapparat verfügt also im Nervensystem wie im Gesamtorganismus über eine Vielzahl «dezentraler» Impulsgeneratoren.

Von einem Neuron zum andern

Die Impulsgeneratoren erzeugen elektrische Signale und schicken sie in das verschlungene Netz von Drähten und Verbindungen, das Neuronen, Rezeptoren und Effektoren miteinander verknüpft. Die Leitungsrichtung liegt ein für allemal fest: Sie führt stets vom Zellkörper zur Nervenendigung des Axons und von den Dendriten zum Zellkörper. Das Nervensystem baut sich also aus Schaltkreisen auf, in denen es vorgeschriebene und verbotene Richtungen gibt. Diese Situation ist in mehr als einer Hinsicht paradox.

Erstens ist bekannt (vgl. Kap. 1), daß Axone und Dendriten nicht bruchlos ineinander übergehen: Die Nervenschaltkreise bestehen aus Neuronen, die in den Synapsen *unverbunden* nebeneinanderliegen. Zwischen den Neuronen befinden sich «Unterbrechungen». Wie ist angesichts eines solchen *diskontinuierlichen* Aufbaus die Übertragung elektrischer Signale von einem Neuron zum anderen möglich? Hat die Diskontinuität etwas mit der «Polarität» der Ausbreitung der Nervenimpulse zu tun?

Zweitens: Wenn man ein Axon in der Mitte elektrisch reizt, entsteht ein Impuls, der sich sowohl aufsteigend, also zum Zellkörper hin, wie auch absteigend, zu den Nervenendigungen hin, ausbreitet. Es gibt also keine von vornherein «eingebaute» Polarität der Nervenleitung im Axon. Wie ist aber dann zu erklären, daß die Nervenimpulse immer in die gleiche Richtung verlaufen?

Eine Antwort auf diese beiden Fragen schlug Sherrington 1906 in seinem Buch ‹The Integrative Action of the Nervous System› vor. Er vergleicht dort die beidseitige Ausbreitung des Nervenimpulses in einem Teilstück der Nervenzelle mit der einseitigen im Reflexbogen. Er vertritt die Auffassung, daß die Merkmale, die die beiden Ausbreitungsweisen unterscheiden, «weitgehend auf die interzellulären Schranken», auf «den Nexus zwischen Neuron und Neuron» zurückzuführen seien – also auf die Eigenschaften der Synapse. Schon damals standen sich zwei Thesen gegenüber, deren Widerstreit erst fünfzig Jahre später entschieden werden sollte. Die Elektrophysiologen meinten, die Übertragung des Nervenimpulses an der Synapse finde auf elektrischem Wege statt. Die Pharmakologen gelangten auf Grund der Experimente von Claude Bernard zu der Überzeugung, daß die Übertragung chemischer Natur sei. In den fünfziger Jahren konnte der Streit beigelegt werden. Physiologen und Pharmakologen sind sich inzwischen darin einig, daß es beide Übertragungsweisen gibt. Es gibt Synapsen mit elektrischer und andere mit chemischer Übertragung.

Das besondere Merkmal elektrischer Synapsen ist, daß die Zellmembranen sehr eng zusammengerückt sind. Das Elektronenmikroskop zeigt, daß der synaptische Spaltraum nicht mehr als zwei Nanometer breit ist. Seine Überwindung bedeutet keinerlei Verzögerung für die Nervenleitung. Die Übertragung vollzieht sich, als herrsche ein elektrisches Kontinuum zwischen den Zellen. Unter diesen Umständen ist keine Polarität der Signaltransmission zu erwarten. In einigen Fällen scheint die Übertragung in die eine Richtung besser zu funktionieren als in die andere, doch meist werden durch solche Synapsen Neuronenkomplexe zusammengeschaltet, in denen die Übertragung in beide Richtungen stattfinden kann.

Die Vorstellung, daß die elektrische Ausbreitung des Nervensignals durch einen «chemischen» Übertragungsmechanismus ergänzt werden könnte, stammt nicht von einem Chemiker, sondern von dem genialen Elektrophysiologen Du Bois-Reymond (vgl. Kap. 1). Seine Weiterentwicklung verdankt das Konzept dann allerdings vor allem jenen Pharmakologen, die – wie Elliott (1904), Langley (1905) und vor allem Sir Henry Dale (1953) – die Wirkung natürlicher oder synthetischer Chemikalien auf bestimmte Organe untersuchten. Aus Bequemlichkeitsgründen entnahmen sie für ihre Untersuchungen zunächst periphere Organe – zum Beispiel den Musculus sartorius des Frosches oder den Rückenmuskel des Blutegels. Beim Vergleich zwischen der Wirkung der chemischen Substanzen und der Wirkung der motorischen Nerven, die diese Organe innervieren, stellten sie eine verblüffende Ähnlichkeit fest – etwa bei einer natürlichen Verbindung, die man aus dem Nervengewebe gewinnt und deren Synthese schon den Chemikern A. Crum-Brown und T. R. Frazer (1868) gelungen war. Es handelt sich um einen Ester des Cholins – das

Acetylcholin. Es befindet sich im motorischen Nerv, der es auch synthetisiert.

$$CH_3 - {}^+N(CH_3)(CH_3) - CH_2 - CH_2 - O - CO\text{-}CH_3$$

Bei Reizung der motorischen Endplatten wird es freigesetzt. Das Acetylcholin ist also ein «chemisches Zwischenglied», ein *Neurotransmitter*; es besorgt die Übertragung des Nervensignals über den Spaltraum hinweg, der den motorischen Nerv vom quergestreiften Muskel trennt.

Damit ergibt sich folgendes Schema für die synaptische Übertragung auf chemischer Basis:

Synthese und Speicherung des Acetylcholins	Freisetzung durch den Nervenimpuls	Ausbreitung im synaptischen Spaltraum	Einwirkung auf die Membran des Muskels	Abbau des Acetylcholins
→	→	→	→	

Für diese Theorie spricht eine Reihe von Tatsachen.

Das Elektronenmikroskop (Abb. 9, 17) zeigt deutliche Unterschiede zwischen den elektrischen Synapsen und den Synapsen, die – wie zum Beispiel an der Verbindung zwischen Motoneuron und gestreiftem Skelettmuskel – einen Neurotransmitter verwenden. Die chemischen Synapsen besitzen eine morphologische Polarität, die ihrer funktionellen Polarität entspricht. Erstens ist der Synapsenspalt mehr als zehnmal so breit (20 bis 50 Nanometer) wie der einer elektrischen Neuronenverbindung. Zweitens sind die beiden Grenzflächen der Synapse sehr unterschiedlich gestaltet: Auf der einen Seite steht die präsynaptische Nervenendigung mit einer großen Zahl von Vesikeln, die einen Durchmesser von 30 bis 60 Nanometern haben. Auf der anderen Seite befindet sich die postsynaptische Zelle, die keine Vesikel besitzt, dafür aber eine Substanzauflagerung an der Innenseite der Membran aufweist, die postsynaptische Verdikkung. Synapsen dieser Art kommen nicht nur peripher vor (Abb. 9, Kap. 1), sondern sind, wie wir gesehen haben, auch in der Großhirnrinde sehr zahlreich vorhanden (Abb. 17, Kap. 11). Sogar im Reagenzglas läßt sich nachweisen, daß die präsynaptisch gelegenen Vesikel Neurotransmitter enthalten.[10]

Mit Hilfe intrazellulärer Mikroelektroden kann man die für diese Synapsenart charakteristischen Signale auffangen.[11] Bei Reizung des motorischen Nervs läßt sich eine Reaktion der Muskelfaser messen. Vertauscht man Reiz- und Meßelektroden, ruft die elektrische Stimulation des Muskels keinerlei Signale im Nerv hervor. Die Synapse funktioniert wie ein «Ventil» – sie hat eine Gleichrichter-Wirkung. Ein weiterer Unterschied zu den elektrischen Synapsen: Die ersten Veränderungen, die sich an der postsynaptischen Muskelmembran messen lassen, treten mit einer Verzögerung (0,3 bis 0,8 Millisekunden) auf – ein wichtiger Faktor im Vergleich zur Dauer eines Nervenimpulses (eine bis mehrere Millisekunden).

Alle diese Besonderheiten lassen sich aus den Bedingungen der chemischen Übertragung erklären. Das Acetylcholin ist nur in der Nervenendigung, nicht im Muskel zugegen. Das chemische Signal kann sich nur vom Nerv zum Muskel hin ausbreiten. Damit ist die Übertragung notwendigerweise «polarisiert». Außerdem erfordert die Freisetzung des Acetylcholins, seine Verteilung im synaptischen Spaltraum und sein Einwirken auf die Muskelmembran eine gewisse Zeit. Dadurch ergibt sich eine Verzögerung, die natürlich länger als die der elektrischen Übertragung ist.

Wie der Nervenimpuls beim Eintreffen am Axonende die Ausschüttung des Acetylcholins bewirkt, ist noch nicht ganz geklärt. Immerhin weiß man, daß das Acetylcholin «zu Paketen gebündelt» ist und daß mit jedem Impuls, der das Nervenende an der neuro-muskulären Verbindung erreicht, ungefähr dreihundert solcher Pakete freigesetzt werden. Jedes Paket enthält ungefähr 10 000 Acetylcholinmoleküle. Insgesamt sammeln sich also während eines sehr kurzen Zeitraums von weniger als einer Millisekunde fast drei Millionen Acetylcholinmoleküle im synaptischen Spalt. *Absolut* gesehen, ist die Zahl nicht sehr groß, bedenkt man beispielsweise, daß die Mengeneinheit der Materie, das Mol, $6{,}02 \times 10^{23}$ Moleküle enthält. Doch der synaptische Spaltraum ist so klein, daß diese drei Millionen Moleküle eine sehr hohe *lokale Konzentration* erreichen. Im Ruhezustand gelangen weniger als 10^{-9} mol Acetylcholin pro Liter in den Spaltraum. Mit dem Eintreffen des Impulses erhöht sich die Konzentration plötzlich um fast das Millionenfache. Für etwa eine Millisekunde erreicht sie 10^{-4} bis 10^{-3} mol pro Liter und verliert sich dann durch Diffusion (und vor allem durch den Abbau durch ein spezifisches Enzym). Dem elektrischen Impuls folgt ein chemischer Impuls. Die lokale und vorübergehende Konzentrationssteigerung des Acetylcholins sorgt dafür, daß das Signal den synaptischen Spaltraum rasch überwinden kann.

Natürlich kann die Übertragung nur dann stattfinden, wenn das von der Nervenendigung freigesetzte Acetylcholin jenseits des Spaltraums auf die postsynaptische Membran einwirkt. Dort läßt sich eine elektrische Welle messen, die sich deutlich vom Nervenimpuls unterscheidet (Abb. 29). Im Unterschied zu diesem breitet sich die Welle nicht aus. Sie dauert drei- bis fünfmal länger an, endet weit weniger abrupt, und ihre Amplitude ist fünf- bis zehnmal kleiner. Ihre Ursache ist eine *gleichzeitige* – nicht in Sequenzen folgende – Erhöhung der Durchlässigkeit für Natrium- und Kaliumionen. Die Situation ist weit einfacher als im Falle der Nervenleitung: Auf der muskulären Seite der Verbindung gibt es nur eine einzige und nicht zwei Kategorien von Kanälen. Wenn experimentell – mit Hilfe einer

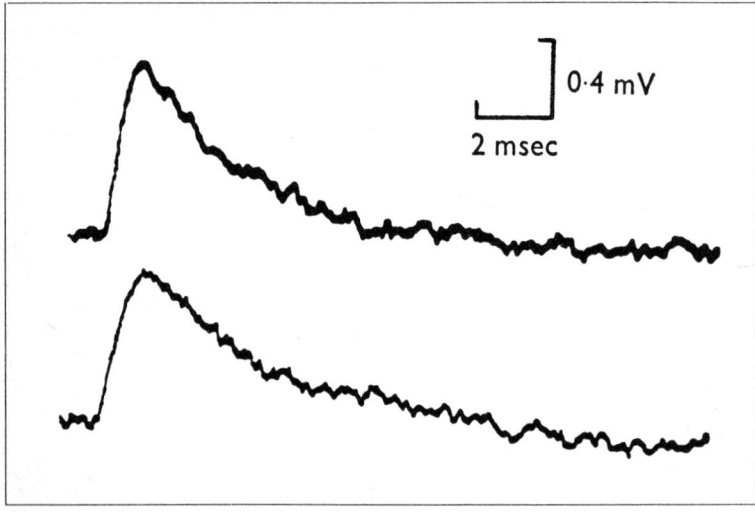

Abb. 29: Elektrische Reaktion der postsynaptischen Membran einer chemischen Synapse (hier einer neuro-muskulären Verbindung) auf den Neurotransmitter Acetylcholin. Form und Eigenschaften der Erregungswelle unterscheiden sich von der des weitergeleiteten Nervensignals. Die obere Kurve wurde aufgezeichnet, als die Nervenendigung ein «Paket» Acetylcholin ausschüttete, die untere, als mittels einer Mikropipette eine starke Dosis Acetylcholin appliziert wurde. Beide Kurven sind praktisch deckungsgleich (nach Kuffler und Yoshikami, 1975).

Mikropipette – ein lokaler «Acetylcholin-Impuls» gegeben wird, so entsteht an der postsynaptischen Membran eine elektrische Welle, die der durch den Nerv ausgelösten Welle sehr ähnlich ist.[11] Die Ionenkanäle in der postsynaptischen Membran werden durch das Acetylcholin geöffnet, reagieren aber im Unterschied zu den Kanälen, die an der Weiterleitung des Nervenimpulses beteiligt sind, nicht auf Veränderungen des elektrischen Potentials. Dank verfeinerter Meßtechniken kann man heute die Öffnung und Schließung *eines einzigen* Kanals erfassen. Diese Vorgänge erfolgen sehr unvermittelt: Die winzige Welle, die sich daraus ergibt und die etwa eine Millisekunde andauert, hat eine sehr charakteristische quadratische Form (Abb. 30). Der Ionenkanal kann nur offen oder geschlossen sein!

Mit der Freisetzung des Acetylcholins durch den Nervenimpuls erfolgt die Umwandlung des elektrischen Signals in ein chemisches Signal. Die Öffnung der Ionenkanäle bedeutet die Umkehrung dieses Vorgangs, die Rückverwandlung des chemischen Signals in ein elektrisches Signal.

An der Verbindung zwischen motorischem Nerv und quergestreiftem Muskel ist die Amplitude der synaptischen Reaktion im allgemeinen so groß, daß das Membranpotential den Schwellenwert zur Auslösung des postsynaptischen Nervenimpulses erreicht. Auf jeden Nervenimpuls antwortet ein Muskelimpuls, dem eine Kontraktion der Muskelfaser folgt. Der Wirkungsgrad dieses Übertragungsmechanismus beträgt 100 Prozent. Das ist nicht immer der Fall, vor allem wenn es sich um Synapsen zwischen Neuronen handelt. Diese Synapsen sind so klein, daß nur ein einziges «Paket» des Neurotransmitters (und nicht dreihundert wie bei der neuromuskulären Verbindung) freigesetzt wird – und dies auch nicht bei jedem Nervenimpuls, der die Synapse erreicht.[12] Das ändert jedoch nichts an der Tatsache, daß das Grundprinzip der chemischen Übertragung, so wie es für die Verbindung zwischen motorischem Nerv und quergestreiftem Muskel beschrieben wurde, auch für die Synapsen des zentralen Nervensystems gilt.

In der Geschichte der Neurowissenschaften dauert es häufig einige Zeit, bis die Gültigkeit eines Mechanismus, den man im peripheren Nervensystem entdeckt hat, auch für das zentrale Nervensystem nachgewiesen wird. Die Erforschung der Neurotransmitter liefert ein schönes Beispiel dafür. Schon 1904/05 fanden Elliott und Langley Acetylcholin und Adrenalin in der Peripherie, aber im Gehirn wurde das Acetylcholin erst 1941 von F. MacIntosh entdeckt, das Noradrenalin 1954 von M. Vogt. Die beiden Neurotransmitter sind die «Alterspräsidenten» einer Gesellschaft von chemischen Substanzen, die fast täglich neue Mitglieder hinzugewinnt: Aminosäuren wie Glutamat, Aspartat und γ-Aminobuttersäure, «biogene» Amine wie Dopamin und Serotonin, Polypeptide wie die Enkephaline, Endorphine und die Substanz P. Einer der letzten Neuzugänge ist das VIP, das seinen Namen nicht dem Umstand verdankt, daß es eine *Very Important Person*, sondern daß es vasoaktiv und intestinal (zum Darm gehörig) ist. Es wurde nämlich im Darm entdeckt, bevor es im Gehirn nachgewiesen werden konnte. Das ist kein Sonderfall. Viele der vom peripheren Nervensystem verwendeten Neurotransmitter werden nicht nur auch vom zentralen Nervensystem benutzt, sondern erfüllen daneben noch ganz andere Aufgaben im Organismus – so zum Beispiel das Hormon, das die Ausschüttung des Wachstumshormons

Abb. 30: Die postsynaptische elektrische Welle erweist sich als die Folge der kollektiven Öffnung der «Molekülkanäle».
A: Messung des spontanen «Rauschens» der postsynaptischen Membran mit einer extrazellulären Elektrode. Dieses Rauschen ist in Anwesenheit von Acetylcholin (rechts) erheblich stärker als in dessen Abwesenheit (links) (nach Katz und Miledi, 1972).
B: Ergebnis der plötzlichen Öffnung und Schließung einer großen Zahl von Ionenkanälen, die weitgehend isoliert wurden – Alain Trautmann benutzte eine Kultur von Muskelzellen der Ratte als Ausgangsmaterial (waagerechter Balken- 100 msec, senkrechter Balken: 2 pA).
C: Aufsicht auf Bruchstücke der postsynaptischen Membran unter dem Elektronenmikroskop (von der Nervenendigung aus betrachtet), die die *Rezeptormoleküle* erkennen läßt. Sie enthalten den Ionenkanal, dessen Öffnung und Schließung die in A und B gezeigten Schwankungen hervorrufen (waagerechter Balken: 0,1 µm). Foto Jean Cartaud.
Zeichnung unten: Stark vereinfachte und hypothetische Darstellung der molekularen Zustände des Acetylcholinrezeptors. Nach dem vorgeschlagenen Modell (vgl. Changeux u. a., 1976; Neubig und Cohen, 1980; Heidmann und Changeux, 1980) kann das Rezeptormolekül in verschiedenen «Zuständen» (oder Formen) vorkommen, die einander ablösen: Im «Ruhezustand» (R), der durch Curare (cu) stabilisiert wird, und im «aktiven Zustand» (A), der durch Acetylcholin (ac) hergestellt wird und in dem nur die Ionen des Natriums (Na^+) und des Kaliums (K^+) durchgelassen werden. Der Übergang R → A erfolgt sehr rasch (Mikrosekunden, Millisekunden). Dieses Schema ist durch die Zustände mit geschlossenem Ionenkanal ergänzt worden: «Zwischenzustände» (Z) und «desensibilisierte Zustände» (D), die durch das Acetylcholin stabilisiert werden und sich durch langsame Übergänge auszeichnen. Sie könnten an den Funktionen des Kurzzeitgedächtnisses beteiligt sein (vgl. Kap. 5).

Von einem Neuron zum andern 117

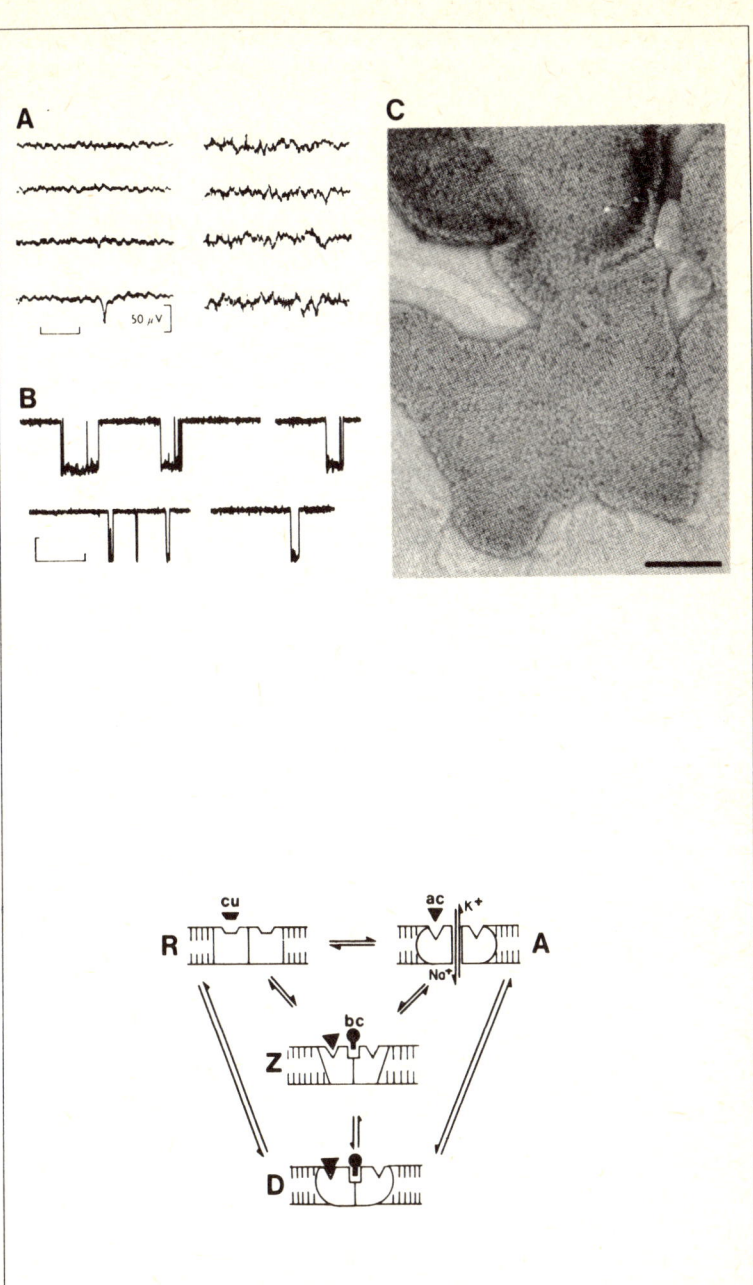

hemmt – das Somatostatin. Guillemin und seine Mitarbeiter haben es sowohl in den sympathischen Ganglien wie auch in der Großhirnrinde nachgewiesen. Es kommt aber auch in der Bauchspeicheldrüse (in den δ-Zellen der Langerhans-Inseln) vor, wo es die Insulinausschüttung durch andere Zellarten unterdrückt.[13]

Etliche dieser Neurotransmitter sind im Nervensystem sehr primitiver Tierarten entdeckt worden, etwa in dem der Ringelwürmer. Man trifft sie im ganzen Tierreich an, vor allem bei den höheren Wirbeltieren – den Ratten, Affen und Menschen. Sie sind im Bereich der chemischen Synapsen ebenso «universell» verbreitet wie der Mechanismus der Erregungsleitung im Bereich des Axons. Bis heute hat man keinen Neurotransmitter entdeckt, der ein Privileg des Menschen wäre.

Dutzende sind schon im Gehirn nachgewiesen worden, und die Liste dürfte in den kommenden Jahren noch länger werden. Diese biochemische Vielfalt steht in deutlichem Gegensatz zur Gleichförmigkeit der elektrischen Signalübermittlung. Sir Henry Dale war einst der Meinung, von einem Neuron werde immer nur ein einziger Neurotransmitter produziert und freigesetzt. Es gibt jedoch viele Ausnahmen von dieser Regel. So kann ein Neuron einen klassischen Neurotransmitter wie das Acetylcholin und gleichzeitig ein Peptid wie das VIP benutzen.[14]

Denken wir daran, daß ein Neuron der Großhirnrinde von vielen zehntausend Synapsen erreicht wird und daß diese Synapsen unterschiedliche Neurotransmitter verwenden können. Diese Vielfalt, die einerseits chemisch bedingt und andererseits dem elektrischen Effekt der Neurotransmitter zu verdanken ist, schafft eine verschwenderische «Signalkombinatorik» – rechnerische Möglichkeiten, zu denen ein rein «elektrisch» arbeitendes Neuron nicht ohne weiteres oder überhaupt nicht in der Lage wäre. Wir werden noch sehen, welche Bedeutung diese lokalen Rechenkapazitäten für die Funktion eines Neurons haben (Kap. 4).

Die Molekül-Schlösser

Die chemische Synapse hat eine zentrale Bedeutung für die Kommunikation zwischen den Neuronen. Sie steuert die Signalübertragung von Zelle zu Zelle, indem sie eine Einbahnleitung schafft, sie baut Schaltkreise auf und sorgt für eine große Vielfalt an der Membran des

Neurons. Ihre Ausmaße entsprechen denen einer Bakterienzelle, aber augenscheinlich ist sie nicht so kompliziert wie diese. Das Molekülinventar einer Synapse wie der neuro-muskulären Verbindung ist zwar noch nicht vollständig erfaßt, scheint aber weit kleiner zu sein als das des Kolibakteriums. Die Organisation dieser «Organelle» ist viel einfacher als die einer Bakterienzelle. Angesichts der strategischen Bedeutung der Synapse für die Nervenkommunikation ist die Entzifferung ihres Molekülinventars theoretisch wie praktisch von außerordentlichem Interesse.

Eine Möglichkeit, das Problem der chemischen Synapse in Angriff zu nehmen, besteht darin, daß man sich der von ihr benutzten Signale bedient, also des Neurotransmitters oder einer seiner chemischen Verwandten. Als Ziel dient jenes Molekül in der postsynaptischen Membran, auf das der Neurotransmitter seinen «elektrogenen» Effekt ausübt.

Ende des 19. Jahrhunderts schrieb der Mediziner Paul Ehrlich: «Corpora non agunt nisi fixata» – Körper wirken nicht, wenn sie nicht fixiert sind. Wie geht diese Fixierung vor sich? Der Chemiker Emil Fischer (1894/1898) fand dafür ein sehr einprägsames Bild, das seine Gültigkeit bis heute bewahrt hat. Nach Fischer enthält die Zelle eine «chemisch aktive» Substanz von bestimmter «geometrischer Konfiguration», die dem betrachteten Körper komplementär sei – ihm angepaßt wie ein Schlüssel seinem Schloß. An der neuromuskulären Verbindung wies der englische Physiologe John N. Langley (1906) nach, daß diese Substanz auf Nikotin und Curare reagiert – letzteres blockiert ihre Wirkung – und daß sie sich beim ausgewachsenen Muskel nur an der Stelle der Nervenendigung befindet. Langley vertrat die Ansicht, daß «die Substanz des Muskels, die sich mit dem Nikotin (dessen Wirkung der des Acetylcholins ähnelt) und dem Curare verbindet, nicht mit der kontraktilen Substanz identisch ist». Er nannte sie «rezeptive Substanz» oder *Rezeptor*. Die Verbindung des Acetylcholins mit dem Rezeptor-Schloß in der postsynaptischen Membran führt zur Öffnung des mit dem Rezeptor verbundenen Ionenkanals.

Jahrelang blieb der Rezeptor eine unbekannte, geheimnisumwitterte Größe. Sogar Sir Henry Dale, dem wir so viele Erkenntnisse über die Rolle des Acetylcholins als Neurotransmitter verdanken, mochte diesen Terminus nicht verwenden. Da der Rezeptor nur in sehr kleinen Mengen vorhanden ist, schien er sich jedem chemischen Nachweis zu entziehen. Zwei einander ergänzende Strategien führten schließlich zum Erfolg.[15]

Zunächst galt es, ein Organ zu finden, welches erheblich größere Mengen des Rezeptors enthält als der Muskel. Diese Bedingung erfüllt das elektrische Organ des Zitterrochens (Abb. 31) oder des Zitteraals. Es erzeugt sehr starke elektrische Entladungen (drei Entladungen des Zitteraals – 500 Volt, 0,5 Ampere – töten einen Menschen), die durch die gleichzeitige Aktivierung vieler Milliarden von Synapsen zustande kommen. Sie sind in ihren Eigenschaften den neuro-muskulären Verbindungen sehr ähnlich. Im Prinzip gleicht das elektrische Organ einem Muskel, dessen Synapsen sich nach Verlust des kontraktilen Apparats außerordentlich stark vermehrt haben. Diese gigantische Akkumulation erleichtert dem Biochemiker die Arbeit.[16] Da alle die mikroskopisch kleinen Synapsen die gleiche chemische Zusammensetzung besitzen, entspricht die Arbeit an einem Kilogramm des elektrischen Organs praktisch der Untersuchung einer einzigen riesigen Synapse von gleichem Gewicht! Bei solchen Versuchsbedingungen hat man es mit Mengen des Acetylcholinrezeptors zu tun, die in Dezigramm oder gar Gramm gemessen werden können. Man braucht ihn nur noch von den anderen Bestandteilen des elektrischen Organs zu trennen, um seine chemische Zusammensetzung ermitteln zu können. Dazu muß man ihn kennzeichnen – zum Beispiel mit Hilfe eines radioaktiven Markierungsstoffs (Marker), dessen Spur man leicht verfolgen kann. Zuerst dachte man dabei an den Neurotransmitter selbst oder analoge Substanzen. Diese Experimente brachten keinen Erfolg. Die Substanzen verhielten sich wenig selektiv und verbanden sich außer mit dem Rezeptor noch mit viel zu vielen anderen Molekülen.

Abermals suchte man Hilfe im Tierreich. Einige Schlangen wie die Kobra oder Mamba verdanken ihren schlechten Ruf der Wirksamkeit ihres Giftes, das durch den Biß in die Blutbahn ihres Opfers gelangt und dieses – auch den Menschen – tötet, indem es seine Atemmuskulatur lähmt. Es wirkt ähnlich wie das Curare, mit dem die Amazonasindianer ihre Pfeilspitzen bestreichen. Der lähmende Wirkstoff im Schlangengift ist ein kleines Eiweißmolekül etwa von der Größe des Insulins, Toxin α genannt.[17] Es setzt sich auf praktisch irreversible und sehr selektive Weise an jenem Ort der Synapse fest, an dem sich auch das Acetylcholin anlagert – gewissermaßen der falsche Schlüssel, der in das richtige Schloß eindringt. Sobald er dort sitzt, läßt er sich nicht mehr herausziehen und blockiert die Funktion des Rezeptors, lähmt ihn also. Wenn man dieses Toxin radioaktiv macht, ist es infolgedessen ein sehr selektiver «Indikator» für das Rezeptor-Schloß.

Die Molekül-Schlösser

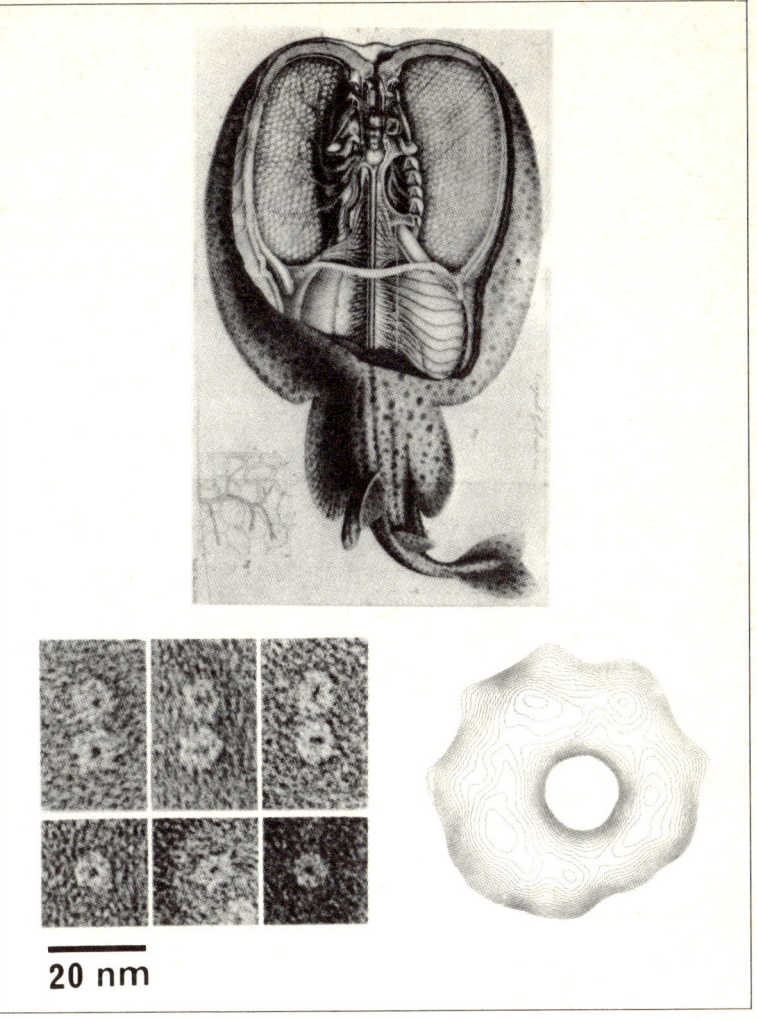

Abb. 31: Zitterrochen (*Torpedo marmorata*), dessen elektrische Organe durch Entfernung der beiden Kopfseiten bloßgelegt wurden. Sie sind außerordentlich reich an cholinergen Synapsen und deshalb auch an Acetylcholinrezeptoren (nach Savi, 1844). Unten: Mehrere Fotografien des Rezeptormoleküls des Acetylcholins, die Jean Cartaud mit Hilfe eines Elektronenmikroskops anfertigte, sowie ein Bild des Moleküls, das nach Computeranalyse dieser Fotografien «rekonstruiert» wurde. Das Molekül besitzt in der Mitte ein «Loch» (vielleicht der Ionenkanal?) und fünf Untereinheiten verschiedener Größe (nach Bon u, a., 1982).

Während elektrische Fische und Giftschlangen kaum Aussichten haben, in der Natur zusammenzutreffen (wenn es auch im Japanischen Meer fischfressende Meeresschlangen gibt), gelang dank ihrer Vereinigung im Reagenzglas die Isolierung des Acetylcholin-Rezeptors. Das Toxin α markiert nämlich den im elektrischen Organ so reichlich vorhandenen Rezeptor.[18]

Der Rezeptor ist ein großes Eiweißmolekül, welches das Toxin α an Größe erheblich übertrifft. Unter dem Elektronenmikroskop erweist er sich als eine Rosette mit einem Durchmesser von neun Milliardstel Meter (Abb. 31). Seine Molekularmasse beträgt 250000, also das Dreieinhalbfache des Hämoglobins. Wie dieses setzt sich auch der Rezeptor aus mehreren Proteinketten (Untereinheiten) zusammen, aber von vier verschiedenen Arten, von denen eine doppelt vorkommt. Diese fünf Ketten sind tief in der postsynaptischen Membran verankert und durchdringen sie an einigen Stellen. Die Rezeptoren sind dort mit einer hohen Dichte pro Oberflächeneinheit vertreten. Die postsynaptische Membran besteht praktisch nur aus Rezeptormolekülen, die durch eine dünne Schicht von Lipiden miteinander verbunden sind (Abb. 30 C). Die Membran ist also biochemisch höchst einfach gebaut, weit einfacher als beispielsweise die Membran einer Bakterienzelle!

Durch Zentrifugation läßt sich die postsynaptische Membran von den anderen Bestandteilen des elektrischen Organs isolieren. Man erhält sie in Form winziger Bruchstücke, die etwa einen Mikrometer groß sind (also ungefähr die Ausmaße einer Synapse besitzen oder noch kleiner sind). Diese Fragmente bilden winzige Vesikel oder Mikrobläschen, die man mit radioaktiven Natrium- oder Kaliumionen füllen kann. Wenn die Mikrobläschen mit Acetylcholin zusammengebracht werden, öffnen sich Kanäle. In Abwesenheit jeder «natürlichen» Zellumgebung reagieren die Mikrobläschen auf das Acetylcholin sehr ähnlich wie die Kanäle in der Synapse des lebenden Tieres. Diese wichtige Funktion der interzellulären Kommunikation bleibt also auch im Reagenzglas erhalten.

Das als Rezeptor dienende Eiweißmolekül stellt den größten Teil der Membranfragmente. Kann man mit ihm alle physiologischen Eigenschaften der Reaktion auf das Acetylcholin erklären? Wo liegt der Ionenkanal, dessen Öffnung das Acetylcholin veranlaßt? Gehört er zum selben Molekül wie der Rezeptor? Mit Hilfe schwacher Detergentien (wie sie auch im Waschmittel vorkommen) lassen sich die Mikrobläschen auflösen, ohne daß der Rezeptor zerstört wird. Damit liegt er chemisch homogen und rein vor. Man gibt ihn nun wieder in eine dünne Schicht chemisch ebenfalls genau definierter Lipide. Die derart «rekonstruierte» Membran besitzt alle funktionellen Eigenschaften, die an den ursprünglichen Mikrobläschen oder auch an der postsynaptischen Membran beobachtet werden (Abb. 32). Vor allem ergeben sich die gleichen elektrophysiologischen Meßwerte, von denen die «quadratische» Öffnung des einzelnen Kanals besonders kennzeichnend ist. Sie sind in Form und Eigenschaft mit den an der neuro-muskulären Verbindung des Tieres gemessenen Werten identisch. Dieses Eiweißmolekül mit der Molekularmasse 250000 enthält also sowohl den auf Acetylcholin ansprechenden Rezeptor als auch den Ionenkanal, der seinen Anweisungen gehorcht.

Das Acetylcholin löst die Öffnung des Ionenkanals mit Hilfe eines ähnlichen Mechanismus aus, wie ihn alle sogenannten «allosterischen» Eiweißmoleküle besitzen.[19] Diese spezialisierten Moleküle befinden sich an entscheidenden Punkten der biochemischen Landkarte in der Zelle, wo sie nach Jacques Monod (1970) «für das Gelingen elementarer kybernetischer Operationen sorgen ... indem sie als Detektoren und Integratoren chemischer Information tätig sind». Diese Eiweißmoleküle sind bestimmten umkehrbaren Prozessen unterworfen, die nach dem Alles-oder-Nichts-Prinzip ablaufen und den Übergang zwischen deutlich unterscheidbaren Molekularzuständen bewirken – aktiv/inaktiv oder offener/geschlossener Kanal (Abb. 30). Die physiologische Reaktion des «Rezeptorkanals» ist so geartet, daß sein «offener» Zustand durch Acetylcholin stabilisiert wird.

Die an der Muskelfaser gemessene postsynaptische Welle entspricht also der gleichzeitigen Öffnung einer großen Zahl von Rezeptorkanälen. Sie ist die Summe einer Reihe unabhängiger molekularer Ereignisse, so wie der Nervenimpuls identisch ist mit der Öffnung der Natriumkanäle in der Membran des Axons und dem daraus resultierenden Ionendurchfluß.

Die physiologische Reaktion auf das Acetylcholin, die entscheidende Phase der Übertragung an der chemischen Synapse, wird also vollständig bestimmt – und damit *erklärt* – durch die Eigenschaften des Rezeptormoleküls. Wie jedes Protein setzt es sich aus (ungefähr 2500) miteinander verketteten Aminosäuren zusammen. Seine Molekulareigenschaften sind durch die Sequenz dieser Verkettung und durch die spontanen Faltungen der Kette erklärt. Jede Aminosäure ist aus (ungefähr zehn bis dreißig) Atomen zusammengesetzt, die ihre chemische Reaktionsfähigkeit vollständig bestimmen, das heißt ihre Möglichkeiten, sich mit anderen Aminosäuren zu verbinden,

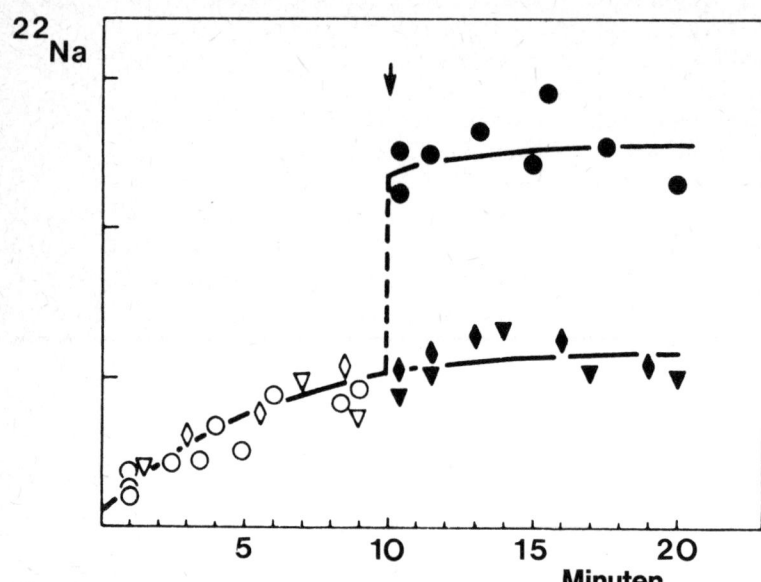

Abb. 32: Resynthese einer aktiven Membran aus ihren chemischen Bestandteilen: dem gereinigten Acetylcholinrezeptor und Sojalipiden. Stets bildet die Mischung kleine geschlossene Bläschen (in Mikrometergröße), die die Ionen ausschließen (oder einschließen), in diesem Fall radioaktives Natrium ($^{22}Na^+$). Fügt man eine dem Acetylcholin entsprechende Substanz hinzu (Pfeil), öffnet sich der im Rezeptormolekül enthaltene Ionenkanal, und die Ionen $^{22}Na^+$ können eindringen (nach Popot u. a., 1981).

um das Eiweißgefüge aufzubauen. Angetreten, die Mechanismen der chemischen Kommunikation zwischen Neuronen zu enträtseln, sind wir zu einer Erklärung auf molekularer, ja atomarer Ebene gelangt.

Revision der «Seelenatome»

Im Prinzip führt ein und dieselbe Methode vom EEG zur Aufzeichnung der von einzelnen Neuronen erzeugten Impulse, von der postsynaptischen Reaktion zur Öffnung der Ionenkanäle, die sich ihrerseits auf Veränderungen der Molekularstruktur zurückführen lassen. Jeder dieser Schritte bedeutet die «Reduktion» auf eine jeweils elementare Organisationsebene: von der Population der Kortexneuronen auf die Ebene der Zelle oder der Synapse, vom Nervenimpuls (oder den postsynaptischen Strömen) auf die Ebene des Moleküls. Jedesmal wird eine Welle, die scheinbar kontinuierlich und global ist, in Einzelphänomene zerlegt und vollständig aus diesen erklärt, wobei man aus den Einzelphänomenen die Gesamterscheinung «rekonstruiert». Damit ist eine globale Aktivität auf physikalisch-chemische Eigenschaften reduziert worden und läßt sich in den Fachsprachen der Physik und der Chemie erklären. Zwar benutzt man in der Praxis nicht die vollständige chemische Formel des Rezeptormoleküls (obwohl sie schon teilweise vorliegt), um die postsynaptische Reaktion des Acetylcholins zu beschreiben, aber es wäre völlig legitim, dies zu tun.

Die evozierte und die spontane Nervenaktivität und ihre Fortleitung im Neuronennetz erklärt sich letztlich aus *atomaren* Eigenschaften. Müssen wir also wieder auf Demokrits Begriff des «Seelenatoms» zurückkommen? Die Natrium- und Kaliumionen, die die Kanäle des Axons oder der postsynaptischen Membran durchqueren, unterscheiden sich durch nichts von denen, die im Meerwasser anzutreffen sind. Die Moleküle der Neurotransmitter und ihrer Rezeptoren bestehen aus Kohlenstoff, Wasserstoff, Sauerstoff und Stickstoff – lauter Elemente, die keine Besonderheit von Lebewesen sind. Für Aufbau und Funktion verwendet das Nervensystem die gleiche «Materie» wie die unbelebte Welt. Diese Materie tritt zu «Molekularstrukturen» zusammen, die für die Nervenkommunikation genauso sorgen wie für die Zellatmung oder Chromosomenreplikation. Von besonderer Bedeutung sind die Eiweißmoleküle, da sie die Ionenpumpe, die Ionenkanäle, die Enzyme für die Synthese der Neurotransmitter und deren Rezeptoren stellen. Sollten wir also lieber von «Seelenmolekülen» statt von «Seelenatomen» sprechen?

Erstaunlicherweise zeigen die gegenwärtigen Forschungsarbeiten über die Elektrizität und Chemie des Gehirns, daß die Mechanismen, die für die «Aktivität» oder, wenn man will, für die Kommunikation in der «Gehirnmaschine» verantwortlich sind, den Mechanismen im peripheren Nervensystem und sogar in anderen Organen sehr ähneln. Sie sind auch in den Nervensystemen sehr einfacher Organismen anzutreffen. Was für das elektrische Organ des Zitteraals gilt, gilt genauso für das Gehirn des *Homo sapiens*. Soweit es die elementaren Mechanismen der Nervenkommunikation betrifft, unterscheidet sich der Mensch in nichts vom Tier. Kein Neurotransmitter, kein Rezeptor und kein Ionenkanal ist allein dem Menschen vorbehalten. Sprechen wir also statt von «Seelenatomen» lieber von «Makromolekülen, die für die Nervenkommunikation verantwortlich sind». Nach der Säkularisierung der Anatomie des menschlichen Gehirns, die mit Gall begann, ist es jetzt an der Zeit, auch seine Aktivität zu säkularisieren!

4

Vom Nervenimpuls zum Verhalten

Verlege den Ursprung des Faserstranges durcheinander und du veränderst das Tier.

Denis Diderot
Eléments de Physiologie

Der Mensch wirkt auf seine Umwelt ein und kommuniziert mit seinen Artgenossen durch die Bewegung seiner Lippen, seiner Augen, seiner Hände, durch eine Gesamtheit motorischer Leistungen, die man im allgemeinen als Verhalten bezeichnet. 1913 machte der amerikanische Psychologe John B. Watson das Verhalten zu seinem zentralen Untersuchungsgegenstand und hob damit eine überaus dynamische wissenschaftliche Schule aus der Taufe, den Behaviorismus. Bestrebt, aus der wissenschaftlichen Beobachtung alle subjektiven Einflüsse auszuklammern, zogen die Vertreter des Behaviorismus nur die «externen» Beziehungen zwischen dem Ereignis in der Umwelt, dem Reiz und der dadurch ausgelösten motorischen Reaktion in Betracht. Man brauche, so behaupteten sie, nur diese Regeln zu kennen, um ein Verhalten erklären zu können. Die Beschaffenheit der zwischen Reiz und Reaktion gelegenen «Black box» sei ohne jedes Interesse. Dieser verengte Blickwinkel mußte die Verhaltenswissenschaften und mit ihnen viele der Humanwissenschaften zwangsläufig in eine Sackgasse führen.

Die Entwicklung der Neurobiologie hat inzwischen einen anderen Erkenntnisansatz geliefert, der in der Tradition von Gall und Broca steht. Der Inhalt der «Black box» – die Neuronen – läßt sich einfach nicht mehr vernachlässigen. Jedes Verhalten *mobilisiert* nämlich bestimmte Gruppen von Nervenzellen; auf dieser Ebene also muß die Erklärung des Verhaltens gesucht werden. Wie die Vorgänge im Innern des Nervensystems vonstatten gehen, läßt sich am besten durch den Vergleich des Gehirns mit einer kybernetischen Maschine, einem Elektronenrechner, begreiflich machen. Auf Grund ihrer Bauweise kann die kybernetische Gehirnmaschine nur eine bestimmte Anzahl von Operationen ausführen. Nicht alle sind möglich. Die

Maschine führt nur diejenigen Operationen aus, die sich, wie J. Z. Young (1964) es formuliert, mit ihrer Struktur als Abbild der Umwelt vertragen. Mit anderen Worten: Die Wahrnehmung der Außenwelt und die hervorgerufene Reaktion hängen von der inneren Struktur der Maschine ab. Das sehr einfache Nervensystem eines Weichtiers wird die Signale aus der Umwelt nicht so differenziert analysieren wie das des Affen oder des Menschen, genausowenig wie es ein Verhaltensspektrum von vergleichbarer Breite ermöglicht. Die wesentlichen Prozesse finden im Innern der Maschine statt, im zentralen Nervensystem, wohin die Information zur Analyse und Verarbeitung gemäß eines bestimmten *Kodes* übermittelt wird. Nach Abschluß der Rechenoperationen treten die Motoneuronen in Aktion und bewirken die Muskelkontraktionen. Betrachten wir diese innere Kodierung auf dem Weg zum Verhalten etwas genauer.

Zirpen und flüchten

Wer erinnert sich nicht an die heißen Sommerabende, wo «jede Blume ihren Duft wie ein Weihrauchfaß verströmt», während die ersten Grillen zu zirpen beginnen? Nur die Männchen beteiligen sich an diesem Konzert, um die dafür empfänglichen Weibchen anzulocken und ihnen die Richtung zu ihrem Bau zu weisen. Diese Lockgeräusche gehören zu einem sehr komplizierten Kommunikationssystem, an dem sowohl Partner unterschiedlichen Geschlechts als auch Männchen untereinander teilnehmen. Für die Neurobiologen bedeutet das Lockgeräusch der Grille wegen seines Wiederholungscharakters, seiner einfachen, stereotypen, dabei aber artspezifischen Beschaffenheit ein «schematisches» Verhalten, das sich vorzüglich für die Untersuchung der «inneren» Mechanismen eignet.[1]

Das erste Flügelpaar, die Flügeldecken, dient als Musikinstrument. Die Schrilleiste an der Innenseite des einen Flügels ist der Bogen, die Schrillkante an der Außenseite des anderen Flügels die Saite. Wenn das Männchen seine Flügeldecken schließt, streicht die Schrilleiste über die Schrillkante und versetzt den Flügel in eine Schwingung von etwa 5000 Hertz, wodurch das charakteristische Zirpen entsteht. Die Schließung der Flügeldecken wird durch die kräftige Brustmuskulatur bewirkt. Es besteht also ein enger Zusammenhang zwischen einer Muskelkontraktion und einer Lautäußerung. Wenn man mit Hilfe einer Mikroelektrode die elektrischen Impulse mißt, die die motorischen Nerven entlanglaufen, stößt man auf eine identische Beziehung: Jeder Erregungswelle in dem Nerv, der für die Schließung der Flügeldecken zuständig ist, entspricht ein Ton. Eine einfachere Kodierung ist kaum möglich (Abb. 33).

Das Zirpen der polynesischen Grille *Teleogryllus oceanicus* setzt sich aus wiederholten, untereinander völlig identischen Phrasen oder Strophen zusammen. Es beginnt mit einem «Schrei», der fünf Töne umfaßt; ihm folgen zehn «Triller» von jeweils zwei Tönen. Der Rhythmus der im motorischen Nerv gemessenen Impulse deckt sich mit dem der Töne. Auf den gleichen Rhythmus stößt man wieder in den Motoneuronen der Thoraxganglien. Er dauert auch nach Abtrennung der sensorischen und motorischen Nerven fort, also bei völliger Isolierung der Ganglien. Sie besitzen demnach spontane Impulsgeneratoren (vgl. Kap. 3), die, sobald sie mit den richtigen Muskeln verbunden sind, das ganze charakteristische Erscheinungsbild des Zirpens regelmäßig und automatisch erzeugen.

Das Beispiel des Grillenzirpens verdeutlicht die beiden Elemente, die den «Übergang zur Handlung» kennzeichnen:
○ Erstens die *Verdrahtung* des Nervensystems. Stellen wir uns vor, wir würden die Axone der für die Flügeldecken zuständigen Motoneuronen an die Beinmuskeln anschließen: Die Grille würde im Rhythmus ihres Lockgeräusches gehen, aber nicht mehr zirpen. Die Verdrahtung innerhalb des Ganglions sowie die Verbindung zwischen seinen Neuronen und dem Muskel schafft ein zeitstabiles Zellgefüge, das selektiv an der Erzeugung des Zirpens beteiligt ist. Es läßt sich mathematisch exakt als ein graphisch dargestelltes Netzwerk beschreiben.[2]
○ Zweitens die *Impulse*. Nehmen wir an, wir würden künstlich das Membranpotential an einem der Oszillator-Neuronen des «Zirpnetzwerks» modifizieren. Die Impulsfrequenz würde sich verändern, die Phrase hätte nicht mehr die gleiche Form. Sie würde nicht mehr die erhoffte Anziehungskraft auf die Weibchen ausüben. Die spontan erzeugten und weitergeleiteten Impulse entscheiden also über die Tonfolge in der Zeit, über den charakteristischen Rhythmus. Sie sind die eigentlichen Urheber des Zirpens.

Somit sind also zwei Kodierungsweisen beteiligt: Einerseits legt die Topologie der Verknüpfungen die Geometrie des Systems fest, andererseits steuert die zeitliche Ordnung der Impulse die Äußerung der daran geknüpften Verhaltensweisen (Abb. 33).

Man kann also ein mathematisches *Modell* zur Simulation und Reproduktion des untersuchten Verhaltens entwickeln, das ein ver-

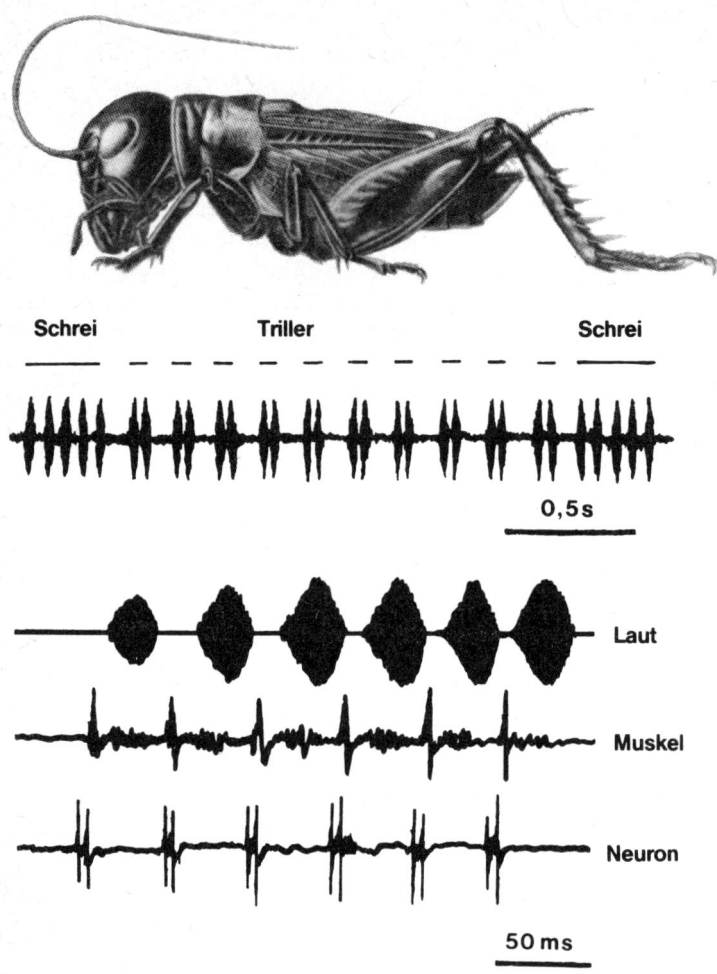

Abb. 33: Das Zirpen der Grille ist ein einfaches Beispiel für ein Verhalten, das sich in direkte Beziehung zur «inneren» Tätigkeit eines bestimmten Neuronennetzes setzen läßt. *Oben:* Feldgrille (*Gryllus campestris*) nach einer Originalzeichnung von Finot (1890) im Muséum d'Histoire Naturelle. *Unten:* Sonagramm (graphische Aufzeichnung) des Zirpens einer anderen Grillenart (*Teleogryllus oceanicus*). Der Lockgesang besteht aus einer Strophe, die einen «Schrei» von fünf Tönen und zehn Triller von je zwei Tönen umfaßt. Zwischen den Nervenimpulsen in den Motoneuronen, den Kontraktionen der für die Schließung der Flügel zuständigen Muskeln und der Erzeugung des Tons durch Reibung von Schrilleiste und Schrillkante besteht völlige Übereinstimmung (gezeichnet nach Bentley und Hoy, 1974).

Zirpen und flüchten

einfachtes und schematisches Abbild des inneren Mechanismus ist. Ein solches Modell hat man für die Schwimmbewegungen des Blutegels entwickelt, da man in diesem Fall alle beteiligten Neuronen kannte.[3] Beim Zirpen der Grille fehlen noch einige Elemente, aber man darf jetzt schon behaupten, daß das Ergebnis das gleiche sein wird, daß auch dieses Verhalten vollständig *bestimmt* wird durch ein dafür zuständiges System – ein Neuronennetzwerk – und durch die darin zirkulierenden Impulse. Das Zirpen zeichnet sich durch seine relative Unabhängigkeit gegenüber der Außenwelt aus: Einmal ausgelöst, wird es stundenlang fortgesetzt.

Wenden wir uns den Wirbeltieren zu. Bei Untersuchungen der geschilderten Art muß die Aktivität genau lokalisierter Neuronen gemessen werden. Bei den Wirbeltieren wächst die Zahl der Zellen jedoch so an, daß es unmöglich sein dürfte, mit der Elektrode bei einer Reihe von Versuchstieren immer wieder das gleiche Neuron zu treffen. Glücklicherweise gibt es einige Ausnahmen, die solche Experimente möglich machen. Da gibt es beispielsweise die *Mauthner-Zelle*[4], eine Riesenzelle im verlängerten Mark (Nachhirn) der Fische, die – Soma und Dendriten zusammengenommen – bis zu einem halben Millimeter lang wird. Hinzu kommt, daß es jeweils nur zwei Exemplare pro Fisch gibt und daß sie beide leicht auszumachen sind. Schließlich sind sie für ein ganz bestimmtes, häufig vorkommendes Verhalten des Tieres zuständig: Sie sind an dem Reflex beteiligt, der das Tier vor seinen natürlichen Feinden in Sicherheit bringt. Beobachten wir einen Goldfisch im Aquarium. Ruhig schwimmt er geradeaus. Jetzt schlagen wir mit einem Holzhammer gegen eine undurchsichtige Wand des Aquariums oder lassen vor der Glasscheibe einen Golfball herunterfallen. Blitzartig macht der Fisch kehrt, sein Kopf wendet sich zur Seite, sein Körper verändert die Richtung. Der Fisch vermeidet und flieht das Signal, das er hört oder sieht. Dafür sorgt die Mauthner-Zelle. Dabei bewirkt sie die Muskelkontraktionen nicht unmittelbar, sondern befindet sich hierarchisch «über» den Motoneuronen, die die erforderlichen Kontraktionen veranlassen. Die Mauthner-Zelle koordiniert und steuert die Aktivität der Motoneuronen. Mißt man die Aktivität der Mauthner-Zelle beim Auftreten des Reflexes, kann man feststellen, daß Impulserzeugung und Reflexauslösung zusammenfallen (Abb. 34).

Anders als bei den für das Zirpen zuständigen Neuronen wird die Entladung der Mauthner-Zelle durch Signale gesteuert, die die Sinnesorgane von der Außenwelt empfangen. Nehmen wir den Fall des Lautsignals. Die Schwingungen treffen auf das Innenohr des Fisches, wo sie Impulsbündel im akustischen Nerv auslösen. Diese gelangen zur Mauthner-Zelle und bewirken – wie im Falle der Erregungsleitung an der neuro-muskulären Verbindung (Kap. 3) – eine Verringerung des Membranpotentials. Wenn der Schwellenwert unterschritten wird, entsteht ein Impuls. Die Synapsen des Hörnervs an der Mauthner-Zelle haben eine erregende Funktion, sie sind *exzitatorisch* (Abb. 34 Da).

Unter anderen Bedingungen, wenn beispielsweise das Wasser in Aufruhr gebracht wird, bleibt die Reaktion aus. *Inhibitorische* (hemmende) Synapsen, die gleichfalls mit den Sinnesorganen verbunden sind, blockieren die exzitatorischen Synapsen. Beide Arten sind chemische Synapsen.* Doch ist die Wirkung des Neurotransmitters auf den Rezeptor in beiden Fällen höchst unterschiedlich. An der inhibitorischen Synapse wird das Membranpotential nicht verringert, vielmehr wird die depolarisierende Wirkung des exzitatorischen Transmitters blockiert und das Potential sogar gelegentlich gesteigert. Der inhibitorische Neurotransmitter hyperpolarisiert die Membran (Abb. 34 Di).

Warum die unterschiedlichen Vorzeichen? Liegt es an den chemischen Eigenschaften des Neurotransmitters oder an denen des Ions, das den vom Neurotransmitter geöffneten Kanal durchquert (vgl. Kap. 2)? Das Vorzeichen der Synapsenwirkung wird vom transportierten Ion bestimmt. Wenn dieses positiv geladen ist und in die Zelle *eindringt*, findet eine Depolarisierung statt, die Wirkung ist *exzitatorisch* – wie am Beispiel der neuro-muskulären Verbindung gezeigt wurde. Wenn das transportierte Ion die gleiche Richtung hat, aber *negativ* geladen ist – wie etwa das Chlor –, ist das Vorzeichen der elektrischen Wirkung natürlich umgekehrt. Die Wirkung ist *inhibitorisch*. Nicht in allen Fällen wird die Öffnung des Kanals unmittelbar vom Membranrezeptor gesteuert. Er wirkt auch durch Vermittlung eines «inneren Boten», einer Art von Hormon, das sich nicht von Zelle zu Zelle, sondern im Innern des Neurons bewegt. Bekannteste Boten-Substanz (Messager) ist ein dem ATP verwandtes zyklisches Molekül, das zyklische AMP (Adenosinmonophosphat).

Die Neuronenmembran arbeitet wie eine simple Rechenmaschine. Sie addiert die positiven und negativen Signale. Neigt sich die Waagschale zugunsten der ersten, wird der Schwellenwert überschritten und der Impuls entlädt sich. Wenn die negativen Zeichen

---

* Neben den chemischen befinden sich auch elektrische Synapsen an der Mauthner-Zelle.

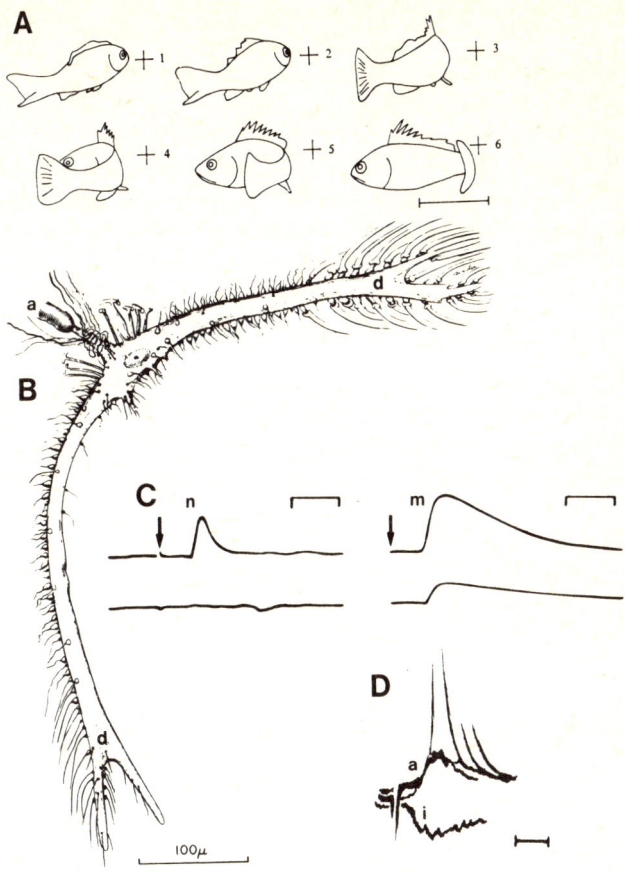

Abb. 34: Entladung der Mauthner-Zelle und Flucht des Fisches. *Oben*, A: Das Verhalten des Fisches im Abstand von jeweils fünf Millisekunden nach dem Fall eines Golfballs vor dem Aquarium (nach Eaton u. a., 1977). *Unten*, B: Zeichnung der Mauthner-Zelle mit ihren Riesendendriten (d) und dem Ansatzpunkt des Axons (a) (nach Bodian, 1952). C: Gleichzeitige Messung des elektrischen Impulses in der linken Mauthner-Zelle (n) und der Muskelkontraktion in der rechten Rumpfseite (m) (das Axon der linken Mauthner-Zelle innerviert die rechte Körperseite des Fisches, nach Yasargil und Diamond, 1968). D: Die Membran des Neurons «rechnet»: (a) «aktivierende» Synapsenreaktion, die am Beginn eines (nicht vollständig abgebildeten) Nervenimpulses steht, und (i) inhibitorische Reaktion, die den Impuls unterdrückt (nach Faber und Korn, 1978).

überwiegen, geschieht nichts an der Neuronenmembran. Die Entscheidung, ob der Fisch flieht oder nicht, resultiert letztlich aus einer elementaren «Rechenoperation». Diese Rechnung wird wiederum bestimmt von den Rezeptoren und Ionenkanälen in der Membran des Neurons und von den Ionen in seiner Umgebung. Die Fluchtreaktion des Fisches auf einen Reiz hin, den er aus der Außenwelt bekommt, läßt sich also vollständig erklären durch die Verdrahtung des Netzwerks, zu dem die Mauthner-Zelle gehört, durch die Impulse, die fortgeleitet werden, und hier im besonderen durch die molekularen Eigenschaften der Membran, die das Ergebnis des «Entscheidungsprozesses» festlegen.

Trinken und Schmerz empfinden

Am Beispiel der Mauthner-Zelle wird die antagonistische Wirkung exzitatorischer und inhibitorischer Synapsen deutlich. Einige Transmitter sind auf Inhibition (Hemmung), andere auf Exzitation (Erregung) spezialisiert. Wenn wir das Modell der Mauthner-Zelle extrem vereinfachen, können wir sagen, der exzitatorische Transmitter sei die Fluchtsubstanz des Fisches, der inhibitorische die Ruhesubstanz. Die Versuchung ist groß, jedes Verhalten mit einem chemischen Etikett zu versehen. Und das um so mehr, als das Gehirn der Wirbeltiere – das des Menschen eingeschlossen – eine große Zahl verschiedener Neurotransmitter enthält (Kap. 3). Acetylcholin oder Glutamat sind im allgemeinen exzitatorisch; andere, wie die γ-Aminobuttersäure oder das Glycin, wirken inhibitorisch. Warum sollte es also keine Durstsubstanz, keine Schmerz- oder Lustsubstanz und ganz allgemein keine chemische Verhaltenskodierung geben?

Der Fall des *Durstes* ist exemplarisch.[5] Man trinkt, wenn der Körper – etwa infolge einer Anstrengung – Wasser verloren hat. Dieser Wasserverlust verringert das Blutvolumen, dessen Salzgehalte sich dadurch verändern. Diese Veränderung physikalisch-chemischer Eigenschaften löst auf der Ebene des Nervensystems das Bedürfnis zu trinken aus. Nur wenige Neuronen sind daran beteiligt. Sie sind in einer bestimmten Gehirnregion, dem Hypothalamus, lokalisiert, der sich, wie sein Name vermuten läßt, unterhalb des Thalamus befindet (vgl. Abb. 13). Wird diese Neuronengruppe bei der Ratte elektrisch stimuliert, trinkt das Tier unablässig. Wird sie entfernt, trinkt das Tier überhaupt nicht mehr. Genauso wie die Mauthner-Zelle das

Fluchtverhalten beim Fisch auslöst, steuern diese hypothalamischen Neuronen das Trinken von Ratte und Mensch. Durch Messung ihrer Aktivität ist man einer Substanz auf die Spur gekommen, die sie aktiviert – eben jenem hypothetischen «Durstmediator». Er gehört zu den zahlreichen Peptiden, die mal als Hormone, mal als Neurotransmitter fungieren, und setzt sich aus einer Kette von acht Aminosäuren zusammen, die Angiotensin II heißt. In das Blut injiziert oder direkt an die «spezialisierten» Neuronen des Hypothalamus appliziert, löst die Substanz Impulsbündel aus. Oszillatorneuronen, ähnlich denen der Grille oder der Aplysia (vgl. Abb. 27), treten in Aktion. Das Angiotensin II setzt diese im Hypothalamus gelegenen «Impuls-Uhrwerke» in Gang. Sobald die AngiotensinII-Konzentration einen bestimmten Schwellenwert überschreitet, beginnt das Tier zu trinken.

In dem hier beschriebenen System wirkt das Angiotensin nicht als Neurotransmitter im eigentlichen Sinne, denn es wird nicht an der Synapse vom Neuron freigesetzt. Aber es informiert das Nervensystem über die Krise, die durch den Wassermangel entstanden ist. Die Rolle des Informators übernimmt die Niere, die bekanntlich Wasser über den Urin ausscheidet. Ist die Verringerung des Blutvolumens eine Folge des Wasserverlustes? Die Niere reagiert durch die Produktion eines Enzyms, das indirekt die Ausschüttung des Angiotensins II ins Blut bewirkt. Seine steigende Konzentration führt schließlich zur Erregung der Neuronen im Durstzentrum. Das Angiotensin wirkt also als chemischer Mediator (Vermittler) des Trinkbedürfnisses.*

Ein weiteres Beispiel für die Wirkungsweise der Chemie ist der *Schmerz*; allerdings geht es hier nicht um einen Akt, sondern um eine Empfindung. Schmerzen lassen sich mit Mohnextrakt, genauer mit einem seiner Bestandteile, dem Morphin, lindern. Schon viertausend Jahre vor unserer Zeitrechnung kannten die Sumerer die Wirkung des Mohns.

Wie jede Empfindung entsteht Schmerz durch Reizung der sensorischen Nervenendigungen. Diese sind über die meisten Organe verstreut, sitzen aber vor allem in der Haut und in den Eingeweiden. Es sind Endigungen ganz besonderer Art, äußerste Dendritenverzweigungen, die, nackt und verästelt, auf verschiedene physikalische

---

* Es ist nicht der einzige Regelmechanismus des Durstes. Auch die auf den Blutdruck reagierenden Rezeptoren in den Wänden der großen Venen und der Aorta spielen eine Rolle.

Signale reagieren: auf Wärme, Kälte, Druck, aber auch auf innere chemische Substanzen, die vom Organismus nach einer Reizung oder Verletzung produziert werden. Eine von ihnen, das Prostaglandin, hat es zu Berühmtheit gebracht, seitdem man weiß, daß das *Aspirin*, eines der gebräuchlichsten Schmerzmittel, seine Synthese blockiert und dadurch bestimmte Schmerzempfindungen lindert. Diese polyvalenten Nervenendigungen «schlagen Alarm», indem sie Impulsbündel erzeugen, die weitergeleitet werden, bis sie die Zellkörper in den Spinalganglien erreichen, welche ihrerseits mit dem Rückenmark verbunden sind. Dort bilden diese «Schmerzneuronen» Synapsen mit Relaisneuronen, die ihre Axone zum Hirnstamm und zum Großhirn schicken.

Der Transmitter, der von den «Schmerzneuronen» im Rückenmark freigesetzt wird, ist bekannt. Wie im Falle des Durstes handelt es sich um ein Peptid, die Substanz P, die aus elf Aminosäuren besteht und als eines der ersten Peptide aus Nervengewebe isoliert wurde.[6] Die Substanz P ist in den «Schmerz»-Nerven enthalten, die von den sensorischen Verzweigungen der Peripherie kommen und in das Mark eintreten.[7] Die elektrische Stimulation dieser Nerven führt zur Freisetzung der Substanz P. Wird sie lokal an die Relaisneuronen des Rückenmarks appliziert, löst sie Impulse aus, die bis ins Großhirn aufsteigen. Die *Substanz P* ist also im Rückenmark tatsächlich der Schmerztransmitter.

Doch wo wirkt dann das Morphin? In der Peripherie wie das Aspirin oder im Rückenmark an den Synapsen, die auf die Substanz P reagieren? Dank der Isolierung des zuständigen Rezeptors konnte diese Frage beantwortet werden. Wie bei der Entdeckung des Acetylcholin-Rezeptors (vgl. Kap. 3) verdankte man den Erfolg der Anwendung geeigneter Tracer-Substanzen – keinem Schlangengift diesmal, sondern einem radioaktiven Morphinderivat.[8] Es liegt in zwei Formen von Molekülen vor, die spiegelsymmetrisch sind (Abb. 35). Obwohl beide chemisch aus den gleichen Atomen zusammengesetzt sind, lindert nur die «linke» (linksdrehende) Form, das Levorphanol, den Schmerz und ist deshalb ein geeigneter Schlüssel, um die «wahren» Rezeptor-Schlösser von den «falschen» Rezeptoren zu unterscheiden, die irgendein Molekül an sich binden. Der echte Rezeptor befindet sich in genau jenem Teil des Nervengewebes, in dem man ihn erwartete: im Rückenmark und – natürlich – im Gehirn.

Wozu dient dieser Rezeptor? Das Morphin ist ein Extrakt des Mohns, einer Pflanze, die unseres Wissens kein Nervensystem besitzt und keinen Schmerz empfindet. Nimmt es die Stelle einer na-

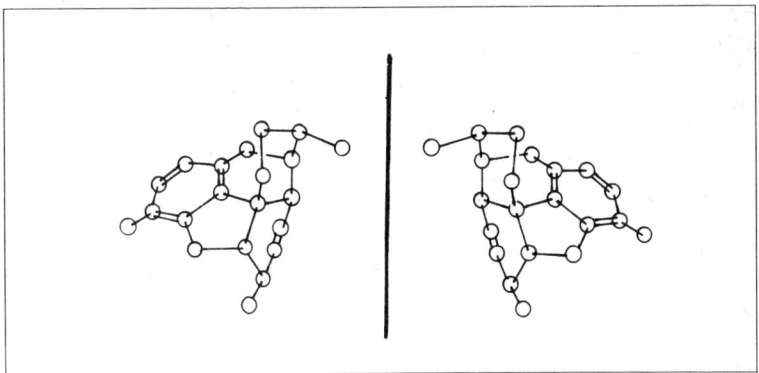

Abb. 35: Formeln zweier Morphinderivate; die eine ist das Spiegelbild der anderen. Von den beiden optischen Isomeren besitzt nur das linke schmerzlindernde Wirkung und die Fähigkeit, an den Morphinrezeptoren zu binden.

türlichen Substanz ein, einer Substanz, die im Nervensystem vorhanden und sozusagen ein «inneres Morphin» ist? Solche Verbindungen sind in der Tat isoliert worden. Wiederum sind es Peptide, entweder die kleinen, aus fünf Aminosäuren bestehenden *Enkephaline*[9] oder die längeren *Endorphine* (eine Wortschöpfung aus endo + Morphine). Enkephaline und Endorphine neigen sehr dazu, sich an denselben Rezeptor zu binden wie die linksdrehende Form des Morphins. Das mag zunächst überraschen, denn das Morphin gehört zu den Alkaloiden, einer chemischen Kategorie, die sich von der der Peptide grundlegend unterscheidet. Bei genauerer Betrachtung – etwa mit Hilfe einer physikalischen Methode, die über die Form dieser Moleküle Aufschluß gibt – zeigen sich aber bemerkenswerte Strukturanalogien (Abb. 36). Sie sind sich in ihrer räumlichen Geometrie so ähnlich, daß der Schlüssel Enkephalin und der Schlüssel Morphin[10] ins gleiche Rezeptor-Schloß passen.

Auf welche Weise schaltet die «Öffnung» dieses Schlosses den Schmerz ab? Allgemein geht man davon aus, daß die natürlichen und künstlichen Morphine die Schmerzbotschaft an jenen Synapsen der Rückenmarksneuronen blockieren, die mit der Substanz P arbeiten. Wir wissen, daß eine Synapse auf verschiedene Arten blockiert werden kann: Entweder wird präsynaptisch die Freisetzung des Transmitters unterdrückt oder postsynaptisch das Rezeptor-Schloß blokkiert. T. Jessel und L. Iversen (1977) haben gezeigt, daß die Wirkung des Morphins auf ersterem Mechanismus beruht, das heißt Opiate hemmen die Freisetzung der Substanz P durch die Schmerznerven. Im Rückenmark üben die inneren Morphine, die Enkephaline, diese Funktion aus. Es findet also eine doppelte Etikettierung statt: die des Schmerzes durch die Substanz P, die des Anti-Schmerzes durch das Enkephalin.[11]

Das Angiotensin II informiert den Hypothalamus über die vom Organismus erlittenen Wasserverluste und bestimmt das Trinkverhalten. Es übermittelt Information vom «inneren Milieu» zum Nervensystem. Die Substanz P leitet die von der Haut oder den Organen empfangene Schmerzbotschaft an die Nervenzentren weiter, und die Enkephaline regeln diesen Verkehr. Jedes dieser Beispiele zeigt die Beteiligung von chemischen Botensubstanzen, die ein besonderes Merkmal der betreffenden Handlung oder Empfindung sind. Die Hypothese einer chemischen Kodierung erhärtet sich. Sie beeinträchtigt jedoch die bereits erwähnten Kodierungsweisen – die Geometrie der Verknüpfungen und die zeitliche Abfolge der Nervenimpulse – in keiner Weise. Vielmehr ergänzt sie sie. Erstens ermöglicht sie eine zusätzliche Signalübermittlung, die sich nicht der Erregungsleitung in den Nervenfasern bedient, sondern ihre chemischen Signale über

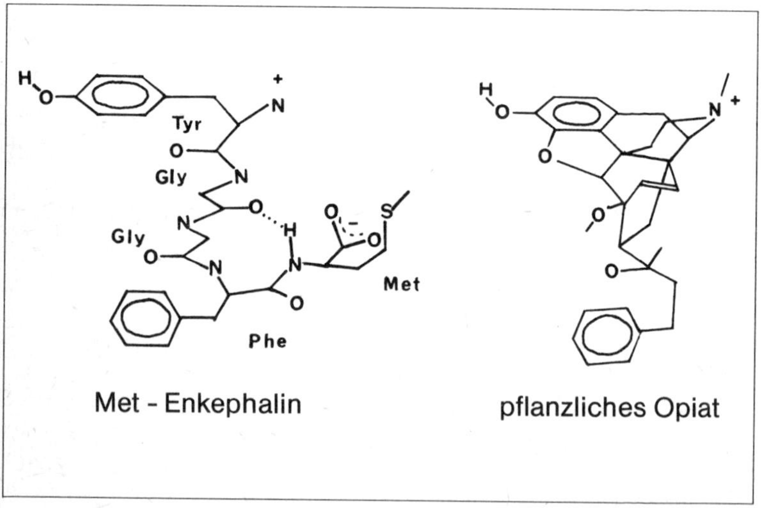

Abb. 36: Strukturanalogie zwischen einem Opiat und einem «endogenen Morphin», das von bestimmten Neuronentypen hergestellt wird: dem Met-Enkephalin (nach Roques u. a., 1976).

große Entfernungen von einem Zwischenträger wie zum Beispiel dem Blut befördern läßt. Zweitens und vor allem schafft sie in den Verbindungen eine Vielfalt, die durchaus eine ähnliche Geometrie darstellen könnte. So benutzt nur ein Bruchteil der sensorischen Fasern, die in das Rückenmark eindringen, nämlich diejenigen, die auf den Schmerz spezialisiert sind, die Substanz P als synaptischen Neurotransmitter. Die anderen, die mit der Wahrnehmung von Wärme, Kälte oder Tastreizen befaßt sind, arbeiten mit anderen Transmittern. Die chemische Etikettierung vervielfältigt die Möglichkeiten. Sie ermöglicht genauere und differenziertere Beziehungen zwischen Neuronen und insofern auch zwischen einem bestimmten Verhalten oder einer bestimmten Empfindung und einem festgelegten Netz von Nervenzellen.

Lust und Zorn

Die Fähigkeit, Lust zu empfinden, ist wie die Fähigkeit zu leiden durch unsere Neuronen und Synapsen vorgegeben. Auch hier fällt dem Hypothalamus eine entscheidende Rolle zu. Die Entfernung einer bestimmten und begrenzten Hypothalamusregion führt, wie erwähnt, zum Verlust des Trinkverhaltens bei der Ratte. Die gleiche Operation anderswo vorgenommen bringt hier das Herz aus dem Rhythmus, dort verändert es die Körpertemperatur, und an weiteren Stellen bringt es die Nahrungsaufnahme oder auch das Kopulationsverhalten durcheinander. Erwartungsgemäß führt die elektrische Stimulation genau dieser Punkte zur umgekehrten Wirkung wie die chirurgische Entfernung. Auf dieser geographischen Karte des Hypothalamus werden die untereinander klar abgegrenzten «Bezirke» von den chemischen Signalen mit unterschiedlichen Farben versehen. Meist sind diese Signale Peptide: beim Trinken Angiotensin II, beim Essen Cholecystokinin, beim Lieben das Hormon LHRH.

Diese kleinen, chemisch genau etikettierten Neuronengruppen steuern eine Gesamtheit von Funktionen und Verhaltensweisen, die so bedeutend sind, daß man sie manchmal als «vital», als lebenswichtig, bezeichnet. Mensch wie Ratte verbringen (wenn sie nicht schlafen) einen wesentlichen Teil ihrer Zeit mit Trinken, Essen und Lieben. Eine einzige Zelle, die Mauthner-Zelle, erlaubt dem Fisch die Flucht vor seinen Feinden. Ein paar tausend Neuronen an einem bestimmten Punkt des Hypothalamus entscheiden über den Energiehaushalt des Menschen und die Erhaltung der Art. Die lebenswichtigen Verhaltensweisen des Menschen hängen von nur einem Prozent der Gesamtmasse des Gehirns ab. Ihrer Festlegung dient die dreifache Kodierung durch Verknüpfung, Elektrizität und Chemie.

Allerdings manifestieren sie sich nicht jederzeit und überall. Hunger, Durst oder sexuelles Verlangen führen nicht auf der Stelle zu Trinken, Essen oder Paarung. Vielmehr entsteht ein *motivationaler* Zustand, der den Wunsch nach Trinken, Essen oder Paarung weckt und der nach der Befriedigung des Verlangens erlischt. 1855 schrieb Alexandre Bain in seinem Werk ‹Les Sens et l'Intelligence›: «Jeder Lustzustand entspricht einer Zunahme, jeder Schmerzzustand einer Abnahme eines Teils oder der Gesamtheit der *vitalen Funktionen.*» Gewiß besaß Bain nicht unsere Kenntnisse über den Hypothalamus. Trotzdem gewinnt dieser Satz im Kontext heutigen Wissens eine neue Bedeutung. Der Durst entspricht dem Verlangen zu trinken, ein Verlangen, das «schmerzhaft» werden kann. Trinken stillt das Verlangen. Unbefriedigtes sexuelles Verlangen macht unruhig, seine harmonische Erfüllung beruhigt.

Werden diese vitalen Verhaltensweisen also durch die «Lust» gesteuert? Gibt es im Hypothalamus ein «Lustzentrum», das diese Verbindung herstellt? Woran erkennt man es?

Der Versuchsleiter kann von seinen Labortieren nicht mittels Fragebogen ermitteln, ob sie «Lust» oder «Unlust» empfinden. Auf sehr einfallsreiche Weise ist es J. Olds und P. Milner (1954) dennoch gelungen, ihre Laborratten zu einer Antwort zu bewegen. Dazu wird eine Stimulationselektrode in das «Lustzentrum» implantiert. Die elektrische Entladung der Elektrode schafft eine Lustempfindung. Nun bekommt die Ratte einen Stimulationsapparat, der ihr erlaubt, durch das Drücken eines Pedals einen elektrischen Impuls auszulösen. Bei der Untersuchung ihres Käfigs tritt die Ratte zufällig auf das Pedal. Wenn die Elektrode am richtigen Platz sitzt, wird die Ratte Gefallen an den dadurch ausgelösten Empfindungen finden und die Operation wiederholen. Sie stimuliert sich selbst.

Man hat an der Ratte verschiedene Punkte entdeckt, die Autostimulation auslösen. Einige liegen im Hypothalamus, in unmittelbarer Nachbarschaft der verschiedenen «vitalen» Zentren, die zuständig sind für Trinken, Nahrungsaufnahme oder Fortpflanzung. Autostimulationszentren und «vitale» Zentren sind nicht identisch. Autostimulation ist auch an Punkten außerhalb des Hypothalamus möglich, zum Beispiel im Hirnstamm. Die eingehende Untersuchung ihrer Geographie offenbart eine bemerkenswerte Übereinstimmung. Die Autostimulationspunkte decken sich mit den Somata und Fortsätzen von Neuronen, die einen besonderen Neurotransmitter enthalten, das *Dopamin*. Ein anderes interessantes Ergebnis: Die Blockierung der Dopaminrezeptoren durch die entsprechenden Antagonisten (Pimozid, Haloperidol) führt zur Beendigung der Autostimulation. Bestimmte Drogen – wie Kokain oder Amphetamine –, die beim Menschen ein subjektives Empfinden von Lust und Euphorie auslösen, scheinen auf ähnliche Weise wie Dopamin zu wirken. Deshalb hat man die dopaminergen Synapsen im Hypothalamus auch als «Lustsynapsen» oder «hedonische Synapsen» bezeichnet. An ihnen wird die «kalte Information über die physikalischen Ausmaße eines Stimulus in heiße Lusterfahrung umgewandelt»[12].

Noch ist die Funktion dieser Lustsynapsen nicht vollständig erhellt. An der Kreuzung der sensorischen Bahnen und der vitalen Zentren des Hypothalamus gelegen, steuern sie die Umsetzung der «vitalen» Verhaltensweisen, indem sie mal hemmen, mal die Ausführung zulassen. So tragen sie zur Entstehung von «Motivationszuständen» bei, die den «Übergang zum Handeln» vorbereiten.

Sind die Gefühle oder das, was man üblicherweise so nennt, Teil dieser Motivationszustände? D. Hebb (1949) unterscheidet zwischen Gefühlen, «die bestrebt sind, die ursprünglichen Stimulationsbedingungen beizubehalten oder zu verstärken (Lustgefühle oder integrative Tendenzen), und solchen, die die Tendenz haben, den Stimulus aufzuheben oder abzuschwächen (Wut, Angst, Ekel)». Dieser Unterscheidung liegt die Behauptung zugrunde, es bestehe eine enge Beziehung zwischen Gefühl und Lust. Ist der Hypothalamus auch hier im Spiel? Schon in den dreißiger Jahren stellte der Physiologe Walter Rudolf Hess fest, daß die Stimulierung bestimmter Regionen des Hypothalamus bei einer Katze keine Lustempfindungen auslöst, sondern sie in «Wut» versetzt.

Sie macht einen Buckel, stellt Haare und Schwanz auf, faucht und greift alles an, was sich bewegt. Wenn die Stimulation aufhört, legt sich die Wut der Katze. Natürlich ist diese Wut sehr künstlich. Sie ist lediglich die äußere und partielle Manifestation eines affektiven Zustands, der – zumal beim Menschen – sehr unterschiedliche Erscheinungsformen annehmen kann. Trotzdem – auch hier spielt der Hypothalamus eine entscheidende Rolle, genauso wie andere, höhergelegene Gehirnregionen.

Ihre Rolle erhellte J. Papez 1937 durch Erkenntnisse, die er aus Untersuchungen an Tollwutpatienten gewonnen hatte. Diese Kranken litten unter schweren emotionalen Störungen und wurden von Angst, Wut und Schrecken heimgesucht, die Papez auf Schädigungen durch den Virus zurückführte. Nun greift der Virus vor allem die Hippokampuswindung (Gyrus hippocampi) an. Dieser «alte Kortex» entspricht, wie erwähnt (Kap. 2), den Hirnhemisphären der Reptilien und primitiven Säugetiere, die sich beim Menschen durch die Expansion des Neokortex nach innen verlagert haben (Abb. 14). Er gehört zu einer Gesamtheit von Strukturen, die Broca den *limbischen Lappen* nannte und die heute als limbisches System bekannt sind. Das System steht in enger Verbindung mit dem Hypothalamus und enthält den Mandelkern (Corpus amygdaloidum) sowie das Septum pellucidum. In der Nachfolge von Gall und Fritsch/Hitzig schlug Papez (1937) vor, die Neuronenkomplexe, die als anatomisches Substrat der Gefühle zu gelten hätten, im limbischen System zu lokalisieren (Abb. 37).

Zur selben Zeit führten H. Kluver und P. Bucy (1939) ein aufsehenerregendes Experiment an Affen durch. Die Entfernung eines Großteils des limbischen Systems führt (ebenso wie die Entfernung von Teilen des nichtlimbischen Kortex) zu überraschenden Verhaltensveränderungen. So wird ein normalerweise ängstliches und wild lebendes Tier plötzlich ruhig und friedlich, es wirkt domestiziert. Gleichzeitig entwickelt es sehr merkwürdige orale Tendenzen: Es führt alles, was in seine Reichweite gelangt, an den Mund, sogar Nahrungsmittel, die es sonst nicht mag. Außerdem zeigt es eine zügellose sexuelle Aktivität; es masturbiert pausenlos und paart sich wahllos – sogar mit Exemplaren des gleichen Geschlechts oder anderer Spezies. Ähnliche Symptome zeigen Menschen mit einer Läsion des Mandelkerns, der, wie erwähnt, ebenfalls zum limbischen System gehört.

Sicherlich stoßen wir bei der Analyse der Gefühle und ihres Ausdrucks nicht auf ebenso einfache Mechanismen, wie sie die «vitalen» Verhaltensweisen offenbarten. Zwar ist auch hier der Hypothalamus beteiligt, aber in Verbindung mit höherentwickelten Nervenregionen wie dem limbischen System. Deshalb kann man nicht von Gefühlszentren sprechen. Die Gefühle verdanken ihre Entstehung einer Konfiguration von Neuronenkomplexen, einer Gesamtheit von *Integrationszentren*, wobei die einzelnen Gruppen allerdings in ganz bestimmter Weise miteinander verbunden sind, ähnlich wie die Zirpneuronen der Grille oder die Mauthner-Zelle des Fisches. Die Verbindungen dieses Netzwerks bilden – mit den Worten Diderots[13] – «eine

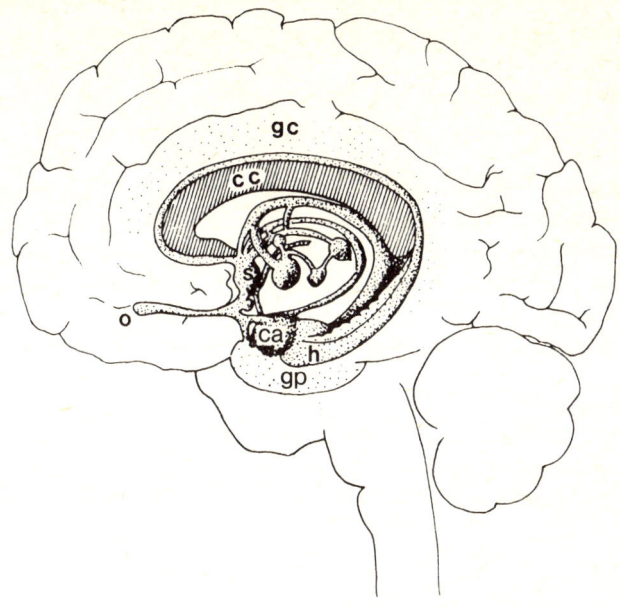

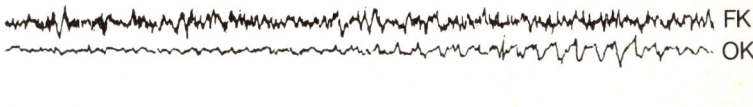
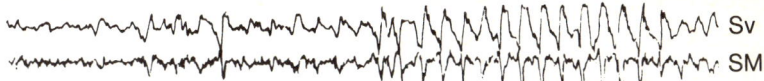

Abb. 37: Limbisches System. Dieses von den primitiven Säugern geerbte komplexe Gebilde aus Kernen und Nervenbahnen, das vielfältig mit dem Hypothalamus, dem Hirnstamm und natürlich dem Neokortex vernetzt ist, nimmt an der Entstehung der Gefühle und der mit ihnen zusammenhängenden Verhaltensweisen teil. Daher die Bedeutung, die ihm Autoren wie MacLean (1952, 1970) oder Koestler (1968) zuschreiben. S: Septum pelludicum; CA: Corpus amygdaloideum; H: Hippocampus; GC: Gyrus cinguli; GP: Gyrus parahippocampalis. *Unten:* Hirnstrombilder bei Tiefenmessung in verschiedenen Gehirnregionen nach Eintritt des Orgasmus. FK: frontal-temporaler Kortex; OK: okzipitaler Kortex; Sv: Septum vorne links; SM: Septum Mitte rechts. Langsame Wellen von großer Amplitude, ähnlich denen, die bei einem epileptischen Anfall auftreten, zeigen sich vor allem im Bereich des Septums (nach Heath, 1972; Balkenlänge: 1 Sekunde).

Art Strang, in dem nicht die winzigste Faser durchtrennt, zerrissen, verschoben oder entfernt werden darf, ohne daß das Ganze ernsten Schaden nimmt».

Der Orgasmus

Für den Mann – und mehr noch vielleicht für die Frau – bedeutet der Orgasmus die höchste Ekstase. Von der heiligen Theresia von Avila bis zu Simone de Beauvoir sind Bibliotheken gefüllt worden mit dem Versuch, das Geheimnis dieser Woge von intensiven Lustempfindungen zu ergründen. Trotzdem fehlt es noch immer an einer genauen Beschreibung des «unsagbaren» Zustands, und unsere Kenntnisse seiner Mechanismen sind recht oberflächlich. Die physiologischen Manifestationen – lokale Muskelkontraktionen, veränderter Herzrhythmus, Blutandrang – sagen uns kaum etwas über die Empfindungen des Orgasmus. Immerhin zeigen sie uns, daß bei der Frau die Empfindung der im engeren Sinne physiologischen Reaktion um zwei bis vier Sekunden vorausgeht. Beim Mann kann es auch ohne Ejakulation zum Orgasmus kommen. Der Orgasmus ist also in erster Linie ein zerebrales Erlebnis, und deshalb muß man sein Geheimnis im Gehirn suchen (Davidson, 1980).

Die wenigen materiellen Anhaltspunkte, über die wir verfügen, stammen (wie viele Arbeiten über die Gehirnfunktionen) aus elektrophysiologischen Untersuchungen und Stimulationen an Versuchspersonen, die unter so schweren neurologischen Störungen leiden, daß sie sich nur noch chemisch lindern lassen. Bei den ungefähr sechzig Patienten, die R. Heath (1972) untersucht hat, rief die elektrische Stimulierung bestimmter Bereiche des Hirnstamms, des lateralen Hypothalamus und des Septums eine Lustempfindung hervor. Auch der Mensch besitzt hedonische Synapsen. Sind sie am Orgasmus beteiligt? Bislang liegen nur einige wenige Meßergebnisse vor, die an zwei Versuchspersonen während des Orgasmus gewonnen wurden. Entgegen aller Erwartung deuten sie auf keine besonders dramatischen elektrischen Ereignisse in der Großhirnrinde hin. Bei einer der Versuchspersonen (sie war männlichen Geschlechts) traten wiederholt *in dem Augenblick*, als sich die Empfindung des Orgasmus einstellte, in dem zum limbischen System gehörigen Septum langsame Spikes und Wellen von großer Amplitude auf, die von raschen Potentialschwankungen überlagert wurden. Diese Wellen ähneln denen eines epileptischen Anfalls. Sie entsprechen der synchronen Entladung einer beträchtlichen Neuronenpopulation (vgl. Kap. 3), und jede dieser Wellen ist das Ergebnis von Tausenden (wenn nicht Millionen) von elementaren elektrischen Impulsen. Es kommt also zu einem zeitlich und örtlich begrenzten epileptischen Mini-Anfall im Septum. Bei der anderen Versuchsperson (weiblichen Geschlechts) wurden im gleichen Kern die gleichen rhythmischen Erscheinungen gemessen, nur daß sie hier auf den Mandelkern und die Thalamuskerne übergriffen, ohne jedoch jemals den gesamten Kortex zu überschwemmen. Der Mini-Anfall bleibt auf das limbische System und die angrenzenden Felder beschränkt.

Auch wenn sich die Chemie des Orgasmus nicht so spektakulär entwickelt hat wie die des Schmerzes, darf eine wichtige Beobachtung nicht unerwähnt bleiben. Heath (1972) hat festgestellt, daß die Injektion von Acetylcholin in das Septum (einer weiblichen Versuchsperson) ein intensives sexuelles Lustgefühl hervorrief, das stets in einer Reihe von Orgasmen gipfelte. Acetylcholin löst den Orgasmus im Septum aus. Sind auch hier das Dopamin und die mit ihm arbeitenden hedonischen Synapsen im Spiel? Vielleicht, aber es mangelt vorerst an den nötigen Beweisen. Die wenigen Beobachtungen, die sonst noch vorliegen, betreffen nicht die Auslösung oder die Empfindung des Orgasmus, sondern seine Folgen.

Die Hottentotten wußten, daß bei der Kuh die Ausdehnung der Vagina das Einschießen der Milch bewirkt. Dabei schüttet die Hypophyse das Hormon Oxytozin in die Blutbahn aus, das auf die Milchdrüse einwirkt. Auch dieser Reflex wird vom Hypothalamus gesteuert.[14] Merkwürdigerweise findet bei der Frau (und beim Mann) im Verlauf des Geschlechtsaktes etwas Ähnliches statt. Der Orgasmus ruft eine massive Oxytozinausschüttung hervor. Warum, ist nicht bekannt, aber bei dieser Gelegenheit gelangen noch andere Peptide ins Blut, über deren Wirkung weniger Unklarheit herrscht.

Schon 1563 bemerkte der portugiesische Arzt García d'Orta, daß der Gebrauch von Opium die sexuelle Aktivität vermindert und in manchen Fällen sogar impotent macht. Tatsächlich verringern beim Hamster synthetische Opiate (Methadon) oder natürliche Peptide die Zahl der Paarungen und den Prozentsatz erfolgreicher Versuche, beim Weibchen einzudringen. Drogen, die die Wirkung von Opiaten blockieren (Naloxon, Naltrexon), haben die entgegengesetzte Wirkung. Insbesondere verursachen sie «unmotivierte» Erektionen beim Menschen und Affen. Schließlich und vor allem ist nach dem Orgasmus ein dramatischer Anstieg der Endorphine im Blut zu verzeichnen – beim Hamster nach fünf Ejakulationen mindestens um das Vierfache.[15] Die Auswirkungen einer derartigen Ausschüttung im Bereich des zentralen Nervensystems sind vermutlich dafür verantwortlich, daß der Orgasmus Schmerzempfindungen auslöscht, körperliches Wohlbefinden hervorruft und sich auf den Gemütszustand in der Regel angenehm auswirkt.

Die Freisetzung dieser endogenen Morphine könnte auch die Schwächung der «sexuellen Appetenz» erklären, die (im allgemeinen) auf den Orgasmus folgt. Kommt es in diesem Augenblick zu einer Rückwirkung der Endorphine auf die Lustsynapsen des Hypothalamus oder des Hirnstamms? Die Hypothese ist verlockend! Wir wissen, daß das Hormon LHRH beim männlichen wie beim weiblichen Geschlecht das Paarungsverhalten auslöst, indem es auf einen Hypothalamuskern einwirkt. Nun hat man kürzlich entdeckt, daß die Opiate die Freisetzung des LHRH und damit das Paarungsverhalten blockieren. Die endogenen Opiate dienen also als *Libidoregulatoren*. Ein Mangel an Opiaten würde über den Hypothalamus das Gefühl von Frustration erzeugen und dadurch die Libido erhöhen. Umgekehrt schaltet ihre Freisetzung im Anschluß an den Orgasmus das geschlechtliche Verlangen eine Zeitlang ab. Ist der Gehalt an endogenen Opiaten im Blut also ein Maß dessen, was Freud, höchst unzutreffend, «seelische Energie» genannt hat?

Das Beispiel des Orgasmus bot sich aus verschiedenen Gründen an. Zunächst einmal nimmt dieses Gefühlserlebnis einen beträchtlichen Stellenwert in der täglichen Erfahrung der Menschen ein. Doch das ist in unserem Zusammenhang weniger wichtig. Interessanter ist, daß sich der Orgasmus im Unterschied zu den oben erwähnten Verhaltensweisen nicht als offenes und aktives Einwirken auf die Außenwelt manifestiert, sondern als subjektive Empfindung, als inneres Erlebnis. Uns fehlen die Voraussetzungen, um in allen Einzelheiten – Zelle für Zelle und Synapse für Synapse – die verantwortlichen elektrischen Impulse und Synapsenpotentiale zu beschreiben. Immerhin reichen die Messungen am Septum und die Auswirkungen des dort injizierten Acetylcholins aus, um die Erkenntnisse, die im Falle beobachtbaren Verhaltens in der Außenwelt hinreichend belegt sind, auch auf innere Erlebnisse wie den Orgasmus zu übertragen. Obwohl sie nur partiell bekannt sind, dürften auch hier diese elektrischen und chemischen Prozesse einen entscheidenden Anteil haben.

Dabei darf man nie unterschätzen, welche Vielfalt von Neuronen beteiligt ist – auch wenn diese nur einen kleinen Bruchteil aller Neuronen des Gehirns ausmachen. Das zeigt in frappanter Weise die Vielzahl von chemischen Mediatoren, die im Spiel sind. Acetylcholin, endogene Morphine und Dopamin markieren einige dieser Neuronenkomplexe. Das chemische Bild der Zellen, die an einer so unverwechselbaren Empfindung wie dem Orgasmus mitwirken, hat mehr Ähnlichkeit mit einem pointilistischen Gemälde von Seurat als mit einer der geometrischen Kompositionen Mondrians.

Vor ein paar Jahren weckte die Entdeckung der chemischen Transmitter für kurze Zeit die Hoffnung, man könne jedes Verhalten und jede Empfindung mit einem bestimmten chemischen Etikett versehen. Das Beispiel aus der Chemie des Orgasmus zeigt, daß die Dinge nicht ganz so einfach liegen! Von einem Transmitter des Zirpens, des Schmerzes oder der «Niedergeschlagenheit» kann keine Rede sein, sondern allenfalls davon, daß das Neuronennetzwerk, das durch dieses Verhalten oder jene Empfindung mobilisiert wird, ein oder mehrere *Kettenglieder* umfaßt, die bevorzugt mit einem bestimmten Neurotransmitter arbeiten. Die chemische Abtrennung dieser Kettenglieder würde mit Sicherheit die Äußerung der betreffenden Verhaltensweise unterbinden. Wenn aber der gleiche Neurotransmitter noch in den Neuronen eines anderen Netzes vorkommt, so ist die Wahrscheinlichkeit groß, daß sich das chemische Skalpell auch auf dieses auswirkt. Das Morphin blockt im Rückenmark die Schmerzbotschaften ab, aber es macht durch seine Wirkung im Hypothalamus zugleich impotent. Die von Jackson und Head vorgebrachte Kritik an dem zu eng gefaßten Begriff des Zentrums wendet sich auch gegen die chemische Kodierung. Zorn und Lust ist ebensowenig ein bestimmter Transmitter wie ein bestimmtes Nervenzentrum zuzuordnen. Ist also «die Organisation für alles verantwortlich? Ja, und abermals ja», schrieb Lamettrie. Vorausgesetzt natürlich, daß die Chemie einbezogen wird!

Analysieren

Wie erwähnt, zeichnet sich das menschliche Gehirn durch die besondere Entwicklung des Neokortex aus. Im Lauf der Evolution der Säugetiere vergrößert sich seine Oberfläche ständig und damit auch die Zahl seiner Neuronen und Synapsen (vgl. Kap. 2). Die darunter gelegenen Strukturen – vor allem das limbische System, der Hypothalamus und der Hirnstamm – ändern sich hingegen wenig. Eine Katze, deren Großhirnrinde bei der Geburt entfernt worden ist, kann gehen, laufen, klettern, Nahrung zu sich nehmen und sogar bewegliche Objekte angreifen. Auch ein Kind, das ohne Kortex geboren worden ist, wacht und schläft regelmäßig, trinkt, lutscht am Daumen, richtet sich auf, gähnt, streckt sich und weint. Es folgt einem visuellen Stimulus mit den Augen und reagiert auf ein Lautsignal. Es stößt unangenehme Gegenstände von sich und ist zu Willkürbewegungen fähig. Die Ausführung automatischer und sogar mancher willkürlicher Verhaltensweisen hängt also eher von den Strukturen ab, die vom Neokortex umgeben sind, als von diesem selbst.

Es erscheint utopisch, die Funktionen des Kortex in so einfachen Begriffen beschreiben zu wollen wie das Zirpen der Grille oder das Trinken der Ratte. Trotzdem haben wir eine konkrete Möglichkeit in J. Z. Youngs These, daß «der Organismus ein Abbild, eine Repräsentation seiner Umwelt» sei. Wenn diese Aussage auch für den Neokortex gilt, müßte man bei der Untersuchung seiner Oberfläche auf diese anatomische(n) Repräsentation(en) stoßen und über die «Lektüre dieser Zeichen» (sofern sie existieren) zu einer Definition seiner Rolle kommen.

Seit dem 19. Jahrhundert – durch die Arbeiten von Munk, Ferrier, Brodmann und in jüngerer Zeit von Hubel und Wiesel – wissen wir, daß die Sinnesorgane über eine Schaltstation im Thalamus auf bestimmte Rindenfelder projizieren (vgl. Abb. 6). Dabei sind dem Gesichtssinn die okzipitalen Regionen, dem Hörsinn die temporalen und dem Tastsinn die parietalen Regionen zugeordnet. Jede dieser Flächen «repräsentiert» also den physikalischen Parameter, auf den das zugeordnete Sinnesorgan anspricht, in der Großhirnrinde. Auf der ersten Stufe setzt sich das Abbild, die Repräsentation der Welt in der Hirnrinde also aus Territorien («Kontinenten») zusammen, die entsprechend den großen Kategorien physikalischer Reize abgegrenzt sind. Diese Reize gelangen indirekt – über die sensorischen Nerven und die dort weitergeleiteten Impulse – in das Innere des Organismus.

Als man die Kartographie dieser Kortexterritorien in großem Maßstab erfaßte, stieß man auf überraschende Einzelheiten. Nehmen wir den Tastsinn, dessen sensorische Rezeptoren über die ganze Körperoberfläche verteilt sind, aber auch in der Tiefe liegen. Man kann zum Beispiel den Daumen eines Affen lokal stimulieren und versuchen, die elektrische Reaktion (vgl. Kap. 3) zu messen, die in der auf diese Empfindungsmodalität spezialisierten Region (die Felder 1, 2 und 3 des Scheitellappens) hervorgerufen wird. Die ersten Messungen enttäuschen. Wenn man die Elektrode in dieser Region auf gut Glück ansetzt, läßt sich – ganz gleich wie stark die Stimulation ist – keine evozierte Reaktion beobachten. Wenn man dann aber die Elektrode systematisch Punkt für Punkt über das Kortexfeld bewegt, schnellt das elektrische Potential plötzlich empor. Einige Millimeter weiter bleibt die Schwankung wieder aus. Dieser Abschnitt reagiert nicht auf den Daumen, dafür aber auf den Zeigefinger. Stück für Stück zeichnet sich so eine Hand ab. Setzt man die Exploration fort, erscheint eine ganze Körperhälfte (und zwar diejenige, die der untersuchten Hemisphäre gegenüberliegt). Das derart auf der Kortexoberfläche nachgezeichnete Abbild offenbart eine gewisse Ähnlichkeit mit dem Affen (Abb. 38 und 39). Wenn man das Gehirn nach und nach von unten nach oben abtastet, erkennt man die Zunge, den Kopf, Vorderextremität und Hand, den Rumpf, die Hinterextremität, den Fuß und den Schwanz.[16] Natürlich handelt es sich nicht um eine fotografische Ähnlichkeit. Erstens ist der Körper dreidimensional, die Repräsentation dagegen nur zweidimensional. Der Verlust einer Dimension verzerrt die Projektion. Zweitens werden benachbarte Körperregionen in der Repräsentation oft getrennt. So liegt das Gesicht in einiger Entfernung vom Rest des Kopfes. Drittens und vor allem entspricht die relative Fläche, die bestimmten Körperregionen vorbehalten ist, nicht den wahren Größenverhältnissen. Die Hand zum Beispiel wird riesenhaft repräsentiert, ihre Fläche ist fast so groß wie der ganze Rest des Körpers. Bei der Ratte dagegen wird die Karte nicht mehr von der Hand beherrscht, sondern von der Schnauze und vor allem den Tasthaaren (Abb. 39A und 57). Für den Menschen haben W. Penfield und T. Rasmussen (1957) entsprechende Karten zusammengestellt, wobei sie von Beobachtungen an Patienten ausgingen, die unter Epilepsie oder Läsionen bestimmter Kortexabschnitte litten. Die daraus gewonnene Figur – der sensorische Homunkulus – besitzt riesenhafte Lippen, eine gewaltige Hand, weit bescheidenere Füße sowie einen Rumpf und einen Geschlechtsapparat von lächerlicher Winzigkeit. Gleichgültig ob Ratte, Affe oder Mensch – stets scheint der auf der Hirnrinde beanspruchte Platz in keinerlei Beziehung zur tatsächlichen Körperoberfläche zu stehen, sondern die Bedeutung des betreffenden Organs für das sensorische Leben des jeweiligen Organismus widerzuspiegeln: die Tasthaare bei der Ratte, die Hand beim Affen, der Mund und die Hand beim Menschen. Der Platz auf der Hirnrinde ist nämlich der Dichte der sensorischen Nervenendingungen an der Körperoberfläche direkt proportional. Er liefert ein *Bild der Kontaktstellen* des Organismus mit der Außenwelt (Abb. 38 und 39).

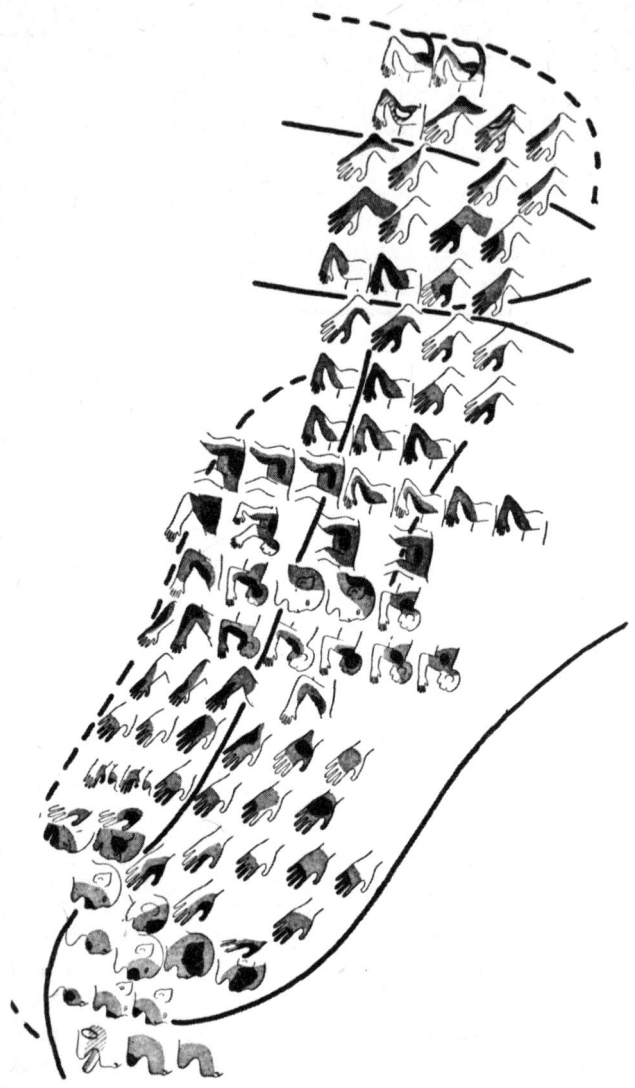

Abb. 38: Karte des Kortexfeldes für den Tastsinn des Makaken. Jede der kleinen Figuren gibt einen Meßpunkt auf der Kortexoberfläche an. Es ist jeweils die Körperregion abgebildet, deren Stimulation zu einer Reaktion am betreffenden Meßpunkt führt. So bewirkt die taktile Stimulation des Schwanzes eine Reaktion in der dorsalen Region (oben auf der Karte), die der Zunge im ventralen Teil (unten auf der Karte) usw. (nach Woolsey, 1958).

Auch Ohr und Netzhaut projizieren auf die Hirnrinde, aber in einer Form, die keinerlei Ähnlichkeit mit einem Homunkulus aufweist. Bei den Rezeptoren des Tastsinns dient in gewisser Weise der ganze Körper als Sinnesorgan. Anders beim Gesichtssinn. Wir sehen weder mit den Händen noch mit den Lippen. Die Kortexkarte gibt lediglich die Verteilung der im Augenhintergrund gelegenen Neuronen wieder, die als einzige das «wirkliche», wenn auch auf dem Kopf stehende Bild der Außenwelt von der Linse empfangen. Trotzdem ist die Repräsentation der Netzhaut auf dem primären visuellen Feld (Feld 17) sehr verzerrt. Sie scheint zweigeteilt zu sein, wobei für jede Netzhauthälfte die Beziehung zwischen Nachbarpunkten erhalten bleibt. Die Lektüre der Kortexkarte wird beschwerlich. Die Einfachheit der Unterteilung und die «mathematische» Regelmäßigkeit, mit der die Netzhaut auf die Kortexoberfläche projiziert, erlauben dennoch eine ausreichende Orientierung.

Durch Beobachtungen an verschiedenen Säugerarten und an Hand immer genauerer Karten haben M. Merzenich, J. Kaas und ihre Mitarbeiter [17] eine bemerkenswerte Entdeckung gemacht. In dem Rindenabschnitt, der, wie wir wissen, für den Tastsinn zuständig ist, haben sie beim Affen an Stelle der einen Figur mehrere nebeneinanderliegende Figuren entdeckt. Jede Figur hat eine andere Aufgabe als ihre Nachbarn. Die eine reagiert auf bestimmte Rezeptoren der Haut, die andere reagiert ebenfalls auf die Haut, aber auf andere Rezeptoren. Auf eine dritte projizieren die sensorischen Rezeptoren der Muskeln, eine vierte ist schließlich für tiefliegende Rezeptoren anderer Art zuständig. Das gleiche läßt sich für das visuelle System beobachten. Beim Affen findet man *bis zu acht* Repräsentationen der Netzhaut, die sich in der Nähe des *primären* Feldes (Feld 17) verteilen. Nebeneinander gelegen, befinden sie sich in den sogenannten *Assoziationsfeldern* des Kortex. Auch hier werden von den verschiedenen Repräsentationen jeweils andere Merkmale der visuellen Welt analysiert. Einige Projektionen sind auf Orientierungen spezialisiert, andere auf Richtungen, wieder andere auf Farben (Abb. 39).

Ist diese Vielfalt kortikaler *Repräsentationen* bei allen Säugerarten in gleicher Weise anzutreffen? Während der Igel, ein primitiver Insektenfresser, nur zwei Netzhautrepräsentationen besitzt, sind es beim Makaken acht. Desgleichen projiziert beim Eichhörnchen das Ohr auf zwei unterschiedliche Rindenabschnitte, während es beim Spitzhörnchen, einem primitiven Affenverwandten, drei, beim südamerikanischen Nachtaffen (Aotes) vier und beim Rhesusaffen sechs sind. Die *Zahl* der Repräsentationen nimmt mit der Fläche des Neo-

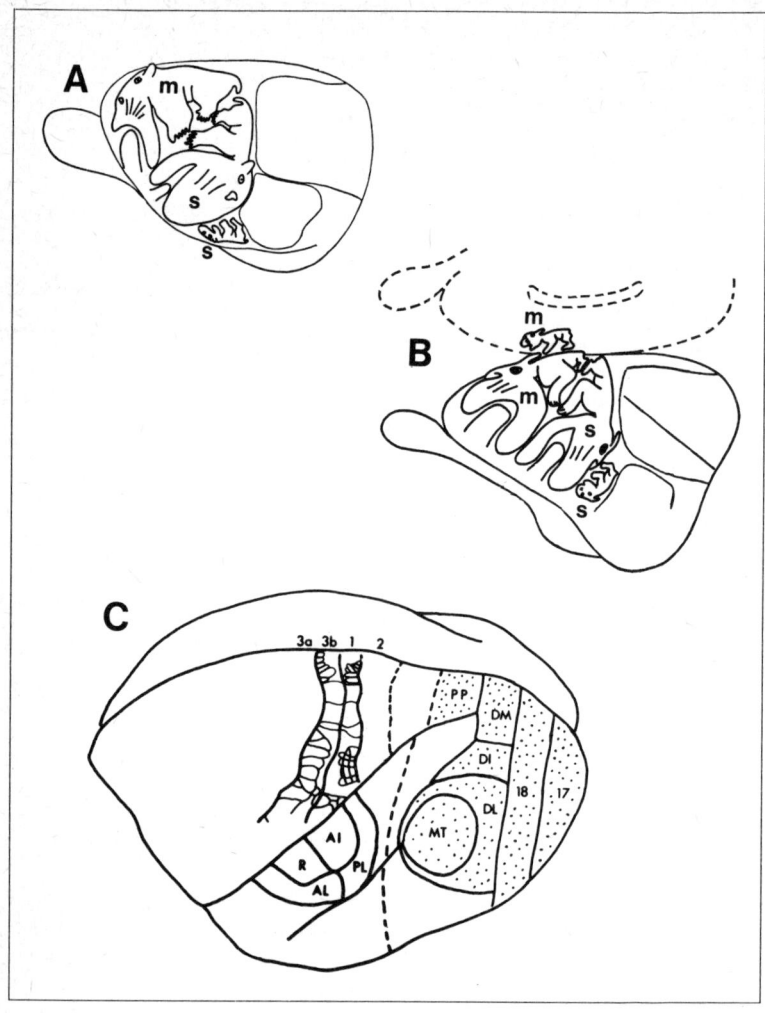

Abb. 39: Repräsentation des Körpers im Bereich der motorischen Felder (m) und der Felder, die für die Körperempfindung zuständig sind (senso-motorische Felder = s), in der Großhirnrinde der Ratte (A) und des Kaninchens (B). Die Schnauze und vor allem die Tasthaare nehmen einen beträchtlichen Raum ein, was der Bedeutung dieser Sinnesmodalitäten im Leben des Tieres entspricht (nach Woolsey, 1958). Bei höher entwickelten Affen wie dem Nachtaffen *Aotus* (C) nimmt die Zahl der sensorischen «Repräsentationen» beträchtlich zu. Die Felder in der Hinterhauptsregion (gepunktet), die die Bezeichnungen 17, 18, DL, DI, DM, EP, MT tragen, entsprechen jeweils einer Projektion der Netzhaut (nach Kaas u. a., 1979).

kortex zu. Beim Menschen hat man sie noch nicht gezählt. Doch ist zu erwarten, daß sie noch zahlreicher sind als beim Affen. Je größer die Zahl der Repräsentationen ist, desto mehr und komplexere Informationen werden der Umwelt entnommen. Die Abbildungen leisten das, was Pawlow die immer eingehendere *Analyse* der Außenwelt genannt hat.

Sprechen und handeln

Der Kortex dient nicht nur als Analysator, sondern spielt auch eine aktive Rolle. Allerdings erscheint die Fläche, die für die Motorik zuständig ist, im Vergleich zu den Abschnitten, die der Informationsanalyse vorbehalten sind, auf den ersten Blick recht bescheiden. Sie ist etwa so groß wie der auf die Körperempfindung spezialisierte Bereich, genügt aber, um alle Muskelkontraktionen und -entspannungen zu steuern, auf die letztlich unsere Handlungen in der Außenwelt zurückgehen. 1870 haben Fritsch und Hitzig festgestellt, daß die elektrische Stimulierung dieses Feldes je nach der Position der Elektrode Bewegungen der Vorderpfote, der Hinterpfote oder des Halses zur Folge hatte. Neuere Studien mittels systematischer «Mikrostimulation» an der Oberfläche dieses motorischen Feldes haben jene ersten Beobachtungen bestätigt. Mehr noch, es zeichnet sich dort eine Figur ab, die den Figuren auf den sensorischen Feldern 1, 2 und 3 zum Verwechseln ähnelt, wenn es auch einige bedeutsame Unterschiede gibt. Beim Menschen nimmt die Repräsentation der Muskulatur von Hand, Mund und Kehlkopf unverhältnismäßig viel Raum ein. Zum sensorischen Homunkulus gesellt sich ein erstaunlicher motorischer Homunkulus. Die Großhirnrinde ist mit merkwürdigen Hieroglyphen bedeckt, die aus einer Maya-Handschrift zu stammen scheinen.

Gilt dieses Repräsentationssystem auch für die soziale Kommunikation? Diese beruht zu einem Großteil auf der Sprache, der ein beträchtlicher Abschnitt der Hirnrinde vorbehalten ist. Die Entdeckungsgeschichte dieser «Zentren» gehört in den größeren Rahmen der Geschichte der zerebralen Lokalisationen (vgl. Kap. 1). Die Arbeiten, die in der Nachfolge Brocas entstanden – vor allem in jüngerer Zeit dank der systematischen Radiographie, vor allem der Szintigraphie (Abb. 40) –, haben erbracht, daß die Zentren *nur in einer Hemisphäre* liegen – in mehr als neunzig Prozent der Fälle in der linken.

«Wir sprechen mit der linken Hemisphäre», schrieb Broca schon 1861. Die Läsion des genannten Feldes im unteren und hinteren Teil des Stirnlappens (Feld 44) führt, wie bereits dargestellt (vgl. Kap. 1), zu charakteristischen Sprachstörungen. Der Patient spricht langsam, verzerrt die Wörter und verwendet vor allem Substantive und Verben im Infinitiv. Seine Grammatik ist rudimentär. Das Schreiben bereitet ihm ähnliche Schwierigkeiten, aber er singt ausgezeichnet. Das Brocasche Feld ist nicht einfach das motorische Feld der Mund- und Kehlkopfmuskulatur.

Einige Jahre nach Broca zeigte Wernicke, daß die Schädigung von Feld 22, das auf der gleichen Hemisphäre im Bereich des Schläfenlappens (nahe dem auditiven Feld) liegt, Störungen ganz anderer Art hervorruft. Die Patienten sprechen mühelos, ihre Wörter bilden grammatikalisch einwandfreie Sätze, aber das, was sie sagen, ist völlig sinnlos. Die Wörter werden zu Sätzen ohne Bedeutung verknüpft, ein Phänomen, das sich auch zeigt, wenn die Patienten schreiben. Dabei handelt es sich nicht einfach um eine Beeinträchtigung des Gehörs. Die Schädigung eines bestimmten Feldes auf dem Schläfenlappen, des Gyrus angularis (Feld 39) – ebenfalls auf der linken Hemisphäre –, beeinträchtigt die Lese- und Schreibfähigkeit, ohne die gesprochene Sprache nennenswert einzuschränken. Die Liste ist noch lange nicht vollständig. Immer mehr Rindenfelder werden entdeckt, die an der Erzeugung und dem Verständnis der Sprache beteiligt sind. Dieses «Patchwork» hat längst Regionen erfaßt, die man einst den Assoziationsfeldern zugerechnet hat. Ein erheblicher Teil der menschlichen Großhirnrinde (die Felder 44 bis 46, 39 und 40) sind der sozialen Kommunikation vorbehalten (Abb. 6).

Die immer eingehenderen Untersuchungen der Großhirnrinde führten zur Entdeckung neuer Zeichen auf der einstigen *Terra incognita* der Assoziationsfelder. Die ersten Karten von Gall, die in 27 Abschnitte unterteilt waren, erscheinen heute recht einfach. Noch immer werden ganze Städte neu entdeckt. Die Parzellierung des Kortex hält unvermindert an.[18]

Letzte Grenze dieser funktionalen Parzellierung ist die einzelne *Nervenzelle*. Die Untersuchung solcher Zellen hat zum Beispiel im Bereich der Sehrinde (vgl. Kap. 2) eine bemerkenswerte Spezialisierung der Funktionen erbracht: Manche Zellen reagieren auf ein Auge, andere auf zwei, wieder andere auf Lichtstreifen mit bestimmter Orientierung oder auf Lichtpunkte, die sich in eine bestimmte Richtung bewegen. Auf ein und derselben sensorischen Kortexfigur können zwei Neuronen in «genau» der gleichen Weise auf ein be-

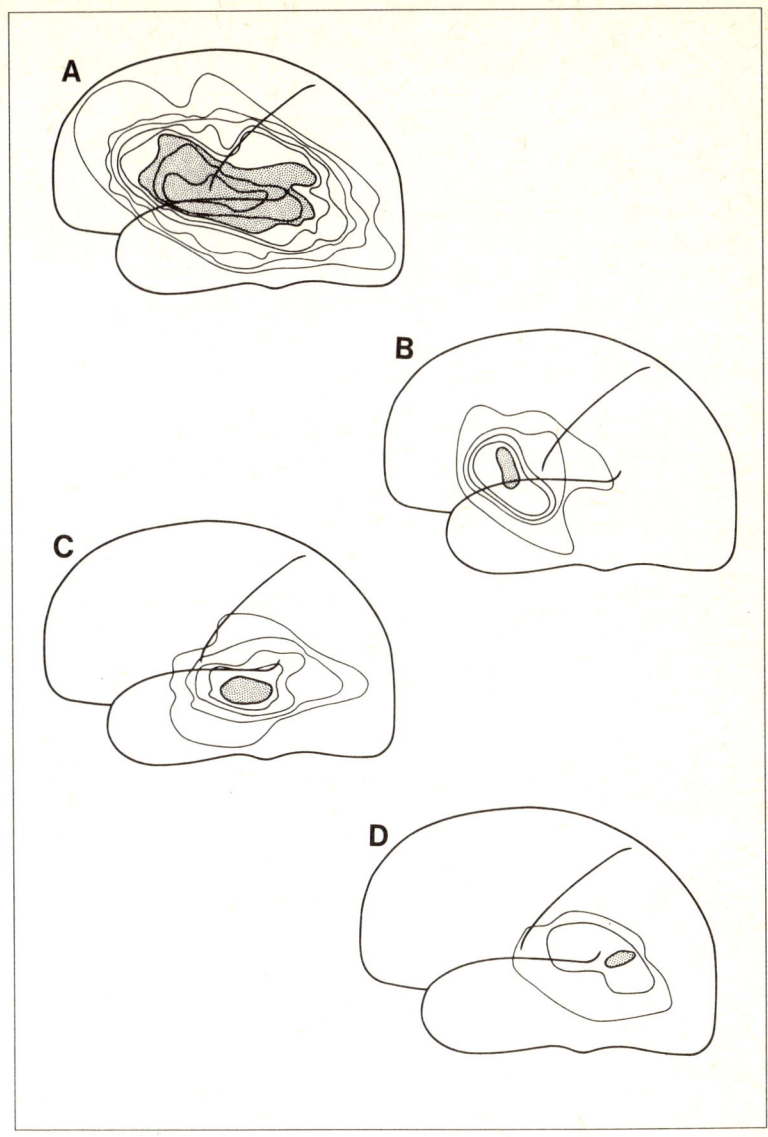

Abb. 40: Läsionen der Großhirnrinde, hier durch Szintigraphie lokalisiert, führen beim Menschen zu Sprachstörungen. Die Schichtlinien bezeichnen die Überlagerungen der Läsionen. A: totale Aphasie; B: Brocasche Aphasie; C: Wernickesche Aphasie; D: sogenannte «Leitungsaphasie» (nach Vignolo, 1979).

stimmtes sensorisches Signal reagieren und sich doch dadurch unterscheiden, daß sie unterschiedliche Positionen auf der Karte einnehmen und infolgedessen mit sensorischen Zellen in Verbindung stehen, die auf der Körperoberfläche oder in der Netzhaut topographisch auseinanderliegen. Wenn man bedenkt, daß es ungefähr fünfzehn Millionen Neuronen pro Quadratzentimeter Kortexoberfläche gibt und daß eine Kortexfigur beim Menschen bis zu mehreren Quadratzentimetern groß werden kann, wächst das Repertoire der *Singularitäten* (Kap. 2) ins Unermeßliche.

Im Bereich der Assoziationsrinde wird die Sachlage noch komplizierter. Der Unterschied zwischen motorischen und sensorischen Feldern verschwimmt. Beim Affen hat Mountcastle (1975) in Feld 5 des Scheitellappens 90 Prozent der Zellen als sensorisch klassifiziert. Bei den restlichen 10 Prozent handelt es sich um motorische Zellen, die auf keinen sensorischen Reiz ansprechen, sondern für zielgerichtete Bewegungen des Armes zuständig sind. In Feld 7, das als typisches Assoziationsfeld gilt, werden bestimmte Neuronen aktiv, wenn der Affe den Blick fixiert, andere, wenn das Tier einem Lichtpunkt mit den Augen in eine bestimmte Richtung folgt, wieder andere, wenn das Auge kurze, ruckartige Bewegungen ausführt (Abb. 41). Von solchen Stichproben ist erst eine sehr kleine Zahl von Zellen erfaßt worden. Je weiter die Exploration vorankommt, desto deutlicher zeigt sich, daß jedes Neuron einzigartig ist, seine eigene «Singularität» besitzt. Echte Redundanz kommt kaum vor.

Der Zusammenhang zwischen der Aktivität kortikaler Zellen und den Analyseoperationen der verschiedenen sensorischen Felder ist in einer Reihe von Fällen eindeutig nachgewiesen worden (vgl. Kap. 2 und 3). Das gilt auch für die motorischen Zellen in Feld 7 des Scheitellappens, die, wie geschildert, für bestimmte Augenbewegungen verantwortlich sind. Allerdings liegen die Dinge nicht so einfach wie beim Zirpen der Grille oder beim Fluchtverhalten des Fisches. An die Stelle eines einzigen elektrischen Signals tritt ein *Impulsbündel*. Außerdem decken sich die aufgezeichneten Impulsbündel eines Neurons für wiederholte Augenbewegungen nur unvollkommen (Abb. 41). Indessen bleibt die «durchschnittliche» Frequenzerhöhung von einer Augenbewegung zur anderen gleich.

Die Vernetzung dieser Neuronen ist nicht in allen Einzelheiten bekannt. Bessere Kenntnis hat man von den Neuronen im motorischen Kortex (Feld 4), die beim Affen die Feinabstimmung der Handbewegungen leisten. Die Axone der Betzschen Riesenpyramidenzellen (vgl. Kap. 2) treten aus der Hirnrinde aus, dringen in das

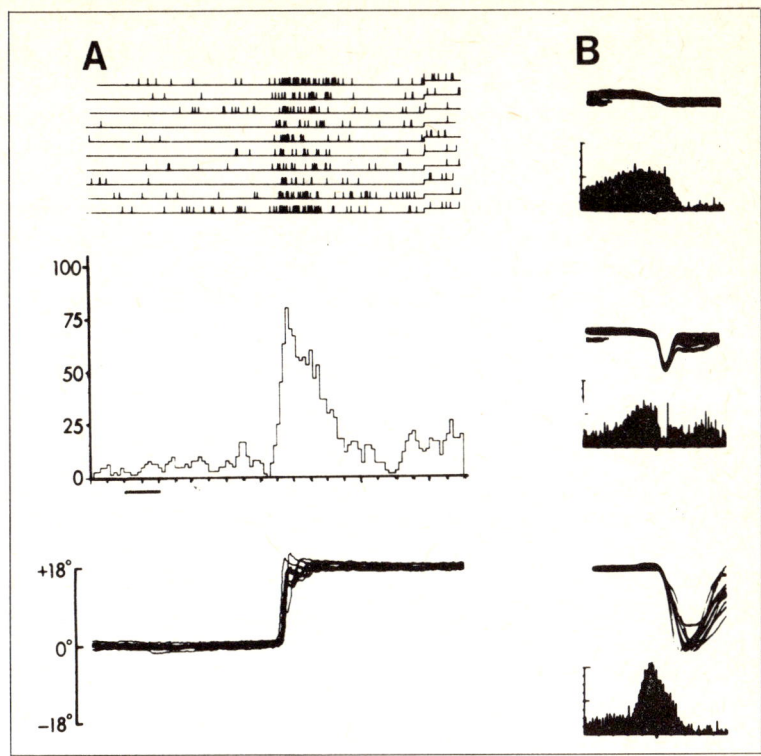

Abb. 41: Aktivität von Kortexneuronen beim Makaken, die für die Bewegung der Augen (Feld 7 der Assoziationsrinde, Abb. *links*) und der Hand (motorisches Feld 4, Abb. *rechts*) zuständig sind. A: Die Aktivität eines bestimmten Neurons wird bei einer ruckartigen Bewegung (Nystagmus) des Auges gemessen, die durch ein Lichtsignal ausgelöst wird. Jeder senkrechte Strich gibt einen Impuls an und jede waagerechte Linie die Messung während einer Augenbewegung. Die Kurven sind nicht *genau* deckungsgleich. In der mittleren Abbildung sind alle pro Sekunde aufgezeichneten Impulse in Abhängigkeit von der Zeit als Blockdiagramm aufgetragen (senkrechter Balken: 0,2 Sekunden). Die Aktivität des Neurons leitet die (im unteren Bild durch einen durchgezogenen Strich wiedergegebene) Augenbewegung ein und begleitet sie (nach Mountcastle, 1975). B: Aktivität eines Neurons im motorischen Feld 4 bei einer Handbewegung (durchgezogene Linie). Die Impulszahl pro Sekunde ist wie in A abhängig von der Zeit dargestellt (Totaldauer der Aufzeichnung 1 Sekunde; vgl. mittlere Abb.). Diagramm oben: leichte Drehbewegung beim Händedruck; Mitte: die gleiche Bewegung, gestört durch eine Drehung, die durch die andere Hand aufgezwungen wird; unten: weitausholendes Schütteln der Hand. Bemerkenswert ist der Aktivitätsabfall in der Mitte der gestörten Bewegung (nach Evarts, 1981).

Rückenmark ein und verbinden sich mit den Motoneuronen, die eine Synapse mit dem Muskel bilden. Ihre «hierarchische» Position ähnelt in gewisser Weise der der Mauthner-Zelle beim Fisch. E. Evarts (1981) hat beim Affen beobachtet, daß diese Neuronen aktiv werden, wenn das Tier Feinbewegungen mit der Hand ausführt. Bemerkenswerterweise treten die Impulsbündel nicht nur gleichzeitig mit der Bewegung auf, sondern schon *vorher*. Bislang sind die meisten der in der Großhirnrinde wirksamen Neurotransmitter noch nicht bekannt, doch höchstwahrscheinlich findet dort eine sehr ähnliche chemische Kodierung statt wie in den besser erforschten Bereichen des Hypothalamus und des Rückenmarks.

Vom Reiz zur Reaktion

An die Stelle der «behavioristischen» Suche nach den phänomenologischen Regeln, die möglicherweise festlegen, wann auf einen Reiz der Außenwelt eine Verhaltensreaktion erfolgt, muß der gründlicher angelegte Versuch treten, die elektrischen Impulse oder die chemischen Signale zu entschlüsseln und die Verdrahtung des Neuronennetzes zu entwirren. So unvollständig die vorliegenden Ergebnisse auch sein mögen, sie lassen den sicheren Schluß zu, daß jedes Verhalten und jede Empfindung auf die *innere Mobilisierung* eines topologisch definierten Komplexes von Nervenzellen zurückzuführen ist, eines Netzwerks, das speziell diesem Verhalten oder dieser Empfindung zugeordnet ist. Die «Geographie» des Netzes entscheidet weitgehend über die Besonderheit der Funktion. Das Beispiel des Orgasmus oder der Gefühle zeigt, daß die an einer solchen Empfindung beteiligten Neuronen gleichzeitig mehreren Zentren angehören: dem Hypothalamus, dem limbischen System und auch der Großhirnrinde (vgl. Kap. 6). Bei der Grille brachte der Übergang zum Handeln ein Netz von lediglich einigen Dutzend oder hundert Neuronen ins Spiel. Beim Menschen setzt die einfachste motorische Operation die Aktivität riesiger Nervenzellverbände *auf verschiedenen Ebenen* gleichzeitig voraus. Unter diesen Umständen dürfte es wenig sinnvoll sein, das Gehirn in verschiedene «Zwiebelschalen» zu zerlegen – die reptilische, die paleo- und neomammalische [19] – oder die Hirnrinde in ein Mosaik von verschiedenen Feldern aufzuteilen, es sei denn, man geht davon aus, daß ihre Punkte an entscheidenden Koordinaten eines «Spinnennetzes» [13] liegen, das sich sowohl in der Senkrechten (vom

Rückenmark zur Großhirnrinde) als auch in der Waagerechten (parallel zur Oberfläche der Hirnrinde) ausspannt und das jedem Verhalten und jeder Empfindung bestimmte Bereiche zuordnet.

Durch seine Komplexität ermöglicht es der Neokortex dem Organismus – und insbesondere dem Menschen –, sich seiner physischen und sozialen Umwelt zu öffnen, sie in der ganzen Vielfalt ihrer Einzelheiten und Erscheinungsformen zu analysieren. Die im Laufe der Evolution immer größer werdende Zahl physischer Repräsentationen, Karten und Homunkuli auf der Oberfläche der Großhirnrinde sind ein Indiz für die wachsende Interaktionsfähigkeit und die Erfassung immer größerer Wirklichkeitsbereiche.

Die Neuronen, aus denen sich das spezielle Netz einer Verhaltensweise oder einer Empfindung zusammensetzt, können – nach dem klassischen Schema – durch die Aufnahme eines Reizes mittels der Sinnesorgane aktiviert werden. Die Steuerung der «Oszillatoren» in den sensorischen Rezeptoren (vgl. Kap. 3) wird, je nach den alles in allem sehr simplen Kodierungsmöglichkeiten, in Frequenzschwankungen, Impulszahlen und Pausen übersetzt. Wenn es möglich wäre, das Auge an das zentrale Ende des Hörnervs anzuschließen, würde man mit dem Auge hören, würde also visuelle Reize als Laute wahrnehmen. Innerhalb des Organismus wird die Besonderheit des physikalischen Signals demnach durch die Vernetzung, die Intensität und die zeitliche Abfolge der Impulse kodiert. Andere Verhaltensweisen, wie das Zirpen der Grille, werden ausgeführt, ohne daß eine ständige Interaktion mit der Außenwelt erforderlich ist. Für diesen Automatismus ist eine *spontane* Oszillatoraktivität verantwortlich.

Eine weitere Dimension dieser inneren Kodierung liefert die Chemie. Von bestimmten Neuronen in Quantitäten freigesetzt, die sich nach der Impulszahl richten, geben Neurotransmitter und Hormone die Kodes der Verbindungen weiter. Sie können über weite Entfernungen wirken, bleiben aber meist auf den synaptischen Spaltraum beschränkt. Einmal wirkt der Neurotransmitter exzitatorisch, dann wieder inhibitorisch. Es ergeben sich rechnerische Möglichkeiten, die von Neuron zu Neuron anwachsen.

Diese Beobachtungen und Überlegungen zwingen nicht nur dazu, die inneren Mechanismen des Verhaltens zu berücksichtigen, sondern ihnen gegenüber auch einen deterministischen Standpunkt zu beziehen. Theoretisch spricht heute nichts mehr dagegen, menschliches Verhalten als Neuronenaktivität zu beschreiben. Es ist höchste Zeit, daß der neuronale Mensch in Erscheinung tritt.

5
Die geistigen Objekte

Notwendig ist es auch, anzunehmen, daß wir dann, wenn etwas von den äußeren Gegenständen in uns eindringt, die Formen sehen und denken.

Epikur, Brief an Herodot

Ich werde zeigen, daß es keine Lerntheorie gibt – mehr noch: daß es in gewisser Hinsicht gar keine geben kann.

Jerry A. Fodor (1980)

Das menschliche Gehirn stellt sich dar als ein Gebilde aus Milliarden ineinander verwobener neuronaler «Spinnennetze», in denen Myriaden elektrischer Impulse «knistern» und kreisen, die hier und da mit einer großen Vielfalt chemischer Signale in Verbindung treten. Die anatomische und chemische Organisation dieser Maschine ist von erstaunlicher Komplexität, doch die einfache Tatsache, daß die Maschine sich in «Neuronenrädchen» zerlegen läßt, deren «Impulsbewegungen» durchaus zu messen sind, scheint die kühnen mechanistischen Thesen des 18. Jahrhunderts zu rechtfertigen. Alles, was im menschlichen Körper vor sich gehe, sei ebenso mechanisch wie das, was in einer Uhr geschehe, schrieb Leibniz. Gewiß, das menschliche Gehirn zeigt nicht die Uhrzeit an, und am Ende unseres wissenschaftlichen Jahrhunderts mag das Bild der Uhr naiv und allzu reduktionistisch erscheinen. Da zieht man lieber den Computer mit seinen weit stupenderen Leistungen zum Vergleich heran. Doch das neue Bild ist nicht besser als das alte: In beiden Fällen handelt es sich um Maschinen – das ist der Kernpunkt. Allerdings besitzt jede ihre besonderen Eigenschaften, die sich grundsätzlich von denen der «Gehirnmaschine» unterscheiden.

Der Vergleich mit der kybernetischen Rechenmaschine hat dazu gedient, den Begriff der «inneren Verhaltenssteuerung» einzuführen, hat indessen den Nachteil, implizit die Vorstellung zu wecken, das Gehirn funktioniere *wie* ein Computer. Die Analogie ist irreführend.

Bei jedem bis heute vom Menschen gebauten Computer kann zwischen den Programmen, der *Software*, und den unveränderlichen Maschinenbestandteilen, der *Hardware*, unterschieden werden. Das menschliche Gehirn läßt sich nicht als eine Maschine begreifen, die lediglich ein von den Sinnesorganen eingegebenes Programm ausführt. Erstens zeichnet sich die zerebrale Maschine dadurch aus, daß an der inneren Datenverarbeitung *zwei* Systeme mitwirken: einerseits die topologische Kodierung der Verknüpfungen, die durch ein Neuronennetz bestimmt werden, andererseits die Kodierung durch das Muster von elektrischen Impulsen und chemischen Signalen. Dabei läßt sich die klassische Unterscheidung von Hardware und Software gar nicht aufrechterhalten. Zweitens ist das menschliche Gehirn ganz offensichtlich in der Lage, autonom Handlungsstrategien zu entwickeln. Es antizipiert künftige Ereignisse und schafft seine eigenen Programme. Diese Fähigkeit zur *Selbstorganisation* ist eines der auffälligsten Merkmale der Gehirnmaschine [1], deren höchstes Erzeugnis das Denken ist.

Denken gibt es in rudimentärer Form auch bei anderen Säugetieren. Die großen Fleischfresser entwickeln gelegentlich höchst raffinierte Jagdstrategien. Man weiß auch, daß Schimpansen Strohhalme benutzen, um Termiten zu fangen. Das Denken entwickelt sich im Zuge der Evolution, und seine Entwicklung folgt der des Gehirns.

Das Gehirn – eine Denkmaschine? Bergson schreibt in ‹Materie und Gedächtnis›: «Das Nervensystem hat keinerlei Ähnlichkeit mit einem Apparat, der Vorstellungen herstellt oder auch nur vorbereitet.» In diesem Kapitel soll eine These vorgetragen werden, die genau das Gegenteil behauptet. Das menschliche Gehirn, das in der anatomischen Organisation seiner Großhirnrinde Repräsentationen – also Vorstellungen – der Außenwelt enthält, ist auch fähig, solche Vorstellungen herzustellen und sie in seine Pläne einzubeziehen.[2]

Suchen wir also nach den biologischen Grundlagen jener Fähigkeiten, die traditionell der «Psyche» zugerechnet werden.

Die materielle Grundlage
von Vorstellungen

«Die Mona Lisa auf Japanbesuch.» Es dürfte wohl niemanden geben, der mit diesem Satz nichts anzufangen wüßte. Das berühmte Gemälde wurde für eine Ausstellung nach Tokio geschafft. Wir haben alle das Bild dieser Frau (oder dieses verkleideten Jünglings) vor unserem geistigen Auge, das desillusionierte Lächeln, die über dem Bauch gefalteten Hände. Einer gewissen Anstrengung bedarf es schon, sich darüber klar zu werden, welche Hand oben liegt und ob im Hintergrund eine Ebene oder eine Berglandschaft zu sehen ist. Trotzdem, der Name Mona Lisa ruft ein *Vorstellungsbild* hervor, eine «innere Anschauung» von Leonardo da Vincis Gemälde – oft noch Monate und Jahre, nachdem man es betrachtet hat. Die Entstehung dieses inneren Bildes hat *privaten* Charakter, sie ist nur der Selbstbeobachtung zugänglich. Dennoch zweifelt niemand an der Wiederholbarkeit der Erfahrung. Zeichnet ein einigermaßen begabter Betrachter das Bild aus dem Gedächtnis nach, so wird die innere Erfahrung durch eine graphische Reaktion mitteilbar, die auch den verstocktesten Behavioristen überzeugen müßte.

Schon in der Antike wußte man von der Existenz dieser inneren Bilder. Epikur und nach ihm Lukrez bezeichneten sie als «Trugbilder», und Aristoteles verglich sie mit «dem Abdruck, den ein Siegel auf einer Wachstafel hinterläßt». Zur Zeit der Klassik und Aufklärung interessierten sich die Empiristen für das Vorstellungsbild – John Locke und David Hume in England, Étienne de Condillac in Frankreich –, und bis zum Ende des 19. Jahrhunderts waren es dann die Vertreter der Assoziationspsychologie – in Frankreich vor allem Hippolyte Taine, Alfred Binet und Théodule Ribot. Es war das goldene Zeitalter des Vorstellungsbildes. Man machte es zur Grundeinheit des menschlichen Geistes.

Doch schon bald kam es zu einer vorstellungsfeindlichen Gegenreaktion. John B. Watson verbannte aus seinem behavioristischen Katechismus «alle subjektiven Begriffe wie Empfindung, Wahrnehmung, Vorstellung ...» Infolge dieser Zensur blieben die Vorstellungsbilder der psychologischen Forschung fast ein halbes Jahrhundert lang entzogen. Glücklicherweise zeichnet sich mittlerweile eine gegenläufige Tendenz ab.[3] Heute hegt man keinen Zweifel mehr daran, daß es solche Vorstellungsbilder gibt, und sie sind zum Gegenstand exakter Forschung geworden.

Die in diesem Zusammenhang von R. Shepard und seinen Mitarbeitern[4] entwickelte Methode zum Beispiel ist höchst einfach. Die Versuchsperson sitzt vor einem Monitor, auf dem ein Computer geometrische Figuren unterschiedlicher Form erscheinen läßt – zum Beispiel perspektivisch zusammengesetzte Würfel (Abb. 42). Die Versuchsperson wird aufgefordert, zwei nebeneinanderliegende Figuren zu vergleichen. Es handelt sich um gleiche Strukturen, die nur aus verschiedenen Blickwinkeln gezeigt werden. Wenn die Versuchsperson die beiden Figuren aufmerksam betrachtet, kann sie unschwer erkennen, daß es sich um das gleiche Objekt handelt und daß man durch Drehung eine Figur aus der anderen gewinnen kann. Die Figuren sind kongruent. Man braucht freilich eine gewisse Zeit, um diese Operation in der Vorstellung auszuführen. Durch das Experiment soll die Zeit ermittelt werden, die die Versuchsperson braucht, um diese Drehung zu vollziehen. Wenn die Figuren erscheinen, ertönt ein Lautsignal. Sobald die Versuchsperson ihre Kongruenz festgestellt hat, drückt sie einen Hebel. Das Ergebnis: Die Reaktionszeit ist kurz, wenn der Drehungswinkel zwischen den beiden Figuren klein ist, sie ist lang, wenn der Winkel groß ist. Allgemeiner ausgedrückt: Die Zeit wächst linear mit dem Drehungswinkel an. Nach Shepard

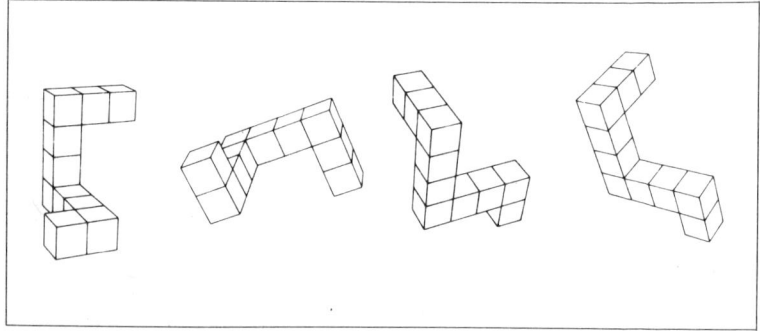

Abb. 42: Das Gehirn des Menschen stellt «innere Repräsentationen» her. Am eingehendsten sind die Vorstellungs- oder «Gedächtnisbilder» untersucht worden. In einer Reihe einfallsreicher Experimente haben Shepard und Metzler (1971) sowie Shepard und Judo (1976) versucht, deren materielle Wirklichkeit nachzuweisen. Zum Beispiel wird der Versuchsperson ein Gegenstand, hier eine Würfelkonstruktion, gezeigt, verbunden mit der Frage, ob sich der benachbarte Gegenstand durch Drehung aus der ersten Figur herleiten läßt. Die Zeit, die die Versuchsperson braucht, um die Situation zu erfassen, wird gemessen (nach Shepard und Judo, 1976).

und Metzler läßt sich dieser Erkenntnisprozeß «als eine Art *geistiger Drehung im dreidimensionalen Raum* beschrieben, die mit einer Geschwindigkeit von ungefähr 60 Grad pro Sekunde ausgeführt wird». Die Versuchsperson dreht im Geiste eine Repräsentation des Gegenstandes, ein «Vorstellungsbild», das sich verhält, *als ob* es ein fester Körper wäre und sogar eine meßbare Drehgeschwindigkeit hätte.

Die materielle Grundlage der Vorstellungsbilder zeigte auch S. Kosslyn (1980) vor wenigen Jahren in einem Experiment, in dem es eine imaginäre Insel zu erforschen galt. Die Versuchspersonen wurden zunächst aufgefordert, die Karte einer Insel zu zeichnen – etwa die «Schatzinsel» mit dem Strand, der Hütte, dem Felsen, den Kokospalmen, die an bestimmten Punkten der Insel einzuzeichnen waren. Dann nahm Kosslyn der Versuchsperson die Karte weg und forderte sie auf, die Insel «in der Vorstellung» zu erforschen. Das Unternehmen begann am Strand. Der Versuchsleiter sagte «Kokospalme». Die Versuchsperson suchte im Geist nach dem Ort auf der Karte, wo die Kokospalme eingezeichnet war, und drückte auf einen Knopf, sobald sie ihn gefunden hatte. Gemessen wurde die Zeit zwischen der Nennung des Wortes «Kokospalme» und dem Hinweis «Ich hab's». Das Experiment wurde anschließend mit der Hütte und dem Schatz wiederholt – zu Kontrollzwecken auch mit Örtlichkeiten, die sich nicht auf der ursprünglichen Karte befanden. Erstaunlicherweise ergab sich ein direkter Zusammenhang zwischen der Dauer der Suche in der Vorstellung und den *tatsächlichen Abständen* zwischen den auf der Karte eingezeichneten Punkten – vom Strand zur Palme, zur Hütte, zum Schatz. Die Vorstellungskarte enthält also die gleichen Informationen über die *Abstände* wie die echte Karte.

Derselbe Forscher stellte seinen Versuchspersonen noch eine ähnliche Vorstellungsaufgabe, nur daß es dieses Mal um ein bekanntes Tier ging – einen Elefanten. Die Versuchsperson mußte Fragen beantworten wie etwa: «Wie viele Zehennägel hat der Fuß?» Dabei hatte sie sich das Tier in verschiedenen Größen vor Augen zu führen – einige Zentimeter bis zu mehreren Metern groß. Je kleiner das Bild war, desto mehr Zeit brauchten die Versuchspersonen, um die verlangte Eigenschaft zu «sehen». Häufig berichteten sie nach dem Experiment, daß sie im Geiste eine «Vergrößerung» hätten vornehmen müssen, um kleinere Einzelheiten ihrer Vorstellungsbilder ins Auge fassen zu können. Dieser Vorstellungsraum ist übrigens *begrenzt*. Wenn ihn schon das große Bild eines Elefanten einnimmt, paßt in den verbleibenden Platz bestenfalls noch ein Hase oder ein Skarabäus.

Zwar sind alle diese Experimente auf die Introspektion angewiesen, aber sie führen zu meßbaren Ergebnissen, die an einer beliebigen Zahl von Versuchspersonen überprüfbar sind. Die Materialität der Vorstellungsbilder steht außer Zweifel.

Perzept, Konzept, Denken

Vorstellungsbilder, wie ich sie oben definiert habe, entstehen spontan und willkürlich, ohne daß es dazu der Anwesenheit des konkreten Objektes bedarf. Sie beruhen auf dem Gedächtnis. Definitionsgemäß handelt es sich bei ihnen um Gedächtnisbilder – um etwas ganz anderes als Empfindungen oder Wahrnehmungen also, die sich beide *in Gegenwart* ihres Objektes einstellen. Der Begriff «Sinneseindruck» wird benutzt, um das unmittelbare Ergebnis der Aktivität von sensorischen Rezeptoren zu bezeichnen, während der Begriff «Wahrnehmung» dem letzten Schritt vorbehalten ist, der bei der wachen und aufmerksamen Versuchsperson zur Identifikation des Gegenstandes führt. Der Unterschied zwischen dem Sinneseindruck, der Sinnesempfindung und der Wahrnehmung fällt besonders ins Auge, wenn man mehrdeutige Figuren betrachtet. Was stellt zum Beispiel die Zeichnung in Abbildung 43 dar? Einen Champagnerkelch oder ein Bikiniunterteil? Die Antwort fällt unterschiedlich aus. Die «visuelle Empfindung» vom Auge bis zum Kortex ist immer die gleiche. Sie führt jedoch zu zwei verschiedenen Wahrnehmungen, die nichts miteinander zu tun haben. Jede hat eine völlig andere Bedeutung. Auch Vorstellungsbilder rufen im allgemeinen eindeutig erkennbare Szenen und Gegenstände wach und «erinnern» eher an eine Wahrnehmung als an einen Sinneseindruck. Bewahrt also die Vorstellung irgendeine Ähnlichkeit mit dem ursprünglichen Wahrnehmungsinhalt, dem *Perzept*?

C. Perkys Experiment vom Anfang unseres Jahrhunderts legt diesen Schluß sehr nahe (Perky, 1910). Dabei wird die Versuchsperson vor einen lichtdurchlässigen Sichtschirm gesetzt, dessen Mittelpunkt durch einen Punkt markiert ist. Die Versuchsperson muß den Punkt ansehen und sich gleichzeitig eine Tomate *vorstellen*. Währenddessen projiziert der Versuchsleiter heimlich auf die andere Seite des Schirms den roten Umriß einer Tomate, allerdings so schwach, daß er unterhalb der Wahrnehmungsschwelle bleibt. Die Versuchsperson erklärt auch weiterhin, es handle sich um eine bloß vorgestellte To-

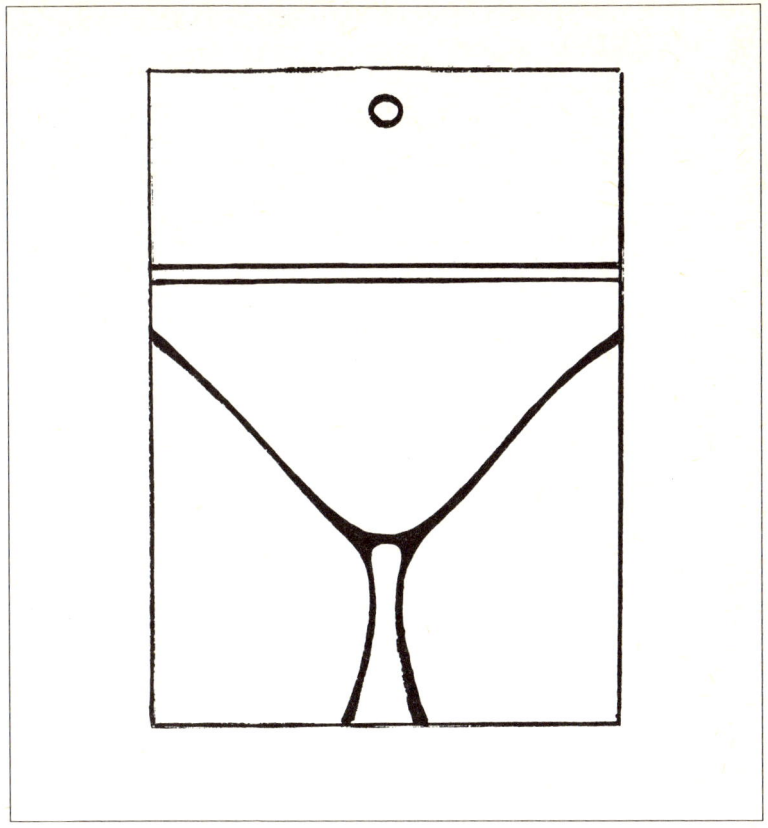

Abb. 43: Mehrdeutige Darstellung. Sektkelch oder Bikiniunterteil? Ein Perzept ruft in diesem Fall zwei verschiedene Begriffe oder Konzepte ab (nach Shepard, 1978).

mate. Vorstellung und Wahrnehmung des Gegenstandes werden verwechselt. Damit ist die Verwandtschaft von Perzept und Vorstellungsbild erwiesen!

Unter diesen Umständen können Perzept und Vorstellung nicht nur miteinander verwechselt werden, sondern – wenn sie sich auf verschiedene Objekte beziehen – auch miteinander konkurrieren. S. Segal und V. Fusella (1970) verwendeten eine ähnliche Versuchsanordnung wie Perky, nur daß sie an Statt einer Tomate einen weißen

Fleck auf den Sichtschirm projizierten, dessen Helligkeitswert sie ständig veränderten. Während sie die Helligkeit des Lichtflecks steigerten, forderten sie die Versuchsperson auf, sich einen Baum vorzustellen. Geschieht dies, nimmt die Versuchsperson den Lichtfleck erst bei weit höherem Helligkeitswert wahr, als wenn sie sich keinen visuellen Eindruck vorstellt. Unbeeinflußt bleibt die Wahrnehmungsschwelle hingegen, wenn man die Versuchsperson auffordert, sich ein Lautbild wie das Klingeln eines Telefons vorzustellen. Ein Wettbewerb zwischen Perzept und Vorstellungsbild findet nur statt, wenn beide denselben sensorischen Kanal beanspruchen. Es gibt also eine *neurale Verwandtschaft*, eine materielle Überschneidung zwischen Perzept und Gedächtnisbild.

Wenden wir uns wieder der mehrdeutigen Figur zu, die entweder als Champagnerkelch oder als Bikiniunterteil wahrgenommen werden kann. Jede der beiden Wahrnehmungen ist mit einer anderen *Bedeutung*, einem anderen Begriff oder *Konzept* verknüpft. Unversehens geraten wir damit aus dem Gebiet der Physiologie auf das der Psychologie und Sprachwissenschaft. Und hier herrscht empfindlicher Mangel an biologischen Untersuchungsdaten. Ich bin infolgedessen auf Hypothesen angewiesen. Doch habe ich die Hoffnung, daß sie früher oder später experimenteller Überprüfung unterzogen werden.

Zunächst sei versucht, das, was man gewöhnlich unter «Konzept» oder «Begriff» versteht, etwas genauer zu fassen. Stellen wir uns vor, wir besuchten verschiedene Antiquitätenläden, um eine antike Sitzgelegenheit zu erstehen. Im ersten Geschäft stoßen wir auf eine Renaissance-Caqueteuse, im nächsten auf einen hochlehnigen Louis-XII.-Stuhl oder eine Louis-XVI.-Ponteuse. Alle drei Möbelstücke würde man ungeachtet ihrer Unterschiede in Form und Stil ohne zu zögern als *Stühle* bezeichnen. Sie besitzen gemeinsame Merkmale und Eigenschaften sowie die gleiche Funktion, so daß sie sich mit demselben Begriff bezeichnen lassen. Dabei wären Sessel offensichtlich ausgeschlossen. Wer das Konzept «Stuhl» bildet, ordnet passende Gegenstände in die Kategorie «Stuhl» ein und schließt die Sessel aus. Bei einer solchen Kategorienbildung werden Unterschiede der Form und des Dekors, wie sie etwa zwischen einem Louis-XIII.-Stuhl und einer Louis-XVI.-Ponteuse bestehen, vernachlässigt. Dadurch wird eine Reihe wichtiger Details nicht berücksichtigt. Es findet ein *Schematisierungs-*, ja Abstraktionsprozeß statt. Das Konzept wird zu dem, was E. Rosch (1975) den *Prototyp* des Objekts genannt hat, der die gemeinsamen Merkmale verschiedener Stühle in sich vereinigt.

Dieses «prototypische» Konzept wird im Gedächtnis gespeichert. Es kann beispielsweise dadurch abgerufen werden, daß das Wort «Stuhl» ausgesprochen wird, aber auch spontan und willkürlich ohne jeden Sinnesreiz. Schließlich kann es auch mit dem Perzept, mit der Wahrnehmung einer Louis-XVI.-Ponteuse oder eines Ohrensessels, verglichen und akzeptiert oder abgelehnt werden. Es besitzt also einige Eigenschaften der Gedächtnisbilder. Das Konzept erscheint als vereinfachte, «abgemagerte», auf das Wesentliche reduzierte, formalisierte Vorstellung des beschriebenen Objektes. Zwischen Perzept, Vorstellung und Konzept zeichnet sich eine *Verwandtschaft* ab, die auf die gleiche materielle neurale Grundlage schließen läßt.

Diese Auffassung ist nicht neu. Sie knüpft an einige Thesen des Empirismus und der Assoziationspsychologie über das Wesen der Ideen an. Schon David Hume hat in seiner Schrift ‹*Traktat über die menschliche Natur*› dargelegt, daß «alle Wahrnehmungen des menschlichen Geistes zwei verschiedenen Kategorien angehören, die ich *Sinneseindrücke* (impressions) und *Ideen* (ideas) nennen möchte. Der wesentliche Unterschied zwischen ihnen besteht in dem Maße der Kraft und Lebhaftigkeit, mit denen sie auf den Geist einwirken... Die Wahrnehmungen, die mit größter Kraft und Heftigkeit eintreffen, nenne ich Sinneseindrücke... Als Ideen will ich die schwachen Abbilder bezeichnen.» Für Hume sind Konzepte also «schwache» oder besser schematische Perzepte. *Die hier vertretene Hypothese lautet, daß Perzept, Gedächtnisbild und Konzept verschiedene Formen oder Zustände der materiellen Einheiten geistiger Repräsentation sind, die ich unter der allgemeinen Bezeichnung «geistige Objekte» zusammenfassen will.*

Diese Anmerkungen über die Verwandtschaft zwischen Perzepten, Vorstellungen und Konzepten gehören in den größeren Rahmen der Überlegungen zur Natur des Denkens. Epikur und Lukrez interessieren sich für das Vorstellungsbild, weil sie in ihm die «Substanz» des Denkens erblicken. Auch Aristoteles schreibt, daß «Denken ohne Vorstellungen unmöglich» sei, und der uns zeitlich sehr viel näherstehende französische Historiker Hippolyte Taine (1870) vergleicht den menschlichen Geist mit einem «Vorstellungspolypen». Von rationalistischer Seite dagegen wird die Bedeutung der Vorstellungen in Abrede gestellt. «Wir dürfen nicht vergessen, daß unser Denken außer von Vorstellungen auch von verschiedenen anderen Dingen angeregt werden kann, so zum Beispiel von Zeichen und Worten, die keinerlei Ähnlichkeit mit den von ihnen bezeichneten

Dingen besitzen», schreibt René Descartes in seinem Aufsatz ‹Dioptrik›. Weiter heißt es anläßlich eines Stückes Wachs: «Seine Wahrnehmung oder auch die Handlung, durch die man es wahrnimmt, ist und war – gleichwie es zuvor erschienen sein mag – niemals ein visueller Akt (vision), noch eine Berührung noch eine Vorstellung, sondern lediglich eine Musterung durch den Geist.» Zu Anfang des Jahrhunderts vertrat die Würzburger Schule sogar die These, manche Formen des Denkens würden sich ohne Vermittlung der Vorstellung entfalten. Dies war das «vorstellungsfreie» Denken. In jüngerer Zeit hat Fodor [2] die gewagte Behauptung aufgestellt, es sei buchstäblich unmöglich, «ein reichhaltigeres Begriffssystem zu erlernen als das, über das man bereits verfügt». Mit anderen Worten: Konzepte werden nicht durch Sinneserfahrungen mit der Außenwelt gelernt, sie sind angeboren.

Ich glaube, der Streit wird gegenstandslos, wenn man sich folgende Punkte vor Augen führt:

Erstens gibt es, wie gezeigt, neben sehr «konkreten» Vorstellungen, die noch mit sinnlichem Inhalt ausgestattet sind, schematischere, abstraktere Repräsentationen: die Konzepte. Auch wenn sie in manchen Fällen völlig abstrakt und universell erscheinen mögen, rechne ich sie zu den «Repräsentationen» und fasse sie mit den Vorstellungen in der Kategorie der geistigen Objekte zusammen. Zweitens ist sorgfältig zu unterscheiden zwischen den geistigen Objekten selbst und den *Operationen* oder Rechnungen, die mit diesen Objekten angestellt werden. Bei Locke heißt es dazu: «Die beiden Quellen aller unserer Erkenntnis [sind] der Eindruck, den die Dinge der Außenwelt auf unseren Sinnen hinterlassen, und die Operationen, die die Seele mit diesen Eindrücken ausführt.» Wir dürfen die Kugeln der chinesischen Rechenmaschine nicht mit den Rechnungen verwechseln, die mit diesen Kugeln ausgeführt werden. Dennoch bedarf es der Kugeln, um die Berechnungen anzustellen! Drittens und letztens befindet sich das Gehirn in einem Zustand ständiger spontaner Aktivität (vgl. Kap. 3) und kann deshalb auch ohne Interaktion mit der Außenwelt innere Repräsentationen erschaffen.

Geistige Objekte kommen im allgemeinen nicht in «ungebundenem Zustand» vor. Sie erscheinen insofern zugleich unabhängig und abhängig, als «wir uns *keinen* Gegenstand außerhalb der Verbindung mit anderen denken» können.[5] Das Objekt hat eine *Form*, die seine Möglichkeiten einschränkt, mit anderen Objekten *Kombinationen* einzugehen.[6] Die Gegenstände hängen «aneinander wie die Glieder einer Kette»[5], und die unumkehrbare Abwicklung dieser Kette in der Zeit konstituiere schließlich das Denken.

Ludwig Wittgenstein geht im *Tractatus logico-philosophicus* sogar noch weiter: Für ihn ist der logische Satz – eine Kombination geistiger Objekte – ein Vorstellungsbild. Um zu entscheiden, ob er richtig oder falsch ist, muß man ihn folglich an der Wirklichkeit überprüfen.

«Der Satz kann nicht als wahr oder falsch gelten», so Wittgenstein, «solange er nicht ein Abbild der Wirklichkeit ist.»[5] Wer also über die Bedeutung eines Satzes entscheiden will, muß eine Vorstellung – und nach der hier vertretenen Auffassung auch ein Konzept – mittelbar oder unmittelbar mit der Empfindung und dem primären Perzept vergleichen.

Die «Gehirnmaschine» besitzt die Fähigkeit, mit den geistigen Objekten zu operieren. Sie ruft sie ab, kombiniert sie und schafft dadurch neue Konzepte, neue «Hypothesen», um sie schließlich miteinander zu vergleichen. Nach K. Craik (1943) funktioniert sie wie ein «Simulator», weshalb das Denken in der Lage sei, «Ereignisse vorherzusagen», den Ablauf von Geschehnissen auf der Zeitgeraden vorwegzunehmen.

So gesehen fungiert die Sprache mit ihrem willkürlichen System von Zeichen und Symbolen als Mittlerin zwischen dieser «Sprache des Denkens»[2] und der Außenwelt. Sie *übersetzt* die Reize oder Ereignisse in innere Symbole oder Konzepte, um anschließend die neugeschaffenen Konzepte in externe Prozesse *rückzuübersetzen*.

Auf dem Weg zu einer biologischen Theorie der geistigen Objekte

Bis hierher tauchte in diesem Kapitel, von der Einleitung abgesehen, das Wort «Neuron» nicht auf. Es war immer nur die Rede von der «Gehirnmaschine» und den Operationen, die sie mit den geistigen Objekten ausführt. Wie schon ihr Name sagt, gehören diese Objekte zur geistigen Sphäre und sind auf einer weit höheren Organisationsebene als der der Nervenzelle angesiedelt. Muß man deshalb die geistigen Objekte als völlig losgelöst von den Nervenzellen ansehen? Die in den vorstehenden Kapiteln dargelegte Auffassung führt zu dem entgegengesetzten Ansatz. Die Gehirnmaschine ist ein Neuronengebilde, und es gilt, die *zellularen Mechanismen* ausfindig zu machen, die den Übergang von einer Organisationsebene zur anderen ermöglichen, indem sie die «geistigen Objekte» erst zerlegen und dann aus elementaren Aktivitäten bestimmter Neuronenverbände wieder zusammensetzen.

Vorstellungsbilder und Konzepte sind Gedächtnisobjekte. Seit Pawlow, dem Behaviorismus und Skinner gilt der «bedingte Reflex» als das beste, wenn nicht einzige Grundmodell des Gedächtnisses. Kann man ihn als Ausgangspunkt für die Untersuchung der geistigen Objekte wählen?

Vor einigen Jahren hat A. Dickinson (1980) die Theorie des bedingten Reflexes einer sehr kritischen Prüfung unterzogen. Nehmen wir das bekannte Beispiel der weißen Laborratte, die mit einem neutralen Reiz, etwa einem Lichtsignal, konfrontiert wird. Dieser Reiz wird einige Sekunden später mit einem schmerzhaften elektrischen Schlag verknüpft. Nachdem dieser schmerzhafte Vorgang einige Male wiederholt worden ist, kann der aufmerksame Versuchsleiter beobachten, daß die Ratte ihr Verhalten verändert, sobald die Lampe aufleuchtet, also schon *bevor* sie den Stromstoß in den Pfoten spürt. Sie rührt sich nicht und macht sich möglichst klein. Das ist die Schreckstarre, das *freezing behavior*. Für den Behavioristen hat die Ratte einfach eine neue Reaktion auf das Licht gelernt.

Eine ganz andere Deutung dieses Vorgangs liefert die «kognitive» Lerntheorie, die auf Tolmans (1948) grundlegende Arbeiten über die «kognitiven Karten bei Ratten und Menschen» zurückgeht. Die Schreckreaktion gehört zum natürlichen Verhaltensrepertoire der Ratte und zeigt sich in den verschiedensten aversiven Situationen. Sie wird nicht gelernt. Die Ratte lernt lediglich, daß das Licht dem Elektroschock vorangeht. Sie antizipiert den Schock, bildet eine neue «geistige Struktur», die sich indirekt durch ihr automatisches Reagieren ausdrückt. Wie zutreffend diese Deutung ist, zeigt sich in dem folgenden Experiment von R. Rizley und R. Rescorla (1972).

Die Ratte wird dabei in Situationen gebracht, in denen das Licht nicht mehr mit einem elektrischen Schlag, sondern mit einem Ton verknüpft ist, den die Ratte als «neutral» empfindet. Sie verändert ihr Verhalten nicht. Nach orthodoxer behavioristischer Auffassung scheint sie nichts gelernt zu haben. Nun wird das Licht wieder mit einem elektrischen Schock gekoppelt und dann das Lautsignal dargeboten. Der Laut löst die Schreckreaktion aus, obwohl er niemals mit dem Elektroschock verknüpft war. Während der ersten «Trainingssitzungen» entsteht eine innere Repräsentation in der Ratte, die sich im Verhalten nicht äußert, ein *Konzept*, das Licht und Ton in einen Zusammenhang bringt. Wenn ein Element dieses Konzepts mit dem Elektroschock verknüpft wird, löst das Auftreten dieses Teilelements die Schreckreaktion aus. So bilden sich auch bei der Ratte geistige Objekte! Die Überprüfung des tierischen Gedächtnisses führt zum selben Schluß wie die Forschungsarbeiten über die Vorstellungsbilder beim Menschen. Sie lassen zudem darauf schließen, daß das klassische Schema des bedingten Reflexes nicht die erhoffte Allgemeingültigkeit beanspruchen kann. Es führt nicht zu den Gedächtnisobjekten.[7]

Wie also lassen sich auf der Zellebene die Mechanismen ausfindig machen, die für die Entstehung des geistigen Objektes verantwortlich sind? Eine Möglichkeit wäre die Rückkehr zur vorgeschlagenen Hypothese der Verwandtschaft zwischen Gedächtnisbild und Perzept. Das «primäre» Perzept ist leichter zugänglich, weil es unmittelbar mit der Aktivierung der Sinnesorgane verbunden ist. Beim Affen und Menschen führt die Schädigung des primären Feldes auf dem Hinterhauptslappen, Feld 17, zur Blindheit. Das primäre Sehfeld ist bei diesen Arten unentbehrlich für die *Sinnesempfindung*. Aber wir wissen (Kap. 4), daß es daneben noch zahlreiche sekundäre «Repräsentationen» der Netzhaut gibt – im Bereich der Felder 18 und 19 des Okzipitalhirns ebenso wie im Bereich der Felder 20 und 21 des Schläfenlappens. Beim Rhesusaffen sind es acht solcher Karten! Es steht zweifelsfrei fest, daß die Läsion dieser sekundären Assoziationsfelder die Wahrnehmung direkt beeinträchtigt. H. Hecaen und M. Albert (1978) berichten von einem Patienten, der an einer Läsion der Felder 18 und 19 litt und ein Fahrrad «als Stangen mit einem Rad vorn und einem hinten» beschrieb. Er vermochte das Fahrzeug nicht zu erkennen, nicht zu benennen. Er litt an einer *Agnosie*, ein Terminus, den Freud prägte, als er noch Neurologe war. Man kennt verschiedene Formen der visuellen Agnosie. Grundsätzlich sind sie das Ergebnis von Läsionen, die in den sekundären Assoziationsfeldern lokalisiert sind[8]: Agnosie von Gegenständen (Feld 18 bis 21 links), von Zeichnungen und Gesichtern (Dorsalregion der rechten Hemisphäre), von Farben (Felder auf dem linken Okzipitallappen) usw. Das «Globalperzept», das alle diese Merkmale in sich vereinigt, resultiert also aus der *gleichzeitigen* Aktivierung *mehrerer* sekundärer Assoziationsfelder. Es beruht auf einer Reihe von Karten.

Wie das Perzept entstehen kann, ist besser zu verstehen, wenn man weiß, wie die verschiedenen Felder untereinander verbunden sind. Nach klassischer Vorstellung kommen die sogenannten sekundären Felder erst ins Spiel, nachdem das primäre Feld in Aktion getreten ist. Mit anderen Worten: Das primäre Feld ist in der Analyse der Außenwelt den sekundären Assoziationsfeldern *hierarchisch* «vorgeschaltet». Man kann erwarten, daß die sekundären Felder anatomisch hinter die primären Felder geschaltet sind und daß auch die sekundären Felder nacheinander in Aktion treten. E. Jones und T. Powell (1970) haben dieses Vernetzungsschema eindrucksvoll nachgewiesen. Ihre anatomischen Arbeiten über die Sehrinde des Affen zeigen, daß die Vernetzung zwischen primärem Feld und sekundären Feldern wie folgt verläuft:

Auge → primäres Feld 17 → Feld 20 → Feld 21.

Ganz zweifellos also gibt es diese hierarchische Organisation, doch ist sie nicht die einzige. A. Graybill und D. Berson (1981) haben andere Bahnen ermittelt, die für die Entstehung des Perzepts äußerst wichtig sein können. In Kapitel 3 habe ich dargestellt, wie die Fasern des Sehnervs den Kortex über die Umschaltstation des Thalamus erreichen. Nun beginnen am Thalamus Parallelbahnen, die eine direkte und unabhängige Verbindung zu den Feldern 17, 18, 19 und 21 herstellen:

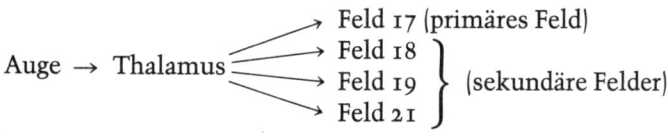

Das primäre Perzept entsteht also – so darf man daraus schließen – aus der *gleichzeitigen* Aktivierung der primären und sekundären Kortexabbildungen durch die Parallelbahnen, während die hierarchisch geschalteten Bahnen die vielfältigen Repräsentationen des Objekts miteinander verknüpfen. Die Aktivierung einer Vielzahl von Feldern und ihre Wechselwirkung untereinander ermöglichen folglich Analyse und Synthese zugleich. Sie sorgen für die «Globalität» des Perzepts.

Das führt uns zu einem Perzeptbegriff, der *sowohl* topologisch ist, weil er bestimmte Neuronenverbände bezeichnet, *als auch* dynamisch, da er deren (elektrische und chemische) Aktivierung voraussetzt. Er knüpft also logisch an die Schlußfolgerungen des vierten Kapitels an. Mit der Einbeziehung so «globaler» und «einheitlicher» Phänomene wie der Perzepte wage ich mich allerdings auf ein Gebiet, das traditionell der Psychologie und den Geisteswissenschaften vorbehalten ist.

Folgt man diesen Überlegungen und verallgemeinert man sie, gelangt man zu *theoretischen Schlüssen*, die – wenn sie auch noch sehr hypothetisch sind – den Graben «überbrücken» könnten, der sich für viele noch zwischen Geist und Biologie auftut. Meine Vorschläge greifen verschiedene Aspekte der Arbeiten von D. Hebb (1949), G. Edelman (1978), R. Thom (1980), C. von der Malsburg (1981)[9], A. Pellionisz und R. Llinas (1982) und uns [10] auf. Es folgt eine kurze Zusammenfassung.

Das *geistige Objekt* läßt sich gleichsetzen mit einem körperlichen Phänomen, das durch die *wechselseitige und vorübergehende* (sowohl elektrische wie chemische) Aktivierung einer großen Population, eines «Verbunds»[11] von Neuronen zustande kommt, die über mehrere genau lokalisierte Rindenfelder verteilt sind. Dieser Verbund, der mathematisch als Netzwerk beschrieben werden kann, ist «diskret», geschlossen und autonom, aber nicht homogen. Er besteht aus Neuronen, die unterschiedliche Singularitäten (Kap. 1) besitzen und die ihren Platz im Lauf der embryonalen und postnatalen Entwicklung einnehmen (Kap. 7). Die Identität einer inneren Repräsentation wird dabei durch das «Mosaik» (das Netzwerk) der Singularitäten und durch den Aktivitätszustand (Zahl und Häufigkeit der darin zirkulierenden Impulse) festgelegt.

Das *primäre Perzept* ist ein geistiges Objekt, dessen Verknüpfungen und Aktivitäten durch die Interaktion mit der Außenwelt bestimmt werden. Das zugeordnete Neuronennetzwerk verdankt seine Existenz dem Umstand, daß es sich «in direkter Auseinandersetzung» mit dem äußeren Objekt befindet. Die beteiligten Neuronen liegen grundsätzlich im Bereich der Abbildungen oder Homunkuli auf den primären oder sekundären Rindenfeldern, auf die die Sinnesorgane projizieren. Man beachte aber, daß diese Felder bereits vor jeder Interaktion mit der Außenwelt vorhanden sind.

Die *Vorstellung* ist ein flüchtiges, aber selbständiges Gedächtnisobjekt, dessen Abruf keine direkte Interaktion mit der Umwelt verlangt. Seine Autonomie läßt sich nur so erklären, daß die Neuronen des Netzwerks unabhängig vom Abrufen einer Vorstellung *permanent* miteinander *gekoppelt* sind. Die enge Zusammenarbeit der gekoppelten Neuronen sorgt für den «globalen» unwiderstehlichen Alles-oder-nichts-Charakter der Aktivierung des Neuronennetzwerks, wenn eine Vorstellung abgerufen wird. Beim Übergang vom primären Perzept zur Vorstellung muß diese Neuronenkopplung *stabilisiert* werden (Konsolidierung); das macht sie von der Außenwelt *unabhängig* und entspricht dem Vorgang des «Sich-Merkens». Diese

Stabilisierung ist «selektiv»[10] (vgl. Kap. 7) und geht mit einer Vereinfachung, einer Beschneidung der Vorstellung einher.

Das *Konzept* schließlich ist wie die Vorstellung ein Gedächtnisobjekt, besitzt aber nur eine schwache oder keine sensorische Komponente. Es mobilisiert Neuronen in Assoziationsfeldern, die (wie der Frontallappen) mit einer Vielzahl sensorischer oder motorischer Funktionen zu tun haben, oder es umfaßt Neuronen in einer großen Zahl verschiedener Felder. Der Übergang von der Vorstellung zum Konzept vollzieht sich auf zwei verschiedenen, aber einander ergänzenden Wegen: Einerseits erfolgt eine Einschränkung der sensorischen Komponente und andererseits eine Ausweitung der *Kombinationsmöglichkeiten*, die sich aus der Verkettung der geistigen Objekte ergeben.

Dank ihrer *assoziativen Eigenschaften* können sich die geistigen Objekte verknüpfen, also spontan und autonom «verbinden». Denken wir an Bertrand Russells (1918) Analogie zwischen geistigen Objekten und den Atomen eines Moleküls. Die chemische Bindung zwischen Atomen kommt durch die Interaktion von Elektronen zustande. Ebenso könnte man sich die Verkettung geistiger Objekte vorstellen – nur daß hier nicht Elektronen, sondern Neuronen interagieren. Das würde bedeuten, daß ein Neuron zu verschiedenen Netzwerken geistiger Objekte gehören kann[12], ohne deshalb seine Singularität (vgl. Kap. 2) zu verlieren, die der Bildung des geistigen Objekts vorausgeht. Indes, die chemische Bindung zwischen Atomen ist statisch, die Verknüpfung geistiger Objekte dynamisch. Eine Untergruppe, ein Kontingent der gemeinsamen Neuronen eines Netzwerks kann zum «Keim»[13] einer neuen plötzlichen Invasion durch die Nervenimpulse eines anderen «kooperativen» Neuronenverbands werden und so fort. Spontan können neue dynamische Kombinationen entstehen – in ihrer Zusammensetzung um so zufallsbedingter, je weiter sie sich vom Perzept entfernen. Die Verknüpfung führt zu einer Neukombination von Netzwerken, wenn sich die Kopplung der im Zuge der Verknüpfung rekrutierten Neuronen stabilisiert. Die Regeln dieser Verknüpfungen, Kombinationen und Übergänge sind natürlich durch die Verdrahtung der Gehirnmaschine vorgegeben, die insofern den Verbindungen geistiger Objekte ihre «Grammatik» aufzwingt.

Das Speichern eines geistigen Objekts als überdauernde Gedächtnisspur – das Lernen also – findet indirekt statt.[10,12] Speicherung ist nicht gleichbedeutend mit dem «Eindruck» eines Perzepts im Neuronennetz wie der Siegelabdruck im Wachs. Ebensowenig führt die

Interaktion mit der Außenwelt zur Aktivierung bereits völlig verdrahteter Neuronenverbände. Der Kernsatz der Theorie besagt, daß das Gehirn spontan flüchtige, «unfertige» Repräsentationen in variablen Netzwerken hervorbringt. Geistige Objekte dieser Art – Entwürfe oder *Präpräsentationen* – gibt es schon vor der Interaktion mit der Außenwelt. Sie ergeben sich aus der Umgruppierung bereits vorhandener Neuronennetze oder Neuronenverbände. Sie sind sehr vielfältig, aber auch labil und ohne Dauer. Nur einige werden im Gedächtnis gespeichert, und zwar nach einem vorangehenden Selektionsprozeß! Dank Darwin lassen sich Fodor und Epikur in Einklang bringen.

Die Formähnlichkeit oder *Isomorphie* zwischen Perzept und äußerem Objekt ist darauf zurückzuführen (Kap. 4), daß sich das Neuronennetz aus Neuronen der Bilder oder Homunkuli zusammensetzt, die bereits «Repräsentationen» der Sinnesorgane und insofern auch der Welt sind. Wenn wir uns vorstellen, die aktiven Neuronen wären schwarz markiert, die anderen weiß, so würde auf jeder Kortexkarte eine charakteristische «Fotografie» sichtbar werden.

Die Gedächtnisspeicherung einer Präpräsentation als Vorstellung findet nur in dem Maße statt, wie die Netzwerke des Perzepts und der Präpräsentation Neuronen gemeinsam haben. Das führt zur Abschwächung der sensorischen Komponente, wodurch die Vorstellung viel von ihrer «Lebendigkeit» verliert, der Realismus des Perzepts verlorengeht und die Isomorphie mit dem repräsentierten Objekt eingeschränkt wird. Auf Grund der Vielfalt und Flüchtigkeit der Präpräsentationen werden nur einige Merkmale des äußeren Gegenstandes im Gedächtnis gespeichert, und diese Merkmale können bei jeder Erfahrung andere sein. Die Isomorphie kann bei der Bildung des abstrakten Konzepts sogar völlig verlorengehen. Die isomorphe Komponente des Objekts wird ersetzt durch die *Algebra* der Neuronenkombinationen, die zum Verband des betreffenden Konzepts gehören. Die Fähigkeit zur Schaffung neuer Konzepte – gemeinhin als Vorstellungskraft bezeichnet – beruht auf Verkettung und Kombination der Konzepte und Vorstellungen. Zudem besitzt das Konzept mehr *Verbindungsmöglichkeiten* mit anderen geistigen Objekten, weil es im Vergleich zum Perzept oder zur Vorstellung weniger «ortsgebunden» ist und weil es sich aus Neuronen in den «assoziativen» Feldern bilden kann.

Die *Überprüfung an der Wirklichkeit* beruht auf dem *Vergleich* eines Konzepts oder einer Vorstellung mit einem Perzept. Das Ergebnis könnte an der «Resonanz»[14] oder «Dissonanz» der beiden gegenübergestellten Neuronenverbände abgelesen werden. Die Resonanz würde sich als gesteigerte Aktivität äußern, die Dissonanz als ihr Verstummen. Die *Selektion* des «resonierenden» – also realen und folglich «wahren» – Konzepts könnte auf diesem Mechanismus beruhen. Es versteht sich von selbst, daß dieser Vergleichsmechanismus auch «intern» auf Gedächtnisobjekte, Perzepte und Vorstellungen angewendet werden kann.

Die *Sprache* dient als Transportmittel zum Austausch von Konzepten zwischen den Mitgliedern einer sozialen Gruppe. Die Willkürlichkeit des Zeichensystems[15] macht eine «neutrale» Verknüpfung von Perzept und Konzept erforderlich, die während der Entwicklung im Lauf eines langen Lernprozesses erworben werden muß (vgl. Kap. 7). Dagegen ist die «Sprache des Denkens» – da in ständigem Kontakt mit der Wirklichkeit – weit weniger willkürlich als die Sprache der Wörter.

Neuronenverbände

Eine biologische Theorie ist nur dann sinnvoll, wenn sie von der Beobachtung natürlicher Gegenstände ausgeht und möglichst rasch wieder zu ihnen zurückkehrt. Ihre Brauchbarkeit läßt sich zunächst einmal danach beurteilen, wie plausibel die elementaren Mechanismen sind, auf die sie sich gründet.

In Kapitel 4 («Vom Nervenimpuls zum Verhalten») habe ich vorgeschlagen, die Aktivität einer abgegrenzten neuronalen Einheit als Modell zur «Erklärung» eines Verhaltens oder einer Empfindung anzusehen. Es führt nicht zu Schwierigkeiten grundsätzlicher Art, dieses Prinzip auf die Neuronenverbände der Großhirnrinde zu übertragen. Allerdings hätte man bei diesen Verbänden von einer anderen Funktion auszugehen. Die eingehende Beschreibung verschiedener intrinsischer und extrinsischer Vernetzungen der Kortexneuronen (Kap. 2) erlaubt es, sich konkret vorzustellen, wie diese Verbände (geistigen Objekte) beschaffen sind.

Kommen wir zurück auf die Beschreibung der Pyramidenzelle, des Grundbausteins der Großhirnrinde. Diese hat über ihre Dendriten, vor allem über den apikalen Dendriten, mehrere tausend oder zehntausend synaptische Eingänge von anderen Neuronen. Durch ihr Axon und dessen auseinanderlaufende kollateralen Verzweigungen nimmt sie ihrerseits Kontakt mit Tausenden von Neuronen auf. Die

Organisation der Großhirnrinde – die übereinanderliegenden Zellkristalle (Kap. 2) – ermöglicht örtliche Kontakte im Millimetermaßstab. Zu diesen nachbarschaftlichen Verbindungen kommen Kontakte über Entfernungen, die sich nach Zentimetern oder Dezimetern bemessen. Durch kollaterale Axonenverzweigungen werden zum Beispiel die beiden Hemisphären miteinander verbunden. Das «Neuronennetzwerk» des geistigen Objekts zeichnet sich dadurch aus, daß seine Organisation *zugleich ortsgebunden und ortsungebunden* ist. Das geistige Objekt befindet sich – nach einer Formulierung H. Atlans (1979) – in einem Zustand «zwischen dem des Kristalls und des Dampfes». Wie in einem Kristall kooperieren die Neuronen und sind dadurch miteinander verbunden, aber sie sind, wie im Dampf, nach komplizierten geometrischen Gesetzen über viele Punkte des Kortex verstreut.

Diese verzweigte Gestalt der geistigen Objekte legt die Vermutung nahe, daß die Verkettung in Form von «Tentakeln» erfolgt, die als «Keimzellen» für die Rekrutierung neuer Verbände dienen. Sie liefert auch eine Vorstellung von der Vielfalt, die diese Verbände in der menschlichen Großhirnrinde annehmen können. Wie viele Neuronen in einem bestimmten geistigen Objekt zusammenkommen, ist natürlich nicht bekannt. Betrachten wir beispielsweise den Fall des Perzepts. Es aktiviert einen beträchtlichen Prozentsatz der Neuronen, die auf ein paar Quadratzentimetern des sensorischen Rindenabschnitts liegen. Wenn pro Quadratzentimeter Kortexoberfläche etwa zehn Millionen Neuronen gerechnet werden müssen (Kap. 2) und wenn nur 10 Prozent der Zellen am Perzept beteiligt sind, so kommt man auf Millionen von Neuronen (ungefähr die Zahl der Axone, die sich im Sehnerv befinden). Nun läßt sich aus einem Grundbestand von vielen Milliarden Neuronen eine ungeheure Zahl verschiedener Gruppen von Millionenstärke zusammenstellen. Das liefert eine ungefähre Vorstellung von der möglichen Vielfalt der Konzepte.

Durch welche zellularen und molekularen Mechanismen diese Neuronenverbände im einzelnen mobilisiert und stabilisiert werden, ist noch nicht bekannt. Beim augenblicklichen Erkenntnisstand müssen wir uns an die Analogie zu einfacheren Systemen halten, über deren neuronale und synaptische Organisation wir besser Bescheid wissen als über die der Großhirnrinde.

Als erster Mechanismus wurde in der wissenschaftlichen Literatur die Möglichkeit von «Schwingkreisen» erwähnt.[16] Nehmen wir an, Neuron A entsendet sein Axon zu Neuron B, und B tut ein gleiches.

Der Schaltkreis A → B schließt sich, und ein einmal ausgelöstes Aktionspotential kann in diesem System kreisen, das dadurch in Oszillation gerät. Man weiß, daß es solche geschlossenen Schleifen zwischen dem Thalamus und dem Kortex gibt (vgl. Kap. 2) und daß sie an der Entstehung der Alpha-Wellen beteiligt sind (vgl. Kap. 3). Es ist wahrscheinlich, daß sie auch zur Bildung der geistigen Objekte beitragen, indem sie die Verbindung zwischen Thalamus und Kortex herstellen. Solche reziproken Vernetzungen gibt es auch zwischen verschiedenen Rindenfeldern. Schwingkreise dieser Art können gleichfalls an der Entstehung von Perzepten beteiligt sein.

Elektrische Schwingkreise zwischen Neuronen haben aber eine geringe Lebensdauer und führen nicht zu jenen «kooperativen» Wachstumsprozessen, die für Gedächtnisobjekte charakteristisch sind. Zur Stabilisierung von Neuronennetzwerken, die geistige Objekte bilden, sind also noch andere Mechanismen erforderlich. Hinreichend unterscheidungsfähig sind solche Mechanismen nur, wenn synaptische Verbindungsstellen mit im Spiel sind. Diese Voraussetzung schließt von vornherein allzu einfache Hypothesen wie die der «Gedächtnissubstanzen» (Nukleinsäuren oder Peptide) aus, die angeblich ganze Neuronenpopulationen transformieren können, unabhängig von den neuronalen Singularitäten, aus denen sich das geistige Objekt zusammensetzt. Die Übertragung von «Gedächtnisinhalten» im Extrakt von einem trainierten Hirn auf ein untrainiertes ist – bei Plattwürmern wie bei Ratten – Unsinn. Der Mechanismus der Gedächtnisbahnung muß an den Verbindungsstellen der Neuronen gesucht werden, das heißt an den Synapsen.

Bereits 1949 hat D. Hebb einen «synaptischen» Kopplungsmechanismus vorgeschlagen, der – obwohl theoretisch bestechend – experimentell noch nicht unstritig bewiesen werden konnte. Doch ist es durchaus der Mühe wert, ihn im Lichte unseres heutigen Wissens über die Synapse noch einmal zu überdenken. «Wenn eine Zelle A» – so Hebb – «mittels ihres Axons eine Zelle B erregt und wenn sie wiederholt und ständig an der Entstehung eines Impulses in B beteiligt ist, findet in einer oder in beiden Zellen ein Wachstumsprozeß oder eine Stoffwechselveränderung statt, mit der Konsequenz, daß sich die Fähigkeit von A, einen Impuls in B auszulösen, im Vergleich zu den anderen Zellen mit dieser Wirkung erhöht.» Mit anderen Worten: Die «wiederholte gleichzeitige Erregung» zweier Zellen verändert die Leistungsfähigkeit ihrer gemeinsamen Synapsen. *Die Zusammenarbeit zweier Zellen schafft in ihren Kontaktstellen eine erhöhte Bereitschaft zur Zusammenarbeit.*

Wenn wir zunächst einmal den «Wachstumsprozeß» unberücksichtigt lassen (ich werde in Kapitel 6 darauf zurückkommen), sind die «Stoffwechselveränderungen», die die Leistungsfähigkeit der chemischen Synapsen erhöhen sollen, auf mindestens drei Ebenen denkbar:

1. *Ausschüttung des Neurotransmitters*
Das Eintreffen des elektrischen Impulses an der Nervenendigung veranlaßt die Ausschüttung eines oder mehrerer «Quanten» (oder Pakete) des Neurotransmitters. Bei der Aplysia, der Meeresnacktschnecke mit einem sehr einfachen Nervensystem (Kap. 3), hat E. Kandel (1979) die Leistungsschwankungen einer Synapse gemessen, die zwischen zwei gut bekannten Neuronen liegt: den sensorischen Neuronen der Atemröhre und den motorischen des Kiemenrückziehmuskels. Bei wiederholter Reizung ermüdet die Synapse – die Zahl der freigesetzten Transmitterquanten nimmt ab. Kandel hat entdeckt, daß die Synapse sich «erholt», wenn man am Kopf der Aplysia kratzt. Es werden wieder mehr Quanten ausgeschüttet. Ausgelöst wird dieser Erholungsprozeß durch Neuronen, deren Zellkörper auf dem Kopf der Aplysia liegen und deren Axone in direktem Kontakt mit der «ermüdbaren» Nervenendigung stehen. Diese «Synapsenreaktivierung» geht zurück auf eine Reaktionskette, an der das zyklische AMP (Kap. 2) und das für die Transmitterausschüttung zuständige Calcium beteiligt sind. Das Calcium steuert die Leistung der Synapse an der präsynaptischen Membran, indem es die Wahrscheinlichkeit der Ausschüttung eines oder mehrerer Transmitterquanten erhöht.

2. *Die Transmitterkonzentration im synaptischen Spaltraum*
In einigen Synapsen, nicht in allen, enthält der synaptische Spaltraum ein Enzym, das den Neurotransmitter abbaut. Das bekannteste Beispiel ist die Acetylcholinesterase, die das Acetylcholin in zwei Hälften spaltet und während der Übertragung des Nervensignals die wechselnde Konzentration des Neurotransmitters im Spaltraum reguliert. Die Blockierung des Enzyms löst eine Konzentrationssteigerung des Acetylcholins im Spaltraum aus und verlängert die elektrische Reaktion. Keine Verbindung, die das Nervensystem produziert, verändert die Aktivität des Enzyms, doch der Mensch hat Kampfgase erfunden, die diese Wirkung haben und infolgedessen tödlich wirken.

3. *Die Wirkung des Transmitters auf den Rezeptor*
Auf den Rezeptor des Neurotransmitters an der postsynaptischen Membran wirken verschiedene Regulationsprozesse ein, die die Effektivität der synaptischen Übertragung verändern. Einer beschäftigt die Pharmakologen schon seit vielen Jahren: die Desensibilisierung. Eingehend wurde sie für die neuromuskuläre Verbindung untersucht, deren Transmitter das Acetylcholin ist.[17] Sie ist aber auch im Bereich des zentralen Nervensystems nachgewiesen worden. Die konzentrierte Ausschüttung von Acetylcholin durch kurze Impulse von einer Millisekunde veranlaßt die Öffnung des mit dem Rezeptor verbundenen Ionenkanals (Kap. 3), aber wenn das Acetylcholin, selbst in schwacher Konzentration, einige Sekundenbruchteile oder gar sekundenlang mit dem Rezeptor in Berührung gebracht wird, öffnet sich der Ionenkanal nicht; der Rezeptor reagiert nicht auf den Neurotransmitter, er wird «desensibilisiert». Der molekulare Mechanismus dieser Regulation ist inzwischen erforscht.[18] In Gegenwart auch sehr schwacher Acetylcholinkonzentrationen wechselt das Rezeptormolekül langsam und auf Widerruf aus einem «aktivierbaren» Zustand in einen «nichtaktivierbaren» über. Das Calcium im Zellinneren beschleunigt diese allosterische Umwandlung. Die depolarisierenden Schwankungen des elektrischen Potentials haben den gegenteiligen Effekt. Die Veränderung des Verhältnisses zwischen aktivierbaren und nichtaktivierbaren Rezeptormolekülen ist ein sehr wirksames Mittel zur Regulierung der Synapsenleistung.[19]

Die eine oder die andere dieser Regulationsweisen kann an einer «Neuronenkopplung» beteiligt sein und an einem Mechanismus jener Art mitwirken, wie ihn Hebb vorschlägt. In diesem Zusammenhang besonders interessant, weil sehr einfach, ist die «Desensibilisierung» des Rezeptors, obwohl seine Beteiligung an der Speicherung eines Gedächtnisobjekts noch nicht nachgewiesen werden konnte. Nehmen wir an, zwei benachbarte Synapsen A und B sind in Kontakt mit demselben Ziel. Die Aktivität der Synapse B kann die Beziehung zwischen aktivierbaren und nichtaktivierbaren Rezeptormolekülen in der Synapse A beeinflussen und dadurch ihre Leistung über einen Zeitraum von einigen Zehntelsekunden bis zu einigen Sekunden auf mindestens drei verschiedene Arten beeinflussen:

Erste Möglichkeit: Nehmen wir an, A und B verwenden den gleichen Neurotransmitter. Schwache Konzentrationen der Substanz können in das *äußere* Milieu des Neurons entweichen, von B nach A gelangen und den in A vorhandenen Rezeptor zum Wechsel aus dem aktiven in den nichtaktiven Zustand bewegen. Die Aktivität von B führt zur Untätigkeit von A. Das gleiche Ergebnis wäre zu beobachten, wenn das Calcium als *inneres* Kommunikationssignal zwischen B und A fungieren würde. Wenn B aktiv ist, öffnet sich der Ionenkanal in der postsynaptischen Membran, das Calcium kann ihn durchqueren und in die Zelle eindringen. Dort verteilt es sich im Inneren des Neurons, bis es A erreicht. Wenn das Calcium wie im Fall des Acetylcholinrezeptors die «Desensibilisierung» beschleunigt, stabilisiert es den Rezeptor im Zustand der Nichtaktivierbarkeit. Schließlich kann auch das Membranpotential die Desensibilisierung beeinflussen. An der neuromuskulären Verbindung wird sie durch Verminderung des elektrischen Potentials gebremst. So könnte die Impulserzeugung in einem Neuron – wie Hebb vermutet – die Leistungsfähigkeit der Synapsen verändern, die an ihm endigen.[19]

Das Anzeichen für die Gesamtwirkung auf das Neuron, die Auslösung des Aktionspotentials, hängt auch davon ab, ob A und B exzitatorische oder inhibitorische Synapsen sind. Wenn A zum Beispiel inhibitorisch ist, würde seine «Inaktivierung» durch B der Auslösung eines Aktionspotentials Vorschub leisten. In jedem der Neuronen, die die «Knoten» des Verbands bilden, könnten die Kopplungsarten vielfältig kombiniert sein.

Solche Wechselbeziehungen könnten nicht nur durch Desensibilisierung, sondern auch durch andere Regulationsweisen entstehen. In allen Fällen würde die zeitliche Wirkung der beteiligten Molekularprozesse über die Stabilität der Kopplung entscheiden. Um «kurzfristige» Kopplungen – in der Größenordnung von Zehntelsekunden, Sekunden oder auch Minuten – würde es sich handeln, wenn die zugrunde liegenden Desensibilisierungsmechanismen umkehrbar wären. Langfristig wären sie, wenn die Umwandlungsfähigkeit zwischen aktivierbaren und nichtaktivierbaren Zuständen zum Beispiel dadurch verlorenginge, daß der Rezeptor durch eine chemische Reaktion tage- oder sogar wochenlang verändert würde. Die Stabilität der Veränderung würde bestimmt durch die Stabilität der Moleküle, aus denen die Synapse, genauer der Rezeptor des Neurotransmitters, zusammengesetzt ist.

Die Lebensdauer eines Rezeptormoleküls ist begrenzt (vgl. Kap. 7). Nach seinem Tod kann es durch ein anderes mit anderen Eigenschaften ersetzt werden, das vielleicht sogar durch ein anderes Gen aufgebaut wird. Diese Veränderungen könnten durch Aktivitäten des Neurons, etwa über das Calcium, reguliert werden. Daraus würde sich eine langfristige Regulation der synaptischen Eigenschaften ergeben. Ein stabiles Netzwerk würde angelegt werden – vielleicht fürs ganze Leben.

Nach heutigem Wissen über die Chemie der Synapse sind verschiedene kurz- und langfristige Stabilisierungsmechanismen für Neuronenverbände vorstellbar (vgl. Kap. 7).

Schließlich hat die theoretische Erörterung der Entstehung und Verknüpfung geistiger Objekte einen Vorgang beleuchtet, der den «Operationen» des Gehirns erst ihre Bedeutung verleiht: die Überprüfung an der Wirklichkeit. Es wurde vorgeschlagen (Thom, 1980), sich diese Prüfung als «Resonanz» oder «Dissonanz» geistiger Objekte vorzustellen. Ist ein Zellmechanismus denkbar, der die Resonanz von Neuronenverbänden bewirkt?

In Kapitel 3 habe ich gezeigt, daß die Nervenzelle die Eigenschaften eines Oszillators besitzt. Zwei Kategorien «langsamer» Ionenkanäle genügen, um solche Oszillationen oder Schwankungen des Membranpotentials hervorzurufen. Durch diese Spontanaktivität könnten natürlich geistige Objekte «intern», das heißt ohne Wechselwirkung mit der Außenwelt, abgerufen und verkettet werden. Allerdings dürften die Oszillationen nicht den Schwellenwert zur Auslösung des Nervenimpulses erreichen, sie müßten gewissermaßen latent bleiben. Selbstverständlich würde das Zusammenlaufen zweier solcher Oszillationen in einem Neuron, wenn sie «phasengleich» wären, eine Verstärkung, im anderen Falle eine Verminderung bewirken. Resonanz könnte sich folglich in Form von Impulsbündeln, Dissonanz durch das Ausbleiben von Impulsen bemerkbar machen.

Bewußtseinsprobleme

Die Abrufung eines Gedächtnisbildes wie das der Mona Lisa führt zu einem «inneren Erlebnis», das uns nicht verborgen bleibt. Wenn wir wach und aufmerksam sind, steuern und verfolgen wir die Bildung von Perzepten und Konzepten, die Gedächtnisspeicherung und das Abrufen der geistigen Objekte, ihre Verkettung und ihre Resonanz. In einem unaufhörlichen Dialog mit der Außenwelt, aber auch mit der Innenwelt, unserem Ich, sind wir uns dieser Vorgänge bewußt.

Im Bereich der Integrationszentren, mit denen wir uns im folgenden zu beschäftigen haben, wird üblicherweise als «Bewußtsein» ein globales Regulationssystem bezeichnet, daß auf die geistigen Objekte und die durchgeführten Operationen einwirkt. Eine Möglichkeit, die Biologie dieses Regulationssystems zu verstehen, besteht darin, die verschiedenen *Zustände* zu untersuchen und die Mechanismen zu entdecken, die die Abfolge dieser Zustände steuern.

Nehmen wir als erstes Beispiel die *Halluzinationen*. Der wache Mensch «empfindet in Abwesenheit adäquater Reize eine Veränderung seiner Beziehungen zur Außenwelt».[20] Ohne seinen Willen und in Abwesenheit äußerer Gegenstände nimmt die Person spontan entstehende Vorstellungsbilder wahr. Halluzinationen sind bei Schizophrenen so häufig, daß sie als Diagnosekriterium gelten.[21] Der Patient «hört Stimmen», die ihn anreden, seine Gedanken kommentieren, sie wiederholen oder beurteilen. Dazu gehört das «Gedankenecho», bei dem der Kranke seine Gedanken in gesprochener Form hört.

Die Helden der ‹Ilias›, die Propheten des Alten Testaments, Johanna von Orléans und viele Mystiker hatten auditive Halluzinationen, deren Symbolik nicht selten tiefe Spuren in der abendländischen Kultur hinterlassen hat. Neben Störungen der auditiven Vorstellungstätigkeit sind beim Schizophrenen auch, allerdings seltener, visuelle Halluzinationen zu beobachten – Himmels- und Höllenvisionen. Vom brennenden Dornbusch bis hin zu Jungfrauenerscheinungen jüngerer Zeit galten solche «Bewußtseinsphänomene» in vielen Religionen als Offenbarung übernatürlicher Kräfte. In Wirklichkeit haben Halluzinationen eine ganz konkrete biologische Grundlage.

Beim nichtschizophrenen wachen Menschen ruft die elektrische Reizung bestimmter Punkte auf der Großhirnrinde, etwa des primären visuellen Feldes 17, sehr einfache Halluzinationen hervor: flimmernde Lichtpunkte, Lichtblitze, der Patient sieht «Sterne». Stimuliert man anstelle des primären Feldes sekundäre Felder, zum Beispiel das visuelle Feld 19, so bilden sich komplexere Halluzinationen. «Der Patient glaubt, einen Schmetterling zu sehen, und versucht, ihn zu fangen.» Oder er sieht plötzlich «seinen Hund vor sich, pfeift nach ihm und ärgert sich über die Chirurgen, die ihn nicht bemerken».[22] Wenn Rindenfelder, die, wie wir wissen, an der Bildung von Perzepten beteiligt sind, durch elektrische Stimulation (gelegentlich auch durch eine Läsion) aktiviert werden, entstehen Halluzinationen. Vorstellungsbilder können also unter Bedingungen, die sich dem Willen des Patienten völlig entziehen, durch unmittelbare Reizung des Hirngewebes spontan hervorgerufen werden. Der Patient sieht in seinem Innern Vorstellungsbilder, doch die Fähigkeit sie abzurufen oder gar zu verknüpfen, unterliegt nicht mehr dem willentlichen Teil seines Bewußtseins.

Auch einige halluzinogene Drogen wie Meskalin und LSD erzeugen Halluzinationen vor allem visueller Art. Seit Jahrhunderten ist den Huichol, einem Indianervolk im Hochland Mexikos, die «transzendentale» Wirkung des Peyotl-Kaktus bekannt. Sie verzehren ihn während einer Pilgerfahrt auf den Wirituka, wo sie «das Paradies wiederentdecken», «wieder zu Göttern werden». Nur selten gibt es Berichte von ihren Halluzinationen. Die Indianer geben sie lieber auf prächtigen Wollbildern oder Teppichen wieder, in geometrischen Formen, Blitzen, Federn, Schatten ohne Ursprung, in blauen, gelben, roten Flammen. 1888 isolierte Louis Lewis den Hauptwirkstoff des Peyotl. Es ist das Alkaloid Meskalin. Allerdings wirkt diese Substanz erst in weit höheren Mengen als die später von dem Chemiker Alber Hofmann synthetisch gewonnene Verbindung – das Lysergsäurediäthylamid, genannt LSD. Meskalin und LSD rufen visuelle Halluzinationen von großem Farbenreichtum, aber wenig gegenständlichen Formen hervor. Bei reichlicher und wiederholter Verwendung führen diese Drogen zu Störungen, die Ähnlichkeit mit akuter Schizophrenie haben. Die Chemie der Halluzinationen erweist sich, wie nicht anders zu erwarten, als verwandt mit der der Schizophrenie.

Ansatzpunkt des LSD ist wie beim Morphin der Synapsenrezeptor eines Neurotransmitters (Kap. 4). Allerdings konnte man ihn bislang nicht so eindeutig ermitteln wie im Falle der Opiate. Das LSD verbindet sich mit den gleichen Stellen wie das *Serotonin*[23], es verbindet sich aber auch mit dem Rezeptor eines anderen Gehirntransmitters, von dem anläßlich der «Lustsynapsen» die Rede war (Kap. 4) und der uns am Ende dieses Kapitels erneut beschäftigen wird – des *Dopamins*.[24] Das Erinnern von Gedächtnisbildern wird also «neural» gesteuert, woran eine oder mehrere Kategorien der chemischen Synapsen beteiligt sind, die die Botschaften des «willentlichen Bewußtseins» übermitteln. Das «chemische Skalpell» der halluzinogenen Drogen trennt diesen willentlichen Teil vom Wahrnehmungsteil des Bewußtseins ab. Andere Regulationsprozesse wirken sich selektiv auf letzteren Teil aus. Im 8. Jahrhundert v. Chr. bezeichnete Hesiod den Schlaf als den «Bruder des Todes». Man wird «bewußtlos, ohne alles Bewußtsein zu verlieren»[25]; dabei werden «die komplexen senso-motorischen Beziehungen unterbrochen, die den Organismus mit seiner Umwelt verbinden»[26]. Der Schlaf reduziert das Bewußtsein, hat aber nichts mit dem Tod zu tun. Es handelt sich vielmehr um einen aktiven Prozeß[27], der aus einer Folge komplexer, durch das EEG nachweisbarer Zustände des Gehirns besteht (Kap. 3). In der Einschlafphase werden die für den Wachzustand charakteristischen schnellen Alpha- und Beta-Wellen zunehmend durch langsame Wellen mit großer Amplitude ersetzt, die Delta-Wellen, die den «Tiefschlaf» kennzeichnen (Kap. 2). In regelmäßigen Abständen von etwa neunzig Minuten brechen regelrechte «Gehirngewitter» herein – die Phasen des paradoxen Schlafs, der von raschen Augenbewegungen und beim Mann außerdem von einer heftigen Erektion begleitet sind.

Schon 1893 stellte Goltz fest, daß man bei Hunden große Teile der Hirnhemisphären entfernen kann, ohne den Schlaf-Wach-Rhythmus der Tiere zu verändern. Auch anenzephalische Säuglinge, die ohne Großhirnrinde geboren werden, schlafen und wachen wie normale Kinder. Der Schlaf-Wach-Rhythmus wird nicht von der Großhirnrinde gesteuert. Eine Reihe von *Kernen* im Hirnstamm (der vom Rückenmark zum Thalamus führt) haben diese Funktion inne. Einige dieser Neuronenkomplexe bewirken den Tiefschlaf, andere den paradoxen Schlaf, und wieder andere sorgen dafür, daß der Schläfer aufwacht. Anatomisch gehören sie zu einem komplexen Neuronenverband, dem in der Achse des Hirnstamms gelegenen *Netzkörper*[28] (Abb. 44 oben). Diese Neuronen besitzen eine sehr merkwürdige Morphologie. Ihre Zellkörper liegen stets in Gruppen von einigen Tausenden im Hirnstamm, während ihre Axone diese Region verlassen und sich über weite Teile des Gehirns ausbreiten (vgl. Abb. 11 und 44 unten). Einige entsenden ihre axonalen Verzweigungen in die entlegensten Winkel der Großhirnrinde. Dadurch entsteht eine sich «fächerartig» ausbreitende *Divergenz*, ausgehend von einer sehr kleinen Zellgruppe, der auf Grund dieser Tatsache eine «außerordentliche Macht» über einen Großteil des Kortex, wenn nicht über das ganze Gehirn zukommt.

Seit den Arbeiten der erwähnten schwedischen Forschergruppe[29] (vgl. Kap. 1) ist bekannt, daß jede dieser kleinen Neuronengruppen durch einen bestimmten Transmitter etikettiert wird. Der *Locus caeruleus* – in Verbindung mit einer Zellgruppe, die Acetylcholin ausschüttet – weckt die Großhirnrinde mit Noradrenalin. Ein anderer Kern, der Serotonin enthält, schläfert sie ein. Wieder ein anderer löst das Gewitter des paradoxen Schlafs aus. Doch wie schon anläßlich des Hypothalamus festgestellt, ist es stets schwierig, einen bestimmten Neurotransmitter mit einer Funktion zu verknüpfen. Das Noradrenalin ist so wenig «der» Transmitter des Wachens, wie das Serotonin der des Schlafes ist. Jeder markiert eine Bahn, die oft mehrere

Schaltstationen enthält. Die letzte dieser Schaltstationen bringt einmal mehr die Neuropeptide ins Spiel.

Ohne etwas von Neurotransmittern und Peptiden zu wissen, führte Henri Piéron 1913 ein Experiment durch, das noch heute von großer Aktualität ist. Seine Hypothese lautete: Tagsüber sammelt sich eine chemische Substanz, ein «Hypnotoxin», an. Abends erreicht es eine hinreichende Konzentration, um den Schlaf herbeizuführen. Nachts wird es wieder abgebaut. Diesen Gedanken überprüfte Piéron, indem er Hunde mehrere Tage lang wachhielt – tagsüber kettete er sie aufrecht an, nachts führte er sie spazieren. Dann punktierte er die Gehirn-Rückenmarksflüssigkeit dieser Tiere und injizierte sie in die Hirnventrikel ausgeschlafener Hunde. Obwohl hellichter Tag war, schliefen diese Tiere sofort ein und wachten erst mehrere Stunden später wieder auf. Das Experiment ist inzwischen an Kaninchen und Katzen wiederholt worden.[30] Augenscheinlich gibt es also die Hypnotoxine. Verschiedene Neuropeptide, anders aufgebaut als die Endorphine und Enkephaline, sind beteiligt. Der divergente Einfluß der Neuronen im Hirnstamm setzt sich also in einer hormonalen Wirkung fort: Eine Reihe von Neuropeptiden vollendet die Regulation der Bewußtseinszustände im Kortex.

Wie wacht der Kortex auf und wie schläft er ein unter dem Einfluß dieser Regulationssysteme? Man könnte annehmen, daß die Aktivität der Kortexneuronen während des Schlafs zurückginge und daß sie im Wachzustand und während der kurzen Episoden des paradoxen Schlafs wieder anstiege, doch das ist ganz und gar nicht der Fall. M. Livingstone und D. Hubel (1981) ist das bemerkenswerte Kunststück gelungen, minuten- und sogar stundenlang die Aktivität einer einzigen Zelle aus der Sehrinde der Katze zu messen, während das Tier wach war oder schlief (Abb. 45). Erste Feststellung: Während des Tiefschlafs befinden sich die Neuronen nicht in einem elektrischen Ruhezustand. Vielmehr zeigen sie eine heftige Spontanaktivität, meist in Form regelmäßiger Impulsbündel, die sich mit den Gipfeln der langsamen Deltawellen decken. Mit dem Aufwachen verschwinden diese Impulsbündel. Sie werden desynchronisiert, und die Häufigkeit der einzelnen Impulse sinkt. Zweite Beobachtung: Es ist möglich, *während des Tiefschlafs* eine Reaktion der Neuronen in der Sehrinde zu messen, wenn man ein Lichtsignal in ein künstlich offen gehaltenes Auge gibt. Die Frequenz der aufgefangenen Impulse ist jedoch im allgemeinen niedriger als im Wachzustand. Außerdem ist sie vermischt mit einer starken Spontanaktivität. *Der Wachzustand des Kortex verbessert das Signal-Rausch-Verhältnis,* er verstärkt

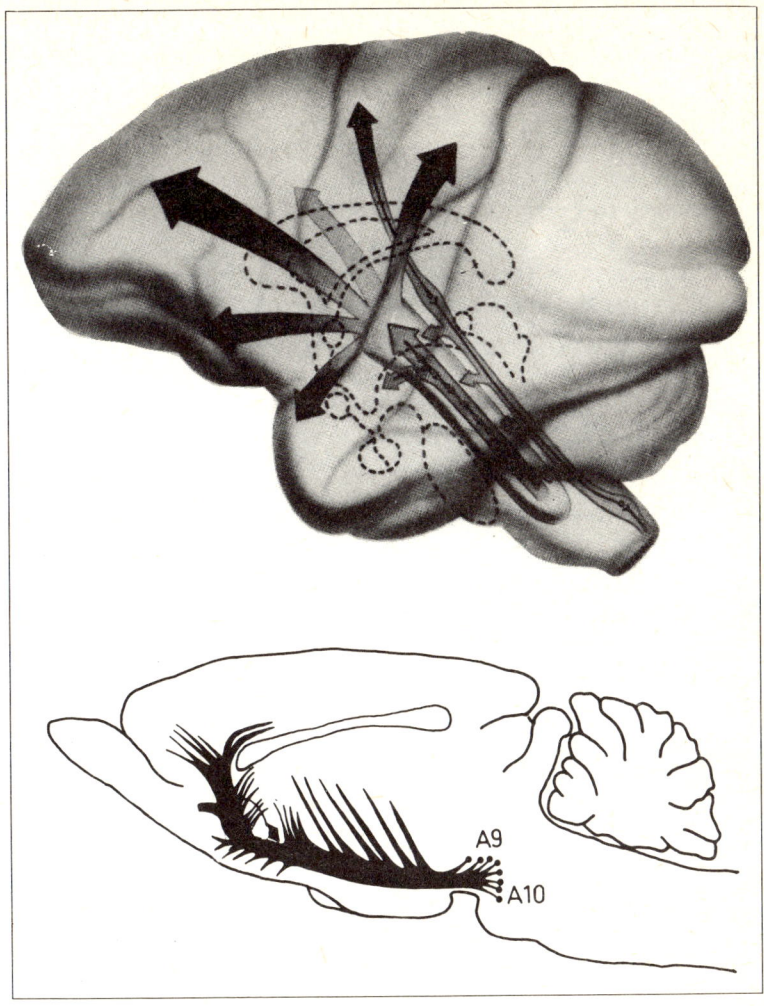

Abb. 44: Die «Formatio reticularis» (Netzkörper) des Hirnstamms steuert «Gesamtzustände» des Gehirns. In den fünfziger Jahren (*oben* am Beispiel des Affengehirns) meinte man, daß es sich um einen diffusen Neuronenkomplex handle (nach Magoun, 1954). Heute weiß man (*unten* dargestellt am Rattengehirn), daß man es mit einer Konfiguration getrennter Kerne zu tun hat, die sich vor allem durch den jeweils synthetisierten Neurotransmitter unterscheiden. Hier sind die Kerne A_9 und A_{10} abgebildet, deren Neuronen Dopamin synthetisieren (nach Lindvall und Björklund, 1974) und ihre Axone in verschiedene Gehirnregionen entsenden, vor allem in den Stirnlappen (Thierry u. a., 1973).

Kontraste und versetzt die Zellen in einen Zustand «gesammelter Aufmerksamkeit», der Erwartung einer Interaktion mit der Außenwelt, er verschafft so jedem Neuron die Möglichkeit, seine Singularität auszudrücken, an der Bildung der bewußten Perzepte mitzuwirken und sich in einen Neuronenverband zu *integrieren*.

Bei Bewußtsein sein heißt also, daß die Gesamtaktivität der Neuronen des Kortex und, allgemeiner, des Gehirns einem Regulationsprozeß unterworfen wird. Verantwortlich sind ein paar kleine Neuronenkomplexe im Hirnstamm, die durch die Divergenz ihrer Axone und ihren überallhin reichenden Einfluß eine *globale* Wirkung entfalten. Die *einheitliche* Regulierung der Wachzustände beruht auf einer anatomischen und chemischen Organisation von großer Einfachheit.

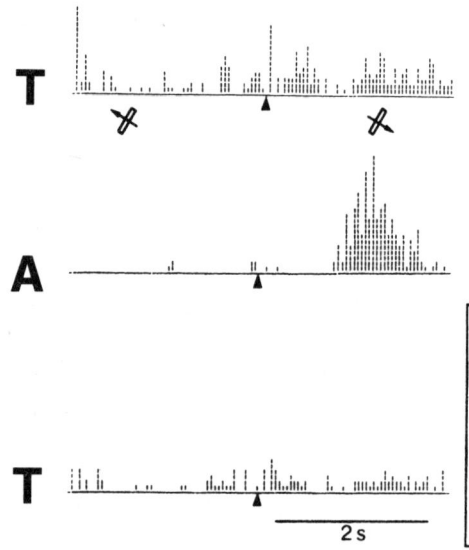

Abb. 45: Auswirkungen des Erwachens auf die Aktivität einzelner Neuronen in der Sehrinde der Katze. Von oben nach unten die Ergebnisse aufeinander folgender Aufzeichnungen: während des Tiefschlafs (T), nach dem Aufwachen der Katze (A) und wiederum während des Tiefschlafs. Für jeden dieser Zustände ist die aufgezeichnete Aktivität des Neurons rechts abgebildet. Jeder senkrechte Strich gibt die Impulshäufigkeit an (senkrechter Balken: 100 Impulse pro Sekunde). Das Aufwachen unterdrückt das «Hintergrundsgeräusch» und läßt die Reaktion auf die Bewegung eines Lichtstreifens von links nach rechts unten (Pfeil) deutlich hervortreten (nach Livingstone und Hubel, 1981).

Achtung!

Wie das Beispiel der Halluzinogene zeigt, kann sich die Hervorbringung geistiger Objekte unter pathologischen oder künstlichen Bedingungen dem Einfluß des bewußten Willens entziehen. Andererseits schwindet dieser zusammen mit dem Wahrnehmungsteil des Bewußtseins beim Übergang vom Wachzustand zum Schlafen. Die globale, geschlossene «Ganzheit» des Bewußtseins *zerfällt* in elementare Regulationsprozesse. Bislang ist die Bildung und Verkettung der Vorstellungen und Konzepte nur beim aufmerksamen und wachen Menschen betrachtet worden. Beim Einschlafen hört die Vorstellungstätigkeit nicht auf. Vielmehr nimmt sie die zügellose Form des Träumens an, «dieses irrealen und imaginären Denkens». Abermals sind die beiden Teile, die einerseits für die willentliche Erzeugung und andererseits für die Wahrnehmung der geistigen Objekte zuständig sind, voneinander getrennt.

Um herauszufinden, an welchen objektiven Anzeichen sich der Traum erkennen läßt, hat William Dement (1965) Schläfer in verschiedenen EEG-Phasen des Schlafes aufgeweckt und sie gefragt, ob sie geträumt hätten. Er stellte fest, daß beim paradoxen Schlaf die meisten Antworten positiv ausfielen, daß die Frage aber auch nicht selten beim Tiefschlaf bejaht wurde. Allerdings haben die Träume des Tiefschlafs rational-plausible Inhalte (Steuererklärungen, wissenschaftliche Probleme!), dem bewußten Denken nicht unähnlich. Ganz anders sind die Träume des paradoxen Schlafs – verwickelte Geschichten voller bunter Bilder. Wie im Fall der Halluzinationen entwickeln und verketten sich die Vorstellungen und Konzepte im Traum ohne nennenswerte Interaktion mit der Außenwelt, aber diese Vorstellungstätigkeit entwickelt sich im «Nebel» des Tiefschlafs und dringt nur gelegentlich in die Helle des Bewußtseins vor. Diese geistige Tätigkeit gehört folglich zum *Nicht*bewußten oder, wenn man so will, zum Unbewußten. Doch wenn Freud meint, der Traum sei die Befreiung des Unbewußten oder die verschleierte Erfüllung eines verdrängten Wunsches, so erfahren wir daraus nur wenig über seine «Funktionen» und vor allem über die Mechanismen, die diese spontane Hervorbringung geistiger Objekte regulieren.

Sehr aufschlußreich ist in diesem Zusammenhang ein Experiment, das kürzlich von M. Jouvet und seinen Mitarbeitern (1979) durchgeführt wurde. Das Gewitter des paradoxen Schlafs ist so heftig, daß es eigentlich auch die motorischen Zentren erreichen und beim Schlafenden infolgedessen Bewegungen auslösen müßte. Das ist jedoch nicht der Fall. Die Bewegungen werden im Rückenmark in Höhe der Motoneuronen abgeblockt, die die Muskelkontraktion steuern. Ein spezieller Kern (der *Locus caeruleus* α), gleichfalls im Hirnstamm gelegen, lähmt die Motoneuronen. Zerstört man dieses Zentrum, kann sich die «befreite» paradoxe Aktivität uneingeschränkt im Verhalten ausdrücken. Treten also bei entsprechend operierten Katzen unkontrollierte Bewegungen auf, ähnlich dem «Grand mal» der Epilepsie? Keineswegs. Jouvet hat vielmehr beobachtet, daß die Katzen, ohne aufzuwachen, durchaus zu organisiertem Verhalten fähig sind. Sie erkunden ihr Territorium, säubern sich, lecken sich, greifen eine imaginäre Beute an, bekommen einen Wutanfall. Doch das alles hat keine feste Reihenfolge. Die Verkettung dieser elementaren Verhaltensweisen hat «weder Hand noch Fuß». Die Katze führt automatische Verhaltensweisen aus, die, wie wir wissen, von subkortikalen Zentren gesteuert werden (Kap. 5), doch finden sie «auf gut Glück» statt, ohne sinnvolle Koordination. Die Quelle der paradoxen Erregung, die für diese Verhaltensweisen verantwortlich ist, aktiviert auch die geistigen Objekte und die Verknüpfungen, die bereits als stabile Netzwerke bestehen, ist aber nicht in der Lage, sie in einen vernünftigen Zusammenhang zu bringen. Eine zusätzliche Regulation, die nur im Wachzustand stattfindet, ist erforderlich, um die Verhaltensweisen *sinnvoll* zu verbinden.

Warum eine paradoxe Aktivität im Schlaf in regelmäßigen Abständen auftritt, ist unbekannt. Viele Hypothesen sind schon vorgeschlagen worden. Im Stammbaum entsteht der paradoxe Schlaf parallel zum Neokortex, so daß es plausibel erscheint, die Existenz des einen mit den Funktionen des anderen in Verbindung zu bringen. Hilft der paradoxe Schlaf der Großhirnrinde vielleicht beim Umgang mit den geistigen Objekten? «Wiederholt» er die geistigen Objekte und Schemata, damit sie nicht während der Nacht verblassen? Stabilisiert er während des Schlafs die tagsüber angelegten Vernetzungen?

Von der Deutung der paradoxen Aktivität zur Traumdeutung ist es ein weiter Weg. Ohne Zweifel gibt es erhebliche Unterschiede zwischen den «aktualisierten Verhaltensweisen» der operierten Katze und den Träumen. Vor allem läßt die operierte Katze niemals irgendwelche Anzeichen sexueller Aktivität erkennen, während diese doch viel Platz in den Träumen des Menschen einnimmt. Dagegen erinnern die oft skurrilen Assoziationen des Traums durchaus an die scheinbar zufälligen «Collagen» aus Verhaltenssequenzen, die bei den operierten Katzen zu beobachten sind. Ist also Lacans Gedanke, das Unbewußte sei «strukturiert wie eine Sprache», in Frage zu stellen? In jedem Falle wäre zu überlegen, um was für eine Sprache es sich handelt – um die des Normalen oder um die des Irren.

Schon 1824 erklärte Cabanis: «Die Art und Weise, wie der Schlafzustand diese Vorstellungen hervorruft, ähnelt ganz und gar ... der Art und Weise, wie die Trugbilder im Delirium und im Wahnsinn erlebt werden.» Einige Jahre später schrieb Moreau de Tours (1855) lakonisch: «Der Wahnsinn ist der Traum des Wachen.» Wie in den Halluzinationen bleiben auch im wahnhaften Denken die wahrnehmenden und willentlichen Teile des Bewußtseins erhalten, doch der «Dialog» sowohl mit der Außenwelt wie mit dem «Ich» scheint gestört. Im Delirium macht sich die geistige Aktivität selbständig und ist wie im Traum nicht mehr unmittelbar an die Interaktion mit der Außenwelt gebunden. Sie wird anfällig für Einflüsterungen, ist «das Opfer einer Einbildungskraft, deren Produkte die Vorstellung der wirklichen Welt verdrängen». Der regulierende Teil des Bewußtseins, der die Aufgabe hat, die wahrgenommenen und die vorgestellten Objekte miteinander zu vergleichen, funktioniert schlecht oder gar nicht mehr. Sobald wir die organischen Ursachen dieser Störung begriffen haben, werden wir auch mehr über die wesentlichen Elemente unseres Bewußtseins wissen. Noch sind die Kenntnisse so lückenhaft, daß eine endgültige Antwort nicht möglich ist.

Wir können indessen die Redeweise oder vielmehr die Redeweise*n* delirierender Patienten untersuchen.[31] Auf den ersten Blick scheinen sie keinerlei Ordnung aufzuweisen, Gedanken und Wörter werden offenbar ohne Sinn und Verstand aneinandergereiht. Die Sätze enthalten widersprüchliche Aussagen oder Wörter, die aus dem Zusammenhang herausfallen. Die Begriffe oder Konzepte dienen nicht mehr als Instrumente des logischen Denkens. Redeweise und Wortwahl werden von einem *Zufallsfaktor* bestimmt. Die Ähnlichkeit mit dem Verhalten von Jouvets operierter Katze und den Verkettungen eines Traums springt ins Auge. Doch in welchem Bereich liegt die Störung? Ist das Denken von Anfang an desorganisiert, so daß der Wahnsinnige es nicht mehr mit der Wirklichkeit vergleichen kann, oder verliert das Denken seinen Zusammenhalt vielmehr durch die mangelnde Vergleichsfähigkeit? Sicherlich gibt es auf diese Kardinalfrage mehrere Antworten!

Jedenfalls funktioniert der «Vergleichsmechanismus» des Gehirns nicht mehr normal. Der Vergleich mit der Außenwelt muß über den Kanal der Sinnesorgane abgewickelt werden. Folgt man diesem Kanal, so gelangt man zu den beteiligten Regulationsmechanismen, insbesondere der *Aufmerksamkeit,* die über die Sparsamkeit der Beziehungen des Gehirns zur Umwelt wacht.

Beobachten wir, wie eine Katze das Zimmer untersucht, in dem man sie freigelassen hat. Sie geht ruhig umher, blickt sich um, bewegt ihre Ohren von einer Seite zur anderen, schnuppert und setzt sich hin, wenn sie nichts Besonderes entdeckt. Nachdem sie das Zimmer noch eine Zeitlang mit ihren Blicken abgesucht hat, schläft sie schließlich ein. Jetzt wird eine Maus in einer durchsichtigen Schachtel hereingebracht. Sofort richtet sich die Katze auf, wendet den Kopf der Schachtel zu und erstarrt zur Bewegungslosigkeit, die Ohren gespitzt, die Augen auf die Maus gerichtet. Das ist die *Orientierungsreaktion.* Nach Pawlow (1910) und Sokolov (1963) ist sie «die erste Reaktion des Körpers auf jede beliebige Reizart», woraufhin das Tier «den entsprechenden Analysator einsetzt, um optimale Bedingungen für die Wahrnehmung des Reizes herzustellen». Auch wenn es sich um eine Stoffmaus handelt, bleibt die Reaktion der Katze nicht aus. Wird das Stofftier für einige Minuten aus dem Zimmer genommen und der Katze dann erneut gezeigt, fällt ihre Reaktion weniger heftig aus als beim erstenmal. Schließlich reagiert sie gar nicht mehr. Sie hat sich an die Situation gewöhnt, sich «habituiert». Zeigt man ihr nun eine *echte* Maus, reagiert sie wieder wie beim erstenmal. Die Gewöhnung schwindet (Deshabituation). Die Gesamtheit dieser Reaktionen sorgt für eine sehr effektive Erforschung der Umwelt: zunächst die eingehende Untersuchung durch die Orientierungsreaktion und die anfängliche Aufmerksamkeitsfixierung, dann der ständig erneuerte Überblick durch den Kreislauf von Ungewohntem und Gewöhnung.

Dieses Schema gilt natürlich auch für den Menschen. Täglich erleben wir es, ob wir eine Straße überqueren oder uns eine Fuge von Bach anhören, wo der Wechsel zwischen Tonarten, Stimmen, Thema und Beantwortung eine Gewöhnung nicht zuläßt, sich aber nicht unbedingt in offenem Verhalten äußert. Allerdings läßt er sich durch das EEG nachweisen. Wie bekannt (Kap. 3), weichen bei einer allgemeinen Aufmerksamkeitsfixierung der Versuchsperson die regelmäßigen Alpha-Wellen den «desynchronisierten» Beta-Wellen. Sobald die Gewöhnung einsetzt, kehren die Alpha-Wellen zurück.

Doch die Aufmerksamkeit kann auch *selektiv* sein und sich auf eine bestimmte Sinnesmodalität beschränken. S. Hillyard und seine Mitarbeiter [32] haben die Potentialschwankungen oder evozierten Potentiale (Kap. 3) gemessen, die an der Kopfhaut auftreten, wenn etwa

Achtung!

das Ohr durch ein Klicken oder das Auge durch einen Lichtblitz stimuliert wird. Fordert man die Versuchsperson auf, ihre Aufmerksamkeit in dem Augenblick, da das Klicken oder der Lichtblitz erfolgt, auf *ein* Ohr oder *ein* Auge, links oder rechts, zu *fixieren*, so zeigt sich eine auffällige Veränderung der Wellen. Die Aufmerksamkeitsfixierung vergrößert die Amplitude der langsamen Wellen beträchtlich. Sie schafft in dem von der Versuchsperson gewählten Rindenabschnitt eine *selektive Überwachung* (Abb. 46).

Der Mechanismus dieser Bahnung, dieser «massiven» Projektion auf ein bestimmtes sensorisches Feld, konnte bei der Katze auf zellularer Ebene geklärt werden. Abermals ist die Formatio reticularis entscheidend beteiligt. W. Singer (1979) ist der Leitung der elektrischen Impulse vom Sehnerv über den Thalamus zur Sehrinde gefolgt. Bei der wachen Katze werden die Impulse weitergeleitet. Wird jedoch im Augenblick der Nervenleitung die Formatio reticularis stimuliert (und zwar in der Nähe des *Locus caeruleus* α, von dem die elektrischen Entladungen des paradoxen Schlafs ausgehen), erweist sich die Übertragung der Signale bis zum Kortex plötzlich als weit besser *gebahnt*. Wie beim evozierten Potential wächst die Amplitude der elektrischen Reaktion im Kortex (vgl. Abb. 46). Dieser Vorgang entspricht der Aufhebung einer intrinsischen Inhibition, die die Kanalbenutzung im Ruhestand weitgehend einschränkt. Als Neurotransmitter dient das Acetylcholin. Es inhibiert eine Inhibition, das heißt es aktiviert. Der Kern der Formatio reticularis, der das Acetylcholin enthält, wirkt also als «Regulator» des visuellen Kanals.

Die Kerne der Formatio reticularis regulieren die Übertragung der sensorischen Botschaften. Sie sind auch an globaleren Regulationen wie der Orientierungsreaktion und der Aufmerksamkeitsfixierung beteiligt. Ein bestimmter Kern (A_{10}), der *Dopamin* enthält (Abb. 44), spielt in diesem Zusammenhang eine entscheidende Rolle.[33] Wenden wir uns wieder dem Beispiel der aufmerksamen Katze zu. Wenn man bei einer Katze den Kern A_{10} entfernt und ihr Verhalten einige Monate nach der Operation überprüft[34], so kann man feststellen, daß sie ein unbekanntes Zimmer nicht mehr mit der üblichen Ruhe untersucht. Sie läuft hin und her, wendet sich in alle Richtungen und hält bei keiner Einzelheit, keinem Gegenstand inne. Sie hat ihre Aufmerksamkeitshaltung völlig verloren, ist hyperaktiv und ablenkbar. Zeigt man ihr die Maus in der durchsichtigen Plastikschachtel, verharrt die Katze nicht etwa bewegungslos, um die vermeintliche Beute anzustarren, sondern lauft unablässig um die Schachtel herum. Durch Injektion von Dopa, einem chemischen Vorläufer des

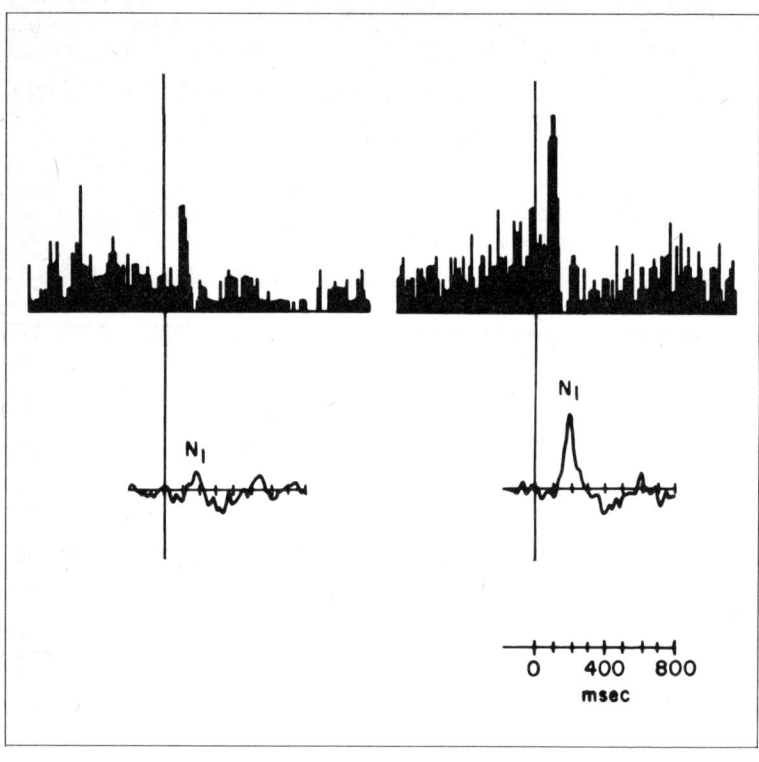

Abb. 46: Die Wirkung der durch einen Lichtblitz hervorgerufenen Aufmerksamkeit auf die Aktivität einzelner Neuronen im Kortex (seitlich hinten) eines Affen (Diagramme oben) und auf die im gleichen Bereich gemessenen evozierten Potentiale beim Menschen (Diagramme unten). Links ein unaufmerksamer, rechts ein aufmerksamer Proband. Die Ausrichtung der Aufmerksamkeit vergrößert die Amplitude der evozierten Reaktion und verbessert das «Signal-Rausch-Verhältnis». In den oberen Diagrammen entspricht jeder senkrechte Balken einer bestimmten Impulsfrequenz (nach Hilyard, 1981).

Dopamins, oder von einem Präparat, das wie Dopamin wirkt, läßt sich das Symptom abschwächen. Die Katze beruhigt sich und zeigt wieder Aufmerksamkeitsverhaltungen. Die dopaminergen Neuronen des Hirnstamms sind also nicht nur an den «hedonischen Synapsen» (vgl. Kap. 4) beteiligt, die für die Motivation verantwortlich sind, sondern wirken auch an der Aufmerksamkeitsregulierung mit.

Wie das Acetylcholin für den visuellen Kanal wäre das Dopamin der *inhibitorische* Neurotransmitter für die Großhirnrinde. Möglicherweise wirkt diese Inhibition wiederum auf eine Inhibition ein, würde also im Endeffekt eine Bahnung bewirken und für eine selektive «Überwachheit» der Kortexfelder sorgen, auf die diese Neuronen projizieren. Wie dem auch sei, die dopaminergen Neuronen des Kerns A_{10} sind an der Regulation des *selektiven Kontakts* unseres Gehirns mit der Außenwelt beteiligt.

Das führt uns zum wahnhaften Denken zurück. Schon die ersten Psychiater, die die Schizophrenie entdeckten, Emil Kraepelin (1896) und Eugen Bleuler (1911), maßen den Störungen der Aufmerksamkeit und vor allem der Aufmerksamkeitsorientierung, die bei manchen Schizophrenen zu beobachten sind, große Bedeutung bei. Jüngere Untersuchungen haben diese Auffassung bestätigt.[35] In einschlägigen Tests zeigen Schizophrene in der Regel erhebliche Aufmerksamkeitsmängel, ihre Reaktionszeiten sind länger und größeren Schwankungen unterworfen, sie sind leichter ablenkbar und scheinen die Außen- wie die *Innen*welt langsamer zu erfassen. Die für die Krankheit typischen Störungen des Denkens und der Sprache[31] lassen sich daher auf einen Aufmerksamkeitsmangel zurückführen, der sowohl die Selektionstätigkeit betrifft (die Unfähigkeit, innere oder äußere Reize auszuschließen, die unwichtig sind) als auch andererseits als übermäßige Fixierung der Aufmerksamkeit in Erscheinung treten kann. Überdies stehen die meisten Medikamente, die die Symptome der Schizophrenie lindern, in irgendeiner Beziehung zum Dopaminrezeptor.

Natürlich unterscheiden sich operierte Katzen und Schizophrene in vielerlei Hinsicht. Allein mit einer Funktionsstörung des Kerns A_{10} im Hirnstamm läßt sich die Krankheit sicher nicht erklären. Immerhin zeigten diese Arbeiten, welche entscheidenden Regulationsfunktionen den Kernen im Hirnstamm zufällt. Hier regulieren dopaminerge Neuronen die Aufmerksamkeitsorientierung; dort steuern cholinerge Neuronen die Benutzung des visuellen Kanals. Sie unterwerfen die Austauschprozesse zwischen Gehirn und Außenwelt einer sehr selektiven Kontrolle und sorgen für den ständigen Dialog zwischen der inneren Entfaltung der Gedanken und der für sie äußerlichen Wirklichkeit. Andere noch nicht genau ermittelte Neuronengruppen sind für die «innere» Ausrichtung der Aufmerksamkeit auf ein Gedächtnisbild oder ein Konzept verantwortlich. Man kann davon ausgehen, daß sie mit ihren Regeln, ihrer «Grammatik» die Operationen prägen, die mit den geistigen Objekten vorgenommen werden, die Art ihrer Verknüpfung und natürlich ihren Austausch mit der Umwelt.

Die verschiedenen Neuronengruppen der Formatio reticularis empfangen Signale von den Sinnesorganen. Sie stehen in Verbindung mit den Gehirnnerven und haben direkten Kontakt zur Außenwelt. In Einschätzung dessen, was «draußen» geschieht, schalten sie einmal ganze Gehirnregionen ein oder aus, dann wieder genau lokalisierte Rindenfelder oder auch nur bestimmte Punkte auf ihnen. Diese Hirnstammkerne analysieren keine Einzelheiten – das besorgt die Großhirnrinde –, aber sie regulieren die Kanäle, die die Analyse ermöglichen. Sie sind gewissermaßen die «Lotsen» oder – wem das Bild lieber ist – die Klaviaturen und Register der «großen Kortexorgel», die für die Produktion und Verknüpfung der *im Augenblick adäquaten* geistigen Objekte sorgen. Diese Lotsen können dem Organismus die ihm eigene Selbständigkeit nur dann verschaffen, wenn die Hirnstammneuronen auch erfahren, welche Operationen die Großhirnrinde mit den geistigen Objekten ausführt, genauer: wenn es Bahnen gibt, die vom Kortex zum Hirnstamm zurückkehren. Diese Rückmeldungen[36] schließen die Schleife. Damit wird die Gegenüberstellung von Außenwelt und Innenwelt möglich. Das fertige Regulationssystem mißt und bewertet Resonanzen und Dissonanzen zwischen Konzepten und Perzepten. Es wird zum Wahrnehmungsmechanismus der geistigen Objekte, zur «Überwachungsinstanz» ihrer Verbindungen. Die verschiedenen Neuronengruppen der Formatio reticularis informieren sich gegenseitig über ihr Vorgehen. Sie bilden ein «System» hierarchisch und parallel geordneter Bahnen, die in ständiger und *wechselseitiger* Verbindung mit den anderen Gehirnstrukturen stehen. Dadurch kommt es zur *Integration* der Zentren. Aus dem Zusammenspiel dieser verzahnten Regulationsprozesse erwächst das *Bewußtsein*.

Die Berechnung der Gefühle

«Die fundamentalsten sozialen Motivationen», schreibt Harlow, «sind die verschiedenen Formen der Liebe und Zuneigung.» Ohne unbedingt auf die Sprache angewiesen zu sein, werden Gefühle in einer sozialen Gruppe durch Körperhaltung und Gebärden, mehr noch durch das Mienenspiel zum Ausdruck gebracht. Wie gezeigt (Kap. 5), sind an diesen Gefühlen Neuronen des Hypothalamus und des limbischen Systems beteiligt, die auf die *Motivation* des Menschen einwirken, auf sein Bestreben, Nahrung, Sexualpartner, aber auch «Anschluß» zu finden. Wenn Sartre recht hat, ist das Gefühl «eine Existenzweise des Bewußtseins ... ein Bewußtseinszustand». In der Tat werden die Gefühle von der bewußten Person in ihrem Innersten wahrgenommen. Doch auch die von «draußen» empfangenen Perzepte rufen Gefühle hervor. Es kommt zu einem unablässigen Hin und Her zwischen Großhirnrinde, limbischem System und Hypothalamus.

Die Lokalisierung emotionaler Verhaltensweisen im frontalen Kortex (dem vordersten Teil der Großhirnrinde, vgl. Abb. 6) geht auf einen Zeitgenossen Brocas zurück. Anlaß war der berühmte Fall des Phileas Gage, eines neuenglischen Eisenbahners, der von Dr. Harlow behandelt wurde und viele Jahre lang bis zu seinem Tod dessen Patient blieb.[37] Gage war fünfundzwanzig Jahre alt, als ihm eine Sprengladung explodierte, die er gerade mit einer spitzen Eisenstange in ein Bohrloch schieben wollte. Dabei «trat ihm die Spitze des Metallstabs an seinem Kinnwinkel ein, durchquerte den oberen Teil des Vorderschädels in der Nähe der Pfeilnaht und wurde in einiger Entfernung vom Opfer mit Blut und Hirnmasse bedeckt aufgefunden». Eine knappe halbe Stunde nach dem Unfall kam Gage eine Treppe herauf und berichtete dem Chirurgen, was ihm zugestoßen war! Der Verletzte lebte noch zwölf Jahre, allerdings mit gravierenden Verhaltensstörungen, die von Harlow eingehend beschrieben wurden und die noch heute zur Diagnose bestimmter Läsionen des Stirnlappens herangezogen werden: «Er ist nervös, respektlos und flucht häufig in gröblichster Weise, was früher durchaus nicht seine Gewohnheit war. Seinesgleichen bezeugt er wenig Höflichkeit. Auf Widerspruch reagiert er ungeduldig und hört nicht auf die Ratschläge anderer, wenn sie seinen Vorstellungen zuwiderlaufen. Manchmal kann er sich außerordentlich starrsinnig zeigen, obwohl er normalerweise sprunghaft und unentschlossen ist. Er schmiedet Zukunftspläne und verwirft sie sogleich wieder zugunsten anderer, die ihm besser geeignet erscheinen.» Inzwischen sind viele weitere Fälle von Stirnlappenläsionen bekannt geworden. Man hat verschiedene Wirkungsweisen beobachtet. Entweder hat die Störung «psychopathischen» Charakter wie bei Gage, oder sie ist «depressiver» Art: Der Patient wird apathisch, gleichgültig, zeigt keinerlei Gefühle und spricht wenig oder gar nicht. Offensichtlich ist der Stirnlappen an der Regulation der Gefühlszustände beteiligt. Ermöglicht wird ihm das durch seine engen Verbindungen zum limbischen System.

Indessen führen, wie der Fall Gage zeigt, Läsionen des Stirnlappens nicht nur zu emotionalen Störungen. Vom Sonderfall der Aphasie abgesehen (das Brocasche Feld gehört zum hintersten Teil des Stirnlappens – vgl. Kap. 5 sowie Abb. 6 und 40), kommen noch Störungen des Kurzzeitgedächtnisses hinzu. Der Patient «vergißt, sich zu erinnern». Er ist zerstreut, unkonzentriert, ihm fehlt es an *Aufmerksamkeit*, an einer geeigneten Einstellung zur Vergangenheit und zur Zukunft, an der Fähigkeit, sich etwas vorzunehmen und es zu verwirklichen. Der Stirnlappen, in dem Nerven aus vielen Kortexregionen zusammenlaufen (vor allem projizieren viele sekundäre sensorische Felder dorthin), projiziert auf nichtkortikale motorische Zentren wie die Basalganglien (Abb. 13). So kann er die Ausführung von Bewegungsabsichten beeinflussen und sie den äußeren, aber auch inneren Umständen anpassen. Läsionen des Stirnlappens beeinträchtigen auch die Orientierung gegenüber dem eigenen Körper, dem eigenen *Ich*.

Als Region mit vielfältigen Aufgaben ist er an der Vorbereitung und Ausführung kompliziertester geistiger Tätigkeiten beteiligt: «Kreativität, verbale Intelligenz, diskursives und logisches Denken»[38]. Beim Menschen ist der Stirnlappen außerordentlich stark entwickelt: Er nimmt 29 Prozent der Kortexfläche ein, beim Schimpansen dagegen nur 17 Prozent, beim Hund gar 7 Prozent (Abb. 6). In dieser Region werden – wenn ich die Terminologie benutze, die ich im theoretischen Teil dieses Kapitels eingeführt habe – die geistigen Objekte verknüpft und kombiniert, werden die Vorstellungsprogramme für die motorische Region entwickelt, durch die die künftigen Bewegungen ausgeführt werden. Diese *Absichten* entstehen in der materiellen Form von Vorstellungen oder Konzepten, ihrerseits «Zusammenfügungen» aus anderen Vorstellungen oder Konzepten, in denen die Strategien künftiger Verhaltensweisen angelegt sind. Als das «Zivilisationsorgan» muß der frontale Kortex künftige Ereignisse berechnen, antizipieren, voraussehen.

Diese Antizipationsfunktion oder «Voraussicht» konnte beim Affen unlängst auf Zellebene nachgewiesen werden. Der Beweis wird mittels eines einfachen Lerntests geführt, den C. Jacobsen[39] mit Schimpansen entwickelt hat: der *verzögerten Reaktion*. Vor den Augen des aufmerksamen Versuchstiers stellt man zwei umgedrehte Schalen auf. Unter eine Schale wird ein Stück Apfel gelegt, aber so, daß der Affe es nicht erreichen kann. Man wartet ein paar Sekunden oder Minuten, dann läßt man das Tier zwischen den beiden umgedrehten Schalen wählen. Wenn er beim ersten Versuch auf die Schale

Die Berechnung der Gefühle

zeigt, unter der das Apfelstück verborgen ist, ist die Reaktion positiv und der Affe darf es fressen. Natürlich wird der Apfel in verschiedenen Testdurchgängen völlig willkürlich mal unter die eine, mal unter die andere Schale gelegt. Nach mehreren Durchgängen lernt der Affe, stets richtig zu reagieren. Jacobsen zeigte, daß die operative Entfernung des Stirnlappens die Leistung in diesem Test erheblich beeinträchtigt. Von diesen Ergebnissen ausgehend, hat J. Fuster (1981) die elektrische Aktivität einzelner Neuronen im Stirnlappen eines Makaken gemessen, während das Tier dem gleichen Test unterzogen wurde. Fuster konnte an Hand der Reaktionen mehrere Zellkategorien unterscheiden. Einige Neuronen werden aktiv, wenn das Tier mit den Schalen konfrontiert wird oder wenn die Reaktion erfolgt, andere entladen sich während der gesamten Dauer des Experiments. Die interessanteste Zellkategorie vermindert ihre Aktivität während der Konfrontation mit dem Reiz und der darauf folgenden Reaktion, zeigt aber eine bemerkenswerte Zunahme der Entladungsfrequenz *während der Wartephase*. Diese Neuronen bleiben inaktiv, wenn die Schalen ohne Apfelstück gezeigt werden, wenn der Affe die Aufgabe nicht gelernt hat oder wenn man ihn während des Tests ablenkt. Ihre Aktivität steht also in Zusammenhang mit der Speicherung einer visuellen Information im Gedächtnis und mit der Ausarbeitung eines angemessenen motorischen Akts. Zwar geht es bislang nur um die Reaktion einer – gemessen an der Zahl aller Zellen des Stirnlappens – verschwindend kleinen Zahl von Neuronen, doch allein die Tatsache, daß man sie bei einer Sondierung mit der Mikroelektrode finden und erkennen kann, zeigt, daß sie nicht gar so selten sind. Damit wird eine Neurophysiologie der Voraussicht, des Antizipierens möglich.

Kehren wir zurück zu den Patienten, die unter einer Läsion des Stirnlappens leiden. Fast alle lassen sie «eine erhebliche Beeinträchtigung ihrer Kritikfähigkeit erkennen: sie sind nicht in der Lage, ihr Verhalten richtig einzuschätzen und ihre eigenen Handlungen zu beurteilen»[38]. Seine *vergleichende Funktion* kann das Gehirn nur mit intaktem Stirnlappen erfüllen. Ich habe bereits darauf hingewiesen, wie wichtig die *Aufmerksamkeit* für den Dialog ist, den das Gehirn unaufhörlich mit der materiellen und sozialen Außenwelt unterhält. Da kann es kaum überraschen, daß die Lotsenfunktion des frontalen Kortex vom Kern A_{10} des Hirnstamms gesteuert wird, der das Dopamin enthält und von dem im Zusammenhang mit der Regulierung der Aufmerksamkeit bereits die Rede war. Wenn bei einer Ratte dieser Kern operativ entfernt wird, scheitert sie im verzögerten Reaktionstest, als hätte sie keinen Stirnlappen mehr. Der Kern A_{10} fungiert also als «Regulator» des Stirnlappens; er richtet die Aufmerksamkeit auf diese Gehirnregion aus und ermöglicht ihr unter anderem, ihre Aufgabe als Vergleichsmechanismus zu erfüllen.

Die Einschaltung des Vergleichsmechanismus hat zunächst – wiederum in der Terminologie der von uns vorgeschlagenen Theorie – das Auftreten von Resonanzen und Dissonanzen zwischen geistigen Objekten zur Folge. Welches sind die weiteren Konsequenzen? Wie erwähnt, führen Läsionen des Stirnlappens sowohl zu emotionalen Störungen als auch zu kognitiven Beeinträchtigungen. Selbst wenn verschiedene der allerdings eng nebeneinanderliegenden Regionen des Stirnlappens vorzugsweise eher an der einen oder der anderen dieser Verhaltensdimensionen mitwirken, kann es im weiteren Verlauf zu Verbindungen zwischen ihnen kommen. Es ist durchaus denkbar, daß sich die Resonanz zwischen geistigen Objekten aus «kognitiven» Neuronenkomplexen einem nahen «emotionalen» Nachbarn mitteilt, dort Impulsbündel auslöst, die vom Stirnlappen an das limbische System und den Hypothalamus weitergeleitet werden und hier eine positive Gefühlsstimmung der Freude oder, im Falle der Dissonanz, der Niedergeschlagenheit hervorrufen. Man kann sich vorstellen, wie schwer ein psychisch Kranker emotional gestört ist, wenn diese Resonanzen gar nicht oder unangemessen auftreten. Und es wird auch verständlich, wie ein einziges Wort mit einem Gedächtnisbild resonieren oder dissonieren (und Freude oder Verzweiflung auslösen) kann.

Dabei verläuft der Dialog zwischen dem Kortex und dem hypothalamisch-limbischen System nicht immer einseitig. Gewiß, die Resonanz rationaler Konzepte macht Freude. Doch «das Herz hat Gründe, die die Vernunft nicht kennt», was sich wie folgt übersetzen läßt: Das hypothalamisch-limbische System (das «Herz») ist in seiner Vernetzung gegenüber dem Kortex so unabhängig, daß das Motivationsniveau unter dem Druck besonders heftiger sensorischer Stimulation ansteigen und sogar dann eine Handlung auslösen kann, wenn sich die kortikalen Resonanzen dagegen aussprechen.

Geistige Objekte werden sichtbar

Gefühle teilen sich Menschen durch Mienenspiel und Körperhaltungen mit. Der Begriffs- oder Vorstellungsinhalt dieser Kommunikation bleibt allerdings beschränkt. Es gibt kein zwischenmenschliches «Fernsehen», das Vorstellungen oder Konzepte direkt von einem Gehirn auf das andere übertrüge. Meist ist die Kommunikation über geistige Objekte auf die Symbolik der sprachlichen Zeichen angewiesen, ein schwerfälliges und umständliches Kodierungssystem, das die «Sprache des Denkens» mehr schlecht als recht transportiert.

Der Aufbau der Großhirnrinde ist geprägt von der schwierigen Aufgabe, anderen die geistigen Objekte mit den verfügbaren Mitteln mitzuteilen – mit Mund, Ohren, Händen, Augen. Wie geschildert, enthält die linke Hemisphäre die Repräsentationen der gesprochenen Sprache (Kap. 5), doch können, wie Jackson schon 1868 schrieb, «die beiden Gehirne ... nicht einfach gedoppelt sein». Patienten mit einer Brocaschen Aphasie können ausgezeichnet singen, während aus den Krankengeschichten von Berufsmusikern bekannt ist, daß bei Läsionen der rechten Hemisphäre die Fähigkeit verlorengeht, Musik wahrzunehmen und hervorzubringen. Läsionen der gleichen Hemisphäre beeinträchtigen auch die Leistung in Vorstellungstests, wie ich sie am Anfang dieses Kapitels beschrieben habe.

Die Spezialisierung beider Hemisphären auf unterschiedliche Kommunikationsaufgaben wird gleichfalls deutlich in Roger W. Sperrys berühmten Forschungsarbeiten[40] an Patienten mit durchtrenntem Balken (Corpus callosum), das heißt an Patienten, bei denen die Verbindung zwischen den Hemisphären chirurgisch unterbrochen worden war. Nach der Operation bleibt jede Hemisphäre mit den Sinnesorganen verbunden. Infolge der Kreuzung des Sehnervs «sieht» die rechte Hemisphäre mit dem linken Auge und die linke Hemisphäre mit dem rechten. Man kann also mit jeder Hemisphäre getrennt Verbindung aufnehmen. So forderte Sperry Mrs. N. G., eine kalifornische Hausfrau, auf, ihm mitzuteilen, was sie auf einem senkrecht unterteilten Sichtschirm sah, auf dessen linke und rechte Seite unterschiedliche Bilder geworfen wurden. Die Versuchsperson wurde aufgefordert, auf einen Punkt in der Mitte des Schirms zu blicken. Ihr wurde rechts eine Tasse gezeigt. Sie erklärte: «Ich habe eine Tasse gesehen.» Dann wurde auf die linke Schirmhälfte ein Löffel projiziert. Auf die Frage, was sie gesehen habe, antwortete sie: «Nichts.» Doch mit ihrer linken Hand suchte sie unter einer Reihe von Dingen einen Löffel heraus, um zu zeigen, was sie gesehen hatte.

Daraufhin wurde sie aufgefordert zu benennen, was sie in der Hand hielt. «Einen Bleistift», sagte sie. Das Gespräch ging weiter. Nun wurde ihr *links* die Fotografie einer nackten Frau gezeigt. Sie errötete ein bißchen, lachte und hielt die Hand vor den Mund hinter der Hand. «Was haben Sie gesehen?» fragte Sperry. «Einen Lichtblitz», antwortete sie. «Warum lachen Sie dann?» – «Ach, Sie haben eines dieser Geräte, Herr Doktor!» Die Patientin war in der Lage, einen Gegenstand wie die Tasse zu *benennen*, wenn er (über den Kanal des rechten Auges) ihrer linken Hemisphäre dargeboten wurde. Trotzdem erkannte sie auch den Löffel und reagierte auf das Foto einer unbekleideten Frau mit einer deutlichen Veränderung ihres Gefühlszustands. Die rechte Hemisphäre analysiert und bringt in erster Linie Vorstellungsbilder hervor, während die linke sich auf verbale und «abstrakte» Operationen spezialisiert.

Ich möchte jetzt an die theoretischen Überlegungen anknüpfen, die ich zu Anfang des Kapitels angestellt habe. Sperrys Forschungsergebnisse legen den Schluß nahe, daß die geistigen Objekte gegenständlichen Charakters – die Vorstellungsbilder etwa – eher die Neuronen der rechten Hemisphäre mobilisieren, während die geistigen Objekte verbaleren oder abstrakteren Inhalts – die Konzepte – vor allem die Neuronen der linken Hemisphäre aktivieren. Es ist allerdings nur eine Frage des «Mehr oder weniger», da beide Hemisphären über wichtige sensorische Felder verfügen (so trägt die Sehrinde beider Hemisphären sowohl zum räumlichen Sehen eines Gegenstandes als auch zur Bildung eines räumlichen Perzepts bei). Die kooperierenden Neuronenverbände dürften also auf beiden Hemisphären anzutreffen sein. Ermöglicht wird ihnen das durch die zweihundert Millionen Nervenfasern des Balkens. Dem pausenlosen Hin und Her von Perzept und Konzept entsprechen also die Schwankungen des *Rechts-Links*-Gleichgewichts. Zu dieser Aktivierung von Neuronenmassen gesellen sich – damit sie «logisch» verknüpft und emotional aufgeladen werden können – «Bewegungen» in eine andere Richtung: In dem Maße, wie die Stirnlappen ins Spiel gebracht werden, wandert die Aktivität der Neuronenverbände wechselweise *von vorn nach hinten.*

Diese Aktivitätsbewegungen umfangreicher Neuronenkomplexe sind nicht bloß «imaginär». Dank jüngster technischer Fortschritte in der Hirnforschung, deren Konsequenzen überhaupt noch nicht abzusehen sind, kann man sie schon durch die Schädelwand *sehen*. Bei dieser Methode wird der Energieverbrauch sichtbar gemacht, der sich aus der Nervenaktivität ergibt. Die Erzeugung eines elektrischen Impulses kostet bekanntlich (Kap. 3) Energie und führt infolgedessen zu einem erhöhten Verbrauch an Glucose, dem bevorzugten Energieträger des Körpers. Der Abbau durch die Atmung erzeugt Kohlensäure. Ins Blut ausgeschüttet erhöht es dessen Säuregehalt, wodurch sich wiederum der Durchmesser der Blutkapillaren vergrößert. Je stärker die Blutzirkulation, desto größer die *Durchflußmenge* der mikroskopisch kleinen Blutgefäße in der Nachbarschaft der aktiven Neuronen.[41] Auf der Haut teilt sich dieser Vorgang als Rötung mit. Auf der Großhirnrinde läßt sich die Zunahme des örtlichen Blutdurchflusses nur mit Hilfe eines Lichts erkennen, das die Gewebe und vor allem die Schädelwand durchdringen kann. Es sind die wohlbekannten Röntgenstrahlen, die von radioaktiven Isotopen erzeugt werden. In das zum Gehirn führende Blut injiziert, lassen sie an den Stellen, wo die Neuronen sehr aktiv sind, nicht rote, sondern «röntgenfarbene» Flecken erkennen, allerdings nur mit Hilfe einer Kamera, die auf Röntgenstrahlen anspricht (Abb. 47 und 48).

Die verwendeten Isotope – Xenon 133, Kohlenstoff 11, Fluor 18 – senden selbst keine Röntgenstrahlen aus, sondern positiv geladene Elektronen, sogenannte *Positronen*, die nach ihrer Emission Entfernungen von einigen Millimetern zurücklegen, auf ein negatives Elektron treffen und in zwei Lichtpunkte «zerstäuben», zwei Photonen, die in entgegengesetzte Richtungen davonschießen. Die verwendete Kamera entdeckt die beiden Photonen gleichzeitig dank einer großen Zahl lichtempfindlicher Zellen, mit denen der Untersuchungsgegenstand, in diesem Falle der Schädel der Versuchsperson, umgeben wird. Ein angeschlossener Computer führt die Triangulationsberechnungen durch, die erforderlich sind, um den Emissionspunkt der beiden Photonen zu bestimmen. Das Ergebnis bildet er Punkt für Punkt in Form eines zweidimensionalen *Bildes* auf einem Sichtschirm ab. Die isotopenreichsten Regionen erscheinen auf den sukzessiven Schnittbildern des Gehirns röntgenfarben. Dort ist der Blutdurchfluß am stärksten, die Zellatmung am heftigsten und infolgedessen die elektrische Aktivität am höchsten. Die Positronenkamera macht den *Aktivitätszustand* der Neuronen im Schädelinnern *sichtbar*. Deshalb hat D. Ingvar (1977) diese Methode auch *Ideographie* genannt.

Diese noch sehr neue Methode hat ihre technischen Grenzen, zunächst räumlicher Art: Das Netz der Blutkapillaren hat eine ganz andere Größenordnung als die Nervenzelle. Mit der Messung des lokalen Blutdurchflusses läßt sich nicht das für die Erkennung einzelner Neuronen erforderliche Auflösungsvermögen erreichen. Deswegen hat man andere Verfahren erwogen. L. Sokoloff[42] hat gezeigt, daß ein der Glucose verwandtes Molekül, die *Desoxy*glucose, wie jene von aktiven Zellen aufgenommen, aber im Unterschied zur Glucose nicht von der Zellatmung verbrannt wird. Sie sammelt sich im Innern des Neurons an. Im Prinzip ließe sich mit ihrer Hilfe der Aktivitätszustand eines einzigen Neurons erkennen. Mit Fluor 18 markiert, liefert sie unter der Positronenkamera ausgezeichnete Bilder (Abb. 47). Leider legt das Positron erst einige Millimeter zurück, bevor die beiden Röntgenphotonen entstehen. So ergibt sich ein «Korn», das sich in den ideographischen Bildern nicht verkleinern läßt. Infolgedessen ist ihr Auflösungsvermögen noch sehr gering (in der Größenordnung von einem Quadratzentimeter). Doch der Analyse sind auch zeitliche Grenzen gesetzt. Die verwendeten Substanzen brauchen einige Zeit, um das Nervengewebe zu erreichen, sich dort auszubreiten und eine möglichst große Kontrastwirkung zu entfalten. Auch die Messung und Computeranalyse erfordern ihre Zeit. Gegenwärtig dauert es noch Minuten, bis man ein erkennbares ideographisches Bild erhält.

Trotzdem sind auch die so erzielten Ergebnisse schon verblüffend. Als Test für die Zuverlässigkeit der Methode darf gelten, daß sie bei Versuchspersonen, die wach sind und den Vorgang bewußt verfolgen,

Abb. 47: Durch die Schädelwand hindurch werden «innere» Aktivitätszustände mittels einer Positronenkamera durch den radioaktiven Indikator ^{18}F-Flurorodesoxyglucose sichtbar gemacht. A: Die Versuchsperson hält die Augen geschlossen (links), dann öffnet sie sie (rechts): die visuellen Felder in der Hinterhauptregion «leuchten auf» (Pfeile) (nach einer farbigen Darstellung auf dunklem Grund von Phelbs u. a., 1981). B: Wirkung der «Umweltkomplexität» auf die Aktivität der visuellen Felder (Pfeile). Links: die Versuchsperson hält die Augen geschlossen; Mitte: sie öffnet sie, sieht aber lediglich einen einfarbigen weißen Hintergrund; rechts: sie betrachtet den neben dem Laboratorium gelegenen Park. Auf der Abbildung ist die Intensität der Schwärzung der gemessenen Aktivität direkt proportional (nach Phelps u. a., 1982). C: Wirkung einer auditiven Stimulation. Links sind die Ohren der Versuchsperson verstopft, in der Mitte hört sie eine Sherlock-Holmes-Geschichte, rechts eines der Brandenburgischen Konzerte von Johann Sebastian Bach. Eine Zunahme der Aktivität ist sowohl in den Schläfenlappen, in denen die Hörfelder liegen, als auch in den Stirnlappen zu erkennen (nach einem Farbnegativ von Mazziotta u. a., 1982).

Anm.: Wenn Schwarzweißabzüge von Farbnegativen gemacht werden, gibt es zwischen der Intensität der Schwärzung und der gemessenen Aktivität keine direkte Beziehung mehr.

Geistige Objekte werden sichtbar

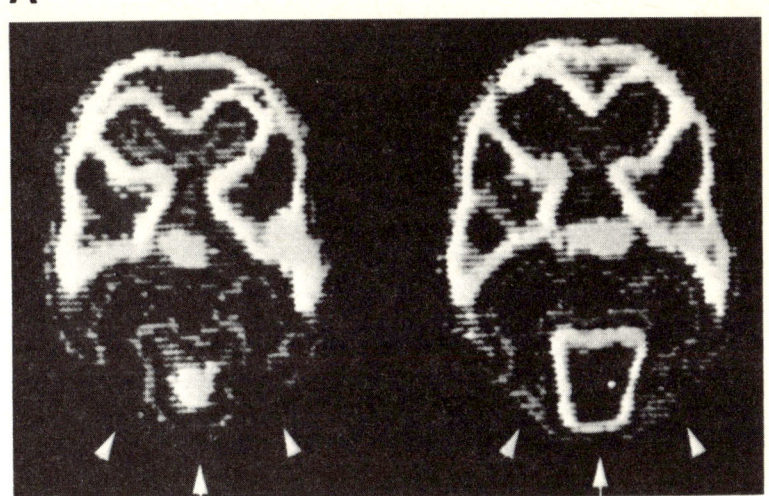

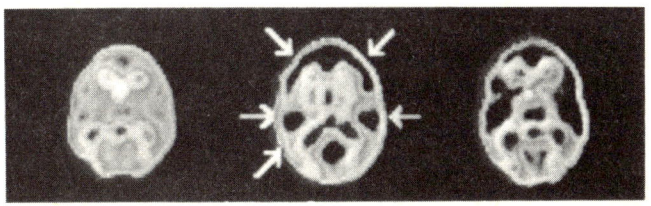

andere «radioaktive Landschaften» zeigt als bei Versuchspersonen mit eingeschränktem Bewußtseinszustand. Der Wachzustand ist dadurch gekennzeichnet, daß im frontalen Kortex ein höherer Blutdurchfluß (oder Glucoseverbrauch) zu beobachten ist als in den anderen Regionen der Großhirnrinde. Die Verteilung ist *hyperfrontal*. Wenn das Bewußtsein schwindet, verringert sich dieser Unterschied oder geht verloren.

Die Stimulierung eines bestimmten Sinnesorgans bewirkt die Akkumulation des Radioindikators in dem betreffenden sensorischen Feld. Für den Gesichtssinn haben M. E. Phelps und seine Mitarbeiter (1981, 1982) festgestellt, daß die Desoxyglucose je nach dem, was die Versuchsperson vor Augen hat, sehr unterschiedlich verteilt ist. Wird das Auge mit weißem Licht stimuliert, ist die Reaktion vor allem im Bereich des primären visuellen Feldes 17 zu beobachten. Fordert man die Versuchspersonen hingegen auf, ein Schachbrett mit weißen und schwarzen Feldern zu betrachten, so verstärkt sich die Akkumulation in dieser Region, vor allem aber im Bereich der sekundären visuellen Felder 18 und 19. Wenn sie schließlich die komplexe Umwelt des Parks vor den Fenstern des Labors betrachten, zeigen sowohl die primären als auch die sekundären Felder maximale Aktivität.

Damit wird die These erhärtet, die ich zu Anfang dieses Kapitels vorgebracht habe: daß nämlich neben dem primären Feld 17 auch die sekundären Felder (18, 19) an der Bildung des visuellen Perzepts beteiligt sind.

Wenn die Versuchsperson spricht, nimmt – wie Ingvar (1982) gleichfalls gezeigt hat – der Blutdurchfluß im Bereich der motorischen Felder des Mundes und des auditiven Kortex zu, und zwar vor allem (wenn auch nicht ausschließlich) in der linken Hemisphäre. Eine *rein geistige* Tätigkeit ohne jede sensorische und motorische Aktivität verändert die radioaktive Kortexlandschaft durch eine Zunahme des Blutdurchflusses vor allem – wen wundert es – im Bereich des Stirnlappens.

Schließlich zeigt eine Reihe übereinstimmender Untersuchungsergebnisse, die in drei verschiedenen Laboratorien (in den USA und in Schweden) erzielt wurden, daß sich normale und chronisch schizophrene Versuchspersonen deutlich hinsichtlich der Verteilung der Blutdurchflußmengen unterscheiden. Bei letzteren ist die *hyperfrontale* Verteilung nicht zu beobachten, während sich im Bereich der temporalen und parietalen Felder besonders hohe Blutdurchflußwerte zeigen. Die vorgeschlagene Deutung lautet, daß der Schizophrene seinen Stirnlappen «auf Sparflamme» schaltet (aber es sind auch andere Anomalien erkennbar, vgl. Abb. 48).

Die Ideographie eröffnet den Zugang zu den *inneren* Funktionen des Gehirns. Sie hat schon zahlreiche klinische Anwendungsmöglichkeiten gefunden. Ihr zeitliches und räumliches Auflösungsvermögen – das noch recht bescheiden ist – wird in den kommenden Jahren sicherlich verbessert werden können. Es ist durchaus vorstellbar, daß wir eines Tages das Bild eines geistigen Objektes auf dem Bildschirm bewundern können.

Eine entscheidende Frage allerdings bleibt noch offen. Die Ideographie läßt nur Aktivitätszustände von Neuronenkomplexen erkennen. Was ist mit der *Gedächtnisspur*, dem *Engramm*, das zwischen zwei Aktualisierungen eines Vorstellungsbildes bestehen bleibt? Gibt es ein «Gehirnorgan», das Elemente des Vorstellungsbildes bewahrt, um aus ihnen den kooperativen Neuronenkomplex zu entwickeln? Oder ist umgekehrt die Gesamtheit der Großhirnrinde an der Gedächtnisspeicherung der geistigen Objekte beteiligt? Bestimmte Gehirnschädigungen wirken sich beim Menschen selektiv auf die *Verwendung* des Gedächtnisses aus. Zweifellos spielen der Schläfenlappen und der «alte» Kortex des Hippocampus eine Rolle. Es gibt allerdings keinen Beweis dafür, daß das Engramm in diesem Bereich lokalisiert ist. Läßt sich die außerordentliche Leistungsfähigkeit des menschlichen Gedächtnisses überhaupt auf einer so beschränkten Fläche unterbringen? So wie unsere Theorie die Genese und Stabilisierung der Neuronenverbände beschreibt, erscheint es

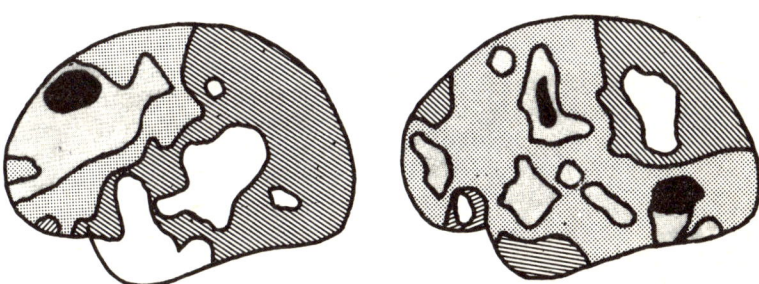

Abb. 48: Unterschiede der zerebralen Blutdurchflußmengen werden mittels der Positronenkamera (Isotop ^{133}Xenon) bei Versuchspersonen ohne erkennbare psychische Störungen (*links*) und bei schizophrenen Versuchspersonen (*rechts*) nachgewiesne. Die radioaktive «Landschaft» zeigt bei der normalen Versuchsperson im Ruhezustand eine Hyperaktivität der frontralen Felder, die beim Schizophrenen ausbleibt (nach Ingvar, 1982).

einleuchtender, sich die «Spuren» der Gedächtnisobjekte *über den ganzen Kortex* und womöglich über den größten Teil des Gehirns *verteilt* vorzustellen. Bei Oakley heißt es dazu: «Die Lernfähigkeit ist eine fundamentale Eigenschaft des Nervensystems der Säugetiere, die nicht auf eines seiner Teile beschränkt ist.»

Die «Substanz» des Geistes

Das Ziel, das diesem Kapitel gesteckt ist – den Graben zwischen Nervensystem und Geist zu überwinden, eine Brücke zwischen beiden zu schlagen –, mag manchem unbescheiden erscheinen und seinen Widerspruch herausfordern. Die Methode besteht darin, geistige Einheiten mit physikalischen Aktivitätszuständen von Neuronenkomplexen zu identifizieren. Der Ausdruck «geistiges Objekt», der auch als Überschrift für dieses Kapitel gewählt wurde, versinnbildlicht diesen Gedanken, indem er das Substantiv «Objekt» mit dem Adjektiv «geistig» verknüpft. Die größte Gefahr dieses Unterfangens liegt in der Vereinfachung, der Möglichkeit, daß nicht die Gesamtheit der geistigen Prozesse erfaßt wird, daß die Beschreibung unvollständig bleibt. Mag sein, daß die Experimentaldaten noch zu bruchstückhaft sind, um weiterreichende Hypothesen zu rechtfertigen. Im übrigen geht es nicht darum, alles zu erklären, sondern einen Anfang zu machen in dem Versuch, dem «Geheimnis» des Geistes auf die Spur zu kommen. Die «spiritualistische» Alternative ist oft genug vorgeschlagen worden. Hier wird der entgegengesetzte Weg empfohlen: das Experiment, die Forschung.

Die vorgeschlagene Hypothese, unser «Modell», hat den Vorteil, sowohl die Erkenntnisse der Selbstbeobachtung wie die Ergebnisse anatomischer Untersuchungen und exakter Messungen (elektrophysiologischer und chemischer Art) zu berücksichtigen. Deswegen ist dieses Kapitel geprägt vom ständigen Wechsel zwischen «subjektiver» und objektiver Darstellungsweise. Daher auch die Kritik an diesem Ansatz, der natürlich methodisch so lange angreifbar sein wird, bis er eines schönen – und hoffentlich nicht mehr allzu fernen – Tages zu ganz konkreten Erkenntnissen über das Gehirn und seine Funktionen führt.

Mit dem theoretischen Konstrukt der «Neuronenverbände» oder kooperativen Neuronenkomplexe findet von vornherein ein Sprung von einer Organisationsebene auf eine andere statt: von der des ein-

Die «Substanz» des Geistes

zelnen Neurons auf die der Neuronenpopulation. Wie viele Neuronen am Netzwerk eines geistigen Objekts beteiligt sind, ist nicht bekannt. Hunderttausende, Millionen? Man kann sich vorstellen, daß diese Komplexe, wenn sie in irgendeiner Weise selbständig sind, neue Eigenschaften besitzen. Diese werden sich genauso durch die Eigenschaften der Neuronen erklären lassen, wie sich die Eigenschaften der Moleküle aus denen der Atome erklären lassen. Die Entstehung der Neuronenkomplexe beruht wahrscheinlich auf eingehend erforschten synaptischen und molekularen Mechanismen: Sie sorgen für die Integration einzelner Neuronen in «einheitliche» Verbände und damit für den Übergang von einer Ebene zur anderen.

Die korrelierenden Aktivitätszustände, aus denen sich das Neuronennetzwerk eines bestimmten geistigen Objekts aufbaut, sind bislang noch nicht gemessen worden. Nur ganze *Regionen* der menschlichen Großhirnrinde und ganz allgemein des Gehirns konnten bisher von der Positronenkamera eingefangen werden. Wir können mit großer Zuversicht davon ausgehen, daß diese oder andere Techniken der Zukunft die geistigen Objekte trotz ihrer Flüchtigkeit und topologischen Verstreutheit sichtbar machen werden.

Dazu muß man umfangreiche Neuronenpopulationen orten, die über zahlreiche Kortexabschnitte und wahrscheinlich auch andere Gehirnregionen verstreut sind. So wie die geistigen Objekte hier definiert worden sind, werden sie sich, wenn sie Vorstellungen sind, eher an die Abbildungen der primären oder sekundären sensorischen Felder halten, wenn sie dagegen Konzepte sind, mehr an die Assoziationsfelder ohne sensorische oder motorische Aufgaben wie etwa den frontalen Kortex. Wie gegenständlich oder abstrakt diese Repräsentationen sind, wird von ihrer *Zusammenstellung* abhängen, davon, wie viele aus bereits in die Großhirnrinde eingeschriebenen Bildern stammen und wie viele aus anderen Rindenabschnitten. Die Neuronen, die zu den Verbänden der Konzepte gehören, dürften weit verstreut und multimodal (oder amodal) sein. Daraus würden sich ihre *assoziativen* Eigenschaften erklären, ihre Fähigkeit, sich zu verknüpfen und vor allem zu kombinieren. Es wäre durchaus vorstellbar, daß sich diese Verbände aus Oszillatorneuronen mit heftiger *Spontanaktivität* aufbauen, was sie zu *Rekombinationen* untereinander befähigen würde. Die Rekombinationsaktivität – der «Hypothesengenerator» – wäre auf dieser Ebene ein Diversifizierungsmechanismus, der entscheidend zum Verständnis der Entstehung neuer Konzepte beitragen könnte – zum Verständnis der Vorstellungskraft und insbesondere der «Simulation» künftigen Verhaltens angesichts neuer Situationen. Allerdings muß ein System noch mehr können als nur Vielfalt schaffen, um zur Selbstorganisation imstande zu sein. Es müßte auch zur *Selektion* fähig sein, die man sich, wie dargelegt, als einen *Vergleich* der geistigen Objekte untereinander, als ihre Resonanz oder Dissonanz vorzustellen hätte.

Die Operationen an den geistigen Objekten und vor allem deren Ergebnisse würden von einem *Überwachungssystem* «wahrgenommen», das aus sehr verschiedenen Neuronen – unter anderem denen des Hirnstamms – und aus ihren Rückmeldungen aufgebaut sein dürfte.* Dieses Regulationssystem mit seinen Verkettungen und Verzahnungen würde als *Ganzes* funktionieren. Kann man sagen, daß das Bewußtsein aus all dem «erwächst»? Gewiß, wenn man das Wort «erwächst» wörtlich nimmt, wenn man es sich als einen Eisberg vorstellt, der aus dem Wasser herauswächst. Doch sagen wir lieber, das Bewußtsein *ist* dieses System von Regulationen und Funktionen. Fortan hat der Mensch nichts mehr mit dem «Geist» zu schaffen – es wird ihm genügen, ein neuronaler Mensch zu sein.

---

* Solche durch Rückmeldungen geschlossenen Regulationsschleifen auf verschiedenen Organisationsebenen des Gehirns könnten weitläufige Oszillationen hervorbringen. Der Wechsel von manischen und depressiven Phasen, die regelmäßigen Schübe von Wahnzuständen, die Merkmale bestimmter Geisteskrankheiten sind, könnten darauf zurückzuführen sein.

6
Die Macht der Gene

Das Erbgut ist das Gesetz.

Charles Darwin

Der zerebrale Apparat schafft innere Repräsentationen, weil er selbst eine Repräsentation der ihn umgebenden Welt ist. Seine anatomische Organisation, das heißt die Anordnung seiner Neuronen und Synapsen, enthält die Repräsentationen, und jede biologische Art wird durch eine typische Organisationsform gekennzeichnet. Die Beschreibung der Arten, die – so Linné (1770) – den «unveränderlichen Teilen» zu gelten hat, schließt typische Wesensmerkmale aller Arten ein. Häufig tauchen sie sogar in abgekürzter und symbolischer Form in der Bezeichnung der Art auf. So hat sich der moderne Mensch den Namen *Homo sapiens sapiens* zugelegt – sicherlich um eine Eigenschaft seines Gehirns zu bezeichnen, die er für besonders charakteristisch hält.

Zur Definition der Art *Homo sapiens sapiens* trägt die Struktur des Gehirns ebenso bei wie die des Schädels, der Hände oder der Wirbelsäule. Betrachten wir die Darstellungen des menschlichen Gehirns, die uns Vesal in der Renaissance lieferte (Abb. 2), Willis im 17. Jahrhundert (Abb. 3), Leuret und Gratiolet im 19. Jahrhundert (Abb. 5), und schließlich die fotografischen Atlanten heutiger Zeit. Die Bilder unterscheiden sich mehr durch die Reproduktionstechniken als durch die Form des Gehirns. Unabhängig von der Hand des Künstlers und dem Reproduktionsverfahren scheint sich das Objekt der Hirnforschung seit dem 16. Jahrhundert *nicht* verändert zu haben – und das trotz der enormen Veränderungen, denen die soziale und kulturelle Umwelt des Menschen in dieser Zeit unterworfen war.

Die Beständigkeit der entscheidenden Merkmale des Gehirns, die in gewisser Weise eine neurobiologische Definition der Art ermöglichen (Abb. 49), finden wir auch im Bereich der histologischen Feinstruktur wieder. Medizinstudenten müssen die seit langem festliegende Nomenklatur der Kerne, Bahnen und Windungen auswendig lernen. Schon die Tatsache, daß es eine solche Nomenklatur gibt,

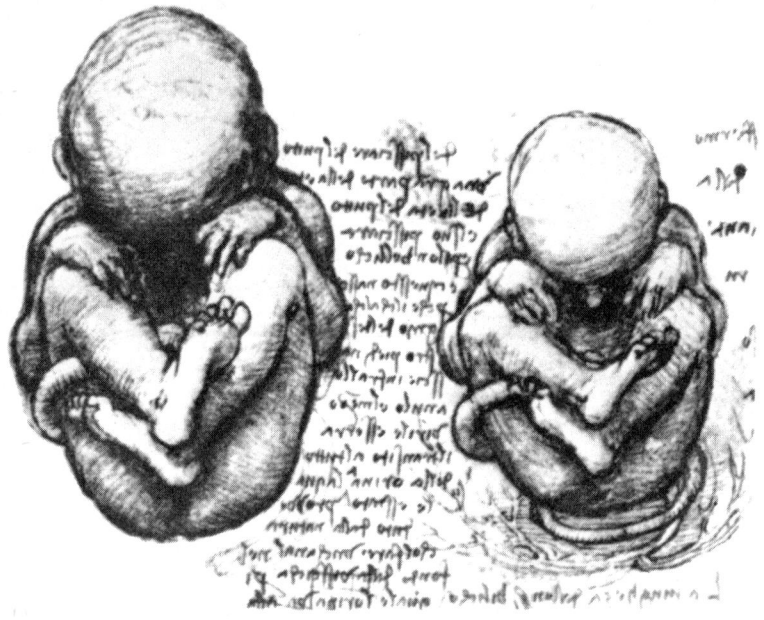

Abb. 49: Zeichnung des menschlichen Fötus von Leonardo da Vinci (um 1510). Die Neuronenzahl und die wesentlichen Merkmale des menschlichen Gehirns liegen bei der Geburt schon fest. Die Macht der Gene sorgt für die «zerebrale Einheitlichkeit» der Art (nach Leonardo da Vinci, P. Huard, 1961).

bezeugt, daß die von ihr bezeichneten Dinge einer systematischen Ordnung angehören. Und als Ramon y Cajal die Neuronen und Nervenfasern zeichnete, aus denen diese Gehirnzentren bestehen, sah er keine Notwendigkeit, möglichst viele Gehirne zu untersuchen. Das wäre ein grobes Versäumnis gewesen, wenn die Zellstruktur des Gehirns von einem Menschen zum anderen größere Unterschiede aufweisen würde. Für das bloße Auge und unter dem Mikroskop scheint sich das Nervensystem in seinen wichtigen Eigenschaften *aber innerhalb der Art und von Generation zu Generation zu wiederholen.*

Mutationen der Anatomie

Um zu verstehen, wie ein Einfluß wirkt, kann man versuchen, ihn unwirksam zu machen, und beobachten, was dann geschieht. Kennt die Unveränderlichkeit des Nervensystems Ausnahmen? Ist seine Organisation *Variationen* unterworfen, die von einer Generation an die folgende weitergegeben werden, die also im *Genom* verankert sind? Oder verschwinden sie in der Abfolge der Generationen wieder, gehören sie zum Phänotyp?

Es war bereits die Rede davon (vgl. Kap. 2), wie unterschiedlich das Gehirngewicht beim Menschen ausfallen kann. Unlängst haben T. Hickey und R. Guillery (1979) noch einmal an einer recht großen Stichprobe von 59 Patienten, die an einer nicht das Nervensystem beeinträchtigenden Krankheit gestorben waren, untersucht, welche Schwankungen die Histologie des menschlichen Gehirns aufweist. Ihre *Post mortem*-Untersuchungen galten dem lateralen Kniehöcker (Corpus geniculatum laterale), der, wie man weiß, als Schaltstation des Thalamus zwischen Netzhaut und Sehrinde dient (vgl. Kap. 4). Die beiden Forscher haben festgestellt, daß sich der schichtförmige Aufbau dieses Kerngebiets von Gehirn zu Gehirn sehr deutlich unterschied. Manche Segmente fehlten, andere verschmolzen miteinander. Das waren individuelle anatomische Unterschiede, von denen man sich bislang nichts hatte träumen lassen. Hier ergaben sich die oben gestellten Fragen: Sind sie erblich, sind sie im Genotyp verankert? Oder verschwinden sie wieder in der Abfolge der Generationen, gehören sie zum Phänotyp?

Die Antwort lieferte ein Sonderfall unter den 59 Patienten – ein an Anämie verstorbener *Albino*.[1] Die Veränderung seines Corpus geniculatum laterale war sehr auffällig. Statt Schichten wies er Zellhaufen auf, «Satelliten», die an einigen Stellen weitgehend verschmolzen (Abb. 50). Diese auffällige anatomische Abweichung ist auch den Albinos verschiedener Säugetierarten eigen: der Siamkatze, der weißen Maus, dem weißen Kaninchen, dem weißen Tiger.[2] Wir haben es also mit einer Eigenschaft des Albinismus zu tun.

Der Albinismus kommt ungefähr einmal unter 17 000 Personen vor, und man weiß seit langem, daß er erblich ist. Er wird nach einfachem Mendelschen Gesetz rezessiv von jeder Generation an die folgende weitergegeben. In seltenen Fällen tritt er auch spontan in Populationen auf, die das «Albinismusgen» nicht besitzen. Dann handelt es sich um eine plötzliche Veränderung des Erbgutes, um eine *Mutation*.[3]

Die primäre Auswirkung dieser Mutation ist der Wissenschaft bekannt. Merkwürdigerweise hat das betroffene Molekül auf den ersten Blick nichts mit dem zentralen Nervensystem zu tun. Es handelt sich um ein oder mehrere Enzyme, die für die Synthese eines Hautpigments, des Melanins, sorgen. Sein Fehlen führt zu der für Albinos charakteristischen weißen Farbe der Haut, des Fells und der Haare, aber auch zur *roten Farbe des Auges*, dessen Hintergrund nicht mit schwarzen Pigmentzellen ausgekleidet ist. Bei eingehender Untersuchung stellte sich heraus, daß der Albinismus außer dem Corpus geniculatum laterale auch andere Teile des zentralen Nervensystems beeinträchtigt. Das beginnt am Auge, genauer am Sehnerv. Normalerweise teilen sich dessen Fasern in zwei Bahnen auf, von denen eine «diagonal» verläuft. Wenn sie beispielsweise vom linken Auge ausgeht, führt sie zum rechten Corpus geniculatum, während die andere Bahn weiter auf der gleichen Kopfhälfte verläuft. Für Albinos gilt diese Überkreuzschaltung nicht. Einige der Bahnen, die eigentlich nicht diagonal verlaufen dürften, wenden sich zum gegenüberliegenden Corpus geniculatum, mischen sich mit denen, die dort normalerweise hingehören, und verursachen so das ungeordnete Erscheinungsbild des Corpus geniculatum. Doch damit nicht genug – die Neuronen des Corpus geniculatum schicken ihre Axone üblicherweise zur Sehrinde. Das geschieht auch – unabhängig vom Ursprung der von der Netzhaut eintreffenden Fasern – bei Albinos, nur ist die übermittelte Information nicht mehr zutreffend. So bekommt die gesamte Sehbahn, vom Auge über das Corpus geniculatum bis hin zur Großhirnrinde, eine andere Struktur.

Die Albinismusmutation ist in mehr als einer Hinsicht typisch für die Mutationen, die das Nervensystem betreffen. Die punktuelle Veränderung eines einzigen Gens bewirkt die gleichzeitige Modifikation *mehrerer* so verschiedener Merkmale wie der Farbe der Haut oder des Augenhintergrunds einerseits und der Struktur der Sehbahnen andererseits. Außerdem zieht ein anatomischer Mangel, der an einem bestimmten Punkt des Nervensystems festgestellt wird, eine Reihe von Folgeerscheinungen nach sich und greift auf andere Zentren über, die mit dem ersten in direkter oder indirekter Verbindung stehen. In der Genetik wird diese Wirkungsvielfalt einer Mutation mit dem griechischen Ausdruck *pleiotrop* bezeichnet. Mutationen, die das Nervensystem betreffen, wirken sehr häufig pleiotrop.

Die neuralen Ziele von Genmutationen sind höchst unterschiedlich. Im Extremfall, bei der Anenzephalie, fehlt beim Mensch wie bei der Maus die Großhirnrinde. Diese Fehlentwicklung ist relativ häu-

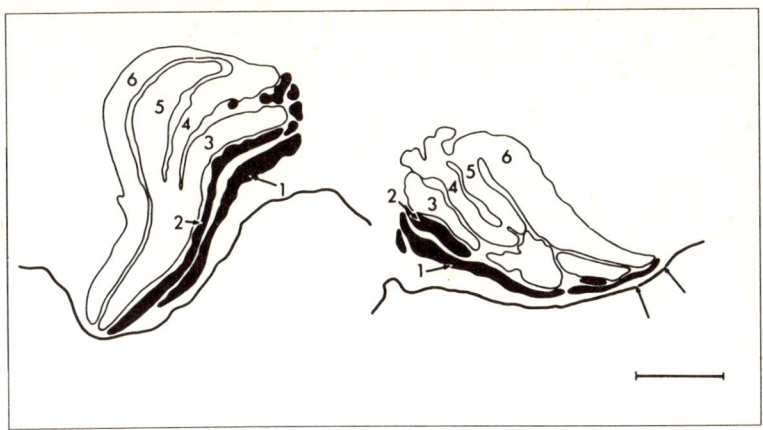

Abb. 50: Die Mutation *Albino* führt beim Menschen und mehreren Säugetierarten zu einer tiefgehenden Umgestaltung des Thalamuskerns (seitlicher Kniehöcker oder *Corpus geniculatum laterale*), der als Umschaltstation für die Sehbahnen auf dem Weg zum Kortex dient. Links der Normalfall, rechts beim Albinismus: Schicht II zerfällt in Bruchstücke, auch Schicht III, IV und V lösen sich in Fragmente auf und gehen ineinander über (Balkenlänge: 2 Millimeter; nach Guillery u. a., 1975).

fig – sie kommt beim Menschen pro tausend Geburten ein- bis fünfmal vor.

Sehr eingehend ist die Wirkung der Mutation bestimmter Gene auf das Kleinhirn von Mäusen untersucht worden.[4] Wie beschrieben (Kap. 2), setzt sich dieses in sehr regelmäßiger Weise aus einer kleinen Zahl von Zellkategorien zusammen – der Schicht der Körnerzellen, der der Purkinje-Zellen und der Schicht der Verzweigungen und Synapsen dieser beiden Zellarten (Abb. 21 und 51). Die *reeler* genannte Mutation beeinträchtigt diese Schichtstruktur: Der größte Teil der Purkinje-Zellen ist bei ihr im Innern des Kleinhirns zu formlosen «Zellhaufen» angeordnet. Die Zellen organisieren sich nicht zu regelmäßigen «Zellkristallen». Die *Purkinje-cell degeneration* genannte Mutation führt, wie der Name schon sagt, zum Tod fast aller Purkinje-Zellen des Kleinhirns. Die *weaver*-Mutation läßt die Körnerzellen verschwinden. In allen Fällen werden die Zellen einer bestimmten Kategorie geschädigt. Die *staggerer*-Mutation schließlich beeinträchtigt die *Synapsen*, die im normalen Kleinhirn die Körnerzellen und Purkinje-Zellen verbinden. Diese wenigen Beispiele wurden zwar an der Maus untersucht, sie kommen aber genauso beim Menschen vor. Sie führen überzeugend vor Augen, wie sich die allgemeinen Merkmale der Hirnanatomie – die Verteilung der wichtigsten Zellarten, ihre Differenzierung in Zellkategorien und der Aufbau eines Netzes von Verbindungen und Bahnen – infolge einer genetischen Mutation verändern können und somit der Macht der Gene unterworfen sind.

Man hat auch beim Menschen eine stattliche Zahl möglicher Mutationen registriert: 2336 solcher Merkmale ergeben sich aus der Veränderung unterschiedlicher Gene. Davon wirken sich mindestens 300 auf das zentrale Nervensystem aus und manifestieren sich in den verschiedensten anatomischen Schäden. Zu diesen «punktuellen»

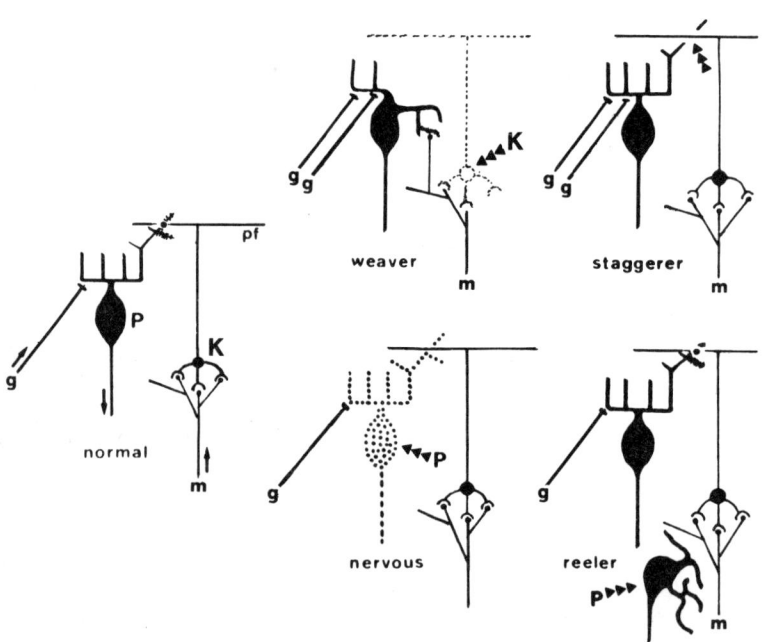

Abb. 51: Schematisierte Wiedergabe der Wirkung von Genmutationen auf die Kleinhirnstruktur der Maus. Die Mutation *nervous* führt zum Absterben der Purkinje-Zellen (P), die Mutation *weaver* zum Tod der Körnerzellen (K), die Mutation *reeler* zur Wanderung von Purkinje-Zellen, die Mutation *staggerer* schließlich zur Bildung synaptischer Verbindung zwischen Körnerzellen und Purkinje-Zellen (nach Changeux und Mikoshiba, 1978).

Mutationen kommen noch die umfangreicheren Veränderungen hinzu, die die Träger des Erbguts in der Zelle, die *Chromosomen*, direkt und sichtbar in Mitleidenschaft ziehen. Ihre Zahl und Länge sind veränderlich. Ein Fragment eines Chromosoms kann verlorengehen (Deletion) oder von einem Chromosomen zum anderen wandern (Translokation). Ein sehr bekanntes Beispiel für eine Erbkrankheit des Nervensystems, die aus einer Änderung des Chromosomensatzes entsteht, ist der Mongolismus. Er ergibt sich bei Menschen und Affen aus der Tatsache, daß das Chromosom 21 nicht in zwei Exemplaren vorliegt, sondern in drei (Trisomie 21).[5] Trotzdem sind Chromosomenaberrationen und Mutationen seltene Ereignisse. In jeder Generation liegt die durchschnittliche Mutationsrate des einzelnen Gens zwischen 1 pro 100 000 und 1 pro 1 000 000. Ihr seltenes Vorkommen und ihre ebenso seltene Umkehrung sorgen dafür, daß die große Mehrzahl der Gene im allgemeinen von einer Generation zur anderen unverändert bleibt. Die Stabilität des Erbguts garantiert gleichbleibende Artmerkmale, insbesondere eine unveränderliche Anatomie des Nervensystems.

Vererbung von Verhaltensweisen

Selbstverständlich ziehen erbliche anatomische Schäden von der beschriebenen Art erhebliche Verhaltensänderungen nach sich. Siamkatzen schielen, Mäuse mit *Purkinje-cell degeneration*, mit *reeler*-, *weaver*- oder *staggerer*-Mutation leiden – wie ihr Name («taumelnd», «schwankend», «wankend») besagt – unter schweren Bewegungsstörungen. Solche Tiere bewegen sich langsam und zögernd fort, fallen dabei seitlich um und kommen nur mühsam wieder hoch. Das sind typische Symptome für Kleinhirnläsionen. Zunehmendes Alter führt zu keiner nennenswerten Besserung. Ja, wenn das Kleinhirn bei der Geburt entfernt wird, zeigt das ausgewachsene Tier weniger Verhaltensstörungen als ein Tier mit «mutiertem» Kleinhirn, dem – wie im Falle der *weaver*-Mutation – die Körnerzellen fehlen. Die Synapsen solcher Tiere bilden fehlerhafte Schaltkreise, die sich durch «Gebrauch» weder reorganisieren noch in ihrer Wirkung kompensieren lassen. Die Gene führen ein strenges Regiment.

Weniger auffällig sind die Verhaltensbeeinträchtigungen bei einer Mutation, die keine *erkennbare* anatomische Veränderung des Nervensystems, der Sinnesorgane oder des Bewegungsapparats bewirkt.

Das erste, sehr anschauliche Beispiel stammt von der Taufliege (Drosophila), jenem kleinen Insekt, mit dem Thomas H. Morgan[6] die Grundlagen der modernen Genetik geschaffen hat. Mutationen sind, wie gesagt, sehr selten, und der Genetiker steht vor einem schwerwiegenden experimentellen Problem: Wie soll er bestimmte Mutanten ausfindig machen und züchten?

S. Benzer[7] hat sich eine höchst wirksame Methode einfallen lassen, um die Verhaltensmutanten der Fliege zu «konzentrieren». Er verfährt mit Taufliegenpopulationen wie mit Proteinlösungen, indem er normale Fliegen und Mutanten als «Suspension» im Reagenzglas mischt, sie am Boden zusammendrückt und ihnen anschließend ihre Bewegungsfreiheit zurückgibt, wobei die Öffnung des Glases einer Lichtquelle zugekehrt wird. Die normalen Taufliegen wenden sich spontan dem Licht zu und versuchen zu entkommen, die anderen bleiben am Boden des Glases. Die Tiere, die sich grundsätzlich nicht auf das Licht zubewegen, werden eingesammelt. Die Tiere leiden natürlich unter zahlreichen schweren Behinderungen wie zum Beispiel Blindheit oder Lähmung. Doch uns interessieren die Mutanten, die keine größeren anatomischen Veränderungen aufweisen, trotzdem aber in ihrem Verhalten gestört sind. Der Mutant *shaker* schlägt heftig mit den Flügeln, wenn man ihn narkotisiert, der Mutant *nap* fällt gelähmt zu Boden, wenn man ihn einer Temperatur von 35°C aussetzt, und der Mutant *bang-sensitive* stirbt ein paar Sekunden nach einem mechanischen Schock. Woher rühren diese Störungen?

Eine elektrophysiologische Untersuchung der Nervenleitung und der Übertragung der Erregung an der neuro-muskulären Verbindung liefert die Antwort.[8] Im Fall des Mutanten *shaker* ist die postsynaptische Erregungswelle abnorm lang, weil der Neurotransmitter länger als gewöhnlich freigesetzt wird, was wiederum auf eine Veränderung des selektiven Kanals für Kaliumionen zurückzuführen ist. Beim Mutanten *nap* wird die Fortleitung des Aktionspotentials durch einen Defekt des selektiven Kanals für Natriumionen gestört. Bei der Mutation *bang-sensitive* schließlich deutet vieles darauf hin (wenn es auch noch nicht endgültig bewiesen ist), daß dort die Natriumpumpe betroffen ist, die für das Konzentrationsgefälle der Natrium- und Kaliumionen zwischen dem inneren und dem äußeren Milieu der Nervenzelle sorgt (Kap. 3).

Jede dieser Mutationen beeinträchtigt also eines der Proteinmoleküle, die entscheidend an der nervösen Erregungsleitung beteiligt sind (der selektive Kanal für Natrium- oder Kaliumionen und die Natriumpumpe). Aller Wahrscheinlichkeit nach sind von den Mutationen die «Strukturgene» betroffen, die die genetische Information für diese Proteinmoleküle enthalten. Die Verhaltensdefizite erklären sich folglich aus einer unzulänglichen Leitung der Nervensignale oder ganz einfach aus dem Fehlen der Signale (Kap. 3).

Dieses erste Beispiel wird die Verhaltensforscher und Psychiater, für die das Verhalten von Mutanten der Taufliege ohne jedes Interesse sein dürfte, sicherlich nicht zufriedenstellen. Allgemeine Lähmung bildet nämlich einen sehr einfachen Fall pathologischen Verhaltens. Vielleicht finden diese Wissenschaftler die Genetik des Grillenzirpens interessanter.[9] Bekanntlich (vgl. Kap. 4) wird der Lockruf der männlichen *Teleogryllus oceanicus* aus einer Reihe von Strophen gebildet, die jeweils aus einem «Schrei» und zwei aus einem Doppelton bestehenden «Trillern» zusammengesetzt sind (Abb. 33). Das Zirpen verändert sich auch dann nicht, wenn man die Grillenlarve in völliger Isolierung aufzieht oder wenn man das Tier betäubt. Wir haben es mit einer ganz und gar angeborenen Verhaltensweise zu tun. Andererseits unterscheidet sie sich von einer Grillenart zur anderen (Abb. 52). Bei der australischen Grille *Teleogryllus commodus* besteht jeder Triller aus weit mehr Tönen als bei der *Teleogryllus oceanicus*. Kreuzt man die beiden Arten im Laboratorium, singen die Hybriden der ersten Generation anders als beide Elternteile. Das Zirpen der Grille wird also vererbt.[9] Wenn man diese Hybriden mit einem der beiden Elternteile paart (zum Beispiel mit der Mutter *Teleogryllus oceanicus*), singen die aus dieser Verbindung hervorgehenden Hybriden in wirklich bemerkenswerter Weise: Ihr Triller weist *stets genau* einen Ton mehr (also drei Töne) auf als der Triller der männlichen *Teleogryllus oceanicus* (Abb. 52). Wie entsteht ein so feiner Unterschied? Verantwortlich für die Zusammensetzung der Triller sind, wie wir wissen, die Oszillator-Neuronen. Bekannt ist auch, welche Proteinmoleküle den Rhythmus dieser Uhrwerke festlegen (Kap. 3). Die wenigen Gene, die die Information für den Aufbau dieser Eiweißmoleküle tragen, können folglich die Struktur des Zirpens regeln und erheblich verändern.

Die Grille lernt das Zirpen nicht; die Taufliege kann lernen (aber nicht zirpen!). Sie kann von Natur aus zwei Gerüche unterscheiden. Wenn man im Labor den einen Geruch mit einem elektrischen Schlag verknüpft und den anderen nicht, lernt sie nach und nach, den Geruch mit den nachteiligen Folgen zu vermeiden. S. Benzer und seinen Mitarbeitern gelang es, die Mutanten zu isolieren, die sich nicht auf den Doppelstimulus Geruch plus elektrischer Schock «konditio-

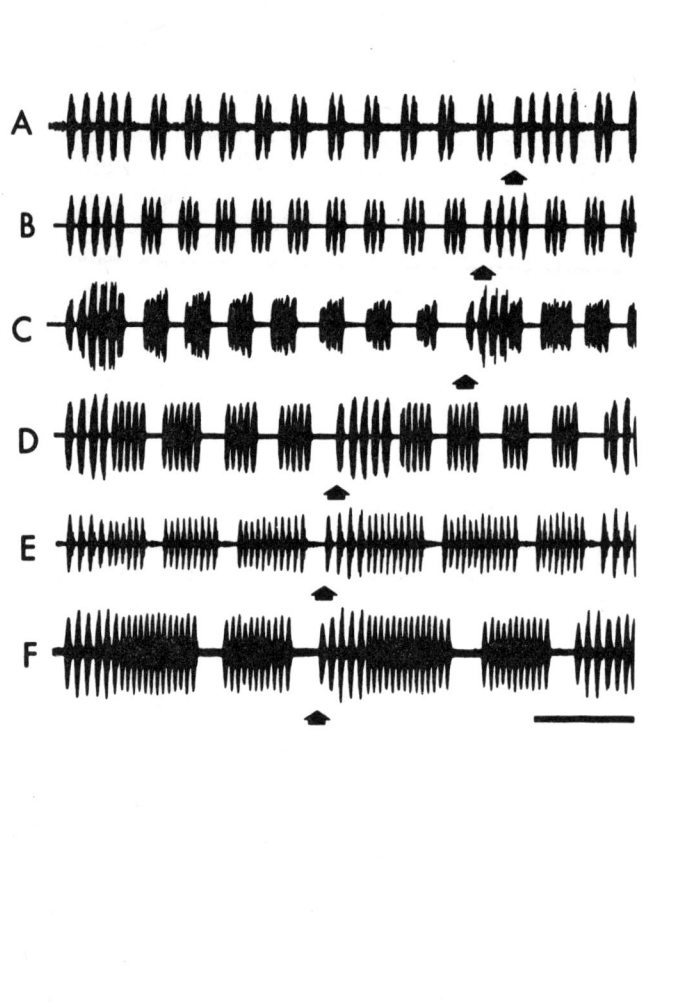

Abb. 52: Vererbung des Zirpens bei Grillen der Gattung *Teleogryllus*. A und F: Lockruf der Männchen von T. *oceanicus* und T. *commodus*, zweier Arten, die sich miteinander kreuzen lassen. B bis E: Zirpen verschiedener Hybriden nach der Kreuzung der beiden Arten und der verschiedenen Mischlinge. Der Fall der Hybride B ist besonders interessant. Jeder Triller besteht aus drei statt zwei Tönen (Balkenlänge: 100 Millisekunden; nach Bentley, 1971).

nieren» ließen. Diese Tiere hatten weder ihren Geruchssinn verloren noch waren sie für elektrische Schläge unempfindlich geworden. Auch waren sie nicht gelähmt. Es war einfach so, daß sie schlecht oder gar nicht lernten.[10] Der Mutant *amnesiac* vergißt viermal so schnell wie eine normale Fliege (die Halbwertzeit seines Gedächtnisses beträgt lediglich eine Viertelstunde). Der Mutant *dunce* ist offensichtlich nicht fähig, Information zu speichern, während *rutabaga* sie zwar aufnimmt, aber nicht verwenden kann. Noch wissen wir nicht genau, welche biochemischen Defizite diese Mutationen verursachen. Immerhin steht fest, daß beim Mutanten *dunce* ein Enzym fehlt, das das zyklische AMP abbaut.[11] Das Ergebnis deckte sich mit den Resultaten, die die an der Aplysia (Kap. 5) durchgeführten Experimente zur Erforschung des «zellulären Lernens» erbracht haben. Bei diesem Tier ist das zyklische AMP an der dauerhaften Veränderung von synaptischen Eigenschaften beteiligt. Es steuert die Freisetzung des Neurotransmitters an der präsynaptischen Membran. Die elementaren Mechanismen dieser «Zusammenschaltung» von Neuronen sind bei der Taufliege, bei Aplysia und aller Wahrscheinlichkeit nach auch beim Menschen ebenso wie die Ausbreitung des Nervenimpulses und die synaptische Übertragung der Determinierung durch einige Strukturgene unterworfen.

Das letzte Beispiel stammt vom Menschen. Bei diesem Übergang ist Vorsicht geboten. Wer von der Genetik des Fliegenverhaltens zur Genetik menschlichen Verhaltens übergeht, muß sich auf Ablehnung, wenn nicht gar auf hartnäckigen Widerstand gefaßt machen. Die Heftigkeit dieser Reaktionen hat verschiedene Ursachen. Sie sind zum einen ideologischer Art: Die politische Vereinnahmung der Genetik zu rassistischen Zwecken hat diesen Wissenschaftszweig *de facto* in Mißkredit gebracht. Zum anderen gibt es methodische Schwierigkeiten: Die enorme genetische Vielfalt menschlicher Populationen und die Unmöglichkeit, mit Menschen Experimente durchzuführen, erschweren sowohl die Sammlung von Daten als auch ihre Interpretation. Gegen ihren Willen in einen ideologischen Meinungsstreit verwickelt, der sie an ihrer eigentlichen Arbeit hindert, und mit großen technischen Schwierigkeiten kämpfend, gelingt es den Humangenetikern dennoch, Fortschritte zu erzielen.[12]

Einige Geisteskrankheiten, bei denen auf den ersten Blick keine anatomische Veränderung des Gehirns im Spiel zu sein scheint, sind genetisch untersucht worden. Allerdings liegen erst in wenigen Fällen gesicherte Ergebnisse vor. Am meisten Belege existieren im Fall des sogenannten manisch-depressiven Irreseins (bipolare Depression).

Schon im 19. Jahrhundert haben die Mediziner Jean E. D. Esquirol und Emil Kraepelin die Auffassung vertreten, diese Krankheit sei erblich. Objektive Belege für ihren Erbcharakter konnten aber erst in den letzten Jahren beigebracht werden.[13] Die erste Sorte von Beweisen: Man vergleicht eineiige Zwillinge – also genetisch identische Geschwister – mit zweieiigen Zwillingen. Der Vergleich zeigt, daß bei eineiigen Zwillingen in 50 bis 95 Prozent (im Durchschnitt 69,3 Prozent) der Fälle die Krankheitssymptome bei beiden Geschwistern auftreten, bei zweieiigen Zwillingen hingegen nur bei 0 bis 38 Prozent (im Durchschnitt 20 Prozent) der Fälle. Die zweite Sorte von Beweisen beruht auf genetischen Familienstudien. Bei Verwandten ersten Grades beträgt das Krankheitsrisiko 20 Prozent und ist damit zehnmal höher als beim Bevölkerungsdurchschnitt. Dabei spielt es keine Rolle, ob das Kind in der eigenen oder in einer fremden Familie aufwächst. Man kann das Auftreten der Krankheit innerhalb einer Familie von Generation zu Generation verfolgen, aber auch die Vererbung bestimmter genetischer «Indizes», die auf die Krankheit hinweisen, ohne in einem ursächlichen Zusammenhang mit ihr zu stehen – etwa Farbenblindheit oder Mangel an Glukose-6-Phosphat-Dehydrogenase. Diese Merkmale liegen nebeneinander auf der «Karte» des X-Chromosoms und werden sehr häufig zusammen von einer Generation an die andere weitergegeben: sie sind miteinander gekoppelt (linkage). Die Untersuchung einer großen Zahl von Stammbäumen zeigt, daß zumindest ein bestimmter Typus des manisch-depressiven Irreseins in «Verbindung» mit den oben genannten Merkmalen familiär vererbt wird. Die Beteiligung genetischer Faktoren an der Prädisposition für diese schwere Geisteskrankheit steht außer Zweifel. Die wahrscheinlichste Erklärung lautet, daß ein oder mehrere auf dem X-Chromosom gelegene dominante Gene verantwortlich sind. Welche physiologischen und biochemischen Störungen dieses Gen beziehungsweise diese Gene im Gehirn verursachen, ist noch weitgehend unbekannt. Das Norepinephrin scheint betroffen zu sein – ebenso wie offensichtlich auch der Hypothalamus und das limbische System (Kap. 4). Eine größere anatomische Läsion ist nicht erkennbar. Geht es auch hier um die Steuerung eines Uhrwerks, das möglicherweise im Bereich der «regulativen» Kerne des Mittelhirns liegt (Kap. 5)?

Diese wenigen, in Auswahl und Tragweite notwendigerweise begrenzten Beispiele belegen hinreichend die Bedeutung genetischer Faktoren für die anatomische Organisation des Nervensystems, für die Entstehung und Fortleitung der nervösen Aktivität und sogar für so hochentwickelte Verhaltensweisen wie Lernen und Gefühlsregungen. Es zeigt sich in ihnen die Allmacht der Gene.

Die Einfachheit des Genoms und die Komplexität des Gehirns

Die Macht der Gene zu akzeptieren, heißt noch lange nicht, sich ihr auch zu unterwerfen. Wenn Darwin schreibt: «Das Erbgut ist das Gesetz», oder Noam Chomsky (1979) behauptet, daß «eine genetisch verankerte Sprachfähigkeit die Klasse der für den Menschen möglichen Grammatiken festlegt», so bedeutet das nicht, daß wir uns diesen Standpunkt bedingungslos zu eigen machen müssen. Erstens, wer besitzt die Tafeln dieses Gesetzes, wer verlangt seine Befolgung? Zweitens, haben wir nicht das Recht, uns zu fragen, ob diese höchste Macht überhaupt die Mittel hat, ihrem Gesetz Geltung zu verschaffen?

Seit den Experimenten von O. Avery, C. McLeod und M. McCarthy (1944) wissen wir, daß die Desoxyribonukleinsäure (DNS) der materielle Träger des Erbgutes ist. Zwei komplementäre Stränge aus verketteten Nukleotiden bilden eine Doppelhelix, die bei der Zellteilung vollkommen identisch nachgebildet wird und deshalb die «fundamentale biologische Invarianz» konstituiert.[14] Die Sequenz der Nukleotide entscheidet über die Aminosäuresequenzen *aller* Proteine des Organismus – gleichgültig ob es sich um Kolibakterien oder Menschen handelt. Die Information für jedes Protein des Organismus ist in einem Strukturgen enthalten. Die Gesetzestafeln sind in die DNS der Chromosomen eingetragen.

Um den genetischen Determinismus der Gehirnstruktur zu verstehen, müssen wir die DNS und die von ihr gesteuerte Proteinsynthese entschlüsseln. Der Neurobiologe muß zum Molekularbiologen werden. Doch die Molekulargenetik des Gehirns steckt noch in ihren Anfängen. Wir müssen uns mit einfacheren Systemen begnügen – der Bakterienzelle, dem Eileiter des Huhns, dem Bauchganglion der Aplysia. Doch diese Beispiele werden uns einen Eindruck davon vermitteln, auf welcher Ebene die Molekularbiologen zur Zeit die Gehirnorganisation untersuchen können.

Am Kolibakterium haben F. Jacob, J. Monod, F. Gros und ihre Mitarbeiter[15] nachgewiesen, daß die DNS der Gene die Sequenz der

Aminosäuren eines Proteins nicht *direkt* kodiert, sondern daß sie die Vermittlung eines anderen Moleküls in Anspruch nimmt. Zwar ist es ähnlich aufgebaut wie die DNS, doch weist es chemische Unterschiede auf. Es besteht aus Ribonukleinsäure (RNS). Am Chromosom wird die genetische Information eines DNS-Abschnitts in die Nukleotidsequenz einer «Messenger-RNS» oder Boten-RNS umgeschrieben, die ins Zytoplasma gelangt und dort in eine Sequenz von Aminosäuren übersetzt wird.[16]

Nicht alle Gene werden ständig in Messenger-RNS umgeschrieben und in Proteine übersetzt. Der Weg von der genetischen Information zur Proteinsynthese (die Genexpression) unterliegt einer «Bedarfskontrolle». Dafür sorgt eine *Regulation*, die an zwei Beispielen erläutert werden soll – das eine stammt vom Kolibakterium, das andere vom Huhn.

Kolibakterien leben unter anderem im Magen-Darm-Trakt des Menschen. Sie erzeugen das Enzym β-Galaktosidase und verdauen damit den Milchzucker, die Laktose. Nun trinken Menschen aber nicht ständig Milch – ein Umstand, dem sich das Kolibakterium *anpaßt*. Es synthetisiert das Enzym zur Verdauung der Laktose erst dann, wenn Laktose in den Verdauungstrakt gelangt. Wenn dies nicht geschieht, wird die Synthese des Enzyms unterdrückt. Sobald er vorhanden ist, löst der Milchzucker die Synthese des Enzyms beim Kolibakterium aus. Das Strukturgen der β-Galaktosidase, das sich in Abwesenheit von Milchzucker «still» verhält, wird *aktiv*, sobald dieser vorhanden ist. Die Laktose führt zur *Abschrift* des Strukturgens als Messenger-RNS. Dabei setzt sich die Laktose jedoch nicht unmittelbar *auf* dem Gen fest. Ein *Repressor*, ein Eiweißmolekül, das dem Acetylcholinrezeptor ähnelt, ist zwischengeschaltet. Dieses Molekül-Schloß erkennt den Zucker genauso, wie der Rezeptor den Neurotransmitter erkennt, aber es sitzt nicht in einer Membran und öffnet keinen Ionenkanal. Der Repressor bindet sich an eine bestimmte Stelle des Chromosoms, und je nachdem ob er dort sitzt oder nicht, unterdrückt er oder erlaubt er die Übertragung der genetischen Information auf die Messenger-RNS. Der Repressor fungiert also als Zwischenträger, als Vermittler zwischen äußerem Milieu, vertreten durch die Laktose, und den Genen des Chromosoms. Er «reguliert» die Funktion der Gene. Die Reaktionen dieses «allosterischen» Proteins sind wie die des Acetylcholinrezeptors völlig vorhersagbar. Sie sind festgelegt durch die Sequenz dieses Proteins und kodiert durch ein bestimmtes Gen, das auf Grund seiner Funktion als *Regulatorgen* bezeichnet wird.[15]

Einer anderen Regulationsweise bedienen sich die höheren Organismen. Sie setzen sich aus Zellverbänden zusammen, die zu Geweben angeordnet sind. Jedes Gewebe ist auf eine Funktion spezialisiert, die ihrerseits durch eine bestimmte Anzahl wichtiger Proteine festgelegt wird. Beispielsweise erzeugt das blutbildende Gewebe das Hämoglobin und die Haut ein Pigment, von dem schon die Rede war, das Melanin. Ich habe bereits erwähnt, daß im Nervensystem das eine Neuron das Acetylcholin als Neurotransmitter synthetisiert, ein anderes das Norepinephrin und wieder ein anderes ein Neuropeptid. Auf dieser Grundlage hat man die «Neuronenkategorie» als die Gesamtheit der Zellen definiert, die ein gleiches Inventar an «offenen» Genen besitzt, das heißt an Genen, die tatsächlich Proteinsynthese betreiben können (Kap. 2). Zu diesem Inventar gehören natürlich die Proteine, die allen Zellarten gemeinsam sind, weil sie für die lebensnotwendigen Funktionen der Zelle gebraucht werden – für die Atmung, die ATP-Produktion, den Aufbau der Membran usw. Zu diesen Grundbausteinen kommen die Proteine hinzu, die zu einer bestimmten Gewebs- oder Zellart gehören. Die «Öffnung» ihres Strukturgens bildet ebenfalls eine Regulation, aber von anderer Art als die der β-Galaktosidase-Synthese im Kolibakterium.[17]

Bei der Henne werden die Proteine des Eiweißes die Ovalbumine, vom Eileiter synthetisiert, wenn das eigentliche Ei, das Eigelb, aus dem Eierstock in die Kloake wandert. Diese Proteine «umhüllen» das Ei im Verlauf seiner Wanderung. Sie werden nur in Legezeiten aufgebaut. Bestimmte Hormone (Östrogen, Progesteron) regulieren ihre Herstellung, wie die Laktose die Synthese der β-Galaktosidase beim Kolibakterium reguliert. Dadurch vermehrt sich der Bestand an Messenger-RNS um das Dreitausendfache. Allerdings wirkt das Hormon nur auf vorbereitetem «Boden». Bei einem anderen Gewebe – etwa einem Skelettmuskel oder der Leber – würde es keine Wirkung erzielen und auch die Synthese anderer Proteine nicht regulieren. Jedes Gewebe hat sein charakteristisches Hormon, auf das es «anspricht». Mit anderen Worten: In jedem Gewebe *reagieren* bestimmte Gene auf das Hormon.[18]

Was im Chromosom geschieht, wenn die Gene sich «öffnen» und das Gewebe oder der Zellverband auf das Hormon reagiert, ist noch weitgehend unbekannt. Wir wissen lediglich, daß sich bei dieser Öffnung der Zustand ganzer Gengruppen oder Chromosomenabschnitte verändert. Das zeigt sich unter anderem an der Angreifbarkeit der DNS durch manche abbauenden Enzyme. Ein die DNS abbauendes Enzym greift das Strukturgen des Ovalbumins an, wenn die DNS aus dem Eileiter stammt, nicht aber das Hämoglobin-Gen. Dagegen spaltet es die Gene des Hämoglobins, aber nicht die des Ovalbumins, wenn die DNS dem Knochenmark entnommen wird. Man vermutet, daß sich die «Verpackung», vielleicht auch die chemische Struktur der Gene ändert, sobald aus einer Embryonalzelle im Laufe der Entwicklung ein rotes Blutkörperchen, eine Muskelfaser oder ein Neuron wird.

Zwar ist das Gehirn komplizierter als ein Eileiter, aber es ist wie dieser aus unterschiedlichen Zellen aufgebaut. Soweit bekannt, weisen die elementaren Mechanismen ihrer Differenzierung keine nennenswerten Unterschiede von einem Gewebe zum anderen auf. Sehr wahrscheinlich vollzieht sich die Öffnung der Gene im Eileiter, den Ganglien der Aplysia[19] und dem menschlichen Gehirn nach sehr ähnlichen, wenn nicht sogar den gleichen Regeln.

Häufig hat man Jacques Monod zitiert, der gesagt hat, daß, «was für das Kolibakterium zutrifft, auch für den Elefant gilt». Neuere Forschungsergebnisse zur Genstruktur höherer Organismen zwingen zu einer Modifizierung dieser Auffassung. Zwar wird nicht bezweifelt, daß die DNS der Träger des Erbguts ist oder daß der genetische Kode universell ist, aber die Überraschung war doch groß, als man feststellte, daß bei höheren Organismen die Größe mancher Strukturgene in den Chromosomen in keinem Verhältnis zur Länge der kodierten Proteine zu stehen schien. Beispielsweise besteht das Ovalbumin aus einer Kette von 386 Aminosäuren. Da drei Nukleotide eine Aminosäure kodieren, erwartete man, daß ein Gen mit einer Länge von 1158 Nukleotiden die gesamte Kette des Ovalbumins kodieren könnte. Tatsächlich aber ist das Gen des Ovalbumins fast *siebenmal* so lang (7900 Nukleotide).[18] Wie war dieser riesige Unterschied zu erklären? Ein Vergleich zwischen der Sequenz des Gens und der des Proteins ergab, daß sich in dieser nur Bruchstücke des Gens wiederfanden. Die das Protein kodierenden Sequenzen sind als Fragmente zwischen anderen Sequenzen der DNS verstreut, die kein bekanntes Protein kodieren. Die Zahl solcher eingeschobener Sequenzen kann beträchtlich sein. Beim Ovalbumin-Gen sind es sieben, aber in den Genen anderer Proteinarten hat man bis zu 51 entdeckt. Ein nicht unbeträchtlicher Teil der DNS in den Chromosomengenen hat also nichts mit der Kodierung bekannter Proteine zu tun. Was soll diese Verschwendung?

Auch hier bleibt ein Fragezeichen. Wir wissen lediglich, daß bei Genen, die wie das des Ovalbumins aus verschiedenen Sequenzen zusammengesetzt sind, der größte Teil der DNS (gleichgültig, ob sie

Die Einfachheit des Genoms 235

das Protein kodiert oder nicht) in die Messenger-RNS umgeschrieben wird. Diese wird zerteilt, und aus den Bruchstücken werden die kodierenden Fragmente (genau und fehlerlos) zur «reifen» Messenger-RNS zusammengesetzt, die dann unmittelbar in das betreffende Protein übersetzt werden kann. Vor einigen Jahren haben D. Hamer und P. Leder (1979) gezeigt, daß der erste Messenger, wenn man seine Zerlegung und Zusammensetzung stört, sehr instabil wird, aus der Zelle verschwindet und infolgedessen nicht mehr übersetzt werden kann. Daraus hat man die einleuchtende Hypothese entwickelt, daß die Zerlegung und Zusammensetzung des Messengers eine dritte Art der Regulation bewirkt, die die Stabilität des ersten Messengers beeinflußt. Danach wäre die Proteinsynthese eines höheren Organismus einer Reihe regulatorischer Schritte unterworfen – zunächst der Öffnung des Gens, dann seiner Transkription zum ersten Messenger, dessen Zerlegung, der Zusammensetzung zum endgültigen Messenger und schließlich der Übersetzung in die Aminosäurensequenz des Proteins.

Die stabile Messenger-RNS im Zytoplasma differenzierter Zellen ist ein «Indikator» für die Population der Gene, die offen sind und in Proteine übersetzt werden. Man kann sie dazu benutzen, diese Population zu identifizieren. Doch wie ist das Gehirn im Vergleich zu anderen Organen beschaffen? Wie groß ist sein Inventar an offenen Genen? Unterscheidet es sich grundsätzlich von dem des Eileiters oder der Augenlinse? Die bisher vorliegenden Ergebnisse sind noch nicht sehr genau, lassen aber doch einige Schlüsse zu, vor allem über «Verschiedenartigkeit» und «Menge» der Messenger. Die Verschiedenartigkeit gibt einen Eindruck von der Zahl der Gene, die offen sind und in stabile Messenger-RNS umgeschrieben werden, während die Menge den Aktivitätsgrad eines offenen Gens betrifft. Je aktiver das Gen ist, desto mehr Proteine baut es auf und in desto größeren Mengen ist der Messenger vorhanden. Die Linse des Auges produziert sehr wenige Proteinarten, diese aber in enormer Menge. Verschiedene Messenger gibt es, etwa 3000, während ihre Konzentration hoch ist. Im Eileiter des Huhns ist die Verschiedenartigkeit größer, da es mindestens 13000 Messenger gibt. Dafür ist ihre Menge geringer. Leber und Gehirn haben mindestens 20000 verschiedene Arten von Messenger-RNS gemeinsam. W. Hahn und seine Mitarbeiter schätzen, daß das Gehirn noch mindestens über 40000 weitere Arten verfügt – und diese Zahl scheint noch zu niedrig angesetzt zu sein.[20] Das Gehirn produziert fast 150000 eigene Messenger-Arten. Ihre Menge hingegen dürfte jeweils gering sein. Mit anderen Worten: Eine sehr große Zahl von Genen ist offen, aber ihr Aktivitätsgrad ist relativ niedrig. Diese Zahlen entsprechen der großen Vielfalt von Zellkategorien und Neurotransmittern im Gehirn.

Das Gehirn steht also hinsichtlich der Vielfalt seiner Messenger-RNS und der Anzahl offener Gene an erster Stelle aller Körperorgane. Das war zu erwarten, aber wie verhält sich dieser «Reichtum» zur Gesamtzahl der im Genom vorhandenen Gene? Nimmt das Gehirn praktisch die gesamte in den Chromosomen zur Verfügung stehende DNS in Anspruch?

Die Gesamtmenge der Chromosomen-DNS liefert die Maximalgrenze für die Genzahl. Bei der Maus finden sich pro Kern 6 Millionstel Millionstelgramm DNS. Wenn man diesen DNS-Strang willkürlich in Abschnitte mittlerer Größe unterteilt (etwa in der Größe eines Gens, das ein Protein von der Molekülmasse 40000 kodiert), so kommt man auf annähernd *zwei Millionen* solcher Abschnitte. Dies ist die absolute Höchstzahl von Genen, die in einer solchen Menge DNS enthalten sein kann. Tatsächlich ist die Zahl kodierender Sequenzen erheblich kleiner. Von den eingeschobenen Sequenzen, die nicht in Proteine übersetzt werden, war schon die Rede (vier Fünftel der DNS von Strukturgenen geht schon hier verloren). Außerdem besteht ein hoher Prozentsatz der DNS aus wiederholten Sequenzen, die gelegentlich sehr zahlreich sind. Dieser Bruchteil ist redundant und darf deshalb nicht zur Zahl der Strukturgene hinzugerechnet werden. Außerdem wird auch das Strukturgen eines Proteins oft mehrfach wiederholt. Die Zahl verschiedener Strukturgene ist also nur ein kleiner Bruchteil der gesamten Chromosomen-DNS.

Die noch sehr vagen Schätzungen der Gesamtzahl von Strukturgenen liegen bei der Maus zwischen 20000 und 150000. Der zweite Wert dürfte der Wahrheit näher kommen. Seine Größenordnung entspricht im übrigen der «Verschiedenartigkeit» der Messenger-RNS im Gehirn. Danach würde dieses Organ die meisten der in den Chromosomen verfügbaren Strukturgene verwenden.

Genügt diese Zahl – so beträchtlich sie auch ist –, um die Komplexität des Gehirns und die genetische Determiniertheit seiner Organisation zu erklären? Die Frage muß natürlich bejaht werden. Doch wird damit ein außerordentlich schwieriges Problem aufgeworfen. Verglichen mit der extremen anatomischen Vielfalt und Komplexität des Gehirns erscheint dieses Inventar ziemlich beschränkt. Betrachten wir zunächst einmal die Gesamtmenge DNS pro Zelle oder Zellkern in der Evolutionsreihe vom Bakterium zum Menschen:

Kolibakterium	0,01	×	10^{-6} µg
Taufliege	0,24	×	10^{-6} µg
Huhn	2,5	×	10^{-6} µg
Maus	6,0	×	10^{-6} µg
Mensch	6,0	×	10^{-6} µg

Vom Bakterium bis zur Maus steigt der DNS-Gehalt beträchtlich an. Das Ei der Taufliege enthält 24mal soviel DNS wie das Kolibakterium, die Zelle der Maus 27mal soviel wie die der Taufliege. Das ist keine Überraschung. Das Nervensystem der Taufliege besteht aus ungefähr 100000 Neuronen, das der Maus aus der mindestens fünfzig- bis sechzigfachen Zahl. Widersinnig wird die Situation beim Schritt von der Maus zum Menschen. Die Zahl der Gehirnzellen schnellt von fünf bis sechs Millionen auf mehrere Dutzend Milliarden empor. Struktur und Leistung des Gehirns weiten sich in unglaublicher Weise aus, während sich die Gesamtmenge der im befruchteten Ei vorhandenen DNS kaum verändert. Mit Schwankungen von 10 Prozent bleibt sie bei Maus, Rind, Schimpanse und Mensch gleich. Zwischen DNS-Gehalt und Komplexität besteht *kein direkter Zusammenhang*. Besonders deutlich wird die Diskrepanz beim Menschen: Was bedeutet eine Zahl von 200000 oder auch 1000000 Genen neben der Zahl der Synapsen im menschlichen Gehirn oder neben den neuronalen Singularitäten, die in der Großhirnrinde des Menschen auftreten? Zwischen der Komplexität der Genomstruktur und der der Gehirnstruktur gibt es keine unmittelbare Entsprechung. G. Beadles und E. Tatums (1941) Aphorismus: «Ein Gen – ein Enzym» läßt sich beim besten Willen nicht umwandeln in: «Ein Gen – eine Synapse». Wie läßt sich dann aber erklären, daß das höchst komplexe zentrale Nervensystem der höheren Wirbeltiere in immer der gleichen Weise aus einer so begrenzten Zahl genetischer Determinanten aufgebaut ist? Um diese Frage zu beantworten, müssen wir betrachten, wie sich diese Komplexität im Laufe der embryonalen Entwicklung bildet, wie Wilhelm Roux' (1895) «Entwicklungsmechanik» aussieht.

Der Zellautomat

Wenn man einen Schnitt der Großhirnrinde unter dem Mikroskop Zelle für Zelle oder, wenn man den Mut hat, Synapse für Synapse untersucht, vergißt man leicht, daß diese Milliarden von Neuronen und ihre Synapsen von einer einzigen Zelle, der Eizelle mit ihren 2n Chromosomen abstammen. Macht man sich das aber bewußt, steht man vor einem schwierigen Problem. Welcher Mechanismus leitet, plant und steuert diese Zellentwicklung von der am Anfang stehenden Eizelle bis zum Endpunkt: dem kompliziertesten Organ unseres Körpers? Man ist leicht versucht, den Vorgang mit irgendwelchen obskuren, allmächtigen Kräften zu erklären. Wer nicht in diese Falle tappen will, muß sich auf eine mühevolle Beschreibung und Analyse einlassen. Dabei genügt es nicht, das fertige Gehirn zu verstehen, sondern man muß auch all die vielen Entwicklungsschritte kennen, die von der Eizelle zum Erwachsenen führen (Abb. 53).

Alles beginnt mit der Verschmelzung von Ei- und Samenzelle im Eileiter der Mutter. Dadurch kommt es zu einer Verdopplung des Chromosomensatzes und beim Menschen nach 36 Stunden zur ersten Zellteilung (Abb. 53 A). Die Zellteilungen setzen sich fort, bis sich vier Tage nach der Befruchtung eine Art hohle «Himbeere» aus 58 Zellen gebildet hat (Abb. 53 B). Nicht alle diese Zellen sind an der Bildung des Embryos beteiligt. Nach der Einnistung in die Gebärmutterwand dienen die Zellen an der Oberfläche der «Himbeere» zur Kontaktaufnahme mit der Umgebung und dem Nährstoffaustausch mit der Mutter; die anderen ballen sich im Innern zusammen, teilen sich und bilden allmählich den eigentlichen Embryo aus.[21]

Der Embryo hat noch immer kein Nervensystem. Er besteht aus einer kompakten Zellkugel, die rasch Hohlräume entwickelt und konzentrisch angeordnete Keimblätter ausformt. Aus dem innersten Keimblatt wird der Verdauungstrakt, dem äußersten ist eine vornehmere Zukunft beschieden. Gegen Ende der dritten Schwangerschaftswoche wird dieses zunächst aus einer einzigen Zellschicht bestehende Blättchen allmählich dicker und grenzt sich in der Rückenregion als Platte ab, aus der sich später das gesamte Nervensystem entwickelt. Dies ist die «Neuralplatte» (Abb. 53 C). Die Bildung dieses Embryonalorgans ist an zwei wichtige Umstände gebunden, die darüber entscheiden, ob eine Zelle zum Nervensystem gehört oder nicht: Erstens muß sie sich an der Oberfläche des Embryos befinden, zweitens muß sie in seiner Dorsalregion liegen. Über die Zukunft der Zellen, insbesondere über ihre Zugehörigkeit zu dem, was später das Gehirn sein wird, entscheidet also ihre Lage im Embryo.

Sobald sie sich abgegrenzt hat, bildet die Neuralplatte eine Rinne aus und schließt sich dann zu einem Rohr (Abb. 53 D). Noch am fünfundzwanzigsten Tag der Schwangerschaft ist das Neuralrohr an bei-

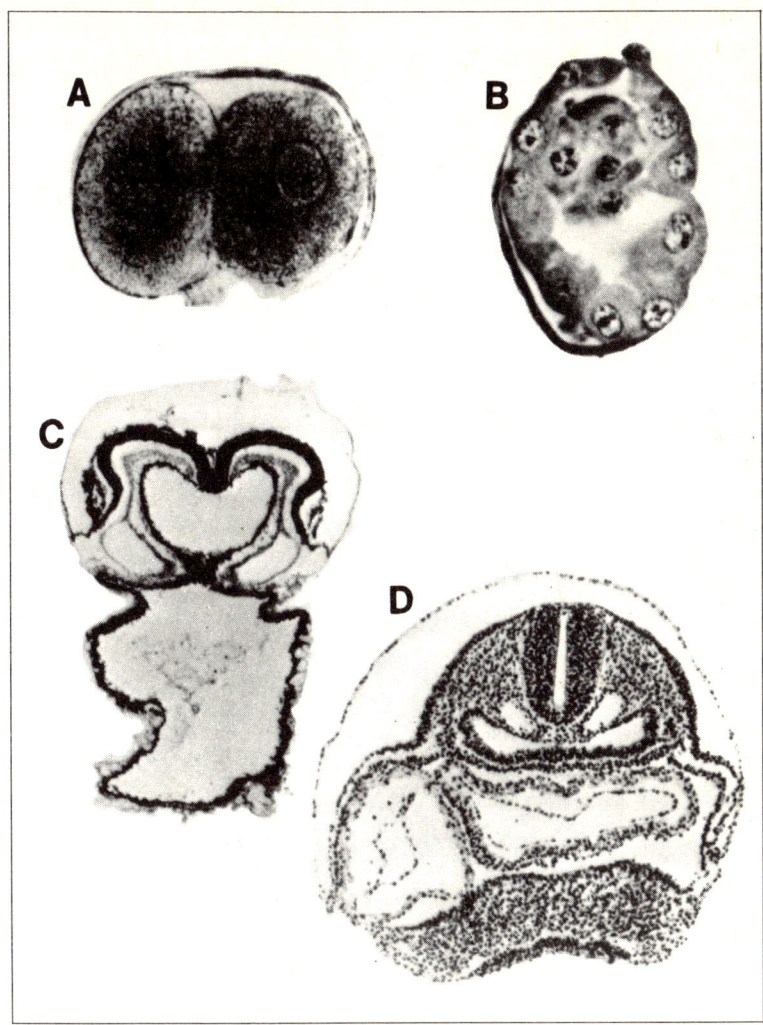

Abb. 53: Verschiedene Phasen in der Entwicklung von der menschlichen Eizelle bis zum Fötus. A: anderthalb Tage nach der Befruchtung, erste Teilung des Eises. B: nach vier Tagen existieren 58 Zellen, die teils innen, teils außen liegen (nur die «inneren» Zellen bilden den Fötus); ein paar Tage danach nistet sich der Keim in der Gebärmutter ein. C: in der dorsalen Region verdickt sich die äußere Zellschicht des Embryos und bildet eine «Platte», aus der sich in der Folge das Nervensystem entwickelt (19 bis 21 Tage). D: die Neuralplatte schließt sich zum Neuralrohr (32 bis 34 Tage) (nach O'Rahilly, 1973, und Streeter, 1951).

den Enden offen, erst dann schließt es sich. Der vordere Teil erweitert sich zu drei hintereinander liegenden Bläschen, aus denen später das Gehirn wird, während sich aus dem hinteren Teil das Rückenmark entwickelt. Zwischen der vierten und der sechsten Woche nach der Befruchtung hat das Nervensystem des menschlichen Fötus eine gewisse Ähnlichkeit mit dem des Fisches (Abb. 13).

Wie sich die Übergänge von der Eizelle bis zur endgültigen Neuronenstruktur im einzelnen vollziehen, ist noch zu wenig bekannt, um es objektiv beschreiben zu können. Wenn etwas der Erfahrung nur schwer zugänglich ist, kann man versuchen, es mit Hilfe eines theoretischen «Modells» zu erfassen.

L. Wolpert und J. Lewis (1975) vertreten die These, das Verhalten einer embryonalen Zelle ähnele jenen mathematischen Geschöpfen, die John von Neumann unter der Bezeichnung «Automaten» beschrieben hat. Haupteigenschaft dieser Automaten ist ihre Fähigkeit, in verschiedenen «diskreten» Zuständen vorzukommen, die ihre einzelnen Entwicklungsschritte darstellen. Diese Evolution präsentiert sich als eine Folge von Wahlhandlungen

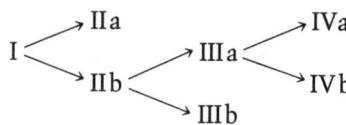

zwischen einer nur kleinen Zahl solcher Zustände – in unserem Beispiel: I → IIb oder IIb → IIIa ... Die Wahl zwischen dem einen oder dem anderen Zustand wird von einem sehr einfachen Signal gesteuert: Ja/Nein. Jede Entscheidung legt die Wahlmöglichkeiten der folgenden Entscheidung fest. In jedem Augenblick steuert die Vergangenheit des Automaten sein künftiges Verhalten. Der entscheidende Vorzug dieses Modells liegt darin, daß sich dem Automaten mit wenigen Zeichen – sagen wir zwanzig – auf sehr vielen verschiedenen Wegen (2^{20} oder eine Million) ein Endzustand zuweisen läßt. Auf der Grundlage einer äußerst begrenzten Zahl von Zeichen ermöglicht das Modell eine eindrucksvolle Diversifizierung.

Wenn wir die Terminologie des Modelltheoretikers mit der des Embryologen vertauschen, so wird aus dem Automaten eine embryonale Zelle und aus den Automatenzuständen ein Schritt der Zelldifferenzierung, der im Prinzip durch das Repertoire der «offenen» Gene auf dem Chromosom vorgeschrieben wird. Selbst wenn dieses Muster bei den Säugetieren im Höchstfall auf 200 000 Gene begrenzt ist

– zu denen noch einige Zehntausend sogenannter «housekeeping genes» hinzukommen, Gene, die jede Zelle braucht und die daher nicht zur Zelldifferenzierung beitragen –, so gelangt man damit auf eine ansehnliche Zahl von Endzuständen. Wenn zum Beispiel jedes Muster durch 1000 offene Gene definiert wird und wenn diese 1000 einer Gesamtzahl von 200000 entnommen sind, so beträgt die Anzahl möglicher Muster 10^{2700}. Durch Kombination läßt sich mit einer begrenzten Zahl von Genen und Signalen eine enorme Zahl von Zellen etikettieren. Damit sind wir der Auflösung der erwähnten Diskrepanz – hier die Einfachheit des Genoms, dort die Kompliziertheit des ausgewachsenen Gehirns – einen Schritt näher gekommen. Das Automatenmodell wird also den realen Bedingungen der embryonalen Entwicklung gerecht. Läßt es eine noch weitergehende Interpretation der vorliegenden Forschungsergebnisse zu?

Bei der Taufliege (und anderen Insekten) gibt es erstaunliche Mutationen, die der Forschung jahrelang ein Rätsel blieben. Beim ausgewachsenen Tier kommt es dabei zu scheußlichen Erscheinungen – an die Stelle eines Facettenauges tritt ein Flügel (*ophtalmoptera*) oder an die eines Fühlers ein Fuß (*spineless aristapedia*). Man nennt diese Mutationen «homeotisch».[22] Wie ist es möglich, daß durch die punktuelle Mutation eines Gens plötzlich an irgendeiner Stelle des Körpers ein Organ durch ein anderes, völlig unerwartetes ersetzt wird? Eine Antwort auf diese Frage können wir nur in den ersten Stadien der embryonalen Entwicklung finden. Auge, Fühler, Fuß und Flügel entwickeln sich bei der Puppe – also vor der Verwandlung zur Fliege – aus «scheibenförmigen» Zellhaufen. Transplantiert man diese «Platten» von einer Larve auf die andere, so wachsen daraus wieder die entsprechenden Organe hervor: Sie enthalten den gesamten Bauplan des Auges, des Fühlers, des Fußes oder des Flügels. Das ausgewachsene Exemplar ist aus solchen «Scheiben» wie aus Baukastenelementen zusammengesetzt. Wann bilden sich die Scheiben? Sie treten mit ihrer unterschiedlichen Bestimmung schon zu einem sehr frühen Zeitpunkt der Entwicklung in Erscheinung. Drei Stunden nach der Befruchtung besitzt der Embryo erst eine sehr kleine Zahl von Zellen, trotzdem finden sich schon einige zu winzigen Vorstufen der «Scheiben» zusammen. In diesem Stadium greifen die «homeotischen» Gene ein und legen fest, welches Organ nach der Metamorphose aus welcher Scheibe entsteht. Jede Scheibe, die nur aus ein paar (10 bis 40) Zellen besteht, hat die Wahl zwischen einer begrenzten Zahl von Zuständen wie den folgenden[23]:

242   Die Macht der Gene

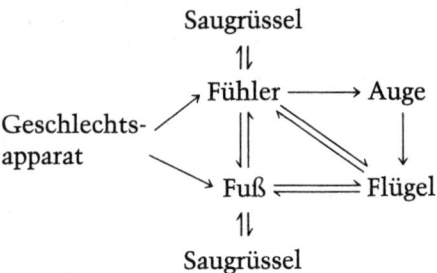

Diese Vorläufer verhalten sich also genauso wie die «Automaten» im Modell von Wolpert und Lewis. Die Übergänge wurden von den homeotischen Genen geregelt. Sie sind die wichtigsten Regulationsgene der embryonalen Entwicklung und entscheiden über das Schicksal ganzer Organe und damit natürlich auch über das des Nervensystems.

Weder bei Säugetieren noch beim Menschen sind jemals Mutationen beobachtet worden, die etwa ein Auge durch eine Hand ersetzt hätten. Dennoch gibt es Mutationen bei der Maus, die eine gewisse Ähnlichkeit mit den homeotischen Mutationen der Taufliege aufweisen. Einige liegen auf den T-Chromosomen, einer etwas modifizierten Spielart des Chromosomen 17, und sie können in mehreren Kombinationen vorkommen.[24] Alle wirken sie sich auf die embryonale Entwicklung aus, wenn auch in unterschiedlichem Maße und in verschiedenen Stadien. Eine geringfügige Auswirkung: der Schwanz ist kurz oder fehlt, doch die Maus überlebt. Eine fatale Auswirkung: die Entwicklung des Embryos kommt zum Stillstand, wobei die Zellstämme blockiert werden, die «auf dem Weg» zum Nervensystem sind. Je nach der Kombination der Mutationen kann die Blockade zu verschiedenen Zeitpunkten auftreten. Die späte Blockade (zwischen dem fünfzehnten und dem einundzwanzigsten Tag des Embryonalstadiums) äußert sich in einer tiefgreifenden Umgestaltung des Vorderhirns und dem Fehlen der Augen. Eine frühzeitigere Blockierung (elfter Tag) stört die Schließung des Neuralohrs, das Gehirn kann sogar ganz fehlen. Bei einem noch früheren Zeitpunkt (achter Tag) unterbleibt die Ausbildung des äußeren Keimblatts, also der Neuralplatte. Liegt die Blockade schließlich zwischen dem zweiten und achten Tag, formt sich die eigentliche embryonale Zellmasse gar nicht erst aus. Nach dem Modell von Wolpert und Lewis wirken sich diese Genveränderungen ebenso wie die homeotischen Mutationen auf die Übergänge der Zellautomaten aus, und zwar jedesmal, wenn eine Wahl ansteht, die einen Schritt in Richtung «Endzustand Gehirn» bedeutet. An jeder Gabelung kann der «Weg zum Gehirn» durch eine Mutation der T-Chromosomen versperrt werden. Wie das homeotische Gen steuert hier eine ganze Gengruppe den zeitlichen Ablauf der Übergänge von einem Zellzustand zum nächsten bis hin zum Gehirn.

Die homeotischen Gene der Taufliege und die T-Chromosomen der Maus zeigen, wie entscheidend die Gene in die Entwicklung des Nervensystems eingreifen. Dabei braucht ihre Zahl nicht erhöht zu werden, um ihre Macht zu sichern. Im Gegenteil: Einige wenige sind zu Entscheidungen fähig, die so fatale Folgen nach sich ziehen wie das Fehlen des Großhirns! Die Auswirkungen sind um so weitreichender, je früher in der embryonalen Entwicklung die Entscheidungen getroffen werden. Die Zeit ist ein wichtiger Faktor für die Entstehung des Embryos und natürlich auch des Gehirns. Die sequentielle «Öffnung» einiger Gene im Laufe der Entwicklung sorgt für eine Vielfalt, die zumindest teilweise als Erklärung dafür dienen kann, wie sich der allgemeine Aufbau des Gehirns vollzieht.

Das Embryo-System

Das zeitliche Gleichmaß und die Wiederholbarkeit der embryonalen Entwicklung hat die ersten Molekularbiologen fasziniert, die diesem Problem in den sechziger Jahren mit ihren Kenntnissen von der biochemischen Genetik des Kolibakteriums zu Leibe rückten. In ihren Schriften ist die Rede von einem «genetischen Programm», welches die fristgerechte Entwicklung des Embryos steuere. Dachten sie dabei an ein «Programm», wie man es im Theater kauft oder wie man es in Form eines Magnetbandes in einen Computer eingibt? Hören wir, was François Jacob in seinem Buch ‹Die Logik des Lebenden› schreibt: «Eine Bakterie besteht aus der Übersetzung einer Nukleotidsequenz, die ungefähr einen Millimeter lang ist und etwa zwanzig Millionen Zeichen enthält. Der Mensch geht aus einer anderen Nukleotidsequenz hervor, die fast zwei Meter lang ist und mehrere Milliarden Zeichen enthält. Die Kompliziertheit der Organisation entspricht also der Länge des Programms.» Das Magnetband DNS enthält das Programm. Diese These wurde vor wenigen Jahren von dem Molekularbiologen G. Stent (1981) und dem Theoretiker H. Atlan (1979) in Frage gestellt. Das offensichtlich aus der Kybernetik entlehnte Konzept eines Einheitsprogramms mag allenfalls auf die Bakterienzelle zutreffen; daß es sich auch auf die Entwicklung mehrzelliger Organismen anwenden läßt, ist aus verschiedenen Gründen zu bezweifeln.

Erstens ist die DNS ein eindimensionales, lineares Gebilde. Eine Eizelle entwickelt sich jedoch in den drei Dimensionen des Raums. Es tragen also geometrische Anhaltspunkte zur Entwicklung bei, die nicht in dem linearen Programm enthalten sind. Zweitens wird mit dem Begriff Programm implizit vorausgesetzt, daß es ein einziges Steuerzentrum gibt. Wenn jedoch die DNS der Chromosomen das Programm enthält, so gibt es eine solche Einzigartigkeit nur in der befruchteten Eizelle. Die erste Zellteilung hebt die Einzigartigkeit auf. Jede Zelle erhält einen vollständigen Chromosomensatz. Jacob schreibt: «Obwohl jede Zelle das Gesamtprogramm enthält, übersetzt sie nur Bruchstücke davon.» Wo also befindet sich *das* genetische Programm, sobald es sich nach den allerersten Schritten der embryonalen Entwicklung «ortunabhängig» gemacht hat? Das Konzept, nach dem der Organismus einer «kybernetischen Maschine» gleicht, läßt sich wohl nicht aufrechterhalten. Aber wodurch soll man es ersetzen? Das Modell von Wolpert und Lewis liefert eine Erklärung für die Zelldifferenzierung, die zur Entstehung der wichtigsten Organe führt. Allerdings gibt es in seiner einfachsten Form keine Auskunft darüber, wie die Entwicklung der verschiedenen Organe zeitlich koordiniert wird – ein Umstand, der die Annahme eines einheitlichen, übergreifenden Programms zu rechtfertigen schien.

Eine Lösung liefert die «Systemtheorie» in der von Ludwig von Bertalanffy (1973) vorgeschlagenen Form. Auch in diesem Falle handelt es sich um eine formale mathematische Theorie, aber sie führt zu einer konkreten experimentellen Fragestellung. Der Grundgedanke ist, daß das als solches «einmalige» System aus Elementen besteht (bei denen es sich um die beschriebenen Automaten handeln könnte). Ein System wird danach definiert durch die Zahl seiner Elemente, durch deren verschiedene Klassen (wenn es sie gibt), durch die *räumlichen und zeitlichen Beziehungen* der Elemente untereinander und durch die *Regeln ihrer Wechselwirkung*. Der formale Begriff des Programms wird durch die vollständige Beschreibung von Eigenschaften, Elementen, einer Geometrie und eines Kommunikationsnetzes ersetzt. Das «globale» Verhalten des Systems ergibt sich also aus elementaren und lokalen Daten. Wenn wir wiederum die theoretische Sprache mit der des Embryologen vertauschen, so zerfällt das System Embryo in elementare Automaten, die Embryonalzellen, in ihrer Anzahl, ihrem Differenzierungsgrad, ihrer Position usw. die in ihrer Entwicklung von der Zeit abhängig sind. Die Wechselwirkungsregeln liegen dem Signalaustausch zwischen Zellen zugrunde, vor allem den Beziehungen zwischen interzellulärer Signalübertragung und der Position der betreffenden Zellen im Embryo. Die Gene jeder Embryonalzelle bilden keine unabhängigen Einheiten mehr. Das Kommunikationsnetz zwischen den Zellen koordiniert ständig ihre Übersetzung. Das Modell des «Embryo-Systems» erfordert eine genauere und detailliertere Beschreibung der Wirklichkeit. Es macht deutlich, wie wichtig die Wechselwirkungen zwischen den Zellen für die Entstehung der komplexen Organisation des Erwachsenen sind. Außerdem liefert es eine Erklärung für die paradoxen Wirkungen, die bestimmte Mutationen im Nervensystem hervorrufen.

Bei der Beschreibung der Albinismus-Mutation habe ich darauf hingewiesen, daß diese als pleiotrop bezeichnete Mutation die Pigmentierung *und* die Sehbahnen vom Auge zur Großhirnrinde betrifft. Warum? Wir müssen zu den ersten Entwicklungsstadien der Sehbahnen zurückkehren und uns vergegenwärtigen, daß die Netzhaut schwarz erscheint, weil sie von Pigmentzellen umhüllt ist, die Melanin enthalten. Albinos haben rote Augen. Dort wie im übrigen Körper fehlt das Melanin. Beim normalen Embryo tritt das Pigment in diesen Zellen sehr frühzeitig auf – sobald sich die Netzhautneuronen, deren Axone sich zum Sehnerv vereinigen, zum letztenmal teilen. In diesem Stadium befinden sich die embryonalen Neuronen und die Pigmentzellen in engem Kontakt. Mit großer Wahrscheinlichkeit werden zwischen diesen Zellen Signale ausgetauscht, wobei das Pigment oder eines seiner Derivate an der Signalübertragung beteiligt sein dürfte. Jedenfalls steht fest, daß die Neuronen ihre Axone auf den richtigen Weg schicken, wenn das Pigment vorhanden ist, und auf den falschen, wenn es nicht vorhanden ist. Die Regeln der Wechselwirkung zwischen Neuronen und Pigmentzellen legen in diesem entscheidendem Entwicklungsstadium fest, welches Corpus geniculatum die Axone ansteuern. Doch damit nicht genug, denn die Neuronen der Corpora geniculata stehen ihrerseits in Verbindung mit den Neuronen der Sehrinde. Auch dort kommt es zu einer mehr oder weniger weitreichenden Umorganisation. Auf die Wechselwirkung zwischen Pigmentzellen und Netzhautneuronen folgt die Wechselwirkung zwischen Netzhautneuronen und den Neuronen der Corpora geniculata, dann zwischen diesen und den Kortexneuronen. Wie nach dem Modell des «Embryo-Systems» zu erwarten, zieht die Störung der Wechselwirkungen an einem Punkt des Zellverbands eine Reihe von Folgewirkungen nach sich, die bis in die Großhirnrinde hineinreichen. Das Modell erklärt, warum die Mutation eines Gens pleiotrop wirken kann, wenn sein Produkt zu dem Kommunikationsnetz beiträgt, das im Laufe der Entwicklung zwischen den Zellen entsteht.

Einige wenige Gene – nennen wir sie «Kommunikationsgene» – legen dieses Netz fest und steuern es. Wie das Modell der embryonalen Automaten-Zelle macht auch das Modell des Embryo-Systems den Gegensatz zwischen der relativen Armut des Genoms und dem «Reichtum» des fertigen zentralen Nervensystems besser verständlich.

Die Erforschung der chemischen Faktoren, die an den Wechselwirkungen zwischen den Zell-Elementen des «Embryo-Systems» beteiligt sind, steht noch am Anfang. Noch kennen wir die Produkte der T-Chromosomen, den hypothetischen «Induktor» der Neuralplatte, nicht. Allerdings gibt es Kandidaten genug. Wahrscheinlich handelt es sich um eine «bunte Mischung» der verschiedensten Moleküle. Dazu gehören das zyklische AMP, von dem im Zusammenhang mit anderen Regulationsvorgängen schon die Rede war (Freisetzung des Neurotransmitters beim Lernen), und die *Vitamin-A-Säure* (Retinsäure).[25] Im Reagenzglas bringt sie Embryonalzellen dazu, sich bei der Ausbildung eines bestimmten Organs, etwa des Darms, gegenseitig Konkurrenz zu machen. Doch wirkt sie sich in der Entwicklung des Embryos ebenso aus? Später treten beim Embryo und Neugeborenen besser bekannte Faktoren in Erscheinung – nämlich Substanzen, die beim Erwachsenen als Hormone wirken. Ein bekanntes Beispiel sind die Geschlechtshormone.

Das Geschlecht drückt der Anatomie und vielen Funktionen des Gehirns seinen Stempel auf. Bekanntlich wird es durch unterschiedliche Chromosomensätze für männliche (XY) und weibliche (XX) Individuen festgelegt. Doch scheinen diese Chromosomen die zugeordneten Organe wie die äußeren Geschlechtsorgane oder Merkmale des Gehirns nicht direkt hervorzubringen. Sie wirken über «Botenstoffe», eben die Geschlechtshormone, die für die Kommunikation zwischen den Embryonalzellen sorgen. Sie werden in den Drüsen – im Eierstock oder Hoden des Embryos – synthetisiert, die ihr Produkt ins Körperinnere ausschütten, und sie entfalten ihre Wirkung über große Entfernungen.

Der Einfluß der Hormone auf die Ausbildung des Sexualverhaltens ist besonders eingehend an Ratten untersucht worden.[26] Bei der Paarung besteigt das Männchen das Weibchen, aber nie das Weibchen das

Männchen. Sobald der Paarungsvorgang begonnen hat, nimmt das Weibchen eine charakteristische Haltung ein. Es streckt den Kopf nach vorn, krümmt den Rücken und hebt das Hinterteil, um die Öffnung der Scheide darzubieten. Gleichzeitig nimmt es den Schwanz zur Seite, um dem Männchen das Eindringen zu erleichtern. Diese Haltung des Weibchens nennt man den «Lordosereflex» (von Lordose, Rückgratverkrümmung). Wenn er auftritt, ist er so charakteristisch, daß man ihn quantifizieren kann. Beim ausgewachsenen Weibchen verschwindet der Lordosereflex, wenn man den Eierstock entfernt: das Weibchen reagiert nicht mehr auf das Männchen. Doch läßt sich das charakteristische Verhalten sehr rasch wieder beobachten, sobald man weibliche Hormone injiziert hat. Sie sind eine wesentliche Voraussetzung dieses Verhaltensmusters.

Eine noch wichtigere Rolle spielen die Hormone in der postnatalen Entwicklung. Werden beim neugeborenen Männchen die Hoden entfernt, zeigt das kastrierte ausgewachsene Tier den Lordosereflex. Der Einfluß der vom Hoden des Neugeborenen erzeugten männlichen Geschlechtshormone unterbindet also den weiblichen Lordosereflex und ruft das charakteristische männliche Paarungsverhalten hervor.[25]

Noch sind die anatomischen Grundlagen des Lordoseverhaltens unbekannt. Klarheit herrscht dagegen über die morphologischen Unterschiede des männlichen und weiblichen Gehirns im Bereich des Hypothalamus, die mit der Steuerung des Eisprungs beim Weibchen zu tun haben. Im ausgewachsenen Zustand ist das Volumen des präoptischen Feldes, eines dieser Zentren, bei der männlichen Ratte achtmal größer als beim Weibchen. Bei diesem dagegen ist eine bestimmte Synapsenkategorie an den Neuronen des präoptischen Feldes um 30 Prozent häufiger als beim Männchen. Wird das männliche Tier jedoch bei der Geburt kastriert, so nimmt im ausgewachsenen Zustand die Zahl dieser Synapsen zu, bis sie fast so zahlreich sind wie beim Weibchen. Die Hormone bewirken also die Ausbildung anatomischer Geschlechtsmerkmale in bestimmten Gehirnzentren der Ratte[26] – und damit, so können wir trotz lückenhafter Daten schließen, auch im Gehirn des Menschen.[27] Allem Anschein nach sind sie verantwortlich für die durchschnittlichen Gewichtsunterschiede des Gehirns (Kap. 2) und für die Unterschiede in Form und Oberfläche des Balkens (Corpus callosum), jenes Faserstrangs, der die beiden Hemisphären miteinander verbindet und dessen hinterer Teil bei Frauen breiter ist als bei Männern.[28]

Über Rezeptoren, «Molekül-Schlösser», die die Geschlechtshormone selektiv binden, regeln diese Substanzen die Öffnung und Übersetzung der in den Zielzellen vorhandenen Gene. Anders als die Rezeptoren der Neurotransmitter (Kap. 3) befinden sich die Hormonrezeptoren nicht in der Zellmembran, sondern wie die Genrepressoren an den Genen selbst. Bei der Maus wie beim Menschen kennt man Mutationen, die das Strukturgen dieser Molekül-Schlösser betreffen. Die Folge: Kein Gewebe – auch das Gehirn nicht – bekommt den Rezeptor und kann die Fähigkeit entwickeln, auf das Hormon zu reagieren.

Die Geschlechtsdifferenzierung, insbesondere die des Gehirns, wird von einem hormonalen Kommunikationsnetz gesteuert, das seinerseits der Kontrolle der Gene unterworfen ist.[29] Die Hormone sind an einer Reihe von Wechselwirkungen beteiligt, die die Übersetzung der Gene in den verschiedenen Zellen und Organen des Embryos und Neugeborenen koordinieren und aufeinander abstimmen. Das Modell des Embryo-Systems macht also das viel zu allgemeine und bedeutungsleere Konzept des genetischen Programms überflüssig und verdeutlicht, wie die Wechselwirkungen zwischen den Zellen zur Entwicklung und zur komplexen Organisation des ausgewachsenen Organismus beitragen.

Kortikogenese

Die Großhirnrinde nimmt Gestalt an, bevor das Geschlecht das Gehirn prägt. In der sechsten Schwangerschaftswoche teilt sich das vorderste Bläschen des Neuralrohrs in zwei Kammern auf, aus denen sich später die beiden Gehirnhemisphären entwickeln (Abb. 54). Anfangs besteht die Wand des Neuralrohrs aus einer einzigen Schicht

Abb. 54: Bildtafel zur Entwicklung des menschlichen Gehirns aus der *Anatomie comparée du système nerveux considérée dans ses rapports avec l'intelligence* von Leuret und Gratiolet (1839/1857). Die drei Abbildungen oben zeigen das Gehirn eines vierzehn Wochen alten Fötus, die drei darunter das eines Fötus von viereinhalb Monaten. Darunter links das Gehirn eines ausgewachsenen Totenkopfäffchens zum Vergleich neben dem eines fünf Monate alten menschlichen Fötus (die Ähnlichkeit fällt ins Auge). Die drei Abbildungen in der untersten Reihe zeigen das Gehirn eines menschlichen Fötus von sechs Monaten. Die wichtigsten Furchen und Windungen des Kortex sind schon zu erkennen.

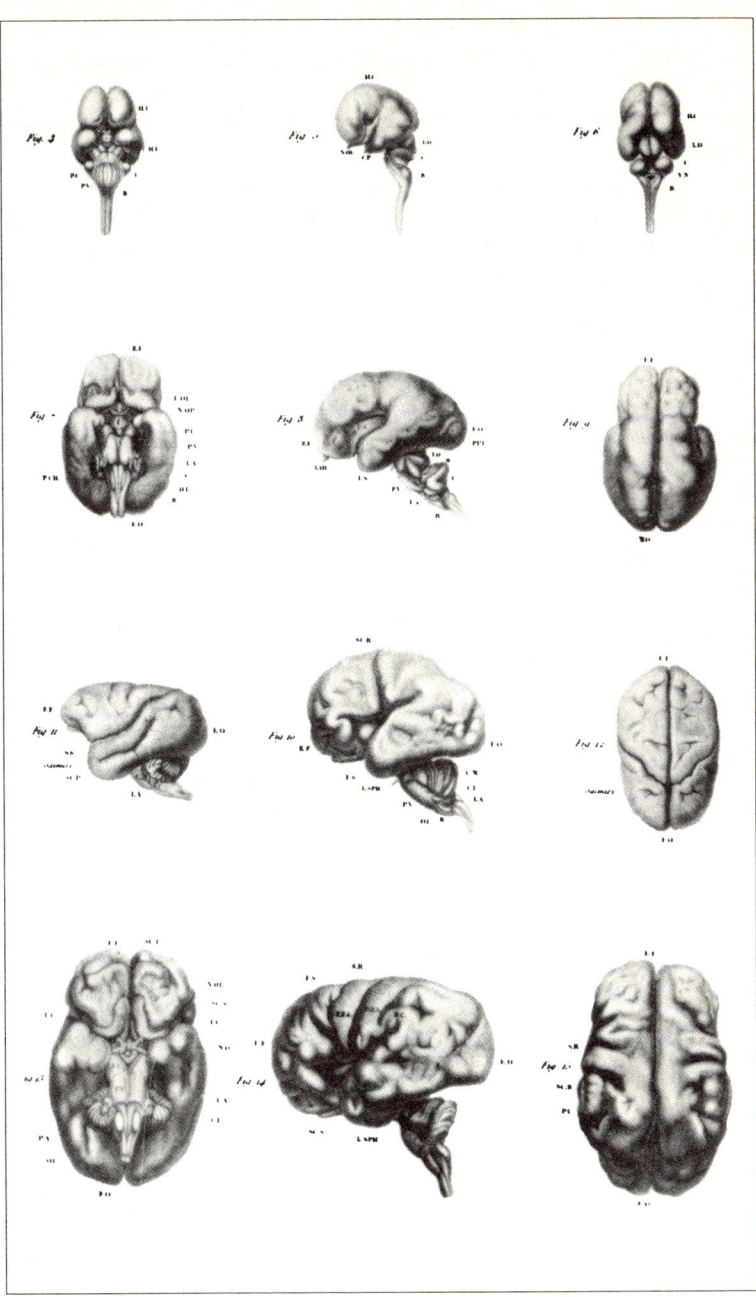

nebeneinanderliegender Zellen. Diese teilen sich sehr rasch. In wenigen Monaten entstehen so viele Milliarden Zellen. Manchmal geht die Produktion so rasch vonstatten, daß pro Minute bis zu 250000 neue Zellen hinzukommen. Im Zuge der Zellteilung treten zwei Phänomene auf. Erstens vergrößert sich die Oberfläche der Gehirnbläschen. Beim Menschen nimmt diese «Aufblähung» erstaunliche Ausmaße an. Sie stellt die Entwicklung des Affengehirns weit in den Schatten. Gleichzeitig verdickt sich die Wand der Bläschen. Ein erstes «Blättchen» erscheint. In der Tiefe setzt sich die Zellteilung fort. Die Zellen bilden dort eine «Proliferationszone», von der aus sie an die Oberfläche wandern. Sie sammeln sich in einer «Differenzierungszone», der *Kortexplatte*, die später zur Großhirnrinde des Erwachsenen wird [30] (Abb. 55).

Sechzehn Wochen nach der Befruchtung kommt die Zellteilung zum Stillstand. Also schon lange vor der Geburt ist die Höchstzahl der Kortexneuronen erreicht. *Der Mensch wird mit einem Großhirn geboren, dessen Neuronenzahl in der Folge nur noch abnimmt.*

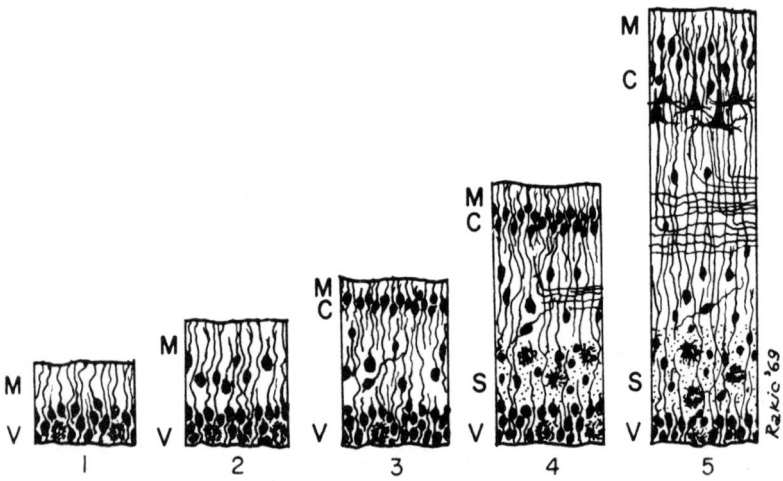

Abb. 55: Fünf Stadien in der Entwicklung von der Wand des Neuralrohrs bis zur Großhirnrinde, schematisch dargestellt von Rakič (1969). Die Vorläufer der Neuronen und Gliazellen vermehren sich in der Region des Neuralrohrs in Kontakt mit dem Ventrikel (V), dann wandern die Zellen zur Peripherie (M), wo sie sich zur «Kortexplatte» (C) vereinigen (nach Sidman, 1970). Aus dieser Kortexplatte entwickelt sich im wesentlichen die Großhirnrinde des Erwachsenen.

In dem Maße, wie sich die Neuronen, die sich in der Proliferationszone gebildet haben, in der Kortexplatte versammeln, wird diese dikker. Nach und nach bilden sich die Schichten I bis VI heraus. Es gibt zwei Möglichkeiten, sich die Schichtung der Neuronen in der Kortexplatte vorzustellen. Beim Erwachsenen befindet sich Schicht I an der Oberfläche, Schicht VI ganz unten (Kap. 2). Da die Proliferationszone noch tiefer liegt, wäre es logisch, daß sich die Schichten wie Sedimente ablagern: zunächst die Schicht I, da sie von der Ursprungszone am weitesten entfernt ist, zuletzt Schicht VI, da sie dieser Zone am nächsten liegt. Doch merkwürdigerweise verhält es sich genau umgekehrt.[31] Um das festzustellen, muß man die Zellen im Augenblick ihrer letzten Teilung markieren (zum Beispiel mit Hilfe eines radioaktiven DNS-Vorläufers) und später im ausgewachsenen Kortex prüfen, in welcher Schicht sie sich abgelagert haben. Es stellt sich heraus, daß die Neuronen der Schicht VI, die sich in größter Nähe zur Proliferationszone befindet, als erste abgelagert werden, dann die der Schicht V, die folglich die bereits angelegte Schicht VI durchqueren müssen, um ihren endgültigen Bestimmungsort zu erreichen, und so fort bis zu den Schichten III und II, deren Neuronen erst nach einer langen Reise durch den bereits fertiggestellten Kortex zur Ruhe kommen. Die aufeinanderfolgenden Schichten verschachteln sich ineinander wie russische Puppen: die älteren liegen innen, die neueste jeweils außen.

Die Regeln für die Vervielfältigung, Wanderung und Einfügung der «Zellkristalle», die den verschiedenen Kortexschichten entsprechen, scheinen (bis auf wenige Ausnahmen) für den ganzen Kortex die gleichen zu sein. Das erklärt die «bemerkenswerte Einheitlichkeit», die Powell und seine Mitarbeiter der Organisation des ausgewachsenen Kortex bescheinigen (Kap. 2). Jede senkrechte «Probesäule» enthält die gleiche Anzahl von Neuronen und weist das gleiche Verhältnis von Pyramiden- und Sternzellen auf. Alle Rindenfelder folgen den gleichen Entwicklungsregeln. Mit anderen Worten: Sie gehorchen alle einer bestimmten genetischen Regulation. Für die Einordnung, Anzahl und Differenzierung der Kortexneuronen dürfte eine begrenzte Zahl von Genen sorgen (vgl. Kap. 8).

Die Axone, die Dendriten und die ersten Synapsen bilden sich im Kortex, lange bevor die sechs Schichten entstehen. Sobald sich die Schichten VI und V in der Kortexplatte ablagern, entsenden die dort befindlichen Vorläufer der Pyramidenzellen schon ihre Axone zu dem entsprechenden Thalamuskernen. Umgekehrt wachsen die Axone der Thalamusneuronen in Richtung Kortex. Die Schleife zwischen

Großhirnrinde und Thalamus entsteht, bevor sich die Schichten III und II ausbilden, und wird reziprok und synchron aufgebaut.[32] Die Montage der zerebralen Maschine vollzieht sich also nach und nach in dem Maße, wie die Einzelteile verfügbar sind. Die vom Thalamus kommenden Axone enden in der Schicht IV zunächst ohne erkennbare Gliederung. Dann ordnen sie sich zu senkrechten «Streifen» (Kap. 2). Durch ihre speziellen Verknüpfungen nehmen die Zellkristalle allmählich ihre regionale Besonderheit an. *Die Vernetzung der Großhirnrinde liegt beim Affen wie beim Menschen in ihren Grundzügen schon vor der Geburt fest.*

Der Mensch wird mit einem Gehirn geboren, das 300 Gramm wiegt – das entspricht etwa 20 Prozent seines Endgewichts –, während das Gehirngewicht des neugeborenen Schimpansen schon 40 Prozent des ausgewachsenen Gehirns ausmacht. Es ist also ein wichtiges Merkmal des menschlichen Gehirns, daß seine Entwicklung noch lange nach der Geburt fortdauert. Sie hält noch fast fünfzehn Jahre lang an, während die Schwangerschaft nur neun Monate dauert. Diese Massenzunahme ändert nichts daran, daß die Teilung der Kortexneuronen schon einige Wochen *vor* der Geburt aufhört. Zeitlich fällt sie zusammen mit der Entstehung der Axone und Dendriten, der Synapsenbildung und der Entwicklung der Myelinscheiden um die Axone.

Schon 1910 stellte Ramon y Cajal fest, daß beim Menschen die dendritischen Verzweigungen der Pyramidenzellen nach der Geburt erheblich an Komplexität hinzugewinnen (Abb. 56). Diese Untersuchungen sind vor einigen Jahren beim Affen[33] und beim Menschen[34] wieder aufgenommen worden. Kurz nach ihrer Einfügung in die Kortexplatte weisen die Pyramidenzellen eine sehr einfache Form auf: ein glatter apikaler Dendrit, ein anderer in der Nähe des Zellkörpers und das Axon, das bereits zum Kortex hinausgelangt. Dann treten neue Dendriten an der Basis des Zellkörpers aus, der apikale Dendrit bildet waagerechte Abzweigungen aus, und der Zellkörper nimmt seine Pyramidengestalt an (Abb. 56 und 77). An den Dendriten entwickeln sich zunächst «Bartfäden», dann «Härchen» und schließlich Dornen.[33] B. Cragg (1975) schätzt, daß die durchschnittliche Zahl der Synapsen pro Neuron bei der Katze zwischen dem zehnten und fünfunddreißigsten Tag nach der Geburt von einigen hundert auf fast 12 000 anwächst. Eine entsprechende, wenn nicht noch größere Zunahme ist beim Affen und vor allem beim Menschen zu verzeichnen.

Entsprechend den Fasern thalamischen Ursprungs, die in den Kortex eindringen, und den Synapsen, die sich bilden, zeichnen sich

Kortikogenese 253

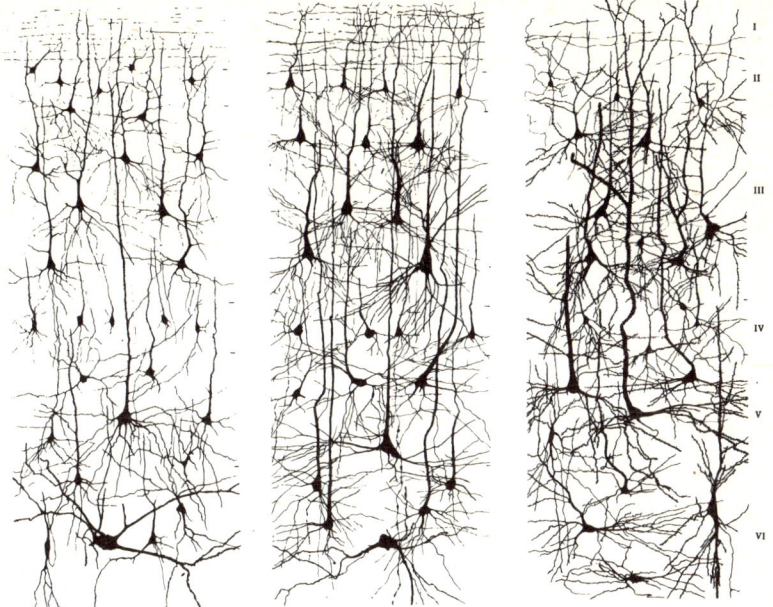

Abb. 56: Wachstum der dendritischen Verzweigungen in der menschlichen Großhirnrinde *nach* der Geburt. Von links nach rechts: Kind von drei, fünfzehn und vierundzwanzig Monaten. Die Schnitte stammen aus dem oberen Bereich des Schläfenlappens und wurden nach der Golgi-Methode gefärbt (nach Conel, 1947, 1955, 1959, in: Altman, 1967).

in diesem Zeitraum die verschiedenen sensorischen Karten, Homunkuli und Muster auf dem Kortex ab. Die Entwicklung solcher Muster ist besonders eingehend an dem somatosensorischen Rindenabschnitt (Feld 1,2,3) bei Mäusen und Ratten untersucht worden. Wie erwähnt, liegt die Besonderheit dieser Muster darin, daß der Abbildung der Schnurr- und Tasthaare sehr viel Platz eingeräumt wird (vgl. Abb. 39). Tangentialschnitte der somatosensorischen Rinde zeigen zu Reihen geordnete «Zylinder» – jedes im Durchmesser 0,2 bis 0,4 Millimeter lang und jeweils einem Tasthaar der Maus zugeordnet.[35] Nach der Geburt treten diese Zylinder zunehmend in Schicht V des Kortex auf. Wenn eines der Tasthaare bei der Geburt zerstört wird, weist das ausgewachsene Tier auch den entsprechenden Zylinder nicht auf (Abb. 57). Wie kann sich die Körperperipherie mit solcher

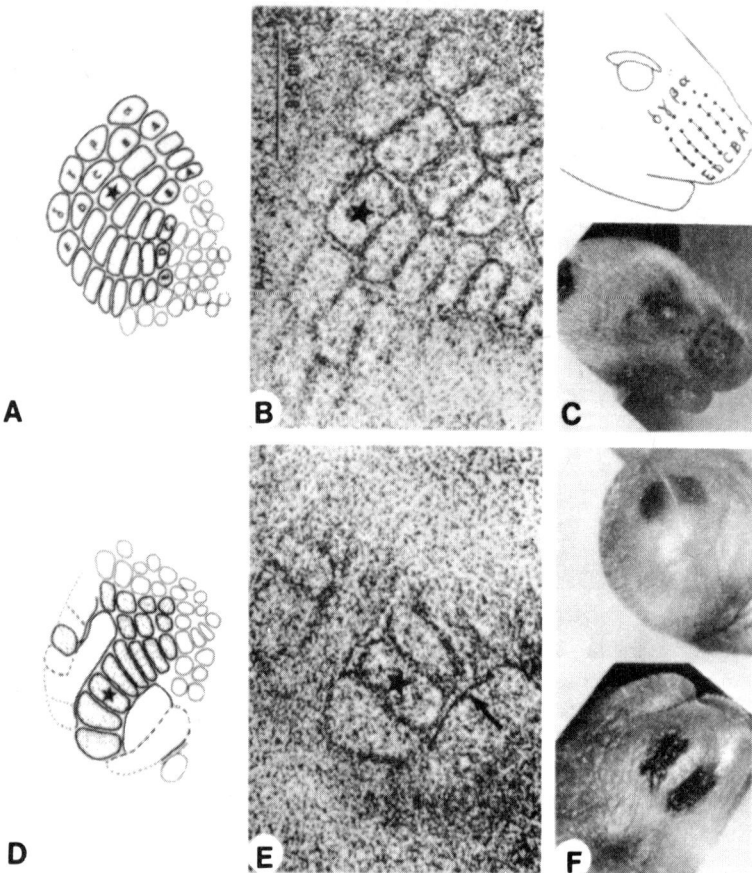

Abb. 57: Die Bedeutung der peripheren Sinnesorgane für die Entwicklung der Kortexkarten, hier die Projektion der «Schnurr»- oder Tasthaare bei der Maus. A, B, C: ausgewachsene Maus als Kontrolltier: In Schicht IV des Kortex (B) ordnen sich die Zellen zu «Zylindern» an, von denen jeder einem Schnurrhaar der Maus entspricht (C). In A Gesamtrekonstruktion der Kortexkarte der Tasthaare: der Stern bezeichnet das gleiche Tasthaar wie in B, D, E, F. Mehrere Tasthaarreihen mit Ausnahme von β in Reihe C wurden bei der Geburt zerstört. Die entsprechenden Zylinder (D und F) fehlen in der Großhirnrinde des erwachsenen Tieres (nach H. van der Loos und Woolsey, 1973).

Genauigkeit auf den Kortex projizieren? Zwischen den Tasthaaren und dem Kortex findet im Thalamus eine synaptische Umschaltung statt. Was geschieht dort?

Wenn man den entsprechenden Thalamusknoten in Schnitte zerlegt, stellt man fest, daß auch er Reihen kleiner Zylinder enthält, die den Reihen der Tasthaare entsprechen. Zerstört man eines der Tasthaare am ersten Tag nach der Geburt, wird weder der Kortex- noch der Thalamuszylinder gebildet. Die Karte der Tasthaare bleibt im Thalamus und im Kortex erhalten. Findet diese Zerstörung jedoch vier Tage später statt, so fehlt zwar wieder der Kortexzylinder, doch das thalamische Zylinderchen entwickelt sich normal. Dieses gewinnt nämlich zwischen dem ersten und vierten Tag nach der Geburt Stabilität, während sich der Kortexzylinder erst später, nach dem vierten Tag, stabilisiert. Die Projektion der Tasthaare erfolgt demnach stufenweise – zunächst von den Tasthaaren auf den Thalamus, dann vom Thalamus auf den Kortex.

Durch welchen Mechanismus bleibt die Anordnung der Tasthaare auf allen Projektionsstufen erhalten? Die einfachste Hypothese lautet, daß diese Geometrie niemals verlorengeht, daß sie in dem Nerv enthalten ist, der das Tasthaar mit dem Thalamus verbindet, und in dem Nervenstrang, der vom Thalamus zum Kortex führt. Diese Hypothese hat man unlängst am visuellen System überprüft, bei dem wie im Falle der Tasthaare die Netzhaut Punkt für Punkt auf das Corpus geniculatum laterale des Thalamus projiziert wird.

Verfolgen wir den Weg der Axone, die nach dem Austritt aus der Netzhaut den Sehnerv bilden. Theoretisch wäre denkbar, daß sie sich beim Verlassen der Netzhaut aufs Geratewohl miteinander verflechten. Nimmt man jedoch eine genaue anatomische Untersuchung[36] vor und mißt man die Aktivität der Netzhautneuronen sowie ihrer Axone an verschiedenen Punkten des Sehnervs[37], so ergibt sich ein ganz anderes Bild. Die Anordnung der Netzhautneuronen wird von den zu einem «Strang» verbundenen Axonen beibehalten. Mit anderen Worten: Die Axonenkarte ist ein Abbild der Neuronenkarte. Die geometrische Konfiguration der Neuronen wird von der Netzhaut an den Sehnerv weitergegeben und vom Sehnerv an das Corpus geniculatum. Mittels dieses sehr einfachen Verfahrens projiziert die Peripherie auf den Kortex und ein Rindenfeld auf ein anderes, *ohne die «Karte» der Beziehungen zwischen den Neuronen zu verändern.*

Die Prädestination des Gehirns

Schon bei der Geburt haben die Neuronen der menschlichen Großhirnrinde die Teilung beendet; sie haben ihre endgültige Zahl erreicht. Im Falle einer Hirnschädigung sind sie nicht regenerationsfähig; bis zum Tod wird sich ihre Zahl ständig verringern. In großen Zügen ist die Vernetzung zwischen Sinnesorganen, zentralem Nervensystem und Bewegungsorganen sowie zwischen den wichtigsten Gehirnzentren abgeschlossen. Diese Entwicklung des Embryos und des Fötus folgt einem Plan, der von einem Menschen zum anderen und von einer Generation zur folgenden kaum Unterschiede aufweist. Die Macht der Gene ist unübersehbar. Gemessen an der Konstanz der wichtigen Merkmale verlieren die individuellen Unterschiede der Gehirnorganisation ihre Bedeutung. Unabhängig von der Herkunft, dem Klima und der Umwelt sorgt die Autorität der Gene für die *Einheitlichkeit des menschlichen Gehirns*.

Diese Macht gründet sich auf einige wenige genetische Determinanten, was ihr aber in keinerlei Hinsicht Abbruch tut. Die Genoligarchie bedient sich einfach einiger «Sondermittel». Das erste ist *Sparsamkeit*. Wie beschrieben (Kap. 3), sind einige Peptide des Darms auch im Gehirn anzutreffen. Am Beispiel des Albinos habe ich außerdem zu zeigen versucht, daß ein Gen zwei unterschiedliche Funktionen in verschiedenen Entwicklungsstadien beeinflussen kann. Dieser äußerst sparsame Umgang mit dem Genvorrat – durch *Mehrfachverwendung* und *Zusammenlegung* – begrenzt die erforderliche Zahl von Strukturelementen auf ein Minimum. Das ist kein «Flickwerk», sondern die besonnene Verwaltung eines begrenzten Kapitals.

Eine andere Maßnahme gestattet den Genen, ihre Wirkung zu vervielfältigen. Es handelt sich um die *zeitliche und räumliche Wirkungskombination*. Das Modell des Zell-Automaten zeigt, wie sich mit einer geringen Zahl von Zeichen eine große Zahl von Zellzuständen – Zuständen von Nervenzellen vor allem – erzielen läßt. Das Modell des Embryo-Systems macht deutlich, wie ein paar Gene, die für die Kommunikation zwischen den Embryozellen zuständig sind, die Übersetzung von Genvorräten koordinieren können, die später an verschiedenen Punkten des Embryos und seines in der Entwicklung befindlichen Nervensystems verteilt werden.

Eine kleine Zahl solcher Gene reicht aus, um die Teilung, Wanderung und Differenzierung der Kortexneuronen fortlaufend und zeitlich abgestuft zu steuern. Der *regelmäßige* und *einheitliche* Aufbau der Großhirnrinde wird mit einem minimalen Aufwand an Genen erreicht. Dabei unterscheidet sich ein Rindenabschnitt vom anderen durch die Projektion der Karten oder Homunkuli, die über die Umschaltstation des Thalamus aus der Peripherie eintreffen. Im Laufe der Entwicklung tragen sich so vielfältige Abbildungen des Körpers, der Organe und sogar der Nervenzentren in der Großhirnrinde ein.

Auf welchen Mechanismen diese Projektionen beruhen, ist noch wenig bekannt, doch scheint plausibel, daß die geometrischen Beziehungen zwischen den wachsenden Axonen erhalten bleiben. Auch hier sind nur wenige Gendeterminanten erforderlich. Die *Verflechtung* zwischen der Karte der thalamischen Axone und den Zellkristallen des Kortex sorgt für beträchtliche Verschiedenheit der einzelnen Rindenfelder. Schließlich können die Karten eines Rindenfeldes über die Assoziations- oder Kommissurenaxone auf ein anderes Feld projizieren. So kann es zur *Kombination* verschiedener Kortexkarten kommen.

Die Gesamtheit dieser und anderer, im nächsten Kapitel erörterten Mittel lassen das Mißverhältnis zwischen der Zahl der Gene und der Komplexität des zentralen Nervensystems weniger paradox erscheinen. Eine Lösung liegt also in den vielfältigen zeitlichen und räumlichen Kombinationen der Genwirkungen. Und diese Lösung hat wichtige Konsequenzen. Zwar wird man im Zusammenhang mit der funktionellen Organisation des zentralen Nervensystems auch weiterhin von genetischen Determinismus sprechen, doch sind mit diesem Terminus höchst verschiedene Prozesse gemeint, je nachdem, ob es sich um die Primärstruktur eines Proteins wie den Rezeptor eines Neurotransmitters handelt oder um so komplexe Fähigkeiten wie die menschliche Sprache. Im ersten Fall liegt eine direkte und eindeutige Beziehung zwischen der Nukleotidsequenz des Strukturgens (auch wenn es gestückelt ist) und der Aminosäurensequenz des Proteins vor.

Im zweiten Fall bringt eine Gehirnfunktion umfangreiche Zellverbände ins Spiel, die im Laufe der Zeit und nicht unbedingt synchron entstanden sind. Es ist nicht mehr möglich, jeder Struktur oder Funktion ein Gen zuzuordnen. Das Gen des Wahnsinns, der Sprache oder der Intelligenz gibt es nicht. Wir wissen, daß sich eine komplexe Gehirnfunktion nicht auf ein bestimmtes «Zentrum» oder einen einzigen Neurotransmitter zurückführen läßt, sondern daß daran ein ganzes System von «Durchgangsstadien» beteiligt ist, in dem sich elektrische und chemische Aktivitätszustände «verknüpfen». Ebenso «verknüpfen» sich die Gene, vermischen sich, verketten sich und werden im Lauf der Entwicklung nacheinander und differenziert übersetzt, bis schließlich die besondere *Organisation* des menschlichen Gehirns entsteht. Die Wiederholbarkeit des zeitlichen und räumlichen Ablaufs dieser Genübersetzungen garantiert die *Unveränderlichkeit* der Organisation.

7
Epigenese

Zweifellos kann der Mensch bei der Geburt mit den Anlagen zu bestimmten Neigungen ausgestattet sein, die die Eltern mittels der anatomischen Organisation an ihn weitergeben, doch wenn er die durch diese Anlagen begünstigten Eigenschaften nicht nach Kräften fördert und zur Gewohnheit werden läßt, so wird sich das Organ, das für die Ausführung der entsprechenden Handlungen zuständig ist, gewiß nicht ausbilden.

Jean Baptiste de Lamarck,
Zoologische Philosophie, 1809

Ein Auto oder ein Computer wird nach einem Bauplan, einem «Programm» montiert, das genau festlegt, wie die verschiedenen Einzelteile zusammengesetzt werden. Der geringste Fehler bei der Ausführung des Programms hätte katastrophale Folgen. Bei der Montage muß auf Präzision geachtet werden. Der Konstruktion des menschlichen Gehirns liegt kein bestimmtes «Programm» zugrunde. Zwar gibt es die Macht der Gene – doch erfaßt sie auch die Feinheiten der Organisation, die genaue Form jeder Nervenzelle, die Zahl und Geometrie aller Synapsen? Oder legt sie nur die allgemeine Form der zerebralen «Karosserie» im «Embryo-System» fest? Ist die Behauptung stichhaltig, daß ein strikt generischer Determinismus der *ganzen* «Komplexität» des menschlichen Gehirns zugrunde liegt?

Zunächst dürfen wir uns von dem Wort «Komplexität» nicht verwirren lassen. Es bedeutet, so Atlan (1979), in erster Linie, «daß man ein System nicht versteht. Es deutet auf eine Ordnung hin, zu der man keinen Schlüssel besitzt.» Angesichts einer so schwer zugänglichen Wirklichkeit bleibt uns nichts anderes übrig, als mit Hilfe unseres wissenschaftlich geschulten Gehirns «innere Repräsentationen» zu entwerfen, uns vorzustellen, wie die Komplexität des Nervensystems beschaffen ist und wie sie sich entwickelt. Natürlich müssen wir im Gedächtnis behalten, daß wir nur «Vorstellungsmodelle» benutzen, deren Gültigkeit sich an der Wirklichkeit zu erweisen hat.

Im Prinzip dürfte eine *Kombination* verschiedener Mechanismen für die außerordentliche Komplexität des menschlichen Großhirns verantwortlich sein (vgl. Kap. 6). Durch die differenzierte Übersetzung der Gene läßt sich eine Vielzahl von Zellkategorien herstellen. Doch ist dieser Mechanismus auch für die Topologie und die vielen Verknüpfungen zwischen den Nervenzellen verantwortlich? Kann er die große Vielfalt neuronaler Singularitäten im menschlichen Gehirn erklären? Eine einfache Beobachtung läßt daran zweifeln. Sobald die Differenzierung abgeschlossen ist, teilt sich die Nervenzelle nicht mehr. Ein *einziger* Zellkern, ein und dieselbe DNS, sorgt ein ganzes Leben lang für die Einsetzung und Versorgung Zehntausender von Synapsen.

Es ist schwer vorstellbar, daß das Produkt der Gene eines einzigen Kerns selektiv an alle diese vielen zehntausend Synapsen verteilt wird. Man müßte schon an irgendeinen mysteriösen «Dämon» glauben, der das Produkt nach einem festliegenden Schlüssel aufteilt und jeder einzelnen Synapse zukommen läßt, was sie braucht! Mit der differenzierten Übersetzung der Gene läßt sich die außerordentliche Vielfalt und «Spezialität» der Neuronenverknüpfungen nicht erklären.

In diesem Zusammenhang hat man einen anderen, «epigenetischen» Mechanismus vorgeschlagen – das heißt einen Mechanismus, der das genetische Material unangetastet läßt.[1] Er wirkt sich nicht mehr auf der Ebene der einzelnen Nervenzelle aus, sondern auf der höheren ganzer Zellverbände. Seine Grundlage bildet nicht mehr das einzelne individuelle Muster der von jedem Neuron benutzten Gene, sondern die Topologie der im Laufe der Entwicklung hergestellten Neuronenvernetzung. Er drückt sich in der Vielfalt der geometrischen Gebilde aus, die sich bei der Bildung dieses Netzes flüchtig in den drei Dimensionen des Raumes abzeichnen. Betrachten wir Beschaffenheit und Grenzen dieser «Epigenese durch selektive Synapsenstabilisierung».

Die Unterschiede zwischen eineiigen Zwillingen

Es ist bekannt, daß sich eineiige Zwillinge, die aus der Verdoppelung einer befruchteten Eizelle hervorgehen, weit ähnlicher sehen als Zwillinge, die aus zwei verschiedenen Eizellen entstanden sind. Besitzen solche genetisch identischen Geschwister «absolut» gleiche Gehirne? Die Antwort auf diese Frage ist von entscheidender Bedeutung. Nehmen wir an, es wäre so. Das würde bedeuten, daß *jede* der 10^{14} oder 10^{15} Synapsen der menschlichen Großhirnrinde der Macht der Gene ohne Einschränkung unterworfen wäre. Wenn es aber nicht der Fall ist, muß die Antwort die Grenzen dieser Macht bezeichnen, das anatomische Organisationsniveau, jenseits dessen eine mögliche Epigenese wirksam werden könnte.

Anläßlich der Suche nach den Erbkomponenten bestimmter Geisteskrankheiten war schon die Rede von eineiigen Zwillingen (Kap. 6). Was läßt sich über die anatomische Feinstruktur des Gehirns eineiiger Zwillinge berichten? Getreu unserer Methode muß die Analyse sowohl auf der Ebene des Neurons als auch auf der Ebene seiner Synapsen vorgenommen werden. Es ist notwendig, *genau die gleichen Zellen* im gleichen Feld der gleichen Hemisphäre ausfindig zu machen und hinsichtlich aller Einzelheiten ihrer Verzweigungen zu vergleichen, um festzustellen, ob sie sich genauso ähneln wie die Gesichtsfalten oder die Handlinien. Doch wie soll man diese Zellen unter so vielen Milliarden herausfinden? Betrachten wir daher zunächst das Nervensystem einfacher Organismen.

F. Levinthal und seine Mitarbeiter[2] haben sich einen kleinen Krebs ausgesucht, der allen Aquarienfreunden wohlbekannt ist, den Großen Wasserfloh (*Daphnia magna*). Er bietet mehrere Vorteile. Er läßt sich mühelos züchten, und die Weibchen pflanzen sich ohne Beteiligung der Männchen fort, das heißt durch Parthenogenese (Jungfernzeugung). Dabei setzen die Weibchen lauter genetisch identische, «isogenetische» Tiere in die Welt, eine Population von eineiigen Zwillingen, oder besser, von Multiplikaten. Ein weiterer Vorteil des Wasserflohs: Sein Nervensystem setzt sich wie das der Aplysia oder des Blutegels aus einer kleinen Anzahl von Zellen zusammen, die man unter dem Mikroskop einzeln identifizieren kann. Damit bietet er die Möglichkeit, die Variabilität eineiiger Zwillinge eingehend zu untersuchen, vorausgesetzt, man ist zu dem Aufwand bereit, den es bedeutet, ein Verzeichnis aller Nervenzellen und aller ihrer Synapsen anzulegen. Das ist nur unter dem Elektronenmikroskop möglich. Man zerschneidet ein Nervenzentrum, zum Beispiel das Auge, in Hunderte feinster Scheiben, die man alle Schnitt für Schnitt unter dem Mikroskop durchmustert. Anschließend «rekonstruiert» man jedes Neuron mit seinem Zellkörper und seinen Verzweigungen (Abb. 58).

Das erste Ergebnis dieser Untersuchung lautet: Von einem isoge-

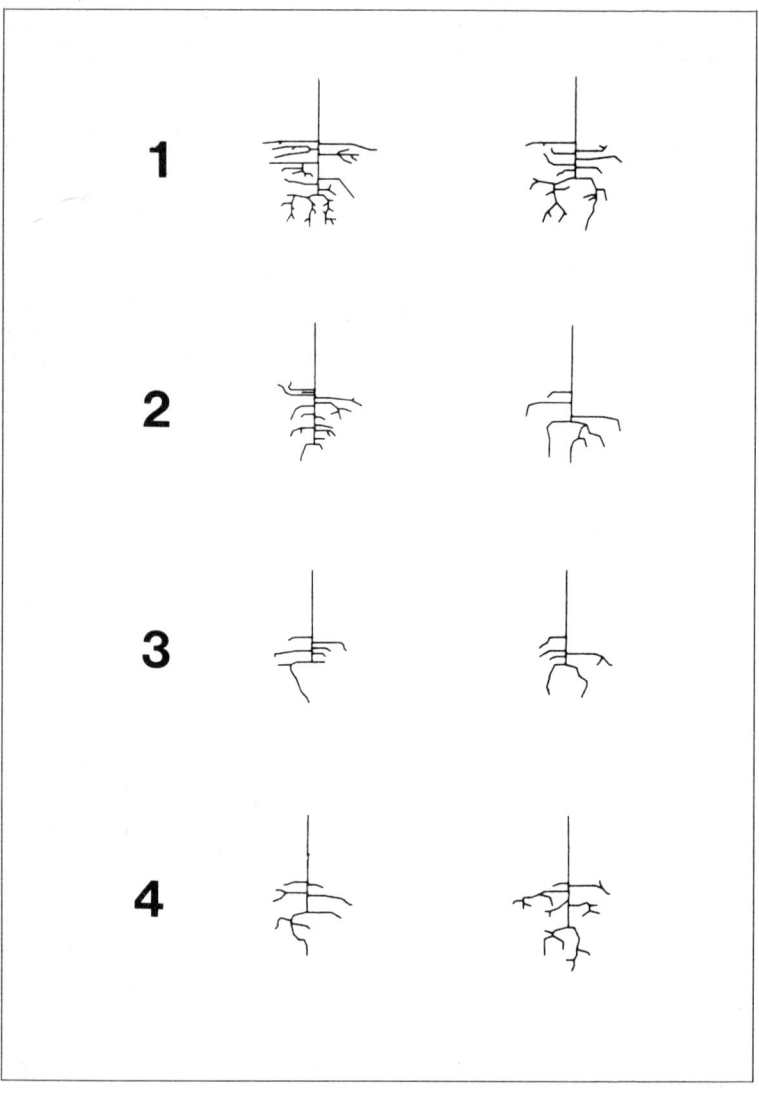

Abb. 58: Variabilität der neuralen Organisation bei eineiigen Zwillingen. Hier werden die axonalen Endverzweigungen des gleichen Neurons bei vier genetisch identischen Wasserflöhen verglichen. Das Neuron ist in zwei «symmetrischen» Exemplaren zu beiden Seiten der Symmetrieebene des Tieres vorhanden. Die Variabilität der axonalen Verzweigungen ist zwischen den Neuronen zweier Tiere größer als zwischen dem linken und dem rechten Neuron eines Tieres (nach Macagno u. a., 1973).

netischen Wasserfloh zum anderen bleibt die Anzahl der Zellen *unveränderlich*. Das Zyklopenauge des Tiers (ein Einzelauge in der Kopfmitte) bestand bei allen untersuchten Exemplaren aus *genau* 176 sensorischen Neuronen. Mehr noch, diese 176 Zellen stellen mit genau 110 Neuronen des Sehganglions synaptische Verbindungen her. Auch in qualitativer Hinsicht weisen die Zellverbindungen keine Unterschiede auf. Einzeln betrachtet, endet jedes sensorische Neuron des Auges am gleichen Neuron des Sehganglions. Beispielsweise führt das sensorische Neuron D_2 stets zu den Ganglionneuronen L_1 und L_4. Die allgemeine Organisation des Auges und des Sehganglions bleibt bei allen isogenetischen Individuen erhalten. Das ist die Handschrift der Gene.

Betrachtet man die Klone jedoch noch genauer, so zeigt sich doch eine Variabilität zwischen den einzelnen Tieren. Sie wird erkennbar, wenn man die genaue Zahl der Synapsen feststellt und den axonalen Verzweigungen bis in die letzten Verästelungen folgt. So beträgt die Zahl der Synapsen zwischen den Neuronen D_2 und L_4 bei Exemplar eins 54, bei Exemplar zwei 65, bei Exemplar drei 20 und bei Exemplar vier 40. Beim ersten Tier unterteilen sich die axonalen Verzweigungen mindestens dreimal nacheinander, während sie es beim vierten Tier praktisch nur einmal tun. Das Auge hat wie das Sehganglion einen symmetrischen Grundriß. Jedes Neuron auf der linken Seite ist auch rechts anzutreffen. Auch zwischen links und rechts ist eine gewisse Variabilität zu beobachten, doch ist sie weit geringer als die zwischen isogenetischen Exemplaren. Die Wasserflohzwillinge sind genetisch, aber *nicht* anatomisch identisch. Zwar ist die Zahl der Zellen und das Grundmuster ihrer Vernetzung unveränderlich, aber in der *Feinstruktur* der Verzweigungen und ihrer Verbindungen zeigen sich Schwankungen oder «Unschärfen».

Was für den Wasserfloh gilt, dürfte auch für die Aplysia und die Taufliege zutreffen. Stimmt es auch noch für Fische? Von den Wirbellosen zu den Wirbeltieren steigt die Zahl der Nervenzellen beträchtlich an. Der Vergleich wird mühevoller. Geschickt hat sich Levinthal den Umstand zunutze gemacht, daß beim Fisch einige Neuronen – wie die Mauthner-Zelle (vgl. Kap. 4) – sehr groß sind und nur einmal vorkommen. Er hat sich für die Müller-Zellen entschieden, eine Kategorie von Motoneuronen, die in der Nähe der Mauthner-Zellen liegen und sich ebenso leicht identifizieren lassen. Im übrigen pflanzt sich der Fisch *Poecilia formosa* wie der Wasserfloh ohne Zutun der Männchen fort. Der Mutterfisch schenkt weiblichen Klonen das Leben, die genetisch identisch mit ihm sind. Das Elektronenmikroskop zeigt, daß im Vergleich der Klone die dendritischen Verzweigungen der ersten Müller-Zelle ihre Gestalt im großen und ganzen bewahren, daß jedoch die Verästelungen und Synapsen *im einzelnen voneinander abweichen*. Was für den Wasserfloh ermittelt wurde, gilt zumindest auch für einige Neuronen des Fisches.[3]

Und wie verhält es sich bei einem Säugetier wie der Maus? Hier wächst die Zahl der Zellen enorm an. Es gibt keine Riesenneuronen, die nur einmal vorkommen und leicht zu erkennen sind, sondern lediglich Zellkategorien (Kap. 2) und innerhalb einer bestimmten Kategorie wie zum Beispiel der der Purkinje-Zellen des Kleinhirns eine stattliche Anzahl von Einzelneuronen. Auch hier müßte man im Grunde die dendritischen und axonalen Verzweigungen des gleichen Neurons mehrerer isogenetischer Exemplare miteinander vergleichen. Doch ist das auch nur *theoretisch* möglich? Erstens: Eineiige Zwillinge im engeren Sinne des Wortes stehen nicht in ausreichender Zahl zur Verfügung. Man begnügt sich deshalb mit Mäusen, die ein hoher Verwandtschaftsgrad verbindet. Nach etwa fünfzig Jahren Inzucht teilen die Individuen mancher Stämme einen Großteil, wenn nicht alle ihre Gene. So ist es immerhin möglich, Tiere mit einem fast identischen Genom zu vergleichen. Zweitens: Der Versuch, das *gleiche* Neuron innerhalb einer bestimmten Zellkategorie aufzuspüren, stößt auf erhebliche Schwierigkeiten. Wir wissen, daß dies beim Wasserfloh, bei der Aplysia und bis zu einem gewissen Grade auch beim Fisch möglich ist. Gilt das auch für die Maus? Die Antwort lautet Nein.

Einerseits liegt die Zahl der Neuronen nicht fest. Zählt man sie in einer bestimmten Gehirnregion (etwa im Hippocampus[4]) aus, so ergeben sich Abweichungen von mehreren Prozent zwischen verwandten Tieren. Allerdings sind diese Schwankungen etwas kleiner als zwischen Tieren, die aus genetisch verschiedenen Populationen stammen. Andererseits lassen sich die Neuronen auch nicht mehr nach ihrer Position numerieren, weil sie im Lauf der Entwicklung keinen regelmäßigen und festliegenden Platz einnehmen.

Die Zellen im Bauchganglion der Aplysia oder im Auge des Wasserflohs sind identifizierbar, weil sie aus embryonalen *Ursprungszellen* entstehen, die im Lauf der Entwicklung eine festgelegte Zahl von Teilungen absolvieren und in ihrer räumlichen Anordnung einem genauen Plan folgen. Bei der Maus ist dieser Plan weitgehend «durcheinandergeraten». Dies wird deutlich, wenn man den Werdegang der Zellen vom Embryonalstadium an mittels der *Chimärenmethode* verfolgt.[5]

Was soll das Wort Chimäre hier bedeuten? Eine Maus, die halb Löwe, halb Ziege ist und mit einem Drachenschwanz wedelt? Natürlich nicht – gemeint ist eine Maus, in der Zellen von zwei verschiedenen Tieren zusammenkommen. Dazu sucht man sich zwei Stämme, deren Zellen sich durch den hohen (h) oder niedrigen (n) Gehalt eines «neutralen» Enzyms unterscheiden.[6] Es handelt sich um einen nahen Verwandten der β-Galaktosidase (Kap. 5), die β-Glucuronidase. Sie dient als intrinsisches Markierungsmittel. Auf Schnitten des Nervengewebes läßt sie sich leicht durch Rotfärbung sichtbar machen. Bei «h»-Mäusen reagieren die Purkinje-Zellen auf das Färbemittel, während sie bei «n»-Mäusen weiß bleiben. Die Chimäre stellt man her, indem man die Zellen eines «h»-Embryos mit denen eines «n»-Embryos mischt. Aus der Mischung entsteht ein neuer Embryo, «mosaikartig» zusammengesetzt, aber durchaus lebensfähig. Sein besonderes Merkmal ist, daß er *vier* Eltern hat. Man kann jetzt versuchen, im Kleinhirn dieser Chimäre die Purkinje-Zellen, die vom «h»-Embryo stammen, von denen des «n»-Embryos zu unterscheiden (Abb. 59). Nehmen wir an, die Vorläufer der Purkinje-Zellen teilen sich regelmäßig und ordnen sich deshalb nach festliegenden geometrischen Regeln in der Rinde an. Dann müßten die rotgefärbten Zellen im Kleinhirn der ausgewachsenen Maus regelmäßige Figuren bilden – Streifen, Schachbrettmuster oder Sektoren. Nichts dergleichen geschieht. In Wirklichkeit entsteht ein «Patchwork» von Purkinje-Zellen, in dem die roten und weißen Zellen weitgehend (aber nicht ganz) *zufällig verteilt sind*. Die Vorläufer der Purkinje-Zellen sind also in ihren Teilungen und Wanderungen keinem so strengen und unabänderlichen Determinismus unterworfen wie die Neuronen im Nervensystem des Wasserflohs oder der Aplysia. Der hohe «Mischungsgrad» macht jede Hoffnung hinfällig, die einzelnen Neuronen etikettieren oder numerieren zu können. *Der Vergleich zwischen «identischen» Neuronen ist prinzipiell unmöglich.* Mit der Zahl der Zellen wächst auch die «Variabilität» im Aufbau des Nervensystems. Während sich diese beim Wasserfloh oder bei der Aplysia lediglich in den Verzweigungen der Neuriten und der Zahl der Synapsen äußert, betrifft sie bei den Säugetieren innerhalb eines Feldes oder Zentrums auch die Zahl und Verteilung der Nervenzellen selbst.

Die Evolution des Nervensystems bringt also auch ein erhöhtes Maß an «Nicht-Wiederholbarkeit» innerhalb einer genetisch identischen Population mit sich. Dieser Bereich ist dem unmittelbaren Determinismus der Gene entzogen. Deshalb sollte man den Begriff des

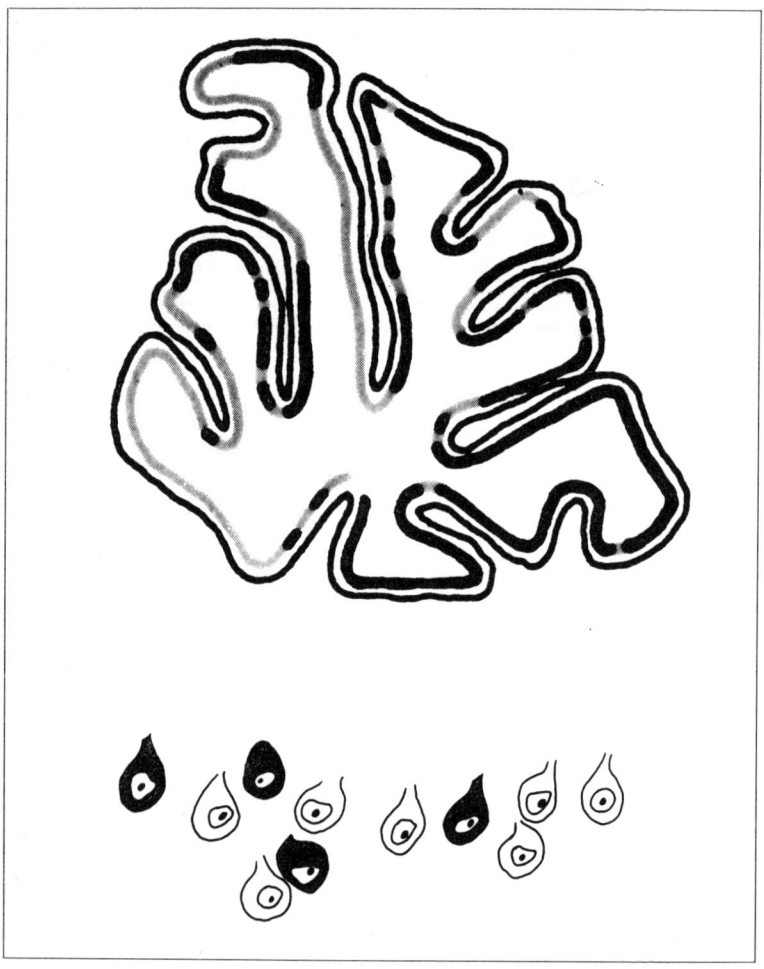

Abb. 59: Chimäre der Maus, die zeigt, welcher Variabilität die Verteilung der Purkinje-Zellen im Kleinhirn unterworfen ist. Der Gehirnschnitt in der Abbildung oben gehört zu einer «Mosaikmaus», die aus der Verschmelzung zweier nur einige wenige Zellen umfassender Embryonen hervorgegangen ist. Chimärenembryonen stammen also von zwei Elternpaaren ab. Bei einem der beiden verschmolzenen Embryonen färben sich die Purkinje-Zellen normalerweise rot. Man erkennt hier, daß sie (schwarz) wie die Purkinje-Zellen des anderen Embryos (oben grau, im Ausschnitt unten weiß) unregelmäßig über das Kleinhirn der Chimäre verteilt sind. Im Verlauf der Kleinhirnentwicklung kommt es zu einer «Mischung» der embryonalen Vorläufer der Purkinje-Zellen (nach Oster-Granite, 1981, und Goldowitz und Mullen, 1982).

genetischen Rahmens einführen, um die unveränderlichen Merkmale, die dem strengen Determinismus der Gene unterworfen sind, von den Merkmalen zu unterscheiden, die Gegenstand einer beträchtlichen phänotypischen Veränderlichkeit sind. Von den primitiven Säugetieren bis hin zum Menschen läßt der genetische Rahmen immer mehr Raum für individuelle Variabilitäten.

Das Verhalten des Wachstumskegels

Von besonderer Bedeutung für die phänotypische Variabilität des ausgewachsenen Gehirns ist selbstverständlich die Entwicklung seiner Feinstruktur und vor allem das Wachstum des Neuronennetzes. Dabei geht es nicht nur um den Vervielfältigungsprozeß von Zellen oder Organismen wie beim Wachstum einer Bakterienkultur oder einer Tierpopulation. Es geht auch nicht um die DNS-Replikation. Das Netz der Nervenverbindungen wird ja erst angelegt, nachdem diese Replikation zum Stillstand gekommen ist. «Wachstum» heißt hier, daß die Nervenkabel ausgesandt, verlängert und angeschlossen werden, die schließlich die Zellkörper von bereits unbeweglichen und ausdifferenzierten Neuronen untereinander (und mit ihren Zielen) verbinden.

Ein sehr merkwürdiges «Organell», ebenfalls von Ramon y Cajal (1909) entdeckt, ist der «Motor» dieses Wachstums. Auf fixierten und gefärbten Schnitten eines drei Tage alten Hühnerembryos beobachtete Cajal Rudimente von Axonen, die von Motoneuronen ausgingen, sich auf Muskelvorläufer zubewegten und in einer meist kegelförmigen Verdickung, dem *Wachstumskegel* (Abb. 60), endeten. Im Rückenmark sind «seine Ränder mit Rippchen oder lamellenförmigen Fortsätzen versehen ... er bildet einen protoplasmatischen Sporn, der in die Zwischenräume der Zellen oder des Epithelgewebes eindringt». Manchmal ist er «extrem abgeflacht» und «erinnert an den Fuß eines Schwimmvogels». An anderer Stelle, «wenn er in seinem Vordringen behindert ist, nimmt er die Form einer riesigen Keule an». «Seine Unebenheiten verlieren sich, sobald er das Mark verlassen hat; er nimmt die Gestalt einer Spindel, eines Gerstenkorns an ...» Und Cajal schließt: «Unter funktionellem Gesichtspunkt ist der Wachstumskegel eine Art Keule oder Rammbock, begabt mit außerordentlicher chemischer Empfindlichkeit, raschen amöboiden Bewegungen und einer gewissen Antriebskraft, mit deren Hilfe er Hindernisse auf seinem Weg beiseite räumen oder überwinden kann ... um so an sein Ziel zu gelangen.» Einige Jahre später züchtete R. Harrison (1907/1908) erstmals Nervenzellen in einer Kultur und beobachtete unter dem Mikroskop, wie sich die Nervenfasern verlängern und wie sich der Wachstumskegel «verhält» (Abb. 60). Er ist außerordentlich beweglich, kommt und geht, rückt vor, weicht zurück, schickt feine Verlängerungen, sogenannte Filipoden, aus, die er über Entfernungen von 10 bis 20 μm ausstrecken und einziehen kann. Neben diesen exploratorischen Bewegungen führt der Wachstumskegel eine Vorwärtsbewegung aus, die eine Geschwindigkeit von 15 bis 20 μm pro Stunde erreicht.

Der Wachstumskegel navigiert «nach Sicht», er tastet die Zellen ab, denen er begegnet. Doch selbst beim «Kreuzen» hält er für gewöhnlich Kurs auf ein bestimmtes Ziel. Von einigen verirrten Fasern abgesehen, nehmen die Axone der Motoneuronen im Rückenmark alle Richtung auf die embryonalen Muskeln, nicht auf die Haut oder das Skelett. Die Mechanismen dieses Richtungssinnes sind noch nicht ganz geklärt.

R. Lévi-Montalcini (1975) hat eine chemische Substanz nachgewiesen und isoliert, ein Protein, das das Streckungswachstum der Axone der Neuronen in den sympathischen Ganglien anregt. Er hat es «Nerve Growth Factor» (NGF) genannt. *In vitro* lockt dieses Protein die Axone durch ihren Wachstumskegel an, da dieser das Ziel ansteuert, das die Substanz erzeugt.[7] Findet diese Chemotaxis auch *in vivo*, das heißt im Embryo statt? Aller Wahrscheinlichkeit nach ist es so. Aber sie erklärt nicht alles. Andere Experimente lassen auf ein «Substrat» schließen, auf dem sich der Wachstumskegel fortbewegt, indem er es «abtastet». Das eine schließt das andere nicht aus. Die Orientierung des Wachstumskegels auf sein Ziel hin bleibt bestehen. Auf seinem Weg begegnet der Kegel den verschiedensten «Hindernissen», und die Wahrscheinlichkeit ist sehr gering, daß es für zwei Neuronen in einer Kategorie gleiche Hindernisse sind. Das gilt in noch höherem Maße für zwei Neuronen verschiedener Individuen, mögen sie auch isogenetisch sein. Als eine Art Suchkopf ist der Wachstumskegel das einzige bewegliche Teil des Neurons. Beim Vordringen läßt er ein festes Segment zurück, das gewissermaßen seinen Weg markiert. So finden seine *a priori* schwer vorhersagbaren Zickzackbewegungen, sein zufallsbedingtes Hin und Her Eingang in die Topologie der Nervennetze.

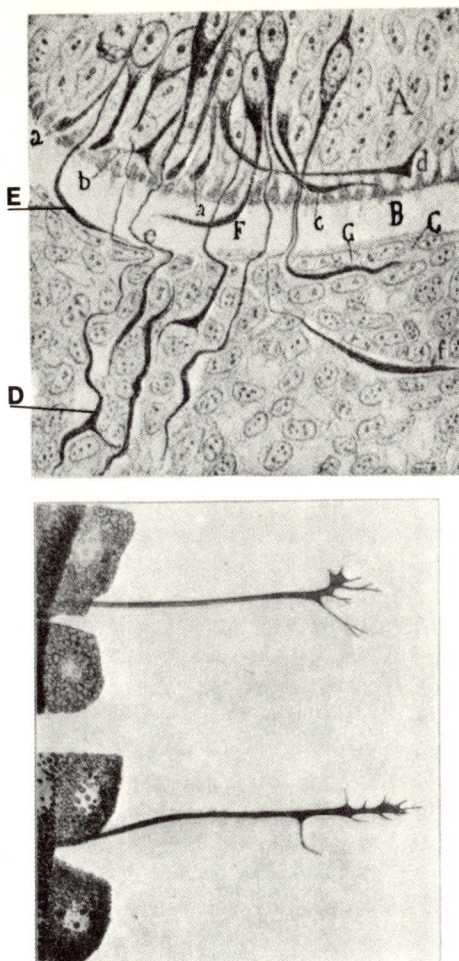

Abb. 60: Originalzeichnung von Ramon y Cajal, 1909 (*oben*), und von Harrison, 1908 (*unten*), auf denen der Wachstumskegel an der Spitze der im Wachstum befindlichen embryonalen Axone zu erkennen ist. Cajals Abbildung zeigt im lebenden Embryo den Ansatzpunkt der Axone am Rückenmark (A), die Überwindung des Zwischenraums, der das Mark von den es umgebenden Muskeln trennt, und das Eindringen der Wachstumskegel (D–G) in die sich entwickelnde Muskelmasse. Harrisons Abbildung illustriert die Formveränderungen und das Vordringen des Wachstumskegels *in vitro* – in Kulturen aus Nervengewebsfragmenten eines Froschembryos. Die beiden abgebildeten Zustände des Wachstumskegels sind in der Camera lucida in einem Abstand von fünfzehn Minuten aufgenommen worden.

Unter dem Elektronenmikroskop ähnelt der Wachstumskegel einer «Mini-Amöbe», die ihren Kern verloren hat, aber mit dem Zellkörper des Neurons verbunden bleibt. Obwohl der Kegel keine echten Chromosomen hat, kann er sich teilen. Jede Teilung produziert eine Verzweigung. So entsteht der axonale oder dendritische Baum. Die Regeln, nach denen sich der Wachstumskegel teilt und Sprossen treibt, bestimmen die allgemeine Form des Baumes, die im ausgewachsenen Gehirn den Typus der Pyramiden- oder der Sternzellen hervorbringt (Kap. 2). Den genauen Ort einer Verzweigung, die genaue Route eines Zweiges werden diese Regeln aber schwerlich festlegen können. Eine wichtige Variabilität in der Geometrie der Axone und Dendriten des ausgewachsenen Gehirns ergibt sich danach aus dem Verhalten des Wachstumskegels.

Kaum hat der Wachstumskegel sein Ziel erreicht, verändert sich sein Verhalten radikal. Das pausenlose Hin und Her hört plötzlich auf. Filipoden und wallende Schleier werden eingezogen. In ein paar Stunden verwandelt sich der zum Stillstand gekommene Kegel in eine Nervenendigung, die mehr und mehr Ähnlichkeit mit einer reifen Synapse bekommt. Allerdings wird diese Reaktion von allen Zielzellen einer bestimmten Kategorie ausgelöst. Innerhalb einer Kategorie macht der Wachstumskegel keinen Unterschied zwischen einzelnen Zellen.

Dieses «auffällige» Verhalten des Wachstumskegels kann nicht darüber hinwegtäuschen, daß es auf ein paar einfachen Regeln beruht. Einige, wie zum Beispiel die amöboiden Bewegungen, kennzeichnen die meisten Wachstumskegel. Andere, wie das Erkennen des Ziels, scheinen nur für *eine* Zellkategorie zu gelten. In keinem Fall kann das Verhalten des Wachstumskegels die Vielfalt neuronaler Singularitäten erklären. Immerhin sorgt es dafür – und das ist keine unbeträchtliche Leistung –, daß nur Zielzellen einer bestimmten Neuronenkategorie angesteuert werden. Zwar ist der Aufwand an Genen gering, doch ist die Topologie der ersten Kontakte mit dem Ziel deshalb auch einer nicht unbeträchtlichen Variabilität unterworfen. Um «die Dinge ins Lot zu bringen», um das endgültige Repertoire der neuronalen Singularitäten herzustellen, bedarf es einer Epigenese.

Regression und Redundanz

Wer sich mit der Entwicklung des Nervensystems oder gar des Gehirns beschäftigt, interessiert sich natürlich zuallererst für die Mechanismen, die am Aufbau dieses riesigen Gebildes aus Neuronen und Synapsen beteiligt sind – für Zellvermehrung, Differenzierung, Vernetzung. Trotzdem müssen wir uns mit dem *a priori* sicherlich überraschenden Gedanken vertraut machen, daß es auch regressive Erscheinungen gibt, die dem in der Entwicklung befindlichen Zellgebilde manchmal erhebliche Substanzverluste zufügen.

Zu Beginn des Jahrhunderts bemerkte R. Collin (1906), daß auf Schnitten von embryonalem Nervengewebe manche Nervenzellen Färbemittel in höchst ungewöhnlicher Weise aufnahmen und Entartungserscheinungen zeigten, die auf einen baldigen Tod schließen ließen. Inzwischen ist der Zelltod vielfach und in den verschiedensten Bereichen des Nervensystems beobachtet worden; er bildet ein ganz normales Ereignis in der Entwicklung des Nervensystems. Besonders eingehend sind die Motoneuronen im Rückenmark des Hühnerembryos untersucht worden. V. Hamburger (1975) hat sich der immensen Fleißarbeit unterzogen, diese Neuronen über die ganze Länge des Marks auszuzählen. Beim fünfeinhalb Tage alten Embryo ergeben sich so (auf nur einer Seite) ungefähr 20 000 Neuronen, während das ausgewachsene Tier nur noch 12 000 besitzt! Im Laufe dieser Entwicklung sterben also 40 Prozent der Motoneuronen ab (Abb. 61). Dieses Zellsterben setzt grundsätzlich zwischen dem sechsten und dem neunten Tag des Embryonalstadiums ein, hält aber auch beim erwachsenen Tier an, wobei es allerdings sein Tempo gelegentlich erheblich verringert. Das neuronale Massensterben gehört zur normalen Entwicklung. Es ist sogar eines ihrer entscheidenden Stadien.[8]

Meist ereilt der neuronale Tod nur einen Teil der Neuronen einer Kategorie. Doch es gibt einen – bereits von Ramon y Cajal geschilderten – Fall, wo eine ganze Zellkategorie abstirbt. Es handelt sich um Neuronen in der höchstgelegenen Kortexschicht, der Schicht I, die sich dadurch auszeichnen, daß ihre Axone und Dendriten nicht senkrecht verlaufen wie die der Pyramidenzellen, sondern waagerecht zum Kortex. Diese Zellen, die erstmals am menschlichen Fötus, dann auch bei anderen Säugetieren beobachtet wurden, sind im erwachsenen Gehirn schlicht und einfach verschwunden.

Auf die Phase des Zelltods folgt eine regressive Phase, die nicht so auffällig, aber in ihren Folgen nicht weniger wichtig ist. Sie betrifft

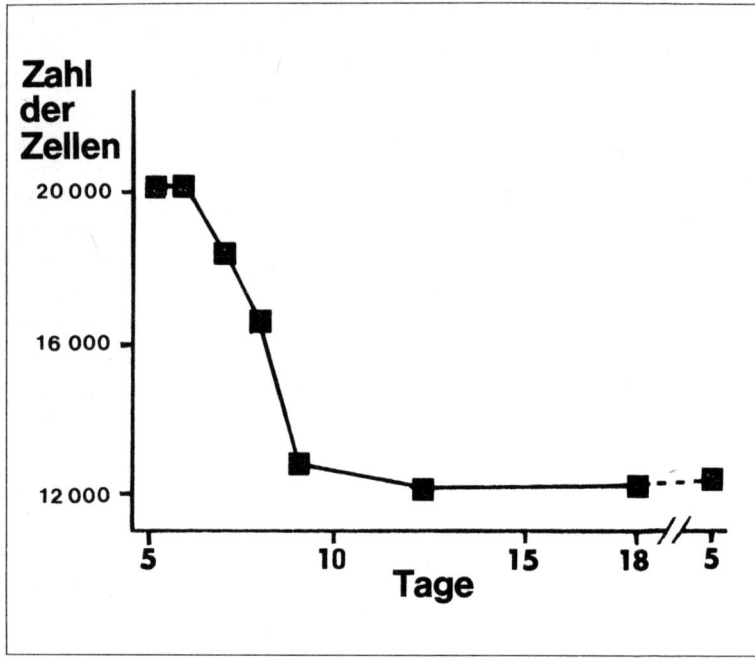

Abb. 61: Spontaner Tod von Motoneuronen im Rückenmark während der Embryonalentwicklung des Huhns. Auf der Abszisse sind die Entwicklungstage im Ei, auf der Ordinate ist die *Gesamtzahl* der Zellen in einer lateralen motorischen Säule aufgetragen: 40 Prozent der Neuronen sterben in wenigen Tagen ab (nach Hamburger, 1975).

nur die Endverzweigungen der Axone und Dendriten. Bereits Ramon y Cajal hat bemerkt, daß in den ersten Stadien des Nervenwachstums einige «verirrte» Fasern ihr Ziel verfehlen und sich nach einiger Zeit zurückbilden. Er hat auch darauf hingewiesen, daß im Kleinhirn des Neugeborenen die Purkinje-Zellen zwanzig bis vierundzwanzig kollaterale Verzweigungen aufweisen, während im Gehirn des erwachsenen Menschen nur vier oder fünf übrigbleiben.

Dieser regressive Prozeß scheint sehr verbreitet zu sein. Er erfaßt das periphere Nervensystem ebenso wie das zentrale. Besonders eingehend ist er im Bereich der Skelettmuskulatur untersucht worden. Mit Hilfe sehr genauer elektrophysiologischer Untersuchungsme-

Regression und Redundanz

thoden kann man die «aktiven» Nervenendigungen im Laufe der Entwicklung einzeln zählen.[9] Beim Erwachsenen wird jede «schnelle» Muskelfaser an einem Punkt in der Mitte der Faser innerviert. Zum Zeitpunkt der Geburt weist eine Ratte jedoch am gleichen Ort bis zu vier oder fünf aktive Nervenendigungen auf. Während das Jungtier laufen lernt, nimmt die Zahl der funktionalen Endigungen ab, und schließlich bleibt beim ausgewachsenen Tier nur noch eine übrig. Im Lauf dieser Entwicklung weist die Zahl der Motoneuronen und Muskelfasern kaum Schwankungen auf. Die Regression betrifft einzig und allein die axonalen Verzweigungen und Synapsen. Dabei schrumpft auch das «Muskelterritorium», das von einem Neuron innerviert wird. Bei der Geburt kommt es sowohl zur Hyperinnervation der Muskelfasern wie zur Überschneidung der innervierten Territorien. Das System ist redundant und diffus.

Am Ende der Entwicklung ist jede einzelne Muskelfaser von einer einzigen axonalen Endigung innerviert, und jedes Neuron innerviert nur eine bestimmte Zahl von Muskelfasern – beim *Musculus soleus* sind es beispielsweise hundert Fasern. Die Innervation ist einfach und präzis. Die Redundanz ist also ein vorübergehender Zustand. Während auf der einen Seite die Zahl der aktiven Nervenendigungen zurückgeht, wächst auf der anderen die *Ordnung* des Systems.

Diese Erscheinung ist kein Einzelfall. Allerdings konnte sie bislang nur in Situationen nachgewiesen werden, in denen die Zahl der synaptischen Kontakte meßbar, das heißt, nicht sehr groß ist. Im Kleinhirn der ausgewachsenen Säugetiere empfängt jede Purkinje-Zelle nur eine aufsteigende Faser (Kletterfaser) – eine ähnliche Situation wie beim Muskel. Bei der Geburt besitzt die Ratte oder Maus aber ein «redundantes» Kleinhirn, in dem an jeder Purkinje-Zelle vier oder fünf aufsteigende Fasern endigen[10] (Abb. 62). Erst in den folgenden Wochen entwickelt sich die Organisation des ausgewachsenen Nervensystems, wozu gehört, daß sich eine der aufsteigenden Fasern stabilisiert und die anderen sich zurückbilden. In der Großhirnrinde empfängt und bildet jede Pyramidenzelle Tausende von Synapsen. Diese im Lauf der Entwicklung immer wieder auszuzählen, ist eine langwierige und mühsame Arbeit, der sich nur einige besonders eifrige Anatomen stellen mochten. Beim Makaken[11] sind bekanntlich (Kap. 6) die Dendriten der Pyramidenzellen zunächst mit «Bartfäden», dann mit «Haaren» und schließlich mit den üblichen Dornen (*spines*) bedeckt. Acht Wochen nach der Geburt erreichen sie ein Stadium, das J. Lund und seine Mitarbeiter[11] «suprabedornt» genannt haben. Im Laufe der folgenden Monate, ja Jahre

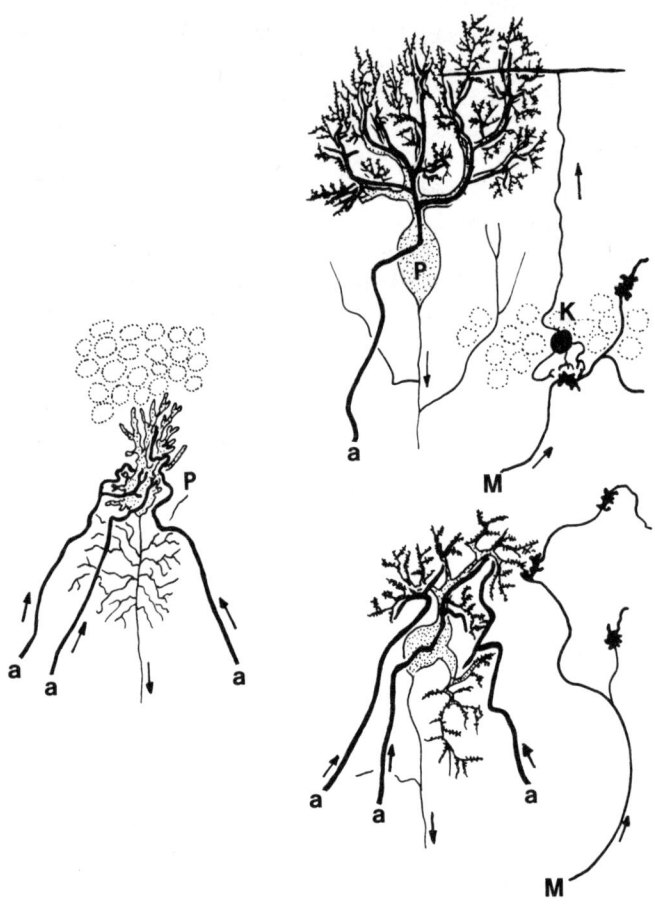

Abb. 62: Regressive Prozesse wirken auf die Entwicklung der Synapsen ein. Hier ist die Entstehung der synaptischen Verbindungen im Kleinhirn der Maus (oder der Ratte) nach der Geburt schematisch dargestellt. Während die dendritischen Verzweigungen der Purkinje-Zellen (P) durch immer neue Äste immer komplizierter werden, nimmt die Zahl der aufsteigenden Fasern oder Kletterfasern (a), die funktionelle Synapsen mit den Purkinje-Zellen bilden, bei der normalen Maus ab (oben). Beim neugeborenen Tier gibt es mindestens drei funktionierende Verbindungen pro Purkinje-Zelle. Beim ausgewachsenen Exemplar ist nur noch eine übriggeblieben. Beim Mutanten *weaver*, bei dem die Körnerzellen (K) fehlen, ist die Mehrfachinnervation der Purkinje-Zellen auch noch beim ausgewachsenen Tier anzutreffen; die Moosfasern (M), die normalerweise Synapsen mit den Körnerzellen bilden, setzen ihren Weg bis zu den Purkinje-Zellen fort (nach Changeux und Mikoshiba, 1978).

verringert sich nämlich die Zahl der Dornen um mindestens die Hälfte.

Man hat im Kortex auch untersucht, welches Territorium von bestimmten Pyramidenzellen innerviert wird.[12] Man weiß nämlich, daß einige Pyramidenzellen, deren Zellkörper vor allem in den Schichten II und III sitzen (Kap. 2), ihre axonalen Verzweigungen über den Balken in die andere Hemisphäre entsenden. Ihr Zielbereich formt die kortikale Entsprechung jenes Muskelfaserbündels (oder jener Bewegungseinheit), das von einem Motoneuronen innerviert wird. Wie im Fall des Muskels ist das Territorium einer Zelle auch im Kortex bei der Geburt viel größer als im ausgewachsenen Zustand. Während der Reifung des Kortex schrumpft der Zielbereich durch Rückbildung axonaler Verzweigungen. So hat die regressive Entwicklung der Nervenendigungen auch teil an der Vernetzung der ausgewachsenen Großhirnrinde. Für die Entwicklung des Nervensystems ist es also ein entscheidender Augenblick, wenn die Phase synaptischer Redundanz vom regressiven Stadium des Abbaus axonaler und dendritischer Verzweigungen abgelöst wird. Dieser Prozeß darf wohl mit Fug und Recht zur Epigenese der Neuronennetze gerechnet werden.

Die Träume des Embryos

1885 stellte W. Preyer fest, daß sich der Hühnerembryo nach einer Bebrütung von dreieinhalb Tagen auch ohne irgendeinen physischen Reiz im Ei zu bewegen beginnt. Der Kopf wandert von einer Seite auf die andere, dann laufen Kontraktionen über Rumpf und Hinterleib des Embryos. Die Häufigkeit der Bewegungen nimmt zu und erreicht am elften Tag des embryonalen Lebens mit 20 bis 25 Bewegungen pro Minute einen Höhepunkt (Abb. 63). In diesem Stadium streckt der Embryo die Füße aus, schlägt mit den Flügeln und öffnet und schließt den Schnabel. Von nun an ordnen sich seine Bewegungen zu einer typischen zeitlichen Abfolge. Am Ende ermöglichen sie dem Küken, die Schale mit dem Schnabel zu zerbrechen und aus dem Ei zu schlüpfen. Das Curare – jenes Gift, das den Acetylcholinrezeptor an der neuro-muskulären Verbindung blockiert (Kap. 3) – hemmt diese Bewegungen und lähmt den Embryo. Daraus folgt, daß die neuromuskulären Synapsen schon sehr frühzeitig an den Bewegungen des Embryos beteiligt sind und nach den gleichen Regeln funktionieren wie die Synapsen des ausgewachsenen Tiers. Sogar der Wachstumskegel setzt bereits den Neurotransmitter frei!

Führt man eine Mikroelektrode in das Rückenmark des Embryos ein, so kann man eine heftige elektrische Spontanaktivität messen.[13] Nach dreieinhalb Tagen – dem Zeitpunkt, zu dem sich die ersten Bewegungen beobachten lassen – treten in regelmäßigen Abständen Nervenimpulse auf.

Von diesem Zeitpunkt an entwickeln sich Impulsbündel, die zunächst an bestimmten Punkten lokalisiert sind, sich dann aber zunehmend über das ganze Rückenmark ausbreiten. Die meßbare elektrische Aktivität und die Bewegungen des Embryos fallen zeitlich exakt zusammen. Zweifellos ist die embryonale Bewegungsaktivität nervösen Ursprungs. Sie entspringt der spontanen Erregung von Oszillator-Neuronen, die zunächst im Rückenmark und später auch im Gehirn des Embryos vorkommen.

Jede Mutter erinnert sich des Tages, an dem sie die erste Bewegung ihres ungeborenen Kindes spürte. Diese Bewegungen haben eine verblüffende Ähnlichkeit mit denen des Hühnerembryos. Beim Menschen beginnt das Herz drei bis vier Wochen nach der Befruchtung zu schlagen. Etwa nach zehn Wochen treten die ersten spontanen Bewegungen des Rumpfes und der Glieder auf, doch die Mutter spürt sie erst sieben Wochen später. Offensichtlich muß es eine damit verbundene elektrische Aktivität des Nervensystems geben. Vom zweiten Monat an konnte R. Bergstrøm sie im Bereich des Hirnstamms an Föten messen, die durch Kaiserschnitt geholt worden waren. Diese Aktivität verstärkt sich im dritten Monat. Einige Wochen vor der Geburt zeigt das EEG einen Wechsel von Wach- und Schlafrhythmen.[14] Die Schlafphasen werden von Zwischenphasen heftiger elektrischer Aktivität unterbrochen, die der Aktivität des paradoxen Schlafes ähneln. Träumt der Mensch schon vor der Geburt? So gesehen ja, obwohl sich die am Fötus gemessene Aktivität von der ech-

---

Abb. 63: Spontanaktivität des embryonalen Nervensystems. Auf der *Abbildung oben* ist die durchschnittliche Dauer der motorischen Aktivitätsphasen (oder Inaktivitätsphasen) in Sekunden abhängig von der Zahl der Entwicklungstage festgehalten worden. Von dreieinhalb Tagen an zeigt der Embryo im Ei spontane Bewegungen (nach Hamburger, 1970). Die *Abbildung unten* zeigt die Gleichzeitigkeit dieser Bewegungen (untere Linie) mit der Entstehung elektrischer Impulse im Rückenmark (obere Linie): (4) Embryo nach vier Tagen, (11) Embryo nach elf Tagen (nach Ripley und Provine, 1972).

Die Träume des Embryos

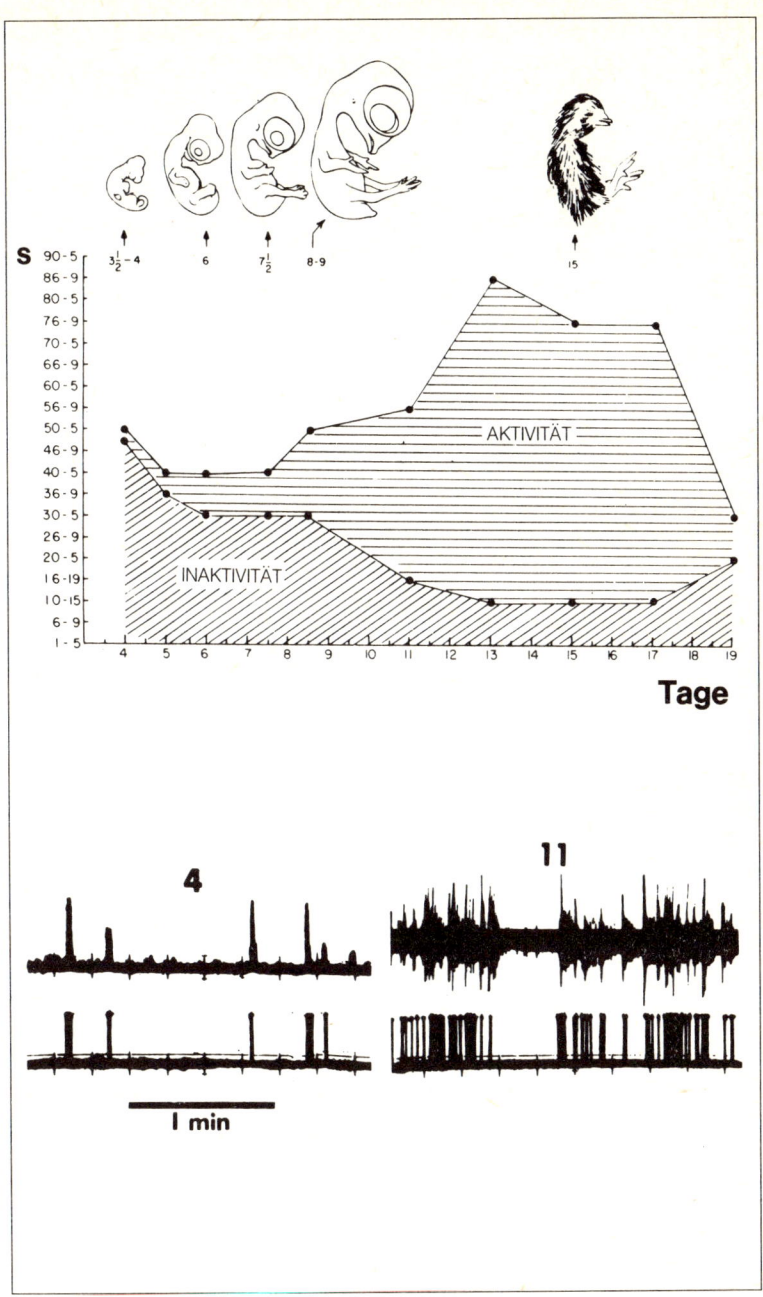

ten paradoxen Aktivität des Erwachsenen doch unterscheidet (Abb. 23 C). Gleichzeitig führt der Körper des Fötus heftige Bewegungen aus, ein Verhalten, das dem der von Jouvet operierten Katzen (Kap. 5) ähnelt. Offenbar sind die Zentren im Hirnstamm, die die «Aktualisierung» paradoxer Verhaltensweisen hemmen, in diesem Stadium noch nicht ausreichend entwickelt. Wenn dies zutrifft, würde der Fötus mit seinen spontanen Bewegungen ein getreues Abbild seiner «Trauminhalte» liefern. Die wären dann allerdings äußerst armselig! Dieser Fötus würde von nichts anderem «träumen» als von den ersten Bewegungen, die er bei der Geburt ausführt: wie er sich an seine Mutter klammert, an ihren Brüsten saugt und – ein paar Monate später – läuft. Kann man unter diesen Umständen von Träumen sprechen?

Eines indes ist sicher: Schon sehr früh zirkulieren im Nervensystem des Embryos und des Fötus heftige Spontanaktivitäten, die über die ganze Entwicklung hin anhalten.[15] Ungefähr im sechsten Schwangerschaftsmonat hat das Gehörorgan fast schon die Gestalt angenommen, die es beim Erwachsenen haben wird. Die Rezeptoren des Tastsinns entwickeln sich früher, das visuelle System später. Alle sensorischen Funktionen des Erwachsenen sind lange vor der Geburt ausgebildet, und schon früh manifestieren sich dort Spontanaktivitäten. Die Leistungen entsprechen noch nicht denen des Erwachsenen, doch es zeigen sich schon evozierte Reaktionen. Diese mischen sich mit den «Träumen des Embryos» und verstärken sich im Laufe der Entwicklungsstadien, die sich, wie beschrieben (Kap. 6), nach der Geburt fortsetzen.

Deshalb erscheint die Hypothese nicht abwegig, daß die zunächst spontane und dann evozierte embryonale Nervenaktivität zur Epigenese der Neuronen- und Synapsennetze beiträgt. Da die Aktivität im Nervennetz fortgeleitet wird, ermöglicht sie die Wechselwirkung zwischen den Elementen des «Embryo-Systems» (Nervenzentren, Sinnesorganen, Bewegungsorganen). Die Divergenz der axonalen Verzweigungen und die Konvergenz der dendritischen Verzweigungen sorgen gleichzeitig für Integration und Vielfalt. Die reiche Kombinatorik elektrischer und chemischer Signale findet Eingang in das sich entwickelnde Nervennetz. Auch sie kommt mit sehr wenigen Strukturgenen aus. Wie dargelegt (Kap. 3), genügen ein paar Kanalproteine, um einen elektrischen Oszillator herzustellen. Der Aufwand steht in keinem Verhältnis zu den daraus resultierenden Kombinationsmöglichkeiten.

Die Montage der Synapse

Endgültig fertiggestellt wird das Nervennetz natürlich erst mit dem Element, das letztlich als Kommunikationskanal zwischen Neuronen dient: der Synapse. Wer die molekularen Mechanismen begreifen will, die der eigentliche Gegenstand der Epigenese sind, muß deshalb über ihre Entstehung Bescheid wissen. Die Synapse ist ungefähr so groß wie eine Bakterienzelle, hat aber, wie wir wissen (Kap. 3), einen einfacheren chemischen Aufbau – auf der Nervseite keinen Kern, und keine Chromosomen, dafür ein paar Mitochondrien und einige Bläschen, auf der anderen Seite des synaptischen Spaltraums eine sehr homogene Membran. Für die Synapsen elektrischer Organe bei Fischen und für die neuro-muskulären Verbindungen allgemein (Kap. 3) steht praktisch fest, aus welchen Molekülen sich diese Membran zusammensetzt. Im wesentlichen sind es zwei Proteine: der Rezeptor des Acetylcholins und ein Verbindungsprotein (mit der Molekülmasse 43 000), das ganze durch Lipide verkittet. Die Rezeptormoleküle liegen so dicht beieinander (10 000 bis 20 000 μm^2), daß sie sich berühren (Abb. 30 C), und bilden eine Art unregelmäßigen, zweidimensionalen «Kristall», der von innen her durch das Verbindungsprotein 43 000 stabilisiert wird.[16]

Ist diese bemerkenswerte Molekularorganisation an der ganzen Oberfläche der Muskelfaser anzutreffen? Entfernt man sich vom Nerv, sinkt die Rezeptordichte jäh ab. Wenige μm von der Nervenendigung entfernt ist sie bereits tausendmal geringer. Der Rezeptor läßt sich nicht mehr nachweisen. Vorhanden ist er nur am Ort der Nervenendigung – dort, wo der Neurotransmitter auch tatsächlich freigesetzt wird Abb. 64.4).

In der embryonalen Muskelfaser gibt es diese ungleichmäßige Verteilung des Rezeptors nicht. Trotzdem ist dort der Rezeptor schon *vor* dem Eintreffen der exploratorischen Nervenfasern vorhanden. Es gibt ihn, bevor es zur Wechselwirkung zwischen dem Wachstumskegel und seinem Ziel kommt. Mit geringer Dichte ist er über die ganze Oberfläche der Muskelfaser verteilt (ungefähr hundertmal seltener als unterhalb der ausgewachsenen Nervenendigung). Trotzdem, die Oberfläche der embryonalen Faser ist so groß, daß man dort im Vergleich zur ausgewachsenen Synapse weit mehr Rezeptoren findet, als zur Herstellung der Synapse erforderlich sind (Abb. 64.1).

Ein weiterer Unterschied: In der Membran der embryonalen Faser «bewegen» sich die Rezeptormoleküle; sie verschieben sich durch Diffusion wie die Moleküle eines Gases. In der erwachsenen Synapse, unterhalb der Nervenendigung, sind sie dagegen völlig zum Stillstand gekommen. Schließlich ist den Rezeptormolekülen – nicht anders als allen Molekülen, die Teil eines lebenden Organismus sind – kein ewiges Leben beschieden. Die Neuronen des menschlichen Gehirns können mehr als hundert Jahre leben. Die Lebensdauer der Moleküle in der Synapse ist viel kürzer. In der ausgewachsenen neuro-muskulären Verbindung beträgt die *halbe* Lebenserwartung oder Halbwertzeit (sie ist sehr viel leichter zu errechnen als die gesamte Lebensdauer) des Rezeptors ungefähr elf Tage. Aber jedes Molekül, das verschwindet, wird sogleich durch ein anderes, frisch synthetisiertes ersetzt. Die Molekulararchitektur der ausgewachsenen Synapse erneuert sich ständig. Dabei bleibt ihre Organisation erhalten. In der embryonalen Muskelfaser ist die Situation noch unbeständiger. Dort ist die halbe Lebenserwartung des Rezeptors außerordentlich kurz – sie beträgt lediglich achtzehn bis zwanzig Stunden. Der embryonale Rezeptor ist labil.[17]

Die Oberfläche der Muskelfaser vor dem Eintreffen der exploratorischen Axone unterscheidet sich also erheblich von der nach dem Aufbau der fertigen Synapse. Beim Embryo ist der Acetylcholinrezeptor *diffus* über die ganze Faser verteilt. Er ist *mobil* und *labil*. In der ausgewachsenen neuro-muskulären Verbindung ist er ausschließlich und in sehr hoher Dichte unterhalb der Nervenendigung lokalisiert. Dort ist er *immobil* und *stabil*.[17]

Die Montage der Synapse beginnt mit der Festlegung des neuronalen Wachstumskegels an der Muskelfaser. Die verstreuten Rezeptormoleküle sammeln und immobilisieren sich unterhalb der Endigung. In wenigen Stunden erhöht sich ihre lokale Dichte um das Zehnfache. Von nun an wird der Standort der Synapse durch einen «Rezeptorfleck» markiert (Abb. 64.2). Impulse werden vom Nerv auf den Muskel übertragen. Der Muskel zieht sich zusammen. Die Synapse funktioniert. Dann gelangt das Enzym, das den Neurotransmitter abbaut (im Falle der neuro-muskulären Verbindung die Acetylcholinesterase), in den synaptischen Spaltraum[18] (Abb. 64.3).

Bevor die Synapse ihren endgültigen Zustand erreicht, muß sie jedoch einige weitere Entwicklungsstadien durchlaufen. Der erste Rezeptorfleck ist nur wenige μm^2 groß. Zu seiner Bildung ist nur ein geringer Prozentsatz der Rezeptormoleküle erforderlich, die über die gesamte Oberfläche der embryonalen Muskelfaser verteilt sind. Die außerhalb der Synapse befindlichen Rezeptormoleküle beginnen allmählich zu verschwinden. Infolgedessen fällt der gesamte Rezeptorgehalt des Muskels unvermittelt auf den zehnten Teil. Also auch hier

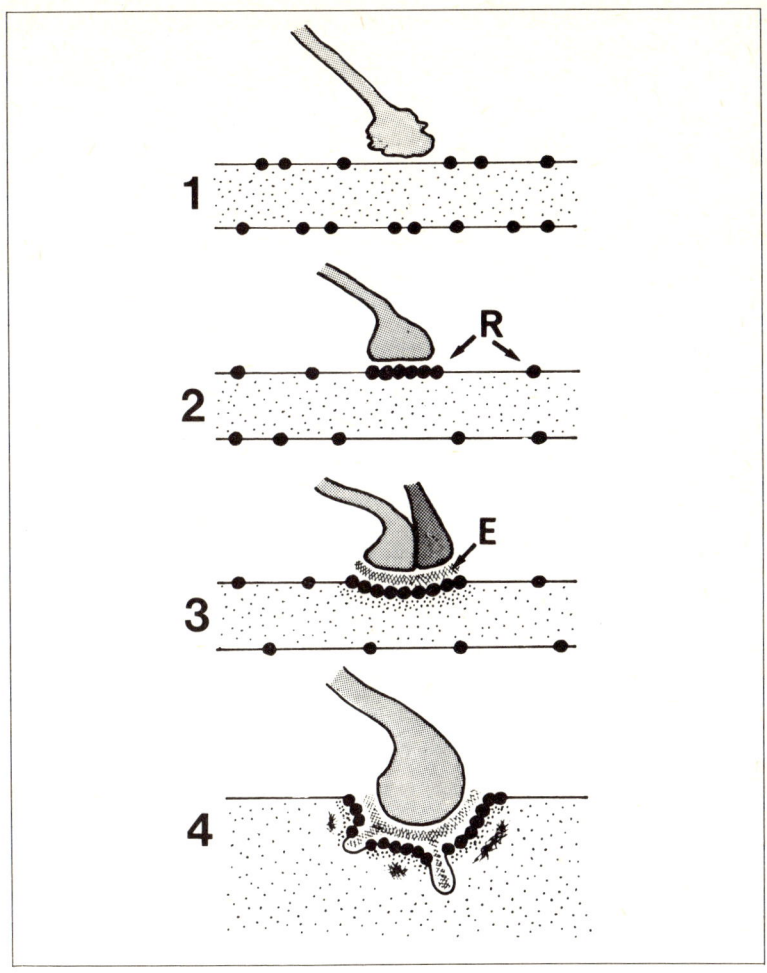

Abb. 64: Schematische Darstellung der Schritte, die zum Aufbau der Synapse zwischen motorischem Nerv und Skelettmuskel aus ihren molekularen Elementen führen. Das Beispiel stammt aus der Entwicklung der Ratte während der Embryonalzeit und nach der Geburt. 1: Ankunft des Wachstumskegels an der Oberfläche der Muskelfaser, über die sich der Acetylcholinrezeptor (R) diffus verteilt. 2: Fixierung des Wachstumskegels und lokale Anhäufung des Rezeptors unterhalb der Nervenendigung. 3: Vorübergehende Mehrfachinnervation und Lokalisierung der Acetylcholinesterase (E), Abbau des außerhalb der Synapse befindlichen Rezeptors. 4: Nach der Geburt Reifung der motorischen Endplatte mit der Stabilisierung des Rezeptors und der Veränderung der durchschnittlichen Öffnungszeit des Ionenkanals.

kommt es im Laufe der Entwicklung zu einem auffälligen regressiven Phänomen. Die embryonale Faser produziert anfangs einen großen Rezeptorüberschuß. Nur ein sehr kleiner – wenn auch entscheidender – Bruchteil davon bleibt in der Synapse erhalten, die sich später bildet. Wie der embryonale Rezeptor sind diese Moleküle zunächst recht kurzlebig. Dann wächst ihre Stabilität. Ihre Lebensdauer wird länger. Auch der Ionenkanal verändert seine Eigenschaften. Seine Öffnungszeit verkürzt sich. Der subneurale Rezeptorfleck konsolidiert sich und wird größer. Er wirft eine Vielzahl von Falten. Es dauert fast drei Wochen, bis die Synapse ihre endgültige Gestalt angenommen hat.[19]

Inzwischen tritt die Phase der oben beschriebenen Vielfachinnervation ein. Sobald sich der ursprüngliche Rezeptorfleck unter einer exploratorischen Nervenendigung stabilisiert hat, finden sich weitere Axone ein. Von den vier oder fünf Endigungen, die zusammentreffen, überlebt nicht unbedingt diejenige, deren Wachstumskegel den Ursprungsfleck markiert hat. Die Montage der Synapse wird abgeschlossen durch eine Folge chemischer Reaktionen und molekularer Wechselwirkungen. Ihre zunächst sehr einfache Architektur wird immer komplizierter, ihr anfangs labiler Zustand immer stabiler. Auf die Montage der Synapse folgt ihre *Stabilisierung*.

Epigenese
durch selektive Stabilisierung

Die in diesem und dem vorigen Kapitel geschilderten Beobachtungen ergeben folgendes Gesamtbild:

1. Die wichtigsten Merkmale der funktionalen anatomischen Organisation des Nervensystems werden von einer Generation an die nächste weitergegeben und sind dem Determinismus einer Gesamtheit von Genen unterworfen, die ich als *genetischen Rahmen* bezeichnet habe. Er ist verantwortlich für die Teilung, Wanderung und Differenzierung der Nervenzellen, das Verhalten des Wachstumskegels, das gegenseitige Erkennen von Zellkategorien, die maximale Dichte der Vernetzung, das Einsetzen der Spontanaktivität des Nervensystems sowie für die Regeln, nach denen sich sein Netz aus seinen molekularen Elementen zusammenfügt und weiterentwickelt.

2. In der fertigen Organisation des Nervensystems adulter isogene-

tischer Individuen manifestiert sich eine phänotypische *Variabilität*, deren Bedeutung mit der zunehmenden «Komplexität» des Gehirns von den Wirbellosen zu den Wirbeltieren und schließlich dem Menschen zunimmt.

3. Sobald sich Neuronen im Zuge der Entwicklung zum letztenmal geteilt haben, beginnen die axonalen und dendritischen Verzweigungen zu sprossen und sich in üppigster Weise auszubreiten. In dieser «entscheidenden» Phase ist die Vernetzung maximal. Die Zahl möglicher Neuronenkombinationen erreicht ein Maximum. Auf der Zellebene treten überzählige oder «redundante» Synapsen auf, doch handelt es sich um eine *vorübergehende* Redundanz. Schon bald zeigen sich regressive Erscheinungen. Neuronen sterben. Dann bildet sich ein großer Prozentsatz der axonalen und dendritischen Verzweigungen zurück. Aktive Synapsen verschwinden wieder.

4. Schon in den Anfangsstadien des Nervennetzes beginnen elektrische Impulse zu zirkulieren. Zunächst sind sie spontanen Ursprungs, später werden sie durch die Interaktion des Neugeborenen mit seiner Umwelt evoziert.

Der vorgeschlagenen Theorie[1] liegen die beschriebenen Beobachtungen zugrunde. Sie ergänzt sie durch die folgenden Hypothesen[20] (Abb. 65):

1. In der entscheidenden Phase der «maximalen Vernetzung» können die (exzitatorischen und inhibitorischen) Synapsen des Embryos mindestens drei Zustände annehmen: den labilen, stabilen und den degenerierten. Nur im labilen und stabilen Zustand funktioniert die Nervenleitung, und mögliche Übergänge zwischen den Zuständen sind: labil → stabil (Stabilisierung), labil → degeneriert (Regression), stabil → labil (Labilisierung).

2. Der Stabilitätszustand jeder synaptischen Verbindungsstelle entwickelt sich in Abhängigkeit von den Signalen der Zielzelle. Mit anderen Worten: Die Aktivität der *post*synaptischen Zelle steuert *rückwirkend* die Stabilität der Synapsen.

3. Die «epigenetische» Entwicklung neuronaler Singularitäten wird durch die Aktivität des sich entwickelnden Netzes gesteuert. Diese sorgt für die *selektive Stabilisierung* einer bestimmten Anzahl der Synapsen, die sich in der Phase maximaler Redundanz gebildet haben.

Die genannten Thesen sind zu einem mathematischen *Modell* zusammengefaßt worden, das notwendigerweise vereinfacht und schematisch, aber auch unabhängig von der biologischen Wirklich-

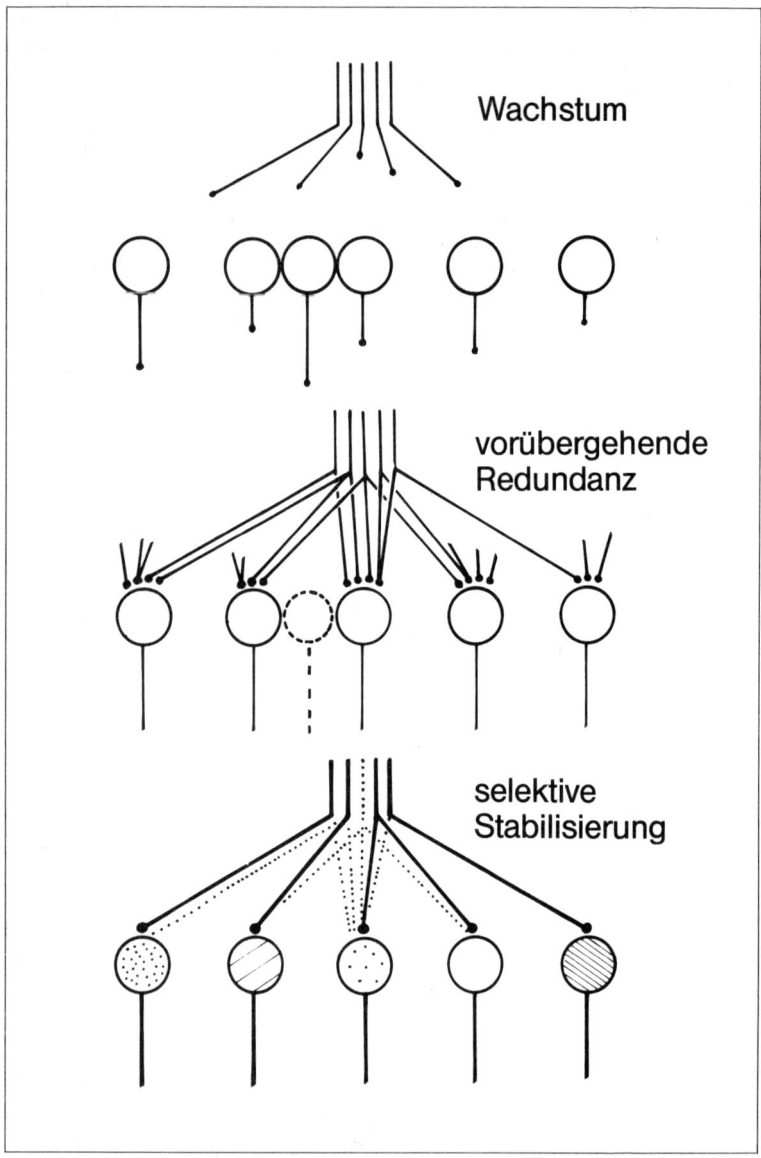

Abb. 65: Die Hypothese der Epigenese durch selektive Stabilisierung. Die spontane und/oder evozierte Aktivität des sich entwickelnden Nervennetzes reguliert die Beseitigung der überzähligen Synapsen, die sich während der Phase vorübergehender Redundanz gebildet haben.

keit ist. Es gilt also, die formale *Repräsentation* mit den Experimentaldaten in Übereinstimmung zu bringen.

So wie die Theorie formuliert ist, bietet sie der biologischen Forschung vor allem zwei Anwendungsmöglichkeiten. Erstens liefert sie die Handhabe für den Versuch, die zeitliche Abfolge einer Nervenleitung in Form einer festliegenden Spur zu messen, die sich als synaptische Geometrie beschreiben läßt. Infolge einer bestimmten anatomischen Organisation, die der «Praxis» vorgeschaltet ist, geht Aktivität in «Struktur» über. Die Aktivität *selektioniert* unter den Kombinationen von Verknüpfungen, die sie vorfindet; dazu ist keine «induzierte» Synthese *neuer* Moleküle oder Strukturen erforderlich. Die zweite Konsequenz, die einer strengen mathematischen Beweisführung unterworfen wurde, lautet: Zwei gleiche Botschaften können nach ihrer Eingabe unterschiedliche Netzelemente stabilisieren und trotzdem zu einer identischen Input-Output-Beziehung führen. Diese *Variabilität* der Vernetzung belegt lediglich die phänotypische Variabilität zwischen isogenetischen Individuen, von der oben die Rede war. Sie belegt gleichermaßen, wie verschieden die neuronalen Singularitäten innerhalb einer Neuronenkategorie ausfallen können, ohne daß es dazu irgendwelcher Genkombinationen bedürfte.

Die Epigenese auf dem Prüfstand des Experiments

Mathematische Theorien haben den Vorzug, unabhängig zu «existieren», doch diese Eigenschaft ist zugleich ihre Schwäche. In den Naturwissenschaften und ganz besonders in der Biologie ist die Theorie weit größeren Einschränkungen unterworfen als in der Mathematik. Zwar muß sie in sich so schlüssig und logisch sein, daß selbst der Mathematiker zufriedengestellt ist, doch hat sie sich auch eng an eine äußere Wirklichkeit zu halten. Eine biologische Theorie ist nur insofern sinnvoll, als sie einer «Repräsentation» von natürlichen Gegenständen oder Erscheinungen entspricht und somit unmittelbarer experimenteller Überprüfung zugänglich ist. Wie viele biologische Theorien hat es bereits gegeben (und wird es noch geben), die sich trotz makelloser Schlußfolgerungen und bestechender mathematischer Eleganz in Luft auflösten und spurlos aus der wissenschaftlichen Literatur verschwanden, sobald sie an der Wirklichkeit überprüft wurden!

Wie verhält es sich mit der Theorie, die uns hier beschäftigt, der Hypothese einer Epigenese der Neuronennetze durch selektive Stabilisierung? Die Experimentaldaten sind noch sehr spärlich. Eine strenge Überprüfung setzt die Beschreibung der in der Entwicklung befindlichen «Neuronennetzwerke» voraus. Außerdem müßte man die neuronale Aktivität im Embryo oder im Neugeborenen messen können. Für solche Untersuchungen stehen uns kaum geeignete Geräte zur Verfügung. Die wenigen Untersuchungsergebnisse, auf die wir zurückgreifen können, betreffen die neuro-muskuläre Verbindung beim Huhn und bei der Ratte sowie die Großhirnrinde von Säugetieren.[21]

Im Hühnerembryo treten ziemlich heftige spontane Bewegungen auf. Was geschieht, wenn man sie hemmt, wenn man dem Embryo beispielsweise Curare oder das im Gift mancher Schlangen enthaltene α-Bungarotoxin injiziert, die beide sehr selektiv auf die Acetylcholinrezeptoren einwirken? Diese Toxine unterbinden weder die Herztätigkeit noch andere lebenswichtige Prozesse. Der Embryo überlebt. Das synaptische Anfangsstadium – die Konzentrierung des Rezeptors unter dem Wachstumskegel – wird ebenfalls nicht gestört. Die Aktivität der neuro-muskulären Verbindung hat also keinen Einfluß auf die Bildung des ersten Rezeptorflecks. Sie entscheidet jedoch darüber, ob sich am gleichen Ort das Enzym für den Abbau des Acetylcholins, die Acetylcholinesterase, sammelt. Nur wenn der Muskel aktiv ist, konzentriert sie sich in der Synapse. Gleiches gilt für den Rückgang des Rezeptors *außerhalb* der Synapse. Bei gelähmten Embryos bleibt er überall erhalten.[22] Zu seiner Beseitigung ist die Aktivität des Muskels erforderlich. Sie beschleunigt nicht den Abbau des Rezeptors, sie blockiert einfach seine Synthese. So verschwindet der labile Rezeptor. Die nervöse Aktivität des Embryos steuert also die Aktivität der Gene, die im Bereich der Muskelfasern über die Synthese des Acetylcholinrezeptors entscheiden. Damit ist sie auch für mehrere (nicht alle) entscheidenden Phasen beim Aufbau der postsynaptischen neuro-muskulären Membran verantwortlich.

Wirkt sie auch auf der anderen Seite, der des Motoneurons und seines Axons? An Hamburgers Beobachtungen über den Tod von Motoneuronen im Rückenmark anknüpfend, hat R. Oppenheim[23] Embryonen untersucht, die mit Toxinen aus Schlangengift gelähmt worden waren. Das Ergebnis war überraschend: Obwohl das Toxin auf den *postsynaptischen* Rezeptor einwirkt, hat es auch präsynaptische

Einflüsse auf das Motoneuron und sein Axon. Es findet eine rückwirkende Signalübertragung an der Synapse statt, also entgegen der Fortleitung der Nervenimpulse. Die zweite Überraschung: Wenn die Injektion zwischen dem vierten und dem sechsten Tag des embryonalen Lebens (unter ansonsten gleichen Bedingungen) stattfindet, so besitzen diese Embryonen *mehr* Motoneuronen als normale Embryonen (Abb. 66). Die Lähmung führt zu einer Vermehrung der Motoneuronen! Verursacht sie sie auch? Nein. Die Lähmung stört nur das Absterben der Neuronen, das, wie wir gehört haben, etwa am fünften Tag einsetzt. Sie verlängert das Leben der Neuronen, die ohne die lähmende Substanz abgestorben wären. Dieses auf den ersten Blick paradox erscheinende Ergebnis verträgt sich mit der Hypothese der selektiven Stabilisierung genauso vorzüglich wie der bereits erwähnte Umstand, daß beim gelähmten Embryo auch die überschüssigen Rezeptormoleküle erhalten bleiben. Die künstlich geschaffene Situation der Lähmung zeigt, daß unter normalen Bedingungen die spontane Aktivität von Nerv und Muskel zum Tod eines großen Teils der Neuronen führt und daß sie den Rückgang des Rezeptors in der Muskelfaser außerhalb der Synapse fördert.

Eine ähnliche Erscheinung zeigt sich im Bereich der Nervenendigungen, sobald das Neuronensterben abgeschlossen ist. In der entscheidenden Phase, in der es zur Vielfachinnervation der Muskelfasern kommt, verlängert die Lähmung des motorischen Nervs wie des Muskels (Abb. 66) den Zustand der an sich vorübergehenden Redundanz.[24] Umgekehrt führt eine elektrische Reizung des Rückenmarks oder der Muskeln zur beschleunigten Beseitigung der überzähligen Endigungen.[25]

Die biochemischen Mechanismen des «Wettbewerbs», der dafür sorgt, daß bestimmte Nervenendigungen auf Kosten anderer stabilisiert werden, sind noch nicht ganz geklärt. Eine einfache Hypothese[26] geht von der Produktion eines «Wachstumsfaktors» vom Typ NGF durch den Muskel aus. Dieser Faktor[27], der von den embryonalen Muskelfasern im Überfluß erzeugt wird, könnte «rückwärts» wirken, das heißt die Synapse gegenläufig zur Nervenleitung vom Muskel zum Nerv hin überqueren. Er könnte die motorischen Nervenendigungen anziehen und einer Vielfachinnervation der Muskelfasern Vorschub leisten. Wenn in der Phase maximaler Redundanz die Synthese des Faktors zum Stillstand kommt, wird der Vorrat begrenzt. Das weitere Überleben der Nervenendigungen wird dann von der erfolgreichen Aufnahme des Faktors abhängig. Nehmen wir an, daß sie, je aktiver sie sind, um so mehr von ihm aufnehmen. Dann

Epigenese

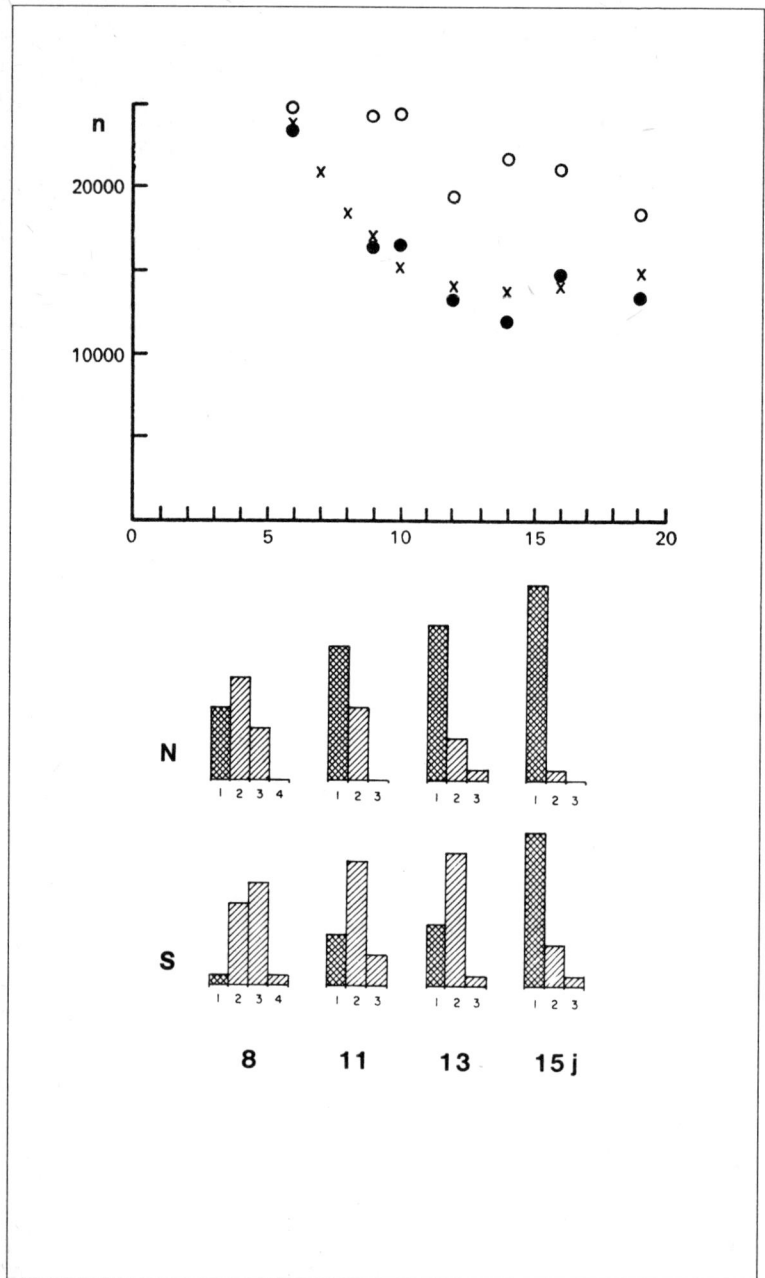

Die Epigenese auf dem Prüfstand des Experiments 291

würde von einem bestimmten Zeitpunkt an nur noch eine von ihnen eine ausreichende Dosis des Faktors erhalten, die Oberhand gewinnen und stabil werden. Die anderen würden «verhungern» und sich zurückbilden.

Mathematisch formuliert[26], sagt das Modell in der Tat die selektive Stabilisierung einer einzigen motorischen Nervenendigung pro Muskelfaser und die Innervation eines festliegenden Kontingents von Muskelfasern pro Motoneuron voraus. Es sagt auch weitgehend die Variabilität der endgültigen Innervation des Muskels voraus. Stellen wir uns beispielsweise vor, wir würden alle Muskelfasern von 1 bis 300 durchnumerieren, und sie würden durch insgesamt 15 Motoneuronen innerviert werden. Nach Abschluß der Entwicklung würde sich die Gesamtzahl der Muskelfasern zu ungefähr gleichen Teilen auf die Neuronen verteilen. Das wären etwa 20 Muskelfasern pro Neuron. Jedes Neuron «würfelt» um die Nummern der Muskelfasern, die es beim Erwachsenen innerviert, «gewinnt» aber jedesmal die gleiche Anzahl von Fasern.

Die Motoneuronen innervieren also eine festliegende Zahl von Muskelfasern, aber deren Lage wechselt von einem Neuron zum anderen und von einem isogenetischen Exemplar zum anderen. Das Modell erklärt sowohl die Regelmäßigkeit wie die phänotypische Variabilität der Muskelinnervation.[26]

Das Modell macht auch verständlich, warum die Muskellähmung die Vielfachinnervation «konserviert». Dazu genügt die Annahme,

◀ *Abb. 66:* Auswirkungen des Aktivitätszustands des Embryos oder des Neugeborenen auf zwei regressive Phänomene: auf das Neuronensterben beim Hühnerembryo (oben) und auf die Rückbildung der Mehrfachinnervation von Muskelfasern bei der Ratte (unten). In der Abbildung oben zeigt die Entwicklung der Gesamtzahl der Motoneuronen (n) in Abhängigkeit von der Zahl der Entwicklungstage, daß die chronische Lähmung durch das Toxin α im Schlangengift *mehr* Neuronen überleben läßt (weiße Punkte) als bei den Kontrollieren, die hier durch schwarze Punkte und Kreuze gekennzeichnet sind (nach Laing und Prestige, 1978). Die gleiche Wirkung zeigt sich, wenn man bei einer neugeborenen Ratte die Sehne des Fußmuskels durchtrennt (S): Der Muskel wird gelähmt und die Rückbildung der überflüssigen Innervation verlangsamt (auf diesen Diagrammen gibt die Balkenhöhe den Prozentsatz der Muskelfasern an, die eine, zwei, drei oder vier funktionelle Synapsen aufweisen: N bei der normalen Ratte, S bei der operierten Ratte). Bei Jungtieren empfängt jede Muskelfaser drei bis vier funktionelle Nervenendigungen. Beim erwachsenen Tier bleibt normalerweise nur noch eine einzige übrig (nach Benoit und Changeux, 1975).

daß die Muskelaktivität die Synthese des zurückwirkenden Wachstumsfaktors steuert. Beim Embryo produziert der Muskel den Faktor. Die in der Phase der Vielfachinnervation besonders heftige Muskelaktivität hemmt die Produktion. Durch die Muskellähmung wird die Blockierung aufgehoben. Die Vielfachinnervation bleibt erhalten.

Der Aufbau der neuro-muskulären Verbindung ist also einem «epigenetischen» Regulationsprozeß unterworfen, den die Aktivität der Nerven und Muskeln zu verschiedenen Zeitpunkten entscheidend mitbestimmt. In diesem Zusammenhang sei erwähnt, daß für alle Muskelfasern und alle Muskeln die gleichen Regulationsmechanismen wirksam sind. Die Entstehung der Muskelinnervation läßt sich also mit wenigen genetischen Determinanten erklären, die natürlich zum «genetischen Rahmen» gehören. Auch diese Einheitlichkeit sorgt für Genersparnis.

Lassen sich die Erkenntnisse über die neuro-muskuläre Verbindung auch auf andere Systeme übertragen, auf die Großhirnrinde zum Beispiel? Leider fehlt es hier noch an eindeutigen Daten. Trotzdem ist erkennbar, daß auch die Entwicklung des Neokortex von seinem Aktivitätsgrad abhängig ist. Im zweiten Kapitel habe ich ausführlich beschrieben, daß der Kortex «in Streifen» aufgebaut ist. In der Sehrinde reagieren die Neuronen abwechselnd auf das eine und auf das andere Auge. Diese Spezialisierung ist, wie geschildert, ein Ergebnis der Projektion durch die von den Thalamuskernen kommenden Axone. P. Rakič (1976, 1977) sowie D. Hubel und T. Wiesel (1977) haben gezeigt, daß es diesen Aufbau beim Affen zwischen dem dritten und vierten Monat des intrauterinen Lebens noch nicht gibt. Die in den Kortex eindringenden Axone verteilen sich zuerst diffus. Die auf das rechte und linke Auge reagierenden Axone bilden ein Durcheinander. Die Aufteilung in Streifen beginnt kurz vor dem fünften Monat und dauert mehrere Wochen an; sie endet erst nach der Geburt (Kap. 2). Immer mehr Zellen, die bislang auf beide Augen reagierten, sprechen nun nur noch auf ein Auge an. Obwohl dieser Vorgang auf der Ebene der Synapsen noch nicht nachgewiesen ist, hat es den Anschein, als würden die Kortexneuronen (der Schicht IV) zunächst Axone von beiden Augen empfangen, schließlich aber nur die Axone eines Auges behalten.

Steuert die Sehpraxis diese Aufteilung in Streifen, wie die Muskelaktivität die Muskelinnervation steuert? In einer Reihe inzwischen klassisch gewordener Experimente haben Wiesel und Hubel[28] nachgewiesen, daß die Schließung eines Auges während der ersten sechs Wochen zu einem erheblichen Defizit beim erwachsenen Affen führt. Die zu diesem Auge gehörigen Streifen schrumpfen und zerfallen in Bruchstücke, während sich die Streifen des gesunden Auges ausbreiten (Abb. 67). Wird das Auge jedoch drei Wochen nach der Geburt wieder geöffnet, stellen sich die normalen Größenverhältnisse der Streifen wieder ein. Der gleiche Eingriff bleibt beim ausgewachsenen Individuum ohne Wirkung. Es gibt also einen kritischen Zeitraum, innerhalb dessen eine anomale Funktion des Systems zu einer irreversiblen Schädigung führt. In diesem Zeitraum ist die «gleichgewichtige» Aktivität der Sehbahnen für die Entwicklung des ausgewachsenen Nervennetzes erforderlich.[29] Ähnliche Ergebnisse wie nach der experimentellen Schließung eines Auges stellen sich beim Menschen auf natürlichem Wege ein, wenn beim Neugeborenen die Augenlinse trüb wird. Die daraus resultierende «funktionelle Amblyopie» ist ebenfalls mit einer Beeinträchtigung der Innervation der Sehrinde zu erklären.

Auf welchen synaptischen Mechanismen die Auswirkungen der Nervenaktivität beruhen, ist noch nicht ganz geklärt. Es sieht so aus,

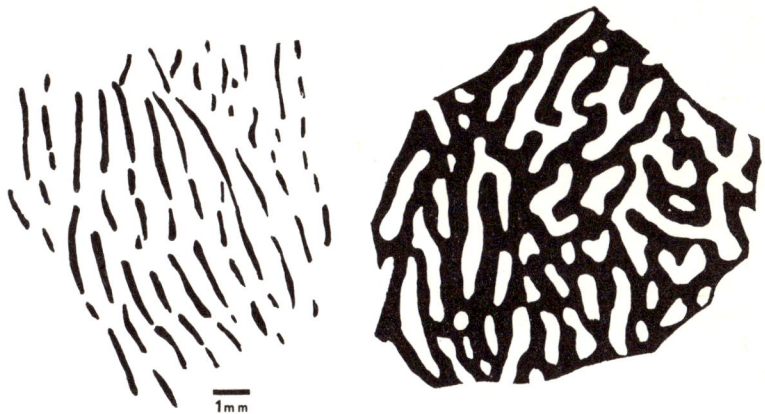

Abb. 67: Folgen der Schließung eines Auges für die vom rechten und linken Auge innervierten Streifen in der Sehrinde eines Makaken (*Abbildung links*). Mit zwei Wochen wurde dem Jungtier das eine Auge geschlossen. Achtzehn Monate später wurden die Streifen mittels einer anatomischen Methode untersucht, die der in Abb. 20 beschriebenen ähnelt. Die zum geschlossenen Auge gehörigen Streifen (schwarz) haben sich auf Kosten der zum anderen Auge gehörigen Streifen zurückgebildet. *Abbildung rechts:* Das gleiche Experiment bleibt am ausgewachsenen Tier ohne Auswirkungen auf die Verteilung der Streifen (nach Le Vay u. a., 1980).

als würden die Zielneuronen zunächst funktionierende Endigungen von beiden Augen empfangen. Der Aktivitätsmangel des einen Auges, der die Schrumpfung der zu diesem Auge gehörigen Nervenendigungen bewirkt, überläßt den Fasern des anderen Auges das Feld. Allerdings muß diese Interpretation der Fakten unter dem Gesichtspunkt der selektiven Stabilisierung noch weiter bestätigt werden.

Ich habe schon darauf hingewiesen, daß im Lauf der Kortexentwicklung auch die Nervenfasern, die die Hemisphärenverbindung herstellen (der Balken), Schauplatz regressiver Phänomene sind. G. Innocenti und D. Frost (1979) haben darüber hinaus nachgewiesen, daß sich die Verdeckung eines Auges oder selbst ein Schielen auf die Entwicklung dieser Innervation auswirkt. Wiederum sorgt «Inaktivität» für den Fortbestand einer redundanten Organisation. Die Entwicklung des Kortex ist also einer beträchtlichen epigenetischen Regulation durch die Nervenaktivität unterworfen, und mehrere Eigenschaften dieser Regulation decken sich mit der Hypothese der selektiven Stabilisierung. Doch wieweit reicht diese Epigenese? Wahrscheinlich beeinflußt sie vor allem die innere Differenzierung des einzelnen Feldes und bestimmt die Entwicklung seiner synaptischen «Mikro-Organisation» mit. Nun sind aber die Rindenfelder eng miteinander verbunden.

Die Spezialisierung der Hemisphären – Macht der Gene oder Epigenese?

Beim Menschen zeichnet sich besonders deutlich eine Reihe sehr eng zusammengehörender Felder ab, deren spezielle Aufgabe das ist, was C. Trevarthen (1982) das «kooperative Verständnis» unter Mitgliedern einer sozialen Gruppe genannt hat. Dazu gehören natürlich die Sprachfelder (Kap. 1, 2 und 5), die meist auf der linken Hemisphäre lokalisiert sind. Ist diese Spezialisierung der Hemisphären das Resultat einer aktiven Epigenese oder ist sie einem strengen genetischen Determinismus unterworfen?[30]

Diese Frage ist oft mit der nach dem bevorzugten Gebrauch einer Hand verwechselt worden. Wider alle Erwartung liegt jedoch nicht unbedingt die Zuständigkeit sowohl für die Bewegungen der bevorzugten Hand als auch für das Sprechen in derselben Hemisphäre. Nicht alle Linkshänder sprechen mit Hilfe der rechten Hemisphäre.

Das hat man durch einen entwickelten Unterscheidungstest von T. Wada und T. Rasmussen (1960) rasch herausgefunden. Jede Halsschlagader versorgt eine der beiden Hemisphären. Durch Injektion eines Barbiturats in eine der Halsschlagadern «betäubt» man die betreffende Hemisphäre vorübergehend. Liegen die Sprachfelder auf dieser Hemisphäre, verliert die Versuchsperson zeitweise die Sprache. Andernfalls zeigen sich keine sprachlichen Beeinträchtigungen. Aus den Ergebnissen der Tests geht hervor, daß 5 Prozent der Rechtshänder mit Hilfe der rechten Hemisphäre sprechen und 70 Prozent der Linkshänder mit Hilfe der linken Hemisphäre! Die Lokalisation der Handsteuerung ist also nicht mit der der Sprachfelder verbunden. Sie sind unterschiedlichen Regulationen unterworfen. Beschäftigen wir uns zunächst mit der Händigkeit, den Gebärden. Anschließend werden wir uns der Sprache zuwenden.

Unabhängig von der betrachteten Kultur benutzen ungefähr 90 Prozent der Menschen die rechte Hand zum Schreiben und für schwierige manuelle Aufgaben. Diese Disposition findet sich bereits beim vorgeschichtlichen Menschen. Die «als Negativ abgedruckten» Hände, die neben den Malereien auf den Höhlenwänden des Cro-Magnons zu sehen sind, sind in 80 Prozent der Fälle linke Hände. Die Urheber dieser Spuren haben die Farbe also mit der rechten Hand aufgetragen. Mit der gleichen Hand haben sie die ersten vom Menschen gefertigten Waffen geführt, um ihre Opfer zu töten. Drückt sich hier bereits die kulturelle Umwelt aus? Noch wissen wir nichts von der Symbolsprache des Cro-Magnons, doch eine lange geschichtliche Tradition schreibt der Linken negative Bedeutung zu. Man denke an Wörter wie «link», «linken» oder «linkisch». Nach christlicher Überlieferung wird Jesus am Tag des Weltgerichts alle Völker vor sich versammeln und sie «voneinander scheiden, gleichwie ein Hirt die Schafe von den Böcken scheidet, und wird die Schafe zu seiner Rechten stellen und die Böcke zur Linken».[31] Ist das kulturelle Erbe so stark, daß es für eine «rechtshändige» Epigenese sorgt, oder ist die Tradition nichts als die nachträgliche Rechtfertigung einer angeborenen Anlage?

Betrachten wir die Vererbung der Händigkeit. Ihr familiäres Vorkommen folgt keinem einfachen Gesetz. Zwar gibt es Familien von Linkshändern, aber man findet Rechtshänder in linkshändigen und Linkshänder in rechtshändigen Familien. In einer umfangreichen Stichprobe verteilen sich die rechtshändigen Kinder wie folgt[32]:

92,4 % wenn beide Eltern Rechtshänder sind;
80,4 % wenn ein Elternteil Rechtshänder, der andere Linkshänder ist;
45,4 % wenn beide Eltern Linkshänder sind.

Lassen sich diese Ergebnisse an Hand eines einfachen genetischen Modells erklären? Am einfachsten wäre die Hypothese, daß die Händigkeit von einem einzigen Gen bestimmt wird, das in zwei Formen vorkommt – in der Form R (Rechtshänder) dominant und in der Form L (Linkshänder) rezessiv. Das würde bedeuten, daß alle Kinder von Linkshändern (LL) ebenfalls Linkshänder wären. Nun ist das aber nicht der Fall. Es gibt unter ihnen einen hohen Prozentsatz Rechtshänder. Wir müssen also nach einem anderen Erklärungsmodell suchen.

Ein befriedigenderes Modell hat M. Annett (1972) vorgeschlagen. Es geht ebenfalls von einem einzigen Gen aus, macht aber noch eine zusätzliche, sehr einfache Hypothese geltend: Menschen, die mindestens eine aktive Kopie des Gens aufweisen, sind alle Rechtshänder. Wer keine besitzt, hat gleiche Aussichten, Rechts- oder Linkshänder zu werden. Damit erklärt das Modell, warum die Kinder von Linkshändern zur Hälfte Rechtshänder werden. Die Hypothese würde vielleicht sehr theoretisch erscheinen, wenn es nicht bei der Maus und sogar beim Menschen ein sehr anschauliches Beispiel gäbe.

Es handelt sich um die Mutation *situs inversus* (iv)[33]. Nur einer unter 10000 ist von ihr betroffen. Sie beeinflußt weder die Händigkeit noch die Hemisphärenspezialisierung, sondern die Lage der inneren Organe. Infolge dieser Mutation liegt das Herz auf der rechten Seite, die Leber auf der linken, und die Darmwindungen sind seitenverkehrt. Kurz, das Körperinnere ist das Spiegelbild des Normalfalles. Die Ähnlichkeit mit der Vererbung der Händigkeit zeigt sich darin, daß bei der Maus die Nachkommenschaft «inverser» Paare zur Hälfte aus normalen Tieren und zur anderen Hälfte aus inversen Exemplaren besteht. Es hat den Anschein, als ob für Mäuse, die kein normales Gen besitzen (sie haben zwei Kopien des mutierten Gens iv/iv), die Chance zu invertieren eins zu eins steht. Mathematisch decken sich die Ergebnisse mit Annetts Modell. In der Gebärmutter der trächtigen Tiere rollt sich der Embryo normalerweise zu einer linksgedrehten Spirale zusammen. Doch in der Gebärmutter eines Weibchens iv/iv, das von einem Männchen iv/iv befruchtet wurde, rollt sich die Hälfte der Embryonen linksherum zusammen, die andere Hälfte rechtsherum (Abb. 68). Die Verhältnisse bei den rechts-

Die Spezialisierung der Hemisphären

herum zusammengerollten Embryonen entsprechen haargenau dem inversen Typus der ausgewachsenen Tiere. Die Experimentalergebnisse bestätigen das vorgeschlagene Modell.

Durch welchen geheimnisvollen Mechanismus führt die punktuelle Mutation eines Gens dazu, die Lage so vieler so wichtiger Organe zu vertauschen? B. Afzélius (1976) hat in diesem Zusammenhang eine bemerkenswerte Beobachtung gemacht. Bei drei Patienten mit *situs inversus totalis* stellte er merkwürdigerweise Symptome einer chronischen Stirnhöhlenvereiterung und einer Bronchitits fest, die auf den ersten Blick nichts mit der Organinversion zu tun hatten. Außerdem waren ihre Spermatozoiden starr und steif und ohne Bewegung. Bei all diesen Patienten waren – unabhängig von der Zellart – Flimmerhaare und Geißeln (Cilien und Flagellen) vollständig gelähmt, so daß der Schleim durch die Cilien des Flimmerepithels nicht aus den Atemwegen entfernt werden konnte. Unter dem Mikroskop zeigen diese Wimpern eine ungewöhnliche Struktur. Normalerweise enthält jede Wimper neun Röhrchenpaare (Mikrotubuli), die untereinander durch Häkchen verbunden sind. Diese Häkchen fehlten bei allen untersuchten Patienten (Abb. 68). Die Mikrotubuli sind zu keiner koordinierten Bewegung mehr fähig. Wimpern und Geißeln hängen gelähmt herab.

Was für ein Zusammenhang besteht zwischen der Bewegung der Geißeln und der Lage von Körperorganen? Eine plausible Hypothese besagt, daß zu einem Zeitpunkt, da der Embryo nur aus ein paar Zellen besteht, die Wanderung einiger weniger von ihnen darüber entscheidet, ob die Organe, die später aus ihnen entstehen, links oder rechts liegen. Die Bewegung der Wimpern oder Geißeln ermöglicht diesen Zellen, ihre Position einzunehmen. Ohne Wimperbewegungen können sie ebensogut rechts wie links landen. Ein scheinbar so belangloses Faktum wie die Lähmung der Wimpern und Geißeln bewirkt durch seinen Einfluß während eines sehr frühen Entwicklungsstadiums eine völlige Umkehrung in der Anordnung der inneren Organe.

Nun ist nichts darüber bekannt, daß Linkshänder häufiger an Bronchitis erkranken als Rechtshänder. Der Ursprung der Händigkeit ist also nicht in der Struktur der Geißeln zu suchen! Doch es könnte sich sehr gut um einen verwandten Mechanismus handeln. In diesem Zusammenhang haben N. Geschwind und W. Levitsky (1968), als sie an die minutiösen Untersuchungen der Anatomen des vorigen Jahrhunderts anknüpften, eine wichtige Entdeckung gemacht. Hinten auf der Oberseite des Stirnlappens liegt ein Feld, das *Planum tem-*

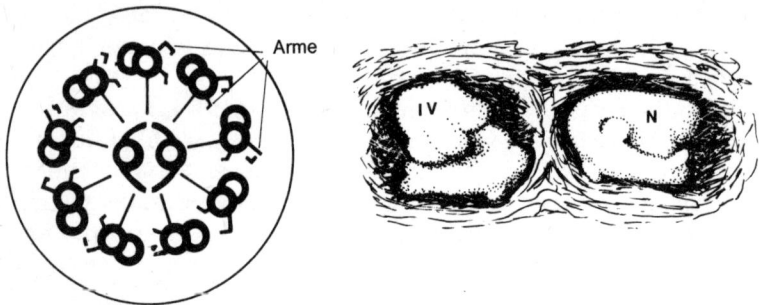

Abb. 68: Die Mutation *situs inversus* liefert einen Anhaltspunkt dafür, wie man sich ein «genetisches Modell» vorzustellen hat, das die Asymmetrie der Hirnhemisphären determinieren könnte. Wer von dieser Mutation betroffen ist, hat das Herz rechts und die Leber links. Bei der Maus rollen sich die Embryonen in der Gebärmutter anders herum zusammen (IV) als normale Embryonen (N) (nach Layton, 1976). Die Mutation führt primär zu einer Lähmung der Geißeln (deren elektronenmikroskopischer Querschnitt auf der Abbildung *links* zu sehen ist) durch einen Verlust der «Arme», die die Tubuli (schwarze Kreise) verbinden und ihre Bewegung ermöglichen (nach Afzélius, 1976).

porale, dessen Oberfläche bei 65 pro 100 untersuchten Gehirnen links höher lag, während 11 rechts höher waren (Abb. 69). Außerdem ist rechts die Neigung des *Sulcus Sylvii* steiler und die Wölbung des Stirnlappens ausgeprägter. Dabei steht fest, daß diese Unterschiede schon *vor* der Geburt vorliegen.[34] Bei der Mehrzahl (54 bis 77 Prozent) der untersuchten Föten und Neugeborenen (10 bis 48 Wochen nach der Empfängnis[34]) war das *Planum temporale* links größer. Der Ursprung der hemisphärischen Asymmetrie liegt also vor jeder Erziehung. Denkbar wäre ein genetischer Einfluß, der zum Beispiel auf die tangentiale Proliferation der Neuronen des *Planum temporale* einwirken würde, denn diese müßten ihre Teilung links länger fortsetzen als rechts.

Doch die Wirklichkeit ist nicht ganz so einfach. Jedes streng genetische Modell sagt, wie wir wissen, eine weit höhere Entsprechung zwischen eineiigen Zwillingen als zwischen zweieiigen Zwillingen voraus. Nun läßt sich aber hinsichtlich der Händigkeit kein auffälliger Unterschied zwischen eineiigen und zweieiigen Zwillingen erkennen! Was noch auffälliger ist: Bei Zwillingen (gleich welcher Art) gibt es doppelt so viele Linkshänder wie bei Nicht-Zwillingen.[35] Mo-

Die Spezialisierung der Hemisphären

difizieren intrauterine Geschehnisse die Wirkung der Gene? Darüber ist noch nichts bekannt. Aber man weiß, daß neurologische Störungen bei Zwillingen (gleich welcher Art) häufiger auftreten. Bewirkt die Enge in der Gebärmutter leichte Traumata, die den ursprünglichen Unterschied zwischen den Hemisphären ausgleichen und das Pendel in die andere Richtung ausschlagen lassen?

Einige klinische Beobachtungen über die Entwicklung der Sprachfelder beim Kind sprechen für diese Auffassung. Bevor ich auf diese Beobachtungen zu sprechen komme, sei noch einmal daran erinnert, daß diese Felder nicht mit den Aralen identisch sind, die über die Händigkeit entscheiden, und daß sich beide nicht notwendigerweise auf derselben Hemisphäre entwickeln.

Bestimmte Läsionen der Großhirnrinde führen beim Kind zu ganz ähnlichen Sprachstörungen, wie sie Broca beim Erwachsenen beobachtet hat. Aber sind sie auch – wie beim Erwachsenen – vorwiegend auf der linken Hemisphäre lokalisiert?

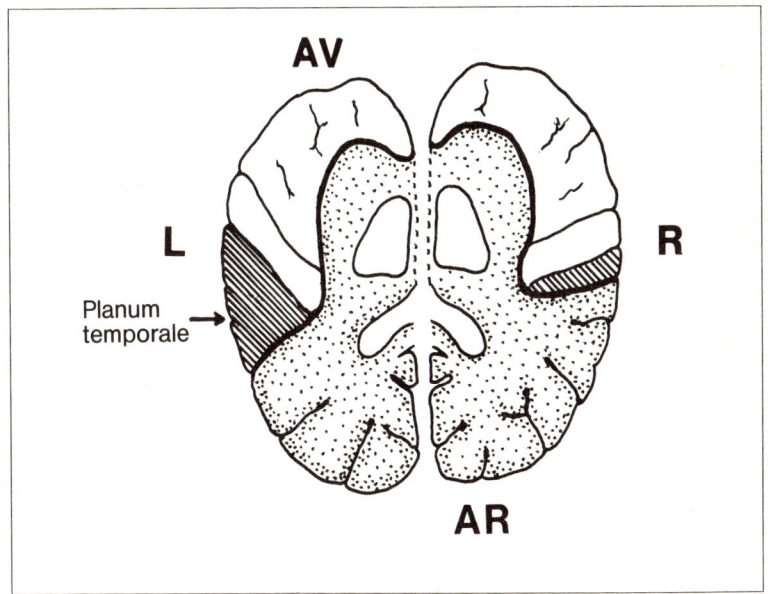

Abb. 69: Anatomische Unterschiede zwischen der rechten und der linken Hemisphäre des Menschen. Bei der Mehrzahl der untersuchten Gehirne ist das *Planum temporale* des Schläfenlappens links größer als rechts (nach Le May, 1982).

In den sechziger Jahren kam man an Hand der etwa 60 bekanntgewordenen Fälle zu dem Schluß, daß die Aphasie von Kindern auf Schädigungen der rechten *und* der linken Hemisphäre zurückgehe. Außerdem war man der Meinung, sie lasse sich vollständig rückgängig machen. Man glaubte also an die *Äquipotentialität* – die gleiche Leistungsfähigkeit – beider Hemisphären bei der Geburt und ging davon aus, daß es erst mit dem Spracherwerb zur Spezialisierung komme.[36] Dann schlug das Pendel in die andere Richtung aus.[37] Heute dagegen sieht man die Sache sehr differenziert.[38] A. Roch-Lecours hat sich mit einer sehr speziellen Aphasie beschäftigt, derjenigen, die bei Rechtshändern nach Läsion der *rechten* Hemisphäre auftritt. Beim Erwachsenen kommt sie sehr selten vor – nur in 0,4 Prozent aller Fälle. Obwohl auch bei Kindern noch recht selten, tritt sie unter ihnen immerhin zehnmal so häufig auf. In den frühen Entwicklungsstadien verfügt die rechte Hemisphäre also über eine «Leistungsfähigkeit», die sie später einbüßt. Auch andere klinische Fakten legen eine ähnliche Deutung nahe.

In einigen, glücklicherweise sehr seltenen Fällen zwingen schon bei Neugeborenen schwere epileptische Anfälle oder stark wuchernde Tumoren zur vollständigen Entfernung einer Hemisphäre. In den meisten bekannten Fällen verhindert der Eingriff nicht, daß das Kind später sprechen lernt.[39] Ebenso eindeutig scheint erwiesen, daß diese Kinder trotzdem nicht über alle sprachlichen Fähigkeiten normaler Kinder verfügen. Die Entfernung der linken Hemisphäre beeinträchtigt die Fähigkeit, syntaktisch komplexe Sätze zu verstehen und hervorzubringen. Mangelhafte Leistungen bei visuellen und räumlichen Tests zeigen sich nach chirurgischer Entfernung der rechten Hemisphäre. Dabei sind die Fälle, die man eingehend untersuchen konnte, noch nicht sehr zahlreich. Sehr wahrscheinlich, schreibt Roch-Lecours (1983), «werden wir mit *zwei* Sprachfeldern geboren, aber dem linken Feld ist infolge angeborener Eigenschaften die Vorrangstellung vorherbestimmt, die es dann auch sofort oder spätestens ein Jahr nach der Geburt beansprucht».

Kurzum, eine angeborene Prädisposition, die einem genetischen Modell folgen könnte, wie es beispielsweise von Annett vorgeschlagen wurde, gibt den Ausschlag zugunsten einer der Hemisphären, im allgemeinen der linken. In den ersten Entwicklungsstadien ist die andere Hemisphäre noch in der Lage, wenigstens einen Teil der Funktionen von der dominanten zu übernehmen, wenn diese durch ein Trauma ausfällt oder – im schlimmsten Fall – vollständig entfernt werden muß. In die Differenzierung der Sprachfelder kann folglich eine epigenetische Regulation eingreifen. Anscheinend befinden sich in einer entscheidenden Phase sehr ähnliche (aber nicht völlig identische) neurale Systeme in beiden Hemisphären, die dann im Lauf des langen Lernprozesses, der zum Erwachsenen führt, entweder auf der linken oder der rechten Hemisphäre selektiv verlorengehen. Von einer Erklärung der Hemisphärenspezialisierung des Menschen auf zellularer oder molekularer Ebene sind wir zwar noch weit entfernt, doch die vorliegenden Daten sprechen allem Anschein nach für die Hypothese der selektiven Stabilisierung. Wie erwähnt, kommt es beim Tier in der postnatalen Entwicklung zu einer erheblichen Rückbildung der Fasern des Balkens, der die beiden Hemisphären verbindet. Hat dieser Prozeß etwas mit der Spezialisierung der Hemisphären zu tun? Ist er ein Beweisstück, das die Hypothese der selektiven Stabilisierung stützen kann?

Kulturelle Prägung

Die Fähigkeit des Gehirns, geistige Objekte hervorzubringen und zu kombinieren, sie im Gedächtnis zu speichern und sie mitzuteilen, nimmt beim Menschen erstaunliche Formen an. In vielfältiger Kodierung werden diese geistigen Repräsentationen von einer Person an die andere weitergegeben und bleiben über Generationen erhalten, ohne daß dazu irgendeine Mutation des genetischen Materials erforderlich wäre. Außerhalb des einzelnen und seines Gedächtnisses entsteht eine neue Art von Gedächtnis. Zeichen und Symbole, die für geistige Objekte stehen, werden ohne Neuronen und Synapsen auf Stein oder Holz, Papier oder Magnetband festgehalten. Eine *kulturelle Überlieferung* entsteht.

Wie erwähnt (Abb. 56), ist eine auffällige Eigenschaft des menschlichen Gehirns, daß es seine Entwicklung erst lange nach der Geburt beendet. Sein Gewicht wächst – auch das wurde erwähnt – bis zum Erwachsenenalter auf das Fünffache an. Die bei weitem überwiegende Zahl der Synapsen in der Großhirnrinde entsteht erst *nach* der Geburt. Dies ist die Voraussetzung für die «Prägung» des Gehirngewebes durch die materielle und soziale Umwelt. Wie kommt diese kulturelle Prägung zustande? «Formt» die Umwelt das Gehirn, wie ein Bronzesiegel seinen Abdruck auf einem Stück Wachs hinterläßt? Oder begnügt sie sich vielmehr mit der selektiven Stabilisierung der Neuronen- und Synapsenkombinationen, so wie sie spontan und in aufeinanderfolgenden Wellen während der Entwicklung auftreten?

Der bedeutende Linguist R. Jakobson (1969) hat sich mit dem *Lallen* von Kindern und dessen Verwandlung in gesprochene Sprache beschäftigt. Jakobson zufolge kann das Kind «Lautbildungen hervorbringen, die zusammen nie in einer einzigen Sprache oder auch Sprachgruppe angetroffen worden sind». Das Kind erzeugt einen Überfluß «wilder Laute», von denen nur wenige in die Sprache des Erwachsenen hinübergerettet werden.[40] Dieses Phänomen scheint kein Privileg des Menschen zu sein. P. Marler und S. Peters (1982) haben es entdeckt, als sie untersuchten, wie die Sumpfammer (*Melospiza georgiana*) ihren Gesang lernt. Wie das Zirpen der Grille wird der Gesang der Sumpfammer an Hand zweidimensionaler graphischer Abbildungen, sogenannter Sonagramme, untersucht, wobei die Tonhöhe (Frequenz) auf der Ordinate und die Zeit auf der Abszisse aufgetragen wird. Der Gesang des ausgewachsenen Männchens ist in der Gefangenschaft sehr einfach: Nie besteht er aus mehr als zwei Silbenarten. Bevor sich jedoch (etwa um den 334. Lebenstag) der «erwachsene» Gesang herauskristallisiert, liegt die Zahl der erzeugten Silbenarten stets höher. Vierzig bis fünfzig Tage zuvor sind es vier- bis fünfmal soviel! Bei einem isolierten Jungvogel konnte P. Marler sogar 19 verschiedene Silbenarten nachweisen. Der Übergang vom «Gezwitscher» des Jungvogels zum Gesang des ausgewachsenen Tiers ist von einem erheblichen Rückgang der erzeugten Silbenarten begleitet (Abb. 70).

Außerdem können sich die beiden Silbenarten, die vom ausgewachsenen Tier beibehalten werden, von einem Vogel zum anderen unterscheiden. Auf der einen Seite ist also ein «Silbenschwund» zu verzeichnen und auf der anderen eine deutliche Unterschiedlichkeit des Gesangs beim ausgewachsenen Tier. Die Kristallisierung des Gesangs darf also mit Fug und Recht als *selektive Stabilisierung* von Silben bezeichnet werden!

Die Jungvögel der Sumpfammer erzeugen spontan eine große Vielfalt von Silbenarten, sind aber auch in der Lage, künstlich vom Computer vorgegebene «Vorbilder» nachzuahmen. Sie erfinden, improvisieren, aber sie imitieren auch. Werden auch Imitationen nach dem Schwundprozeß in den Gesang des ausgewachsenen Exemplars aufgenommen? Ja. Es können durchaus imitierte Silben im Gesang des ausgewachsenen Männchens vertreten sein. Im Gesang aller so «erzogenen» ausgewachsenen Tiere sind Marler und Peters auf ungefähr fünfzig verschiedene Silbenarten gestoßen, aber davon wären nur

Kulturelle Prägung

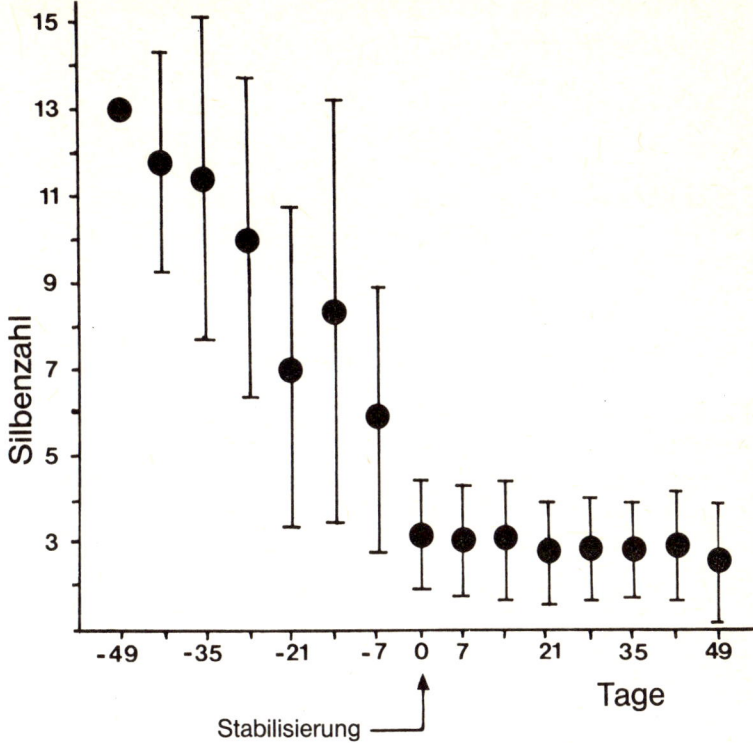

Abb. 70: Bei der Sumpfammer (*Melospiza georgiana*) umfaßt der Gesang des Jungtiers ein Repertoire von ungefähr 15 Silben (manchmal mehr). Die «Stabilisierung» des Gesangs beim ausgewachsenen Tier geht mit einem Verlust von mehr als drei Vierteln der vom Jungtier produzierten Silben einher. Es kommt also zu einem «Silbenschwund» (nach Marler und Peters, 1982).

neunzehn (42 Prozent) Nachahmungen. Die Erziehung sorgt somit für eine erhebliche künstliche Diversifizierung des Gesangs.

Dabei ahmt der Jungvogel nicht jedes beliebige Gesangvorbild nach. Bietet man ihm beispielsweise den Gesang einer verwandten Art, der Singammer (*Melospiza melodia*), an, so ahmt die junge Sumpfammer nur einige Silben der Singammer nach. In den endgültigen Gesang des ausgewachsenen Exemplars gelangt dann eine noch kleinere Zahl. Sowohl in der Nachahmungs- wie in der Stabilisierungsphase werden fremde Silben abgelehnt. Die Grenzen der Lernfähigkeit bestimmt der artspezifische genetische Rahmen.

Zwar ist der Spracherwerb des Menschen weit komplexer als die Entwicklung des Vogelgesangs, doch gibt es eine Reihe von Parallelen.[41] So ist der Übergang vom Lallen zur Sprache allem Anschein nach durch einen «Schwund» der spontan erzeugten oder imitierten Silben gekennzeichnet. Natürlich unterscheiden sich die für den Gesang zuständigen Nervenzentren des Vogels von den Sprachfeldern, aber gemeinsame Regeln auf zellularer und synaptischer Ebene können unabhängig von der Beschaffenheit der Felder ähnliche Wirkungen hervorrufen.

Beim Menschen zeigt sich auch in der Sprachwahrnehmung ein solcher Schwund. In der japanischen Sprache kommen im Unterschied zu westlichen Sprachen wie dem Französischen oder Englischen die Phoneme [ra] und [la] nicht vor. Erwachsenen Japanern bereitet es große Schwierigkeiten, sie zu unterscheiden. Dagegen sind zwei oder drei Monate alte japanische Kinder dazu genausogut in der Lage wie ihre westlichen Artgenossen.[42] Der Spracherwerb geht also Hand in Hand mit einem Verlust der Wahrnehmungsfähigkeit. Diese noch nicht sehr zahlreichen Anhaltspunkte lassen sich wiederum ganz einfach an Hand des Schemas der selektiven Stabilisierung deuten.

Die Erfindung einer *schriftlichen* Repräsentation der geistigen Objekte ist zweifellos eine große kulturelle Leistung. Doch das Erkennen der Schriftzeichen und ihre Verknüpfung setzt ebenso zweifellos ihre «Speicherung» im Gedächtnis voraus. Die Perzepte, die diese Zeichen hervorrufen, müssen mit Konzepten verbunden werden. Dazu war das menschliche Gehirn gewiß schon *vor* der Erfindung der Schrift fähig. Auch ist bis zum Gebrauch der Schrift ein langer Lernprozeß erforderlich, der dem Kind weit weniger Mühe bereitet als dem Erwachsenen. Die Schrift drückt dem Gehirn ihren Stempel auf; aber wo geschieht das? Wir wissen darüber so wenig, daß uns nur vorsichtige Vermutungen erlaubt sind. Erwartungsgemäß ist eine Vielzahl von Gehirnregionen beteiligt, zunächst natürlich die primären und vor allem sekundären Sehfelder (Kap. 4). Bekannt ist auch, daß die rechte Hemisphäre wesentlich an visuellen Leistungen und an der «Raumintelligenz» beteiligt ist. Doch bei der Interpretation neurologischer Befunde ist Vorsicht geboten, zumal sich Experimente nur unter Schwierigkeiten oder gar nicht durchführen lassen. Indessen bietet die Vielfalt der Kulturen ein Material von außergewöhnlicher Reichhaltigkeit. Es gibt einige seltene Phänomene, die gewissermaßen natürliche Experimente, einschließlich der Kontrolle, darstellen!

Kulturelle Prägung

In der japanischen Schrift sind zwei Zeichensysteme gebräuchlich. Die Schrift *Kana*, die Ähnlichkeit mit dem Alphabet hat (aber keines ist), besteht aus 69 Symbolen, von denen jedes einer bestimmten Lauteinheit entspricht. Kana ist phonetisch und kombinatorisch. Die Schrift *Kandschi* dagegen funktioniert nicht nach phonetischem, sondern nach ideographischem Prinzip. Wie im Chinesischen besitzt jedes Zeichen seine eigene Bedeutung, und die Beziehung zwischen Zeichen und Laut ist völlig willkürlich. Die Zahl der Kandschi-Zeichen ist natürlich weit höher (3000 braucht man, um Zeitung lesen zu können) als die der Kana-Buchstaben, und ihre Formen sind vielfältiger und komplexer. Das Kind beginnt mit Kana und lernt erst am Ende der Grundschule Kandschi (Abb. 71).

Sind die beiden Schriftsysteme in verschiedenen Gehirnregionen angesiedelt? S. Sasanuma (1975) hat gezeigt, daß bestimmte genau lokalisierte Läsionen der Großhirnrinde infolge von Gefäßerkrankungen bei erwachsenen Japanern wie bei Europäern zu Störungen des Sprechens und Schreibens führen. Doch Läsionen der linken Hemisphäre, die im Bereich der Brocaschen oder Wernickeschen Felder lokalisiert sind, beeinträchtigen den Gebrauch von Kana weit mehr als den von Kandschi. Andere Läsionen ziehen selektiv Schwierigkeiten beim Lesen und Schreiben von Kandschi nach sich, während die Beherrschung von Kana nicht beeinträchtigt zu sein scheint. Gibt man jeweils einer Hemisphäre Kana-Buchstaben und Kandschi-Zeichen vor, indem man sich auf nur ein Auge beschränkt (Kap. 5), so entsteht abermals der Eindruck, daß die linke Hemisphäre eher für Kana und die rechte eher für Kandschi zuständig ist, vor allem wenn es sich um Substantive handelt.[43] Dieser Unterschied der Hemisphären im Gebrauch von Kana und Kandschi deckt sich mit dem, was über ihre jeweiligen Funktionen bereits bekannt ist (Kap. 5). Die abstrakte, formale und kombinatorische Natur von Kana entspricht den Fähigkeiten der linken Hemisphäre. Das Erkennen der Kandschi-Zeichen dagegen fällt in den Zuständigkeitsbereich der rechten Hemisphäre, deren besondere Stärke das Erfassen und Speichern von Bildern ist.

Die genaue Geographie der Gehirnregionen, die von den beiden japanischen Schriftsystemen (wie im übrigen auch von der alphabetischen Schrift) geprägt werden, gehört noch zu den *Terrae incognitae*, die in den kommenden Jahren erkundet werden müssen. Die vorliegenden Beobachtungen sprechen jedoch dafür, daß die kulturelle Umwelt für eine beträchtliche Variabilität der Kortexorganisation verantwortlich ist.

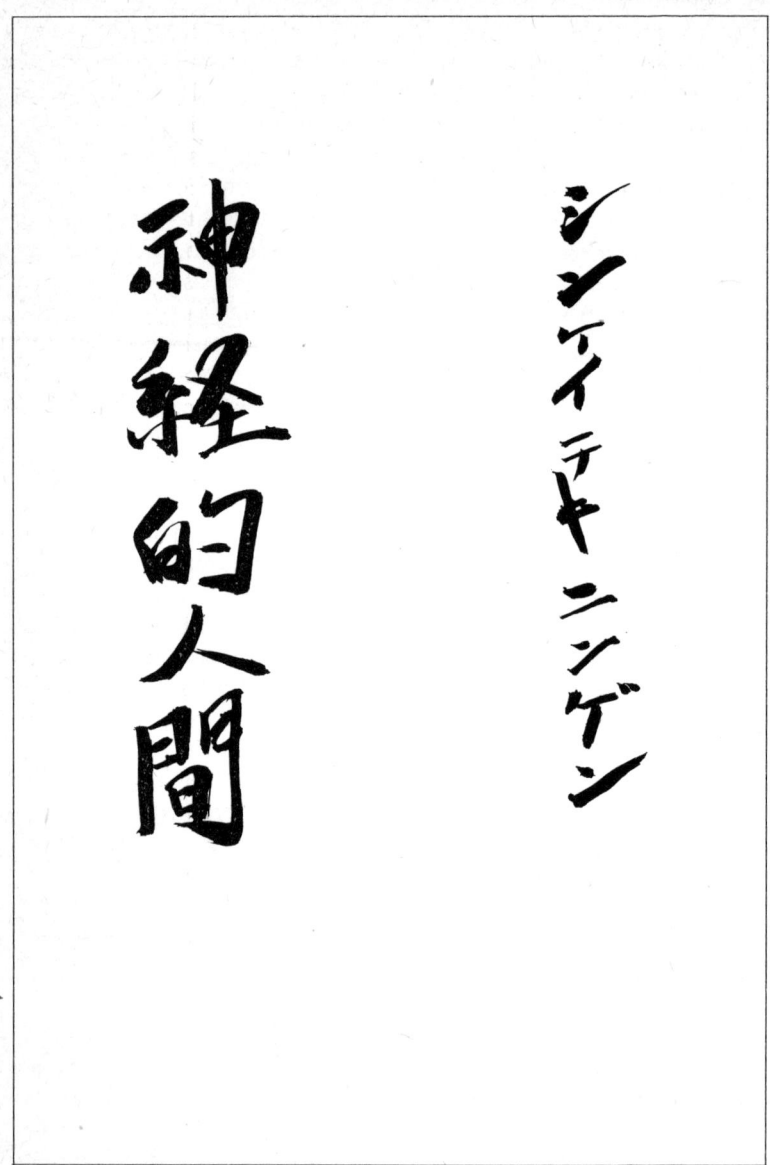

Abb. 71: «Der neuronale Mensch» in den japanischen Schriften Kandschi (links) und Kana (rechts) geschrieben. Unterschiedliche Gehirnregionen sind an der Verwendung der Kandschi-Ideogramme einerseits und der phonetischen Zeichen des Kana andererseits beteiligt (Kalligraphie Shigeru Tsuji).

Manche Forscher glauben sogar, daß sich die Differenzierung der Sprachfelder bei Analphabeten und bei Menschen, die lesen und schreiben können, unterscheidet. Einige Wissenschaftler[44] meinen festgestellt zu haben, daß Aphasien infolge von Läsionen der linken Hemisphäre bei Analphabeten seltener auftreten als bei anderen Patienten. Andere[45] scheinen diese Beobachtungen nicht bestätigen zu können. Tests zur Unterscheidung der Hörfähigkeit des linken und des rechten Ohres lassen darauf schließen, daß Analphabeten mit dem rechten Ohr wesentlich besser hören als mit dem linken, während Versuchspersonen, die lesen und schreiben können, mit beiden Ohren etwa gleich gut hören.[46] Kann man daraus schließen, daß die Organisation des Kortex durch das Lesen und Schreiben einem epigenetischen Einfluß unterworfen wird? Vielleicht. Allerdings steht ein überzeugender Beweis noch aus.

«Lernen heißt aussondern»

Wenn von der «Komplexität» des menschlichen Gehirns die Rede ist, so sind das keine leeren Worte, und Atlan hat recht, wenn er erklärt, daß wir mit diesem Begriff meist nur unsere Unwissenheit offenbaren. Die Entwicklung neuer anatomischer und funktioneller Forschungsmethoden dürfte zu raschen Fortschritten auf diesem Gebiet führen und viele der jetzt noch klaffenden Wissenslücken schließen helfen. Doch alle diese Maßnahmen werden bald auf eine grundsätzliche Schwierigkeit stoßen. Eine bestimmte Struktur läßt sich nur insoweit beschreiben, als sie sich von einem Individuum zum anderen wiederholt. Wie gezeigt, sorgt die Macht der Gene *in großen Zügen* für die Weitergabe der immer gleichen Struktur – der Gestalt des Gehirns und seiner Windungen, der Verteilung seiner Felder, der allgemeinen Architektonik des Gehirngewebes usw. (Kap. 6). Doch eine nicht unbeträchtliche Variabilität, nachgewiesen bei eineiigen Zwillingen, entzieht sich dieser Macht. Diese Unterschiede zeigen sich, sobald die Untersuchung auf der Ebene der Zellen oder der Synapsen vorgenommen wird. Beim Wasserfloh sind sie noch auf die Geometrie und die Zahl der Synapsen beschränkt, während sie bei den Säugetieren auch die Zahl und Verteilung der Neuronen betreffen. Beim Menschen schließlich erfaßt diese Variabilität sogar die erbliche Prädisposition der Händigkeit. Die Variabilität des Phänotyps ist strukturell festgelegt. Sie ergibt sich aus der *Geschichte*[47] der Zellteilungen und -wanderungen, aus dem Weg und der Teilung des axonalen Wachstumskegels, aus den regressiven Phänomenen und der selektiven Stabilisierung, die sich nicht in haargenau der gleichen Weise von einem Individuum zum anderen wiederholen kann – mögen diese Individuen auch genetisch identisch sein. Die Art und Weise, wie sich das Gehirn der höheren Wirbeltiere und insbesondere des Menschen aufbaut, bringt eine zwangsläufige Variabilität mit sich. Insofern kann man das menschliche Gehirn nicht einfach mit einer Million nebeneinanderliegenden Bauchganglien der Aplysia vergleichen, in denen die meisten Neuronen numeriert und etikettiert werden können.

Die vorgeschlagene Theorie einer Epigenese durch selektive Stabilisierung der in der Entwicklung befindlichen Neuronen und Synapsen trägt dieser Variabilität Rechnung. Sie ist sogar einer ihrer Kernpunkte. Der mathematische Formalismus soll ja gerade schlüssig beweisen, daß «unterschiedlicher Input im Laufe des Lernprozesses zu unterschiedlicher Vernetzung und unterschiedlichen funktionalen Fähigkeiten der Neuronen, aber *gleichen* Verhaltensfähigkeiten führen kann», und dies «trotz der völlig deterministischen Natur des Modells».[20] Mit anderen Worten: Die Erfahrung, die für jeden Menschen anders aussieht, befähigt nach dieser Hypothese unterschiedliche neuronale und synaptische Strukturen zu ähnlichen Funktionen und Verhaltensweisen. Menschen, die mit Hilfe der rechten Hemisphäre sprechen, unterscheiden sich hinsichtlich ihrer Sprache nicht von Menschen, bei denen die linke das Sprechen steuert. Der Verhaltenskode ist, so G. Edelman (1978), «degeneriert». Die Epigenese sorgt für die *Wiederholbarkeit der Funktion* trotz einer anatomischen Veränderlichkeit, die durch die Konstruktionsweise der «Maschine» vorgegeben wird.

Für die vorgeschlagene Theorie sprechen weitere Beobachtungen. Topologie und Vernetzung der Neuronen sind einer beträchtlichen Regression unterworfen, aber auch die Silbenarten, die die Sumpfammer (und wahrscheinlich auch der Mensch!) im Laufe ihres Lernprozesses hervorbringt. Da sich diese regressiven Phänomene im zentralen Nervensystem ebenso beobachten lassen wie im peripheren, darf man davon ausgehen, daß es sich um einen allgemeinen Vorgang handelt, der mit der Entwicklung der Neuronennetze zusammenhängt. Die sehr frühzeitige Aktivität des embryonalen Nervensystems und der Einfluß dieser (spontanen oder evozierten) Aktivität auf die Entstehung und Entwicklung von Synapsen fügt sich ebenfalls in den beschriebenen theoretischen Rahmen. Auch die «Bahnung» verschiedener regressiver Phänomene (im Bereich der Zellen und Synapsen) paßt ins Bild. Doch steht die sorgfältige Überprüfung der Theorie an der Entwicklung von Neuronennetzen im zentralen Nervensystem noch aus.

Die «redundanten» und «variablen» Neuronen- und Synapsentopologien, die dem Einfluß der Epigenese unterworfen werden, lassen sich *a priori* mit einem weit bescheideneren Aufwand an Genen herstellen, als erforderlich wäre, wenn die Vielfalt der neuronalen Singularitäten des ausgewachsenen Systems Punkt für Punkt kodiert werden müßte. Die Gene, die für den Aufbau des genetischen Rahmens zuständig sind, vor allem diejenigen, die die Regeln für das Wachstum und die Stabilisierung der synaptischen Verbindungsstellen festlegen, sind jeweils für alle Neuronen einer Kategorie zuständig – vielleicht sogar gleichzeitig für mehrere Kategorien. Bei einer Epigenese durch selektive Stabilisierung würde das Nervensystem also mit relativ wenigen Genen auskommen.

Ein anderer Vorteil dieser Theorie liegt darin, daß sie eine charakteristische Besonderheit der Nervenzelle berücksichtigt: ihre Fähigkeit, mittels der Synapsen Tausende abgegrenzte, individuelle Verbindungen zu anderen Zellen herzustellen. Die Konvergenz der Dendriten und die Divergenz durch die Verzweigung des Axons sorgen für eine *Kombinationsvielfalt der Vernetzung*, die nicht mehr einfach die Zelle, sondern das ganze «Neuronensystem» betrifft. Die selektive Stabilisierung wirkt auf der Ebene ganzer Zellverbände. Durch die Eigenschaft von Konvergenz und Divergenz kommt auch, wie im fünften Kapitel gezeigt, eine *Kombinatorik der Nervenaktivitäten* zustande. Dadurch können die geistigen Objekte an der Epigenese des Gehirns teilnehmen, können sich die Perzepte mit den Konzepten verbinden. Die künftige Entwicklung der biologischen Wissenschaft wird, so ist zu hoffen, Auskunft darüber geben, in welchem Maße die – spontane oder evozierte – «geistige Übung» zur «Installation» der Kortexnetze und vielleicht sogar der Sprachfelder beiträgt.

Nach diesem Modell würde die kulturelle Prägung zunehmend an Bedeutung gewinnen. Die durchschnittlich 10000 (oder mehr) Synapsen pro Neuron bilden sich nicht auf einen Schlag, sondern entstehen in aufeinanderfolgenden Wellen über einen Zeitraum, der beim Menschen von der Geburt bis zur Pubertät reicht. Zu jeder dieser Wellen gehört wahrscheinlich eine vorübergehende Redundanz und dann die selektive Stabilisierung. Es folgt also eine Reihe entscheidender Phasen aufeinander, in denen die Nervenaktivität ihre regulative Wirkung entfaltet. Berücksichtigt man, daß das Wachstum der axonalen und dendritischen Verzweigungen zu den angeborenen Eigenschaften gehört und daß die selektive Stabilisierung darüber entscheidet, welche Verzweigungen beibehalten werden, so folgt daraus, daß sich die angeborenen und erworbenen Faktoren nur durch eine Untersuchung auf synaptischer Ebene voneinander trennen lassen. Erschwert wird diese Analyse dadurch, daß Wachstum und Epigenese eng miteinander verwoben sind und sich mehrfach ablösen. Zwar entsteht der Eindruck, daß durch die «Unterweisung» der Umwelt die Ordnung im System ständig zunimmt, doch wenn die Theorie richtig ist, so wirkt die (spontane oder evozierte) Aktivität lediglich auf Neuronennetze ein, die schon vor jeder Interaktion mit der Außenwelt vorhanden sind. Die Epigenese entfaltet ihren selektiven Einfluß an synaptischen Strukturen, die bereits angelegt worden sind. Lernen heißt, einige präexistente Synapsenkombinationen zu stabilisieren und die anderen *auszusondern*.

Schließlich erklärt die Theorie das Paradoxon, das uns schon seit dem vorigen Kapitel beschäftigt – die Frage nämlich, wie im Zuge der Evolution eine derartige Diskrepanz zwischen der Einfachheit des Genoms und der Komplexität des Gehirns entstehen konnte. Befassen wir uns also mit der immer wieder faszinierenden Frage nach den evolutionären Ursprüngen des menschlichen Gehirns.

8
Die Entwicklung des Menschen

> *Das Universum ging nicht mit dem Leben schwanger, die Biosphäre nicht mit dem Menschen. Unsere «Losnummer» kam beim Glücksspiel heraus. Ist es da verwunderlich, daß wir unser Schicksal als sonderbar empfinden – so sonderbar wie jemand, der im Glücksspiel eine Milliarde gewonnen hat?*
>
> Jacques Monod
> Zufall und Notwendigkeit

Bereits die ältesten schriftlichen Dokumente belegen, wie sehr den Menschen seit jeher die Frage nach seinem Ursprung beunruhigt hat. Im ersten Buch Mose heißt es: «Und Gott der Herr machte den Menschen aus einem Erdenkloß, und er blies ihm ein den lebendigen Odem in seine Nase. Und also ward der Mensch eine lebendige Seele.» Der Erdenkloß, von dem uns die Schriftgelehrten aus der Wüste berichten, besteht aus Atomen, nur aus Atomen – genau wie der Mensch. War ihnen also klar, daß der Mensch Materie ist und sonst nichts? Sie wußten zu wenig, um des Erdenkloßes «Metamorphose» in ein lebendiges Wesen zu begreifen. So mischten sich in ihrem Gehirn Vorstellungsbilder und Konzepte. Und dem benachbarten Bildhauer wurde das Kunststück angedichtet, seiner Terrakottastatue «Leben einzuhauchen». Diese symbolische Vision, ein geistiges Objekt, ersparte einem großen Teil der Menschheit einige tausend Jahre lang die beunruhigende Frage nach ihrem Ursprung.

Erst die Aufklärung brachte einen Wandel. Von nun an ging man empirisch vor: man sammelte Fakten. Zunächst entwickelte Lamarck auf Grund vergleichender anatomischer Studien seine «Deszendenztheorie», die Theorie vom evolutionären Ursprung der Arten. In den geologischen Schichten entdeckte man die fossilen Reste ausgestorbener Arten und bald auch die der direkten Vorfahren des Menschen. Neue Techniken erlaubten eine zuverlässige Datierung der Zeugnisse aus erdgeschichtlicher Vergangenheit. Die Molekularbiologie wies Verwandtschaften und Unterschiede innerhalb der DNS nach, des eigentlichen Trägers des Erbguts. Das langsame, ziellose Hin und Her der biologischen Evolution verdrängte das mythische Bild vom Bildhauer und seinem lebenspendenden Atemhauch.

Doch auch im Licht dieser Erkenntnisse erscheint das späte Ereignis der Evolution, die Ausdifferenzierung des *Homo sapiens*, als ein umfassendes planetarisches «Phänomen», wie Teilhard de Chardin es ausgedrückt hat. Für einen Betrachter, der um Objektivität bemüht ist, besteht das Phänomen sicherlich nicht in der Ausgießung irgendeines Geistes in das Gehirn eines fernen Vorfahren des Menschen, sondern in der gigantischen Umgestaltung der Erdoberfläche durch eine einzige Tierart. Sie bevölkert alle Landgebiete, die über das Wasser hinausragen, und es ist ihr in ein paar tausend Jahren gelungen, praktisch die gesamte Umwelt, der sie ihre Entstehung verdankt, aus dem Gleichgewicht zu bringen und zu zerstören. Diese *Herrschaft* «über die Fische im Meer und über die Vögel unter dem Himmel und über das Vieh und über die ganze Erde und über alles Gewürm, das auf Erden kriecht» – und, so bleibt zu ergänzen, über seine eigenen Artgenossen – verdankt der Mensch seinem Gehirn. Betrachten wir, wie es zu der plötzlichen Entwicklung kam, die in wenigen Millionen Jahren den *Homo sapiens* hervorbrachte.

Affenchromosomen

1809 beschloß Lamarck den ersten Teil seiner ‹Zoologischen Philosophie› mit «einigen Beobachtungen hinsichtlich des Menschen», in denen er die Vermutung äußerte, «in einer Folge von Generationen habe sich irgendeine Rasse von Vierhändern ... in eine von Zweihändern verwandelt». Ein halbes Jahrhundert später nahmen Thomas Huxley (1863), ein eifriger Parteigänger des jungen Darwinismus, dann Darwin (1871) selbst diesen Gedanken unter dem veränderten Gesichtspunkt der «Entstehung der Arten durch natürliche Zuchtwahl» wieder auf. Die Nachricht wirkte wie ein Donnerschlag. Der Mensch stammt vom Affen ab! Noch 250 Jahre zuvor war der katholische Priester Lucilio Vanini in Toulouse für diese ketzerische Behauptung verbrannt worden. Heute kann diese Vorstellung niemanden mehr schrecken. Allerdings begnügt man sich mit der vorsichtigen Feststellung, daß Menschen und Affen gemeinsame Vorfahren haben. Das belegen ihre Chromosomen ebenso eindeutig wie ihre Schädelform und Gehirnstruktur.

Affenchromosomen

Es ist nicht schwer, die Chromosomen eines Menschen oder eines Affen unter dem Mikroskop zu betrachten. Mit den weißen Blutkörperchen einer Blutprobe wird eine Kultur angelegt. Die Zellen teilen sich. Ihre Chromosomen zeigen sich dabei als abgegrenzte Körperchen. Werden sie ausgebreitet, lassen sie sich leicht färben und untersuchen. Bei den Affen der Neuen Welt schwankt die diploide Zahl (2n) zwischen 20 und 62. Weit stabiler ist sie bei den Affen der alten Welt. Die nächsten Verwandten des Menschen – Orang-Utan, Gorilla, Schimpanse – besitzen alle 48 Chromosomen. Der Mensch besitzt nur 46. Hat er also ein Chromosomenpaar weniger als seine Vettern? Keineswegs (Abb. 72). Die Untersuchung stark vergrößerter und geeignet gefärbter Chromosomen zeigt einen Wechsel heller und dunkler Bänder, deren Stärke und Verteilung sich von einem Chromosomensegment zum anderen verändern. Insgesamt muß man bei diesen Arten fast eine Million Bänder miteinander vergleichen. Erstes Ergebnis [1]: Die Verteilung dieser Bänder weist bei Orang-Utan, Gorilla, Schimpanse und Mensch eine verblüffende Ähnlichkeit auf. An der chromosomalen Verwandtschaft der vier Arten besteht kein Zweifel. Zweites Ergebnis: Der Mensch hat kein Chromosom verloren. Die Bänder, die beim Affen *zwei* Chromosomen kennzeichnen, befinden sich auf einem einzigen menschlichen Chromosom – dem Chromosom 2. Es entstand einfach durch die Verschmelzung der Affenchromosomen 2p und 2q. Fünf Chromosomen der vier untersuchten Arten scheinen völlig identisch zu sein. Die anderen unterscheiden sich nur minimal, im wesentlichen durch Umkehrung (Inversion) von Chromosomensegmenten: Ein Chromosomenfragment bricht ab und fügt sich umgekehrt wieder ein. Seltener kommt es vor, daß kleine Chromosomenfragmente ganz verschwinden.

Halten wir diese Umbildungen in einer vergleichenden Karte fest. Das gleichzeitige Vorkommen einer bestimmten Transformation bei zwei Arten deutet auf einen gemeinsamen Vorfahren hin. So gesehen, scheint der Orang-Utan dem Menschen ferner zu stehen, der Schimpanse hingegen näher mit ihm verwandt zu sein. Ein Stammbaum zeichnet sich ab. Der Stamm umfaßt die Chromosomenmerkmale, die die vier Arten gemeinsam haben. Sie dürften von einem ausgestorbenen «hominoiden» Vorfahren stammen. Zuerst zweigt der Ast des Orang-Utan ab, dann die Äste von Gorilla und Schimpanse, schließlich – der Mensch (Abb. 73).

Die Reihenfolge der Zweige an diesem hypothetischen Stammbaum ist noch umstritten. Doch das spielt keine Rolle. Die heute noch lebenden Arten sind ohnehin nur eine kleine Auswahl aus einer

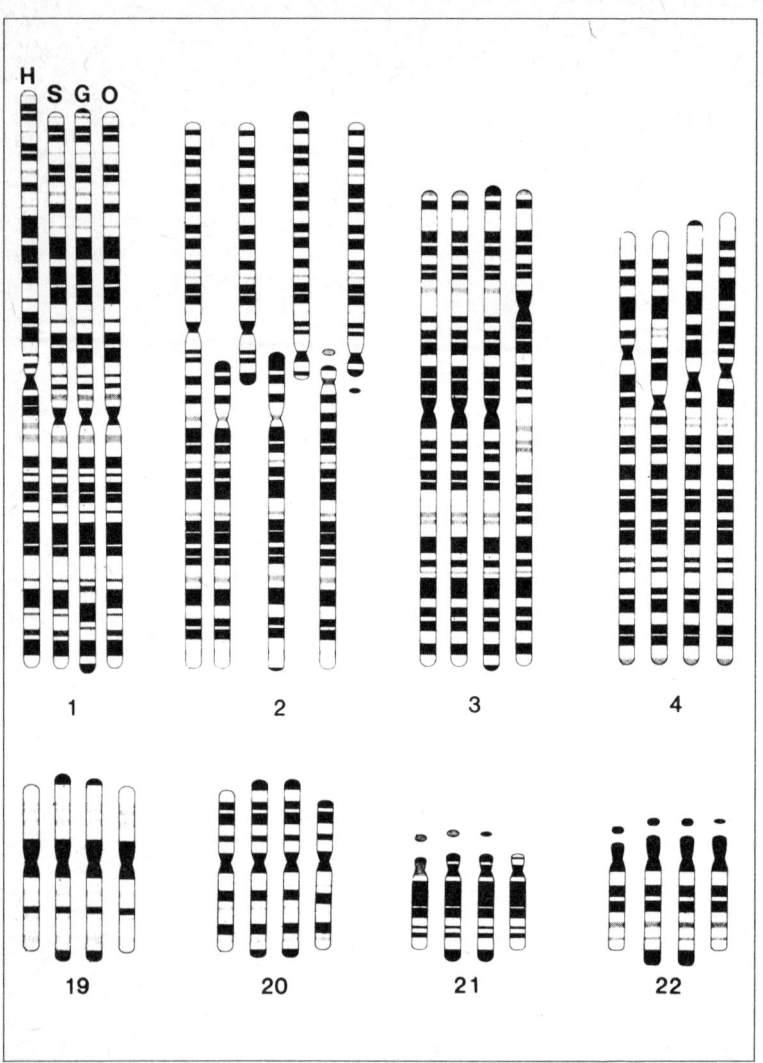

Abb. 72: Vergleich einiger Chromosomen (Nr. 1 bis 4 und 19 bis 22) des Menschen H, des Schimpansen S, des Gorillas G und des Orang-Utans O. Die Chromosomen wurden gefärbt, um die «Bänder» sichtbar zu machen. Die Ähnlichkeit in der Anordnung der Bänder ist erstaunlich. Das zweite Chromosom des Menschen ist aus der Verschmelzung zweier Chromosomen (2p und 2q) entstanden, die beim Schimpansen, Gorilla und Orang-Utan noch getrennt vorliegen. Allerdings unterscheiden sich die Chromosomen der vier Arten trotzdem in der Feinstruktur (nach Yunis und Prakash, 1982).

Affenchromosomen

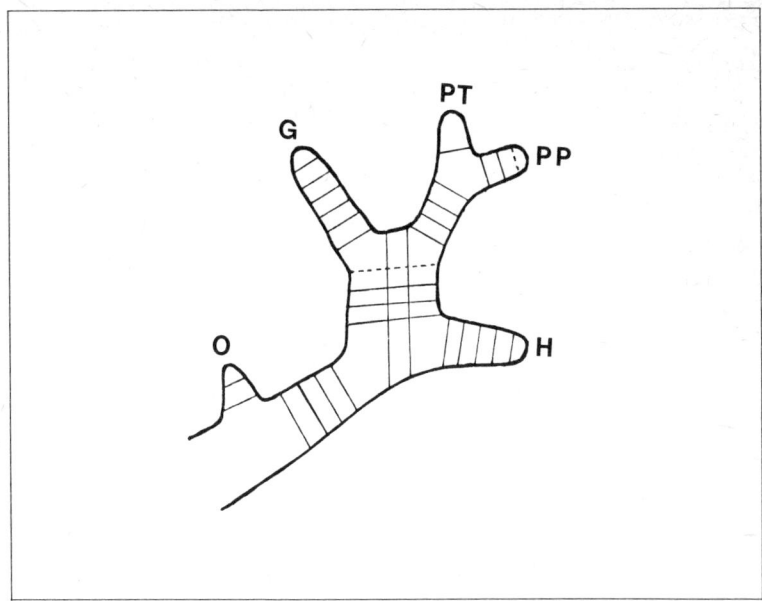

Abb. 73: Von Dutrillaux (1981) vorgeschlagener Stammbaum auf der Grundlage der Chromosomenunterschiede, die zwischen dem Orang-Utan (O), dem Gorilla (G), den beiden Schimpansenarten *Pan troglodytes* (PT) und *Pan paniscus* (PP) sowie dem heutigen Menschen (H) festgestellt wurden. Jeder Strich zeigt eine Chromosomenveränderung an (nach Dutrillaux, 1981).

vielfältigen und zahlreichen Ahnenreihe. Noch bedeutsamer ist die außerordentliche Homologie dieser Chromosomen. Trotz der erwähnten Umbildungen scheint ihr Genbestand sehr nahe verwandt zu sein. Seit Morgans Arbeiten über die Taufliege (Kap. 4) weiß man, daß ein «Band» aus einem bestimmten Gen oder Genpaket besteht.[2] Auf dem Chromosom 1 etwa befindet sich das Strukturgen eines Enzyms, der Enolase 1, auf dem Chromosom 11 das eines anderen Enzyms, der Laktatdehydrogenase. So hat man auf allen Chromosomen des Menschen fast vierhundert Gene lokalisiert. Nur ungefähr vierzig sind mit denen der Menschenaffen verglichen worden. Praktisch alle hat man dort wiedergefunden, und sogar auf den gleichen Chromosomen.[1,3] Die Ähnlichkeit ist verblüffend, und sie wird noch durch weitere biochemische Sachverhalte unterstrichen.

Zum Beispiel wurde das Genmaterial von Schimpanse und Mensch, die DNS, durch ein Verfahren verglichen, das «Hybridisierung» genannt wird. Jedes DNS-Molekül besteht aus zwei komplementären Strängen, die zu einer Doppelhelix gewunden sind (Kap. 5). Unter geeigneten Bedingungen kommt es *in vitro* zur spontanen Trennung und Wiedervereinigung solcher Stränge. Mischt man menschliche DNS mit DNS-Strängen von Schimpansen, paaren sich die verschiedenen Stränge zu «affenmenschlichen» Molekülhybriden, die sich von der natürlichen DNS beider Eltern nur um 1,1 Prozent ihrer Länge unterscheiden.[3] Einige Forscher gehen sogar von einer praktisch vollständigen Homologie zwischen der DNS des Schimpansen und des Menschen aus (soweit es sich nicht um Genvervielfachungen handelt).

Natürlich gilt dieselbe Homologie für den Bereich der Proteine, die ganz und gar von der DNS kodiert werden. Die vollständige Sequenz der Aminosäuren von sechs Proteinen (unter anderem die α- und β-Kette des Hämoglobins) lassen keinen Unterschied zwischen Schimpansen und Menschen erkennen.[3] Eine Substitution einer Aminosäure ist im δ-Hämoglobin und im Myoglobin zu beobachten, wesentlich mehr (drei bis acht) bei größeren Molekülen wie der Karboanhydrase und dem Transferin. M. C. King und A. C. Wilson[3] haben 44 Proteine mittels rascher, aber zuverlässiger Methoden untersucht und schätzen, daß der durchschnittliche Unterschied zwischen den Proteinsequenzen des Schimpansen und des Menschen 0,8 Prozent nicht überschreitet. Die Blutgruppen (A, B und ∅), die von den Anthropologen so gern zur Kennzeichnung von Menschengruppen herangezogen werden, sind – übrigens zusammen mit dem Rhesusfaktor – praktisch in gleicher Form beim Schimpansen anzutreffen.[4] Wenn alle diese Strukturdaten vorlägen, könnte man – auf rein empirischer Basis – die «genetische Entfernung» zwischen dem Schimpansen und dem Menschen ausmessen. Sie dürfte lediglich 25- bis 60mal größer sein als die zwischen Kaukasiern, Afrikanern oder Japanern.

Niemand zweifelt daran, daß Schimpansen und Menschen sich genetisch außerordentlich ähnlich sind. Trotzdem weisen ihre Gehirne und vor allem ihre Gehirnfunktionen erhebliche Unterschiede auf.

Fossile Denksportaufgaben

Von der Spitzmaus zum Menschen nimmt das Gehirngewicht im Verhältnis zum Körpergewicht in drastischer Weise zu (Kap. 2). Der «Zephalisationskoeffizient», für die Spitzmaus willkürlich gleich eins gesetzt, beträgt beim Schimpansen 11,3 und beim Menschen 28,7. Noch steiler verläuft die entwicklungsgeschichtliche Wachstumskurve der Großhirnrinde.

Der «Progressionsindex» – wiederum am Einheitswert der Insektenfresser ermittelt – springt von 58 beim Schimpansen auf 156 beim Menschen. Dieses Evolutionsschema gilt nicht für alle Gehirnregionen. So ist zum Beispiel dem Riechkolben das entgegengesetzte entwicklungsgeschichtliche Schicksal bestimmt. Wie kam es zu dieser «Kortikalisierung» des Gehirns?

Natürlich werden die einzigen vorliegenden Anhaltspunkte von Fossilien geliefert. Bei der Fossilienbildung verschwinden aber die Weichteile – also auch das Gehirn. Nur die Knochen bleiben erhalten. Man muß also zu der von Gall so geschätzten Kranioskopie zurückkehren (Kap. 1), das heißt die Schädelknochen auf den Abdruck der Blutgefäße untersuchen, die Grenzen der Schädelhöhle bestimmen und ihren Rauminhalt berechnen, der zum Glück nie sehr stark (20 Prozent) vom Gehirnvolumen abweicht. Dieses Verfahren ist jedoch nicht mit der direkten Anschauung des Gehirns und seiner Windungen gleichzusetzen.

Seitdem der junge Militärarzt Eugéne Dubois 1891 den *Pithecanthropus* entdeckte, werden die in der Folge bekannt gewordenen Überreste der «fossilen Menschen» oder Hominiden drei Gattungen zugeordnet[5]: dem Prä-*Australopithecus*, *Australopithecus* und *Homo*. Dabei unterscheidet man zwei Arten des *Australopithecus* und drei des *Homo* – *Homo habilis*, *Homo erectus* und natürlich *Homo sapiens*. Vor jeder weiteren Erörterung ist daran zu erinnern, daß diese Nomenklatur auf einer begrenzten Zahl von Exemplaren fußt. Nur elf Schädel des *Australopithecus*, fünf des *Homo habilis* und zwanzig des *Homo erectus* sind vermessen worden – und schon sind die Grenzen zwischen den Arten wieder in Frage gestellt durch Funde, die sich nicht eindeutig einordnen lassen. Noch ausstehende Funde werden wahrscheinlich zu weiteren Revisionen zwingen, doch können wir an Hand der vorhandenen Anhaltspunkte eine erste Genealogie der fossilen Vorfahren des Menschen aufstellen.

In den dreißig Millionen Jahren vor unserer Zeitrechnung hat Afrika eine ungeheure Fülle von Affenarten hervorgebracht. Die ersten eindeutig als Hominiden zu klassifizierenden Geschöpfe tauchten dort vor vier Millionen Jahren auf (manche Autoren gehen auch von fünf oder sogar sieben Millionen Jahren aus). Diese Exemplare des *Prä-Australopithecus* bewegten sich bereits auf ihren Hinterbeinen fort. Das Gesicht zeigt im Vergleich zu dem der Affen eine erste Rückbildung der Schnauzenentwicklung, die Backenzähne sind stumpfer, und schließlich und vor allem ist das Schädelvolumen erheblich größer, wenn auch noch kleiner als das des Schimpansen (400 Kubikzentimeter). Es folgte der *Australopithecus*, dessen Gesicht noch menschenähnlicher war. Bei einer Körpergröße, die je nach Art zwischen einem und anderthalb Metern lag, übertraf er mit dem Volumen seiner Schädelhöhle (400 bis 550 Kubikzentimeter) das des Schimpansen und erreichte in dieser Hinsicht fast den Gorilla. Er trat vor dreieinhalb Millionen Jahren in Erscheinung und starb erst vor einer Million Jahren aus.

Fast zur gleichen Zeit lebten die ältesten bekannten Vertreter der Gattung *Homo* (vor drei bis vier Millionen Jahren). *Homo habilis* ging eindeutig auf zwei Beinen und war größer (1,20 bis 1,40 Meter) als der *Australopithecus*. Seine Zähne weisen ihn als Allesfresser aus. Sein Schädelvolumen – im Durchschnitt 638 Kubikzentimeter[3] – erreicht bei einigen Individuen 750 Kubikzentimeter.[3] Auf diese ersten «habilen» (fähigen, gewandten) Menschen folgte vor ungefähr anderthalb Millionen Jahren der *Homo erectus*, jener *Pithecanthropus*, dessen Existenz Haeckel schon 1874 vorhergesagt und dem er sogar schon seinen Namen gegeben hatte! Sein Schädelvolumen liegt bei mindestens 800 Kubikzentimetern und steigt bei einigen Exemplaren, die vor weniger als 500 000 Jahren lebten, auf mehr als 1200 Kubikzentimeter an. Auch seine Hände waren bereits so gebaut wie die der heutigen Menschen.

Homo sapiens erschien dann, wie Y. Coppens betont[5], «so unmerklich, daß sich die Grenzen zwischen ihm und dem *Homo erectus* verwischen». Sein Schädelvolumen schwankt je nach Individuum zwischen 1200 und 1400 Kubikzentimetern. Es erreicht damit bereits den Durchschnittswert heutiger Menschen (Kap. 2). In dieser Zeit tauchte der Neandertaler, der als Unterart des *Homo sapiens* gilt, in Europa, im Nahen und im Mittleren Osten auf. Merkwürdigerweise übertrifft das Volumen seines Schädels (1550 bis 1690 Kubikzentimeter) erheblich den Durchschnittswert des modernen *Homo sapiens sapiens*.

In einigen Millionen Jahren hat das Gehirn der menschlichen Vorfahren also sein Volumen verdreifacht. Durchlief die «Komplexität» der Gehirnorganisation eine entsprechende Entwicklung? Oder entwickelte sie sich ganz unabhängig vom Volumen?

Eine genaue Untersuchung dieser fossilen Schädel offenbart morphologische Umgestaltungen, die auf eine erhebliche Weiterentwicklung der Schädelorganisation schließen lassen: die Zunahme des über dem Kleinhirn gelegenen Großhirns, eine verstärkte Ausbildung des Stirnlappens, die Vervielfältigung der Furchen und Faltungen, die den Windungen der Großhirnrinde entsprechen. Die Abdrücke schließlich, die die Blutgefäße auf der Innenseite der Schädelknochen zurückgelassen haben, zeigen eine verstärkte Gefäßbildung der Gehirnhäute und damit des Gehirns (Abb. 74).

Auch die «Industrie», die Gerätschaften dieser menschlichen Vorfahren legen Zeugnis ab von der Leistungsfähigkeit ihres Gehirns. Die ältesten bekannten Steinwerkzeuge wurden in Äthiopien entdeckt (1969 von Chavaillon) und sind zwei bis drei Millionen Jahre alt. Sie bestehen aus Stücken abgesplitterten Quarzgesteins, die Spuren einer Bearbeitung aufweisen und zwischen den Überresten des *Australopithecus* gefunden wurden. Aller Wahrscheinlichkeit nach hat *er* dieses Werkzeug hergestellt. Der *Homo habilis* machte seinem Namen alle Ehre, indem er eine umfangreiche Industrie von behauenen Steinen mit Schneiden entwickelte. Er baute sich Unterkünfte aus Stein und benutzte roten Ocker. Der *Homo erectus* fertigte als erster jene Steinfaustkeile, die das Acheuléen, eine Kulturstufe der Altsteinzeit, kennzeichnen (der Name stammt von dem Fundort Saint-Acheul bei Amiens). Ihm gelang es auch, sich das Feuer dienstbar zu machen. Ein rasantes Tempo nahm die kulturelle Entwicklung mit dem *Homo sapiens* an, der seine Toten als erster systematisch bestattete und deshalb auch begann, über sich selbst nachzudenken.

Die Erwartung, daß die Entwicklung der menschlichen und sogar subhumanen Industrien der des Gehirns entspricht, bestätigt sich zwar, doch natürlich herrscht keine vollkommene Korrelation zwischen den Fortschritten in der Gehirnmorphologie und denen der Werkzeugtechnik. Steingeräte mit Facetten finden sich bei den Resten des *Homo habilis*, aber auch bei denen des *Homo erectus*. Einige Individuen des *Homo sapiens* benutzten gelegentlich Acheuléen-Keile, wie sie normalerweise vom *Homo erectus* gefertigt wurden. Ist die biologische Evolution, wie Coppens meint, der kulturellen immer einen Schritt voraus? Oder zeichneten sich vielmehr schon damals manche Stämme durch einen gewissen technologischen Konservatismus aus? Das wird sich wohl kaum jemals kluren lassen.

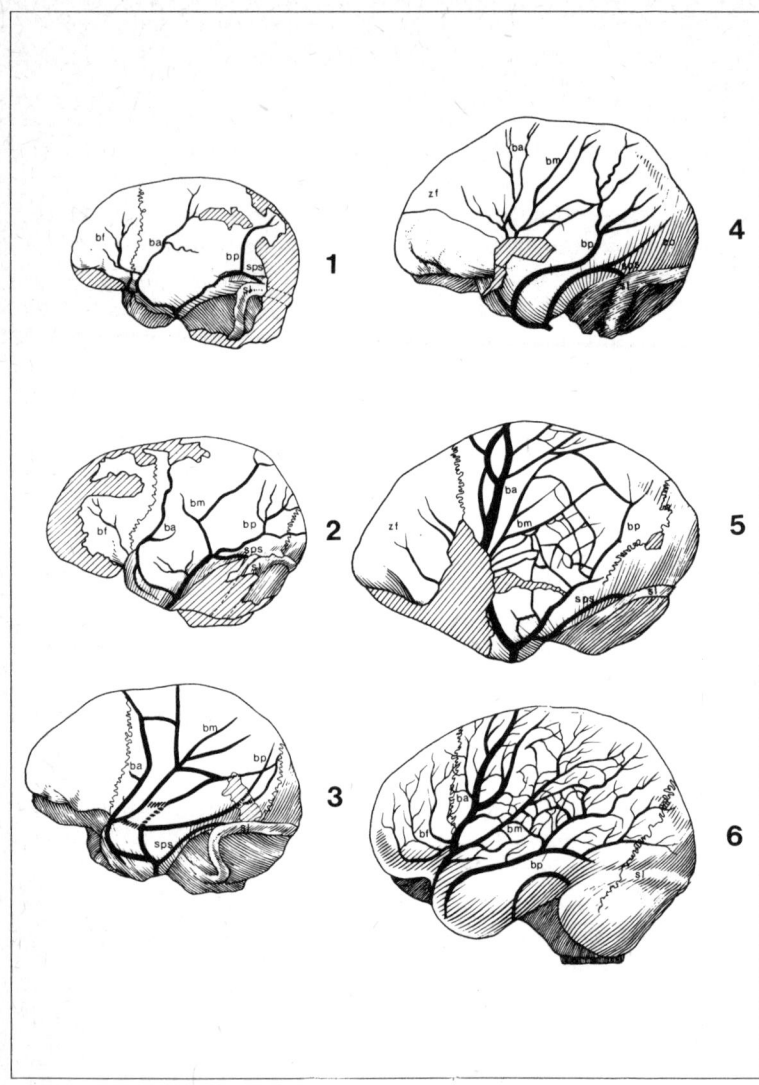

Abb. 74: Wenn man an fossilen Funden einen Abdruck des Schädelinneren unserer Vorfahren nimmt, so kann man die Blutbahnen rekonstruieren, die die Gehirnhäute versorgt haben. Betrachtet man ihre Entwicklung vom *Australopithecus africanus* (1) und *A. robustus* (2) über den *Homo habilis* (3), *H. erectus* (4) und den *H. sapiens neandertalensis* (5) bis hin zum *Homo sapiens* (6), so ist eine immer komplexer werdende Verzweigung der Blutgefäße zu erkennen (nach Saban, 1977 und 1980, abc in: Coppens, 1981).

Ebenso gehört jede Überlegung zu den sprachlichen Fähigkeiten dieser Hominiden in das Reich der Spekulation. Händigkeit und Spezialisierung der Sprachfelder können sich (wenn auch selten) in den Hemisphären ausbilden (Kap. 6). Geschickte und genaue Verrichtungen sind nicht unbedingt auf den Gebrauch einer Sprache angewiesen. Allerdings muß zur Fertigung eines Werkzeugs von bestimmter Form eine «geistige Repräsentation» von ihm vorliegen und eine Strategie für die auszuführenden Arbeitsgänge entwickelt werden. Das Gehirn des *Australopithecus* war also hinsichtlich seiner Vorstellungskraft und Begriffsbildung sehr weit entwickelt. Auf jeden Fall hat er sich wohl durch Gesten verständigt – aber verfügte er auch über ein abgestuftes Repertoire von Schreien, die erste Vorstufe gesprochener Sprache?

Das Augenzwinkern des jungen Schimpansen

Die stürmische Entwicklung der Großhirnrinde bei den Vorfahren des Menschen ist nur ein weiterer, wenn auch besonders augenfälliger Beleg für das entwicklungsgeschichtliche Mißverhältnis zwischen der Organisation des Genoms und der des Gehirns (Kap. 6 und 7). Wie paradox dieses Verhältnis ist, zeigt sich, wenn man auch noch die neueren Erkenntnisse der Zellgenetik heranzieht. Wie gesagt, kommen beim Menschen nicht nur die meisten Strukturgene des Schimpansen wieder vor, sondern auch die der Maus oder der Katze. Mehr noch, ihre Lage zueinander auf den Chromosomen[6] bleibt von der Katze bis zum Menschen erhalten. Zweifellos ist die erstaunliche Evolution des Gehirns also mit einer relativ kleinen Zahl von Genmutationen und Chromosomenumbildungen zustande gekommen. Offensichtlich hat es zur Entwicklung des menschlichen Gehirns keiner umwälzenden Veränderung des genetischen Materials bedurft.

Was also ist geschehen? Gewiß, wir werden das Rad der Zeit nicht zurückdrehen können, um es genau in Erfahrung zu bringen. Aber müssen wir deshalb auf jeden Versuch verzichten, die Spuren dieser Evolution an den Genen zu entdecken? Haeckel (1874), der in seiner ideengeschichtlichen Bedeutung Darwin ebenbürtig ist, hat gezeigt, welchen Weg es dabei einzuschlagen gilt: Wir müssen den Zusammenhang zwischen der Evolution der Organismen (der Phylogenese) und der embryonalen Entwicklung (der Ontogenese) verstehen. Die Verbindung zwischen beiden – so Haeckel – sei nicht äußerlich und oberflächlich, sondern tiefgreifend, wesentlich und ursächlich. Ob nun die Phylogenese die Ursache der Ontogenese ist, wie Haeckel meint, oder ob es sich umgekehrt verhält [7], spielt keine Rolle! Wahrscheinlich haben sich die beiden Entwicklungslinien gegenseitig beeinflußt. Wichtiger sind die Aufschlüsse, die wir von den gegenwärtigen und künftigen Methoden der Molekulargenetik hinsichtlich des von Haeckel angenommenen Zusammenhangs erwarten dürfen. Er läßt sich vermutlich durch die vergleichende Analyse der Genexpression im Verlauf der Ontogenese erschließen.

Zu Recht haben Karl Ernst von Baer und Ernst Haeckel großen Nachdruck auf die frappante Ähnlichkeit der ersten Entwicklungsstadien des Fötus bei der Schildkröte und beim Menschen gelegt (Abb. 75). Die Unterschiede beider Arten treten erst in den letzten Entwicklungsstadien zutage. Daher stammt die höchst plausible Hypothese, die Evolution der höheren Wirbeltiere sei durch Anfügung zusätzlicher Entwicklungsstadien an die Ontogenese entstanden. Da die Anfangsstadien erhalten blieben, komme es in der embryonalen Entwicklung der höheren Organismen zu einer scheinbaren «Wiederholung» der Evolution der Arten. So durchlaufe der Embryo der Säugetiere das «Fischstadium», das «Reptilstadium» usw.

Dieses Gesetz kennt eine Reihe von Ausnahmen. S. Gould hat sich mit jenen befaßt, die im Tierreich die Evolution auf den Kopf zu stellen scheinen. Bei den höheren Primaten und beim Menschen gehört die Entwicklung des Schädels und des Gesichts dazu. Der Kopf eines jungen Schimpansen und der eines Kindes ähneln sich. Weit erstaunlicher ist die große Ähnlichkeit zwischen einem jungen Schimpansen und einem *erwachsenen* Menschen.[8] Das Jungtier ist weit «humanoider» als der ausgewachsene Schimpanse, bei dem sich mit zunehmenden Alter die Merkmale des Affen immer deutlicher ausprägen (Abb. 76). Kommt beim Schimpansen in einer Endstufe der Entwicklung das Affengesicht zu einem Vorfahren mit menschenähnlicheren Zügen hinzu? Stammt der Schimpanse vom Menschen ab? Oder wird umgekehrt die Schädelentwicklung des Menschen durch den Verlust der letzten Entwicklungsstufen nicht abgeschlossen, so daß die fötalen Züge beim Erwachsenen erhalten bleiben? Die fossilen Reste der unmittelbaren Vorfahren des Menschen, die Knochen des *Australopithecus* und des *Homo habilis*, sind unzweifelhaft «pithecoid». Je stärker die affenähnlichen Züge zurückgehen, um so

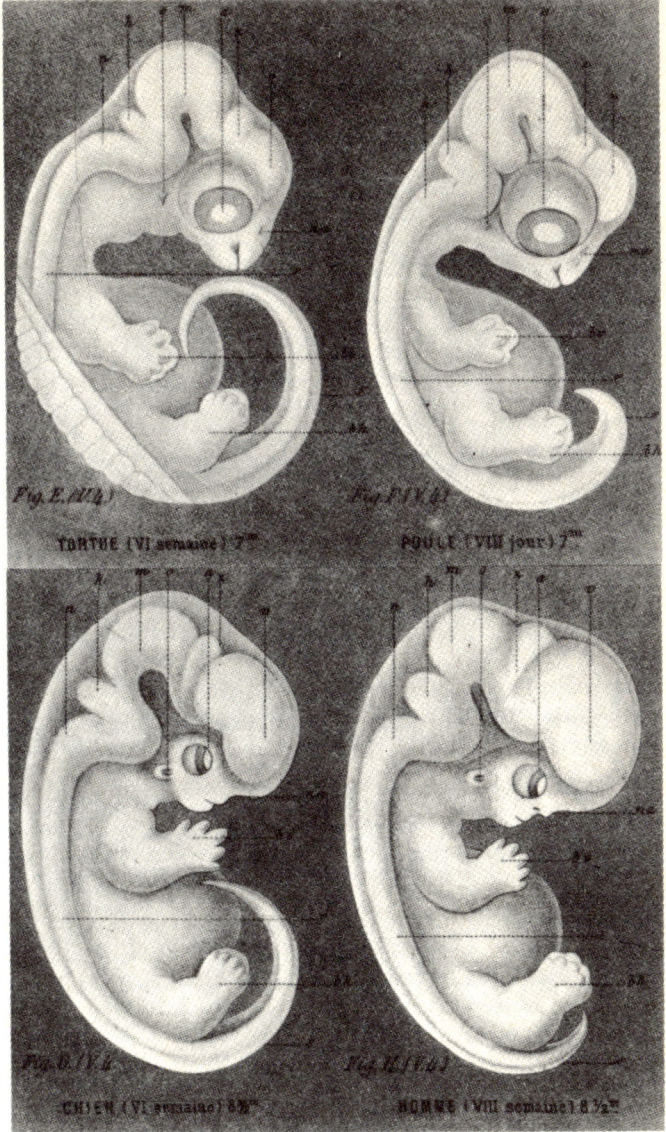

Abb. 75: Vergleich der embryonalen «Gehirnampullen» bei vier Arten von Säugetieren: von links nach rechts und von oben nach unten Schildkröte (6. Woche), Huhn (8. Woche), Hund (6. Woche) und Mensch (8. Woche des intrauterinen Lebens). Die Ähnlichkeit steht außer Zweifel (nach Haeckel, 1874).

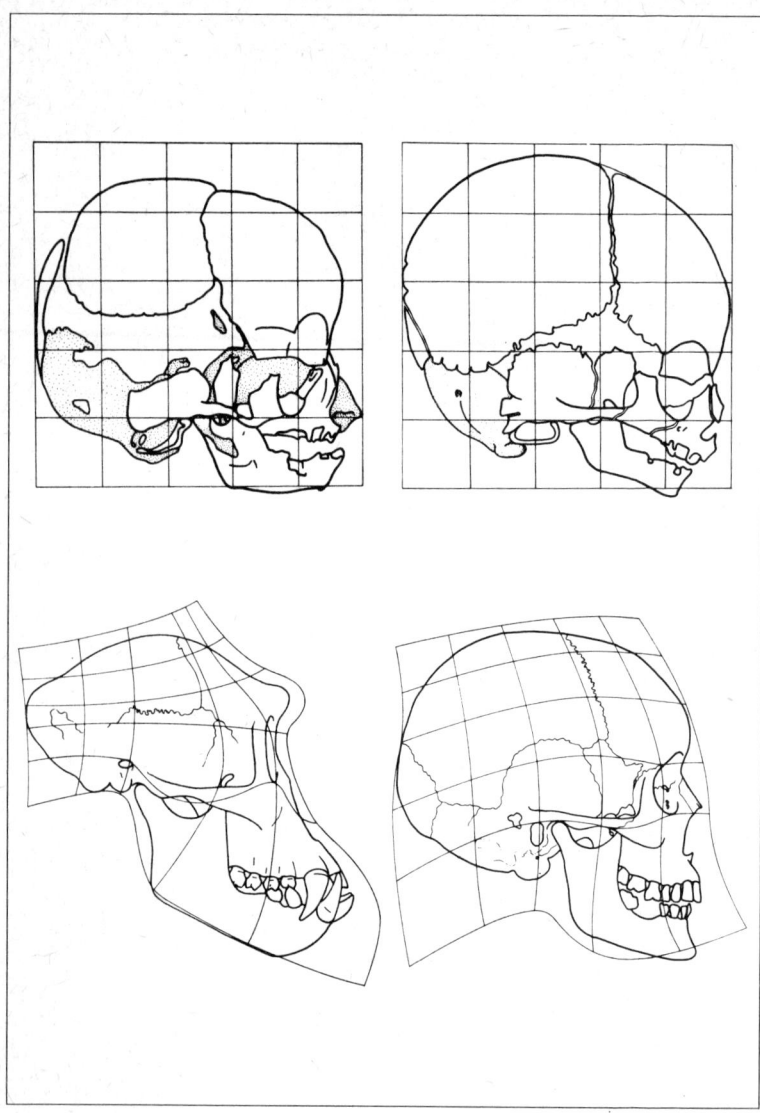

Abb. 76: Vergleich zwischen den Schädelformen des Schimpansen (*links*) und des heutigen Menschen (*rechts*) beim Fötus (*oben* und beim ausgewachsenen Individuum (*unten*). Die fötalen Schädelformen weisen weit mehr Ähnlichkeiten auf als die ausgewachsenen; und beim Menschen behält der Schädel des Erwachsenen eine größere Ähnlichkeit mit dem des Fötus als beim Schimpansen (nach Starck und Kummer, 1962).

deutlicher prägt sich die Ähnlichkeit mit dem jungen Schimpansen aus. Als gäbe sich der erwachsene Mensch mit dem Gesicht des Schimpansenkindes zufrieden, als sei beim «Menschen zu einem Endstadium der Ontogenese geworden, was bei den anderen Primaten nur eine Durchgangsphase ist».[8] Gemessen an seiner Gestalt und vor allem der Schädelform ähnelt der Mensch einem Schimpansenfötus, der plötzlich erwachsen geworden ist. Er wäre also «neotenisch».

Kann man an Hand dieser Theorie vom Kopf des Affen zu dem des Menschen gelangen? Offenbar nicht, denn ein weiterer charakteristischer Zug der menschlichen Ontogenese besteht darin, daß sich Schädel und Gehirn noch lange nach der Geburt weiterentwickeln. Diese Regel darf nicht mit der oben beschriebenen verwechselt werden. Die «morphologische» Entwicklung ist beendet, wenn die Schädelproportionen denen des Schimpansenschädels entsprechen, doch das absolute Größenwachstum hält an. Das Schädelvolumen des Schimpansen nimmt nach der Geburt nur noch um 60 Prozent zu. Dagegen wächst das des Menschen auf das 4,3fache seiner ursprünglichen Größe an. Beim Australopithecus liegen die Werte zwischen denen des Schimpansen und des Menschen.[9]

Zwar unterscheidet sich die Schwangerschaftsdauer beim Menschen und beim Schimpansen nicht erheblich – 270 gegenüber 224 Tagen –, doch erreicht das Gehirnvolumen des Schimpansen schon nach einem Jahr 70 Prozent seiner Endgröße, während dies beim Menschen drei Jahre dauert.[10] Auch die Entwicklung des Gehirnvolumens setzt sich also noch sehr lange nach der Geburt fort.

Läßt sich die Evolution des menschlichen Gehirns vielleicht durch Neotonie und verlängerte Reifung erklären? Wiederum ist die Antwort negativ. Die Entwicklung des Gehirns, vor allem der Großhirnrinde, darf nicht mit der seiner «Knochenhülle» verwechselt werden. Die Ähnlichkeit der Schädelproportionen (oder Gesichtsproportionen) beim neugeborenen Schimpansen und beim erwachsenen Menschen darf keinesfalls auf den Schädelinhalt übertragen werden! Niemand wird auf die Idee kommen zu behaupten, das Gehirn des Schimpansenbabys sei dem des erwachsenen Menschen ähnlicher als dem seiner Affeneltern. Und auch das lange über die Geburt hinaus anhaltende Größenwachstum des Schädels macht noch nicht den Menschen aus. Bei der Ratte erreicht es einen Faktor von 5,9 –, womit es deutlich über dem des Menschen liegt!

Die anatomische Untersuchung zeigt, daß die Kortexoberfläche des Schimpansen 4,9 Quadratdezimeter beträgt, die des Menschen dagegen 22. Nun entstehen aber beim Schimpansen wie beim Menschen alle Kortexneuronen *vor* der Geburt. Der Mensch unterscheidet sich von den großen Affen durch einen stattlichen Neuronenüberschuß, der durch sein Erbgut festgelegt wird. Außerdem nimmt vom Schimpansen zum Menschen die Fläche zu, die vom frontalen Kortex im Verhältnis zu anderen Kortexregionen beansprucht wird (bekanntlich ist er von großer Bedeutung für die Entstehung der geistigen Objekte; vgl. Kap. 5). Auch dieses Übergewicht des frontalen Kortex wird vor jedem Kontakt mit der Außenwelt vom Erbgut determiniert.

Zu den anatomischen Anhaltspunkten gesellen sich Verhaltensmerkmale. Gestik und Mimik des jungen Schimpansen haben eine erstaunliche Ähnlichkeit mit denen des Kleinkindes.[11] Der Affe durchläuft die gleichen sechs sensomotorischen Entwicklungsstadien, die von Piaget und anderen Psychologen seiner Schule beschrieben worden sind.[12] Wie Kinder im Alter zwischen zwei und vier Jahren setzen die Schimpansen im Zoo aus Bauklötzen verschiedener Farbe und Form «graphische Kollektionen» zusammen. Doch viel weiter kommen sie nicht. Beim Menschen setzt sich die Entwicklung in einer langen Reihe von Stadien fort, in deren Verlauf das Kind zunächst konkrete, dann immer «abstraktere» und universellere Denkschemata entwickelt. Mit diesen an geistigen Objekten vollzogenen Operationen überschreitet der Mensch die kognitive Entwicklung des Schimpansen.

In den gleichen Gedankenzusammenhang gehört das oft zitierte Beispiel vom Lächeln des Säuglings. Der Affe lächelt nicht, er «grimassiert». Der Säugling lächelt, doch sein Lächeln ist nicht eine bloße Nachahmung des mütterlichen Lächelns. Das zeigt die Beobachtung menschlicher Frühgeburten. Sie entwickeln sich in einer perinatalen Umwelt, die ganz anders ist als die Umgebung im Mutterleib. Ihr Kontakt mit der Außenwelt beginnt sehr viel früher als bei Kindern, die nach einer normalen Schwangerschaftsdauer geboren werden. Richtet sich das Lächeln der zu früh geborenen Säuglinge nach ihrem «offiziellen» Alter oder nach dem Alter ihrer inneren Uhr? Die Antwort fällt eindeutig aus: Sie lächeln im gleichen biologischen Alter wie normal geborene Kinder.[13] Das Lächeln des Kindes wird von der Biologie seines Verhaltens bestimmt. Zwar ähnelt der menschliche Schädel dem eines jugendlichen Schimpansen, doch diese «Neotonie» erklärt weder die Expansion des Kortex, noch die lange Entwicklungszeit nach der Geburt noch den kognitiven Werdegang des Kindes. Alle diese Merkmale wirken wie *Aufstockungen* der Ontogenese des Affen. Wie lassen sich diese auf der Ebene der Gene erklären?

Kommunikationsgene
und selektive Stabilisierung

Die «vergleichende Anatomie» der DNS ist noch nicht weit genug gediehen, um mit Sicherheit jene Gene bezeichnen zu können, die an der Phylogenese des Gehirns beteiligt sind. In dem Kapitel über die Macht der Gene (Kap. 6) wurde gezeigt, daß die aktiven «Genbatterien» von Zelle zu Zelle und von Gewebe zu Gewebe des Embryos unterschiedlich eingesetzt werden. Eine entscheidende Rolle für die Koordinierung dieser Genexpressionen im «Embryo-System» spielt die *Kommunikation zwischen den Zellen*. Diese Kommunikation ist wiederum der Kontrolle von Genen unterstellt, und zwar von Genen, für die es bei einzelligen Lebewesen wie Bakterien keine Entsprechung gibt. Ihr Produkt ist das Transportmittel für die interzelluläre Kommunikation und greift früher oder später in die innere Regulation der einzelnen Embryonalzellen ein. Kurzum, diese «Kommunikationsgene» sind Regulatorgene von Regulatorgenen! In dem Maß, wie Neurotransmitter und Hormone während der Entwicklung die Genexpression in den Nervenzellen kontrollieren, werden die Gene, die für den Aufbau dieser Substanzen zuständig sind, zu Kommunikationsgenen. Gleiches gilt für die Gene, die die Abtrennung der Zellstämme für das Nervensystem regulieren oder die für die Eingliederung in die «Ur-Himbeere» des Embryos sorgen.[14]

Die Mutation von Kommunikationsgenen hat schwerwiegende Folgen, die bis zum Fehlen des Gehirns reichen können (Kap. 4). Stellen sie vielleicht den «Zusammenhang» zwischen Ontogenese und Phylogenese her, von dem Haeckel gesprochen hat? In der Tat erscheint es denkbar[15], daß von der Evolution des Gehirns bei den Vorfahren des Menschen selektiv die Kommunikationsgene des Embryos betroffen waren. Angesichts des Ausmaßes, in dem sich die Wirkung dieser Gene vervielfältigt, könnte aus der Mutation einiger weniger durchaus eine einschneidende morphologische Evolution erklärt werden.

Reicht die Funktion dieser Gene noch weiter? Betrachten wir wieder das allgemeinere Problem der Evolution des Nervensystems nicht nur bei den Wirbeltieren, sondern im gesamten Tierreich. Die Evolutionisten des 19. Jahrhunderts haben ganz unbefangen an Hand einfacher morphologischer Kriterien (die natürlich ihre Entsprechung im Genom haben müssen) Stammbäume aus allen lebenden Arten zusammengestellt. Den gemeinsamen Vorfahr der Wirbellosen und der Wirbeltiere stellte man sich oft als eine Art Wurm vor, entstanden durch Wiederholung identischer Segmente oder «Metameren». Danach hätten in der grauen Vorzeit der Evolution ein paar Kommunikationsgene ausgereicht, um eine solche *redundante*, auf völlig gleichartigen Metameren aufgebaute Struktur zu schaffen. Diese Organisationsform ist noch heute bei den Ringelwürmern (Anneliden) anzutreffen, zum Beispiel beim Regenwurm, dessen Nervensystem aus einer Verkettung von untereinander identischen Zellkonzentrationen (Ganglien) besteht. Von den Würmern bis zu den Mollusken oder den Insekten verliert sich die Redundanz allmählich. Wie ich am Beispiel der Aplysia gezeigt habe, entstehen schließlich Nervensysteme, in denen sich praktisch jedes Neuron von seinem Nachbarn durch ein bestimmtes Maß an Differenziertheit, durch das «Muster» seiner aktiven Gene unterscheidet (Kap. 2 und 5). Die Evolution des Nervensystems hat demnach bei den Wirbellosen zunächst eine Phase der Redundanz und dann eine der Diversifizierung durchlaufen. Die modernen Arten sind Zeugen dieser Evolution, da die Phasen ihrer Entstehung in ihren Genen repräsentiert sind.

Mit den Wirbeltieren nimmt die Evolution des Nervensystems eine neue Wendung. Ein Zufall ist daran schuld. Statt sich wie bei den Wirbellosen aus einer massiven Kette von Nervenzellen zu entwickeln, ist hier der Ursprung des Nervensystems ein Hohlrohr. Diese «Erfindung» erscheint unwichtig, sie bestimmt jedoch den Fortgang der Ereignisse. Ein Rohr kann sich durch Flächenwachstum seiner Wand «aufblähen», wozu ein massiver Strang nicht fähig ist! Das Neuralrohr der Wirbeltiere bewirkt diese Schwellung durch hintereinander liegende Vesikeln, die von den Fischen bis zum Menschen anzutreffen sind (Abb. 13 und 75). Später werden einige von ihnen im Vergleich zu den anderen unverhältnismäßig groß. Aus der vorderen werden die Hirnhemisphären, aus der hinteren das Kleinhirn. Bei den Primaten «explodieren» die beiden Hemisphären regelrecht und beanspruchen schließlich beim Menschen fast den gesamten Schädelinhalt. Dieses Flächenwachstum ist mit der Redundanzphase vergleichbar, die zu Beginn der Evolution des Nervensystems bei den Wirbellosen eingetreten sein muß. Es gibt Unterschiede in den Einzelheiten: keine Wiederholung von Ganglien in linearer Anordnung, sondern eine zweidimensionale Entwicklung von «Zellkristallen» (Kap. 2 und 4), die sich zu den Seiten hin ausbreiten, ohne ihre Dicke zu verändern. Das wird am Beispiel des Kleinhirns besonders deutlich. Bekanntlich setzt es sich aus fünf großen Neuronenkategorien zusammen, die in drei deutlich unterschiedenen Schichten angeordnet sind. Die Zahl der Zellarten und ihre Schichtstruktur verändern sich nicht. Doch wächst die Gesamtzahl der Neuronen in der Kategorie der Purkinje-Zellen von 0,35 auf 15 Millionen an. Das Flächenwachstum ist von einer gewaltigen Zunahme der Zellredundanz begleitet.

Es fehlt nicht an genetischen Modellen dieser Evolutionsphase. Bei der Maus verursacht die Mutation «Dwarf» oder «Zwerg»[16] einen deutlichen Rückgang der Körpergröße (das Gewicht liegt um fast 70 Prozent unter dem Durchschnitt), ohne daß sich die Proportionen verändern. Auch das Gehirn ist betroffen. Es büßt 35 Prozent seines Gewichts und 10 Prozent seiner Zellen ein. Schuld daran ist ein abnorm niedriger Spiegel des Somatotropins, des Wachstumshormons aus dem Vorderlappen der Hypophyse (beim Mutanten liegt der Wert um das Tausendfache niedriger). Doch das Gehirn scheint relativ geschützt zu sein; als würden die in diesem Organ vorhandenen Schloß-Rezeptoren (Kap. 3) das Hormon erfolgreicher einfangen als der übrige Körper. Eine Zunahme dieser Effektivität könnte nun (bei gleichbleibendem Spiegel des Wachstumshormons) zu einer differentiellen Vergrößerung des Gehirns und möglicherweise auch des Neokortex führen.

Einige angeborene Mißbildungen des Menschen lassen erkennen, wie man sich diese differentielle Größenzunahme vorzustellen hat. Manche Kinder besitzen bei der Geburt ein Gehirn, dessen Gewicht (zwischen 18 und 60 Gramm) um das Zehn- bis Zwanzigfache unter dem Normalwert liegt.[17] Diese «Mikrogehirne» weisen alle Windungen des normalen Großhirns auf, und der Kortex enthält die sechs Zellschichten, die üblicherweise vorhanden sind (Kap. 2). Mehr noch, die Auszählung der Neuronen einer senkrecht entnommen «Probe» ergibt, daß pro «Säule» die gleiche Neuronenzahl vorliegt wie bei normalen Personen. Nur die Zahl der *nebeneinanderliegenden* Säulen zeigt einen starken Rückgang. Die tangentiale Wucherung der Embryonalzellen in der Wand der Gehirnbläschen scheint beeinträchtigt gewesen zu sein, wodurch es zu dieser enormen Schrumpfung der Fläche kommt. Natürlich führt derselbe Faktor bei umgekehrtem Vorzeichen zu einem Flächenwachstum des Kortex. Einige Mutationen von Kommunikationsgenen oder ein paar Chromosomenumbildungen[18] würden also genügen, um eine starke Erhöhung der räumlichen Redundanz zu bewirken.

Die Flächenzunahme wirkt sich natürlich auch auf die axonalen und dendritischen Verzweigungen der Neuronen in der Großhirnrinde und im Kleinhirn aus. Schon Ramon y Cajal (1909) hat festgestellt, daß sich diese Verzweigungen beim Menschen vor allem nach der Geburt entwickeln, und zwar über einen Zeitraum von mehreren Jahren. Sogar zum Zeitpunkt des Spracherwerbs ist dieses Wachstum noch nicht abgeschlossen. Da sich der Zeitraum des Synapsenwachstums (im Vergleich zur Katze und zum Affen) verlängert, nimmt beim Menschen die Zahl der Neuronenverzweigungen zu. Cajals berühmte Zeichnung (Abb. 77), in der er die phylogenetische Entwicklung einer Pyramidenzelle bei den Wirbeltieren mit der ontogenetischen Entwicklung beim Menschen vergleicht, bietet ein anschauliches Beispiel für diesen Vorgang.

Von den höheren Wirbeltieren zum Menschen, vor allem in der Entwicklung vom Affen zum Menschen, treten immer mehr Synapsen auf, die die Zahl möglicher Vernetzungen beim ausgewachsenen Exemplar erhöhen. Mit jedem neuen Entwicklungsschub bildet sich wahrscheinlich eine Fülle überzähliger Verbindungen (Kap. 6). Die Redundanz der Synapsen steigert die der Zellen. Auch hier braucht man nur eine anhaltende Produktion von Hormonen oder Wachstumsfaktoren vom Typ NGF (vgl. Kap. 7) anzunehmen, um auch diese letzte Etappe der Embryogenese mit einigen wenigen Mutationen von Kommunikationsgenen erklären zu können.

Die erhöhte Zell- und Synapsenredundanz, die von den primitiven Säugern zum Menschen sprunghaft zunimmt, ist nur ein Durchgangsstadium. Wie erwähnt (Kap. 7), sorgen Zelltod, Synapsenbeseitigung und selektive Stabilisierung dafür, daß jedes Neuron seine «Singularität» erhält. Doch diese Diversifizierungsphase wird nicht durch die Gene gelenkt und unterscheidet sich insofern von dem, was sich beim Übergang vom Nervensystem des Wurms zu dem der Aplysia ereignet hat. In jeder Generation sorgt die Interaktion mit der Außenwelt für die Aufhebung der Redundanz. Die Entwicklung des Gehirns «öffnet» sich der Umwelt, die damit in gewisser Weise das Werk der Gene fortsetzt. Wie dargelegt, verlängert sich die Einwirkungszeit der Umwelt beim Menschen in ganz außergewöhnlicher Weise. Der Anteil, den die Interaktion mit der Außenwelt an der Strukturierung des Gehirns hat, wird größer. Durch die Folge von synaptischen Wachstumsschüben und Zeiten synaptischer Stabilisierung – jede mit ihrer eigenen «kritischen Phase» – entsteht eine immer engere Verflechtung zwischen der anatomischen «Komplexität» des menschlichen Gehirns und den Eigenschaften seiner Umwelt (Kap. 7). Ihre Repräsentationen verketten und überlagern sich im Gehirn. Selbst wenn sie jedesmal nur eine kleine Zahl angelegter synaptischer Verknüpfungen erfassen, bewirkt deren Schichtung

Abb. 77: Ausformung der Pyramidenzelle im Laufe der embryonalen Entwicklung – der «Ontogenese» – der Maus (*untere Reihe*) und im Laufe der Artgeschichte, der «Phylogenese» (*obere Reihe*). A: Frosch; B: Mauereidechse; C: Ratte; D: Mensch. a: embryonales Neuron oder Neuroblast; b: Beginn der dendritischen Verzweigung; c und d: Streckenwachstum des apikalen Dendriten; e: Wachstum der Basaldendriten der kollateralen Verzweigungen und das Axon (nach Ramon y Cajal, 1909).

und die Kommunikation *zwischen* den «Schichten», daß die Entwicklung des menschlichen Gehirns tiefreichend geprägt wird. Eine oder mehrere Mutationen stellen eine Asymmetrie zwischen den beiden Hemisphären her und begünstigen dadurch die maximale Nutzung ihrer Flächen. Diesem Umstand verdankt es der Mensch, daß er über eine leistungsfähige Sprache verfügt und daß er lesen und schreiben kann.

Die Epigenese durch selektive Stabilisierung kommt, wie geschildert (Kap. 7), mit einer bescheidenen Zahl von genetischen Determinanten aus. Mehr noch, sie sind möglicherweise für mehrere verschiedene Neuronenkategorien zuständig und wahrscheinlich schon bei den primitiven Säugetieren vorhanden. Kurzum, die embryonale und postnatale Entwicklung des menschlichen Gehirns setzt genetisch keine qualitativ anderen Elemente voraus als bei unseren affenähnlichen Vorfahren. Die Mutation einiger Kommunikationsgene scheint zu genügen. Der Fortfall solcher Gene könnte beim erwachsenen Menschen die Fixierung auf die fötalen Schädelmerkmale des Schimpansen erklären. Andere, stärker oder länger wirkende, könnten die Ursache dafür sein, daß sich die Großhirnrinde ausdehnt, daß das Schädelvolumen zunimmt, die Hemisphären asymmetrisch werden und daß sich die Reifungszeit nach der Geburt verlängert, was wiederum zur Folge hat, daß sich der Einfluß der Umwelt stärker bemerkbar machen kann.

Die Genetik des Australopithecus

Der Biologe E. Mayr (1974) berichtet, der bedeutende Genetiker Haldane habe sich mit Vorliebe darüber ausgelassen, daß «die außerordentliche Größenzunahme des [menschlichen] Gehirns die rascheste entwicklungsgeschichtliche Umwandlung darstelle, die ihm bekannt sei». Der Übergang vom *Australopithecus* zum *Homo habilis* und von diesem zum *Homo sapiens* hat sich jeweils in einem Zeitraum von etwa einer Million Jahren oder 50 000 Generationen vollzogen. Zwar unterscheiden sich diese Arten auch durch andere Merkmale – zum Beispiel in der Gestalt, der Form der Gliedmaßen, der der Zähne –, doch betraf die Evolution zweifellos in erster Linie das Gehirn. Bemerkenswert ist auch, daß diese Evolution vor einigen zehntausend Jahren mit der Herausbildung des *Homo sapiens sapiens* zum Stillstand kam. Seither hat sich zwar die Streuung der Schädelvolumen vergrößert, doch der Durchschnittswert ist gleich geblieben! Bei der Suche nach den genetischen Mechanismen dieses plötzlichen Evolutionsschubs und seines jähen Stillstands wird man wohl immer auf Vermutungen angewiesen bleiben: Das Erbgut des *Australopithecus*, des *Homo habilis* oder des *Homo erectus* wird sich nicht rekonstruieren lassen. Historisch jedoch ist das Problem klar. Welche Faktoren der Umwelt, in denen diese Arten lebten, haben in

Die Genetik des Australopithecus

einer langen Kette von Generationen jene Mutationen oder Chromosomenumbildungen selektiv bevorzugt, die die Entwicklung des Gehirns und vor allem des Neokortex betrafen?

Zunächst ist festzustellen, daß die «Kortikalisierung» des Gehirns keine Besonderheit der Primaten oder gar des Menschen ist. Sie setzt bereits mit der Evolution der Säugetiere ein. Relativ gesehen verläuft ihre Entwicklung vom Schnabeltier zur Spitzmaus ebenso stürmisch wie vom Schimpansen zum Menschen. Die primitiven Säuger, die modernen Zeugen dieser Evolution, haben kein besonders ausgeprägtes soziales Leben. Doch ein «genetisches Experiment», das selektiv die Großhirnfläche vergrößert, erweitert gleichzeitig die Lernfähigkeit und das Vorstellungsvermögen. Dadurch erweitert sich der Aktionsradius des Organismus. Seine Überlebenschancen verbessern sich. Wenn das genetische Experiment gelingt, stabilisieren sich die ihm zugrunde liegenden Genveränderungen oder Chromosomenumbildungen im Erbgut der Art.

Unter diesen Umständen erscheint es wahrscheinlich (obwohl es natürlich eine Hypothese bleibt), daß die Entwicklung des sozialen Lebens, das bei den höheren Primaten soviel Raum einnimmt, ursprünglich die *Folge* und nicht die Ursache der Kortexausdehnung war. Allerdings darf man auch nicht die Möglichkeit ausschließen, daß die soziale Umwelt die genetische Evolution der direkten Vorfahren des Menschen rückwirkend beeinflußt hat, vor allem die des *Australopithecus*, des *Homo habilis* und des *Homo erectus*. Die verschiedensten Hypothesen sind in diesem Zusammenhang vorgeschlagen worden – alle sehr einleuchtend, aber zugleich schwer verifizierbar. Sie hängen weitgehend von der Vorstellung ab, die der jeweilige Autor von der eigenen Spezies hat. In seinem Werk ‹Natürliche Schöpfungsgeschichte› hält bereits Haeckel die menschliche Sprache für den entscheidenden Evolutionsschritt, der den Menschen von seinen tierischen Vorfahren unterscheidet. «Daraus ergab sich», schreibt Jacques Monod in ‹Zufall und Notwendigkeit›, «der starke Selektionsdruck, der auf die Entstehung des Simulationsvermögens und der Sprache drängen sollte, die dessen Operationen zum Ausdruck brachte.»

Eine handfestere Hypothese geht von der *Ernährung* der ersten Vorfahren des Menschen aus. Schimpansen sind grundsätzlich Vegetarier, aber gelegentlich fangen sie auch kleine Säugetiere und fressen sie auf. Sind unsere Vorfahren, die ursprünglich Sammler waren, während der Erwärmung nach der letzten Eiszeit zu Jägern geworden, weil das Sammeln zu unergiebig wurde? Ein gemeinsames Vorgehen war erforderlich, um die großen Säugetiere in den Ebenen Afrikas zu erlegen. Man mußte Geräte entwickeln, um sie zu töten, aber auch den Jungen beibringen, die Nahrung zu teilen, wie es die jungen Schimpansen von ihren Müttern lernen.[19] Dazu schreibt Mayr: «Die Begünstigung durch reichliche Jagdbeute führte zu einem starken Selektionsdruck zugunsten einer Höherentwicklung des Gehirns – verbesserter Planungsmöglichkeiten, effektiverer Informationsspeicherung [Gedächtnis] und, was am wichtigsten ist, differenzierteren Kommunikationstechniken.»

Eine andere These – die «Macho-Version», zu der sich auch viele aufgeklärte Geister hingezogen fühlten (wenn nicht theoretisch, so zumindest praktisch) – war die «Polygamie der Anführer». Dank seiner Gehirnleistung zum «großen Mann»[20] aufgestiegen, genoß der Anführer das Privileg, eine große Zahl von Frauen in der Gruppe schwängern zu dürfen. Dadurch breiteten sich seine Chromosomen in der sozialen Gruppe aus.[21] Die Daten der anthropologischen Forschung sind noch zu widersprüchlich, um eine These erhärten zu können, für die – zumindest aus genetischer Sicht – manches spricht. Doch ebenso einleuchtend ist der «feministische» Standpunkt, der besagt, daß die Fähigkeit der Mutter, das hilf- und wehrlose Neugeborene großzuziehen, es mit Zärtlichkeit und Umsicht zu erziehen, eine entscheidende Rolle in der Evolution unserer Vorfahren gespielt habe.[22]

Mit der Entwicklung der Merkfähigkeit lernten die Mitglieder der sozialen Gruppe, die anderen zu erkennen und von den Angehörigen der Nachbargruppe zu unterscheiden. Fortan gab es Freund und Feind. Die Auseinandersetzungen zwischen heutigen Affen der gleichen Art, etwa zwischen Pavianen, sind meist harmlose Schaukämpfe. Haben die Arten des *Australopithecus* und des *Homo* die Aggressivität, die sie ihrem limbischen System verdanken, absichtlich «fehlgeleitet» und gegen ihresgleichen gerichtet, als sie begriffen, daß sie sie töten konnten? Waren die ersten behauenen Steine des *Australopithecus* und die Acheuléen-Keile nicht nur Geräte für Jagd und Bodenbearbeitung, sondern auch Kriegswaffen? Die besten Überlebenschancen hatte natürlich derjenige, dem es gelang, die Strategien seiner feindlichen Brüder zu durchkreuzen. So könnte der Motor der genetischen Evolution, an deren Ende das menschliche Gehirn steht, der Mord am Nächsten gewesen sein – ein fürchterlicher Gedanke. Kommt Jesses Art von Kain her und nicht von Abel? Natürlich läßt sich diese Frage nicht objektiv beantworten. Nach Coppens (1976) «beschleunigt» sich die Zunahme des Schädelinhalts mit dem Erscheinen des *Homo erectus*. Derselbe Autor[23] berichtet von künstlichen und gleichförmigen Schädelverletzungen sowie absichtlichen Vergrößerungen des Hinterhauptsloches beim *Homo erectus*. Sind das erste «metaphysische Spuren» oder nur die Überreste eines erbitterten Kampfes unter Frühmenschen und seine kannibalischen Folgen?

Die genetischen Mechanismen, denen der moderne Mensch die Entstehung seines Gehirns verdankt, scheinen sich seit einigen zehntausend Jahren nicht weiter auszuwirken. Fällt dieser Evolutionsstop zeitlich mit der Entstehung einer Art zusammen, die als erste auf die Idee gekommen ist, ihre Toten zu bestatten? Sieht sich der Mensch fortan durch die Vorstellung, die ihm sein Gehirn von sich selbst und seinem Wesen vermittelt, dazu veranlaßt, ein System sozialer Regeln – eine Moral – festzulegen, die ihm *verbietet*, weiterhin jenen Zwängen Folge zu leisten, die für die Evolution seines Gehirns gesorgt haben? Wahrscheinlich. Aber haben sich überhaupt keine Elemente dieser Mechanismen beim modernen Menschen erhalten? Ist die Evolution zu plötzlich zum Stillstand gekommen, um sie alle zu eliminieren? Die Frage ist legitim. Die unablässige Entwicklung immer perfekterer Kriegsgeräte – ganz gleich unter welchen gesellschaftlichen, religiösen, philosophischen oder kulturellen Bedingungen – spricht dafür, daß diese Elemente nicht alle verschwunden sind. Vermag die Expansion des Neokortex nicht dafür zu sorgen, daß der moderne Mensch jene kriegerischen Aktivitäten einstellt, die biologisch absurd geworden sind? Reicht der Kortex aus, den Menschen begreifen zu lassen, daß er mit der Herstellung und Verwendung von Bomben auf eine «fossile Aktivität» seines Gehirns reagiert?

Das «Phänomen Mensch» aus neuer Sicht

Durch die neuen Erkenntnisse der Neurobiologie, Molekulargenetik und Paläontologie wird dem «Phänomen Mensch» der Nimbus des Wunderbaren genommen. Von der Maus bis zum Menschen besteht die Großhirnrinde aus den gleichen Zellkategorien, den gleichen elementaren Schaltkreisen (Kap. 3). Die Kortexfläche wächst sprunghaft an und mit ihr die Zahl der Nervenzellen und ihrer Verbindungen.

Von dieser Evolution sind natürlich auch die Ein- und Ausgänge des Kortex sowie die verschiedenen Felder der Rindenabschnitte betroffen. Mindestens so kontinuierlich wie die anatomische Evolution des Gehirns verläuft die Evolution des Genoms. Es weist sogar weit weniger Veränderungen auf. Für das Mißverhältnis zwischen wachsender Gehirnkomplexität und gleichbleibendem Genvorrat ließ sich ein erster Erklärungsansatz finden.

Danach sind die Mutationen und Chromosomenumbildungen einzelner embryonaler Kommunikationsgene für das zahlenmäßige Wachstum der Kortexneuronen sowie ihrer axonalen und dendritischen Verzweigungen verantwortlich. Die Epigenese durch selektive Stabilisierung bringt neue Vielfalt in eine Organisation, die sonst redundant werden würde. Das Nachlassen des inneren Determinismus wird durch eine Öffnung für die Wirkung der Außenwelt ausgeglichen.

Die Auseinandersetzung mit der Umwelt trägt zur Entfaltung einer immer komplexeren Organisation des Nervensystems bei – und das trotz einer nur noch geringfügigen Evolution des Erbguts. Diese selektive Strukturierung des Gehirns durch die Umwelt findet in jeder Generation von neuem statt, und zwar in außerordentlich kurzen Zeiträumen, vergleicht man sie mit den erdgeschichtlichen Perioden, die das Genom für seine Evolution brauchte. Die Epigenese durch selektive Stabilisierung spart Zeit. Der Darwinismus der Synapsen löst den Darwinismus der Gene ab.

Die genetischen Mechanismen, die an diesem «Evolutionsschub» beteiligt sind, werden unserer Erkenntnis wahrscheinlich noch lange Zeit entzogen bleiben. Handelt es sich bei den Übergängen vom *Prä-Australopithecus* zum *Australopithecus* und von diesem zum *Homo habilis* um plötzliche, «punktuelle» Ereignisse?

Oder hat ein allmählicher Wandel durch Hybridisierung zwischen genetisch verschiedenen Gruppen vom *Homo erectus* zum *Homo sapiens*, vom Neandertaler zum modernen Menschen geführt? Das wüßte man gern genau. Doch wird sich dieses Wissen jemals erwerben lassen?

Eine wichtige Errungenschaft der entwicklungsgeschichtlichen Linie, die zum *Homo sapiens* führt, ist natürlich die wachsende Fähigkeit des Gehirns, sich seiner Umwelt anzupassen und geistige Objekte hervorzubringen und zu verketten. Das Denken entwickelt sich, die Kommunikation zwischen den Mitgliedern der Gruppe wird vielfältiger und differenzierter. Die sozialen Beziehungen werden enger und hinterlassen in der Zeit nach der Geburt ihre besonderen und überwiegend bleibenden Spuren im Gehirn des einzelnen. Die «Verschiedenheit» der Gene wird von einer individuellen – epigenetischen – Vielfalt der neuronalen und synaptischen Organisation überlagert. Die «Singularität» der Neuronen überschneidet sich mit der Heterogenität der Gene und prägt jedem menschlichen Gehirn die besonderen Merkmale der Umgebung ein, in der es sich entwickelt hat.

9
Das Gehirn – Repräsentation der Welt

> Diese Sprüche zeigen zur Genüge, daß die Menschen je nach der Anlage ihres Gehirns über die Dinge urteilen.
>
> Baruch de Spinoza
> Ethik, I
>
> So daß also die Erfahrung selbst nicht minder klar wie die Vernunft lehrt, daß die Menschen nur aus dem Grunde glauben, sie wären frei, weil sie ihrer Handlungen sich bewußt, der Ursachen aber, von welchen sie bestimmt werden, unkundig sind.
>
> Baruch de Spinoza
> Ethik, III

Jacques Monod hat gern an den berühmten Physiker Léo Szilard erinnert, der sich gegen Ende seines Lebens von der Physik abwandte und sich mit dem Eifer des Bekehrten auf die Untersuchung des Gehirns und der Lernmechanismen stürzte. Eines Tages besuchte er eine Konferenz, auf der ein Referent eine verschwommene und verstiegene Theorie vortrug. So gut es ging, versuchte dieser Wissenschaftler die Fragen zu beantworten, mit denen ihn Szilard bestürmte. Die Lautstärke nahm zu, bis der verärgerte Szilard die Debatte mit den Worten beendete: «This theory is just good for *your* brain!»

Jedes Buch, das sich mit dem Gehirn beschäftigt, ist natürlich nur so gut, wie es die «Anlage» des Gehirns seines Autors und der Wissensstand zum Zeitpunkt seiner Niederschrift gestatten. Der Leser mag selbst beurteilen, ob die hier vorgeschlagenen Theorien für das Gehirn des Autors gelten oder nicht! Was die Grenzen angeht, die vom aktuellen Forschungsstand gezogen werden, so sei daran erinnert, daß die Erforschung des Nervensystems seit einigen Jahren eine stürmische Entwicklung erlebt. Die «neurobiologische Revolution» steckt erst in ihren Anfängen. Sie hat ihre wichtigsten Ziele noch gar nicht erreicht. Viele Fragen sind noch offen, daher auch der häufige Übergang von gesicherten Fakten zu Hypothesen und theoretischen Erörterungen. Muß man schweigen, wenn die notwendigen Daten fehlen? Ganz bewußt habe ich mich auf das Risiko ungesicherter theoretischer Überlegungen eingelassen. Allerdings habe ich deutlich gemacht, wo es sich um Hypothesen und wo um gesicherte Erkenntnisse handelt. Man darf nicht vergessen, daß sich, was gestern Hypothese war, morgen als hinfällig oder auch als eine Tatsache erweisen kann. Der Leser sollte diese Grenzen beachten.

Zu manchen Punkten gibt es kaum empirische Daten, zu anderen liegen sie in Hülle und Fülle vor. Daraus ergab sich die Notwendigkeit, Beispiele auszuwählen und so eine «partielle» und deshalb «parteiische» Sicht einer bunteren und vielfältigeren Wirklichkeit zu vermitteln. Mögen die gestrengen Kritiker das Werk nachsichtig aufnehmen und seine Lücken, Ungenauigkeiten und Unklarheiten, die ihnen gewiß nicht entgehen werden, dem «didaktischen» Bestreben zugute halten, ein interessiertes Laienpublikum mit den wichtigsten Aspekten eines in rascher Entwicklung befindlichen Forschungsgebiets bekannt zu machen.

Die heftigste Kritik wird sicherlich jener Vorsatz auf sich ziehen, den der Titel zum Ausdruck bringt. Sicher wird so mancher Leser den Versuch, eine Brücke zu schlagen zwischen den Wissenschaften, die sich mit dem Menschen beschäftigen, und den Wissenschaften, in deren Mittelpunkt die Erforschung des Nervensystems steht – zwischen den Geistes- und den Naturwissenschaften also –, für eine unzulässige Grenzüberschreitung halten. Warum habe ich mich also nicht auf das Gehirn im eigentlichen Sinne beschränkt, auf seine Anatomie, seine Physiologie und seine Biochemie, und alles beiseite gelassen, was direkt oder indirekt jenem Bereich zuzurechnen ist, den man heute allgemein als «Psyche» bezeichnet? Darauf hat schon Freud (1920) eine unmißverständliche Antwort erteilt: «Die Biologie ist wahrlich ein Reich der unbegrenzten Möglichkeiten, wir haben die überraschendsten Aufklärungen von ihr zu erwarten und können nicht erraten, welche Antworten sie auf die von uns an sie gestellten Fragen einige Jahrzehnte später geben würde. Vielleicht gerade solche, durch die unser ganzer künstlicher Bau von Hypothesen umgeblasen wird.»

Im Lauf der Kapitel hat sich der Leser den Tatsachen nicht verschließen können: Das Gehirn des Menschen besteht aus Milliarden von Neuronen, die untereinander durch ein gigantisches Leitungsnetz verkabelt sind. In diesen «Drähten» zirkulieren elektrische oder chemische Impulse, die physikalisch-chemisch vollständig beschrieben werden können, und alle Verhaltensweisen lassen sich durch die innere Mobilisierung eines topologisch definierten Verbands von Nervenzellen erklären. Letztere Erkenntnis wurde –

als Hypothese – auf Prozesse «privaten» Charakters übertragen, die nicht in «offenem» Verhalten zum Ausdruck kommen – also auf Sinneseindrücke und Wahrnehmungen, auf geistige Objekte und Konzepte und auf die Verbindung geistiger Objekte zu «Gedanken». Obwohl die verfügbaren Techniken noch lange nicht gestatten, die Neuronenverbände, aus denen sich ein bestimmtes geistiges Objekt zusammensetzt, im einzelnen zu bezeichnen, ermöglicht es die Positronenkamera bereits, sie durch die Schädelwand hindurch zu «erahnen». Die Gleichsetzung geistiger Ereignisse mit materiellen Ereignissen erweist sich also ganz und gar nicht als ideologische Voreingenommenheit, sondern einfach als die vernünftigste und vor allem fruchtbarste Arbeitshypothese. Bei J. S. Mill heißt es dazu: «Wenn es materialistisch ist, nach den materiellen Bedingungen geistiger Operationen zu suchen, dann sind alle Theorien des Geistes entweder materialistisch oder unzulänglich.» Und wer sich mit dieser allzu einfachen Hypothese nicht anfreunden mag, der höre auf Valéry: «Kein Urwald, kein Algenbusch im Meer, kein Irrgarten, kein Zellabyrinth ist vielfältiger verflochten als das Reich des Geistes.» Wir befinden uns augenblicklich in einer Situation, welche an die der Biologie nach dem letzten Weltkrieg erinnert. Damals waren die vitalistischen Doktrinen auch unter Wissenschaftlern durchaus gesellschaftsfähig. Die Molekularbiologie hat nichts von ihnen übriggelassen. Den spiritualistischen Thesen dürfte ein ähnliches Schicksal beschieden sein.

Die Kombinationsmöglichkeiten, für die die Zahl und Vielfalt der Verbindungen im menschlichen Gehirn sorgen, scheinen alle menschlichen Fähigkeiten erklären zu können. Der Graben, den man zwischen geistigen und neuronalen Aktivitäten zog, scheint nicht gerechtfertigt zu sein. Was hat es also fortan noch für einen Sinn, von dem «Geist» zu sprechen? Es gibt nur noch zwei «Aspekte» eines einzigen Ereignisses, das man entweder in der Sprache der Psychologie (der Selbstbeobachtung) oder in der der Neurobiologie beschreiben kann. Der Philosoph J. M. Zemb (1981) räumt dies ein, wenn er schreibt: «Der Neurophysiologe kann sich gelassen auf eine philosophische Position zurückziehen und feststellen, daß sein Reduktionismus keine Wette gegen das ist, was er nicht sieht, sondern ein Ausdruck dessen, was er sieht.» Die Identität von geistigen Zuständen und physiologischen oder physikalisch-chemischen Zuständen des Gehirns ist das Ergebnis einer durchweg legitimen Schlußfolgerung.

Trotzdem stößt sie noch auf Widerstand. Eine Kontroverse über das Leib-Seele-Problem[1] ist nur deshalb möglich, weil behauptet wird, die funktionelle Organisation des Nervensystems entspreche nicht seiner neuralen Organisation. Es ist erstaunlich, daß diese verstaubten Bergsonschen Thesen immer noch durch die Theorien einiger zeitgenössischer Psychologen geistern. Wie kommt es dazu?

Ein Grund ist sicherlich darin zu sehen, daß einer von ihnen[2] der Psychologie hartnäckig den Status einer «Spezialwissenschaft» zu sichern sucht. Das ist gewiß verständlich, wenn man bedenkt, daß es darum geht, den «Sozialstatus» eines Fachgebietes zu verteidigen, seine Arbeitsmethoden ins rechte Licht zu setzen, den Inhalt einer Disziplin zu definieren und – warum auch nicht – die erhaltenen Forschungsgelder zu rechtfertigen! Dem Erkenntnisprozeß nützt eine solche Abgrenzung kaum. Vielmehr sind in der Wissenschaftsgeschichte viele Beispiele dafür zu finden, daß erst Anregungen aus einer fremden Disziplin zu spektakulären wissenschaftlichen Fortschritten geführt haben. Das war zum Beispiel der Fall, als Helmholtz und Du Bois-Reymond im 19. Jahrhundert die Methoden und Begriffe der Physik auf die Physiologie anwandten oder als vor noch nicht allzu langer Zeit aus der Verbindung von Genetik und Biochemie die Molekularbiologie entstand. Die Abschottung der Psychologie unter der Rubrik «Spezialwissenschaft» kann weder ihr selbst noch den Neurowissenschaften nützen.

Die Verfechter der These, daß sich die Psychologie nicht auf die Neurologie zurückführen lasse, machen noch einen weiteren, tieferliegenden Grund geltend: «Die höheren Organismen erreichen einen psychologischen Zweck mittels einer großen Vielfalt neurologischer Mittel.»[3] Mit anderen Worten: Die geistigen Zustände erscheinen weitgehend «unabhängig» von den physiologischen Zuständen des Nervensystems. Wozu dann nach einer Verbindung zwischen beiden suchen?

Dieser Standpunkt ist nicht neu. Wie gezeigt (Kap. 1), war Flourens, dessen «spiritualistische» Ansichten großen Anklang in der Öffentlichkeit fanden, ein eifriger Verfechter dieser These. Viele Jahrzehnte später hat K. S. Lashley (1929), an Flourens' Experimente anknüpfend, bei Ratten große Teile der Hirnrinde entfernt, ohne daß die Leistungen der Tiere im Labyrinth dadurch wesentlich beeinträchtigt wurden. Die Experimente fanden viel Beachtung, wurden aber auch nachdrücklich kritisiert. Fragen wir uns, ohne die Ergebnisse in Zweifel zu ziehen, was sie bedeuten. War der benutzte Labyrinthtest wirklich geeignet, alle durch die Läsion verursachten Defizite erkennen zu

Das Gehirn – Repräsentation der Welt 347

lassen? Außerdem ist bekanntlich die Differenzierung der Großhirnrinde beim Menschen sehr viel ausgeprägter als bei der Ratte! Alle Anhaltspunkte, die jahrzehntelange Beobachtung von Patienten mit Kortexläsionen ebenso wie die relativ junge Szintigraphie mittels der Positronenkamera, sprechen für das Gallsche Modell, für die Aufteilung der menschlichen Großhirnrinde in kleinste Felder und für die funktionelle Spezialisierung jedes dieser Felder (Kap. 4 und 5). Ein Blick zurück in die Geschichte dieser Wissenschaft (Kap. 1) zeigt schließlich, daß die Suche nach dem anatomischen Substrat einer Gehirnfunktion immer wieder zu Fortschritten geführt hat.

Ich möchte allerdings darauf hinweisen, daß bei der Entstehung eines geistigen Objekts von der Art, wie ich es im fünften Kapitel postuliert habe, möglicherweise umfangreiche und weit verstreute Neuronenpopulationen einbezogen werden, wobei die funktionellen Merkmale oder «Singularitäten» (wenn die Hypothese der selektiven Stabilisierung richtig ist) *unterschiedlich* ausfallen würden. Wie dargelegt (Kap. 8), sind die Aussichten minimal, daß zwei eineiige Zwillinge völlig identische Gehirne besitzen. Die geistigen Objekte bilden sich also von einer Person zur anderen – und bei einer Person wahrscheinlich von einem Augenblick zum anderen – aus ähnlichen Populationen, die sich jedoch in den Einzelheiten unterscheiden. Dennoch ergeben sich daraus fast identische Verhaltensweisen. Selbstverständlich schließt diese Variabilität (das habe ich im siebten Kapitel ausführlich erörtert) einen neuronalen Determinismus nicht aus – im Gegenteil. Nur die Analyse wird schwieriger.

Die wichtigste Fähigkeit des Gehirns der höheren Säugetiere und vor allem des Menschen ist die Herstellung von «inneren Repräsentationen», entweder infolge einer Interaktion mit der Umwelt oder spontan durch eine «interne» Lenkung der Aufmerksamkeit. Nach der vorgeschlagenen Theorie bilden sich diese Repräsentationen durch Mobilisierung von Neuronen, deren Verteilung über die verschiedenen Rindenfelder darüber entscheidet, ob das daraus resultierende Objekt eher gegenständlich oder «abstrakt» ist. Definitionsgemäß ist das geistige Objekt ein flüchtiges Ereignis. Seine «Lebensdauer» bemißt sich nach Sekundenbruchteilen. Die «Singularität» der Neuronen, die es aufbauen, ist dagegen sehr viel beständiger und verdankt ihre Entstehung einerseits «inneren» genetischen Mechanismen und andererseits der regulativen Wirkung einer langen Reihe von Interaktionen mit der Umwelt. Das «epigenetische» Element der neuronalen Singularitäten ist also selbst eine «innere Repräsentation», die in die Vernetzung der Nervenzellen eingegangen ist.

Diese Prägung durch die physische und soziokulturelle Welt bleibt über Jahre, vielleicht ein ganzes Leben lang erhalten. In jeder Generation wird sie neu erworben. Der immer wiederholte Lernprozeß bedeutet für die Evolution individuellen Verhaltens und natürlich auch für die der sozialen Umwelt eine zeitliche Beschränkung. Der Mensch wird mit einem Gehirn geboren, das die Höchstzahl seiner Zellen schon vor der Geburt erreicht. Es ermöglicht ihm, geistige Operationen auszuführen, zu denen kein Affe und schon gar nicht die Aplysia fähig ist. Also auch die wesentlichen Elemente der Gehirnstruktur, die für die Einheit des Menschen sorgen und der Macht der Gene unterworfen sind, bedeuten eine «innere Repräsentation» der Welt. Sie hat sich im Laufe der Generationen durch die Evolution des Genoms seiner Vorfahren herausgebildet.

Folglich beherbergt oder erzeugt das menschliche Gehirn mindestens drei Formen einer inneren Repräsentation der Welt, deren Entstehung und Lebensdauer Zeitspannen von einer Zehntelsekunde bis zu mehreren hundert Millionen Jahren umfassen. Jede dieser Repräsentationsweisen erweitert das «Feld» der repräsentierten Welt. Die «Unbeweglichkeit» eines genetisch völlig determinierten Gehirns würde die Zahl der ausgeführten Operationen von vornherein einschränken. Die Fähigkeit, unbeständige Repräsentationen herzustellen, «öffnet» die Gehirnorganisation für die soziale und kulturelle Umwelt. Diese «Neuen Welten» können sich fortan allein entwikkeln, allerdings nach Regeln, die an die Leistungsfähigkeit der Gehirnstruktur gebunden sind.

Wenn sich die in den Kapiteln 5 und 7 vorgeschlagenen Hypothesen als richtig erweisen, würde die Entstehung aller Repräsentationen, auch wenn sie jeweils aus anderen Elementen bestehen und auf verschiedenen Organisationsebenen angesiedelt sind, einer gemeinsamen Regel folgen, die Ähnlichkeit mit dem Darwinschen Selektionsprinzip hat. Zuerst erhöht sich durch Variation die Vielfalt, dann folgt ein Prozeß der selektiven Stabilisierung. Die Mechanismen, die die Evolution des Genoms kennzeichnen, sind bereits Gegenstand vieler Erörterungen gewesen.[4] Chromosomenumbildungen, Genduplikationen, Rekombinationen und Mutationen sorgen für genetische Vielfalt, und nur ein paar der mannigfaltigen Kombinationen, die in jeder Generation neu entstehen, bleiben in den natürlichen Populationen erhalten. Im Lauf der postnatalen Epigenese bringen die Zellen mit ihrer «vorübergehenden Redundanz», ihren Verknüpfungen und deren besonderer Wachstumsweise eine Vielfalt zustande, die nicht mehr wie beim Genom nur eine Dimension hat, sondern die drei Dimensionen des Raums umfaßt. Und auch hier können sich nur einige der im Lauf der Entwicklung auftretenden geometrischen Muster beim Erwachsenen stabilisieren. Weit spekulativer ist schließlich die Hypothese über die Entstehung der geistigen Objekte, vor allem der Konzepte. Die Vorstellung einer spontanen Vervielfältigung durch Rekombination der Neuronenkomplexe, gefolgt von einer Selektion durch Resonanz, ist bestechend – aber läßt sie sich mit einer genauen Beschreibung der Wirklichkeit vereinbaren? Wird dieses Modell auch den «kreativsten» Aspekten des menschlichen Denkens gerecht? Kann es die Entstehung des Bewußtseins erklären?

Der Wissenschaftler geht bei seiner Forschungsarbeit ebenfalls in zwei Etappen vor. Zunächst richtet er seine Aufmerksamkeit auf ein Objekt, erarbeitet mit mehr oder weniger Erfolg ein gedankliches «Modell» dieses Objekts und beschließt, es als eine vereinfachte und schematische «innere Repräsentation» des Objekts gelten zu lassen. Doch wie jeder von uns aus bitterer Erfahrung weiß, sind nicht alle Modelle über längere Zeit haltbar. Manchmal bestätigt der Vergleich mit den Forschungsergebnissen das Modell, manchmal widerlegt er es!

Läßt sich das vorgeschlagene Gedankenmodell des Gehirns beispielsweise mit einer Erfindung vereinbaren, welche das Gesicht der Welt verändert hat – mit der der Schrift? Von den ersten Versuchen mit Schriftzeichen sind nur wenige Zeugnisse erhalten. Anscheinend sind sie jedoch anfangs «Bilder», Dingzeichen oder Piktogramme, gewesen, haben dann einen Prozeß der Stilisierung und Vereinfachung durchlaufen und schließlich alle Ähnlichkeit mit dem primitiv gezeichneten Gegenstand verloren, um so zu Wortzeichen oder Ideogrammen zu werden. Über die Entwicklung dieses ideogrammatischen Systems zum Alphabet, dessen Buchstaben nicht mehr Vorstellungen bezeichnen, sondern die Laute (oder Phoneme), aus denen sich eine Sprache zusammensetzt, liegen weitaus mehr Dokumente vor. Diese Entwicklung vollzog sich, ausgehend von der Keilschrift, etwa 1800 bis 1500 Jahre vor unserer Zeitrechnung in Ugarit, einer Hafenstadt im syrisch-palästinensischen Gebiet, und etwa gleichzeitig, ausgehend von den ägyptischen Hieroglyphen, am Fuß des Sinai. In beiden Fällen entwickelte sich die alphabetische Schrift nach einer Phase, in der die ideographische Schrift immer schwerfälliger und unübersichtlicher geworden war.[5] Eine Blütezeit der Zeichen brach an. Doch zu diesen Ideogrammen gesellten sich – ein sehr wichtiger Vorgang – die ersten mit bestimmten Lauten verknüpften alphabetischen Zeichen. Wenn der Schreiber diese benutzte, band er die Bedeutung nicht mehr an ein einziges, sondern an miteinander kombinierte Zeichen. Es entstand ein gemischtes Schriftsystem (Abb. 78), das Ähnlichkeit mit dem japanischen hat, in dem ja auch Kandschi und Kana nebeneinander benutzt werden (Kap. 7). Nach dieser Phase der «Diversifizierung», zu der es sowohl in Mesopotamien wie in Ägypten kam, folgte ein Stadium der «selektiven Stabilisierung». Die Ideogramme verschwanden, die alphabetischen Zeichen behaupteten das Feld. Gleichzeitig wurden die Buchstaben des Alphabets einfacher. Ihre Zahl verringerte sich fortlaufend. Hier kam es also nicht zu einem «Silbenschwund» (Kap. 7), sondern zu einem Buchstabenschwund! Interessanterweise hat sich diese Entwicklung des Alphabets aus einem gemischten Schriftsystem nicht dort vollzogen, wo die alphabetischen Zeichen zum erstenmal in Erscheinung getreten sind. Das verhinderte die konservative Einstellung der Schreiber. Sie fand an den Grenzen des Gebiets statt, in dem die Lautzeichen erfunden wurden. Wurde eine «geographische Isolierung» des Alphabets durch die Kaufleute gefördert, die an einem Schriftsystem interessiert waren, das ebenso einfach zu handhaben war wie die Zahlen in ihren Rechnungsbüchern? Die Analogie zur Evolution der Arten und zur selektiven Stabilisierung der Synapsen ist erstaunlich, aber es handelt sich, wohlgemerkt, nur um eine Analogie.

Trotzdem ist interessant, daß, verfolgt man die Ideengeschichte, immer zuerst «Lernhypothesen» auftauchen, die dann in einem zweiten Schritt von selektiven Hypothesen abgelöst werden. Als Lamarck versuchte, seine «Abstammungslehre» auf einen einleuchtenden biologischen Mechanismus zu gründen, schlug er eine «Vererbung von erworbenen Merkmalen» vor, ein Mechanismus, der durch die Fortschritte in der Genetik widerlegt wurde. Es dauerte fast ein halbes Jahrhundert, bis Darwin und Wallace eine selektive Theorie vorschlugen, die, wenn auch nicht in allen Einzelheiten, so doch in ihren großen Zügen in der Praxis bestätigt wurde.[3] Entsprechend lagen auch den ersten Theorien über die Antikörperbildung solche Lernhypothesen zugrunde, bevor man sie durch selektive Hypothesen ersetzte. Warum sollte das gleiche nicht auch für die Theorien gelten, die den Erwerb menschlicher Fähigkeiten erklären wollen?[6] Der Grund für diese zeitliche Abfolge ist offensichtlich in den Gehirnfunktionen der Wissenschaftler zu suchen. Beim Lernschema braucht man nur ein einziges Stadium anzunehmen. Andererseits enthält es auch, ob es einem gefällt oder nicht, eine «egozentrische»

Das Gehirn – Repräsentation der Welt

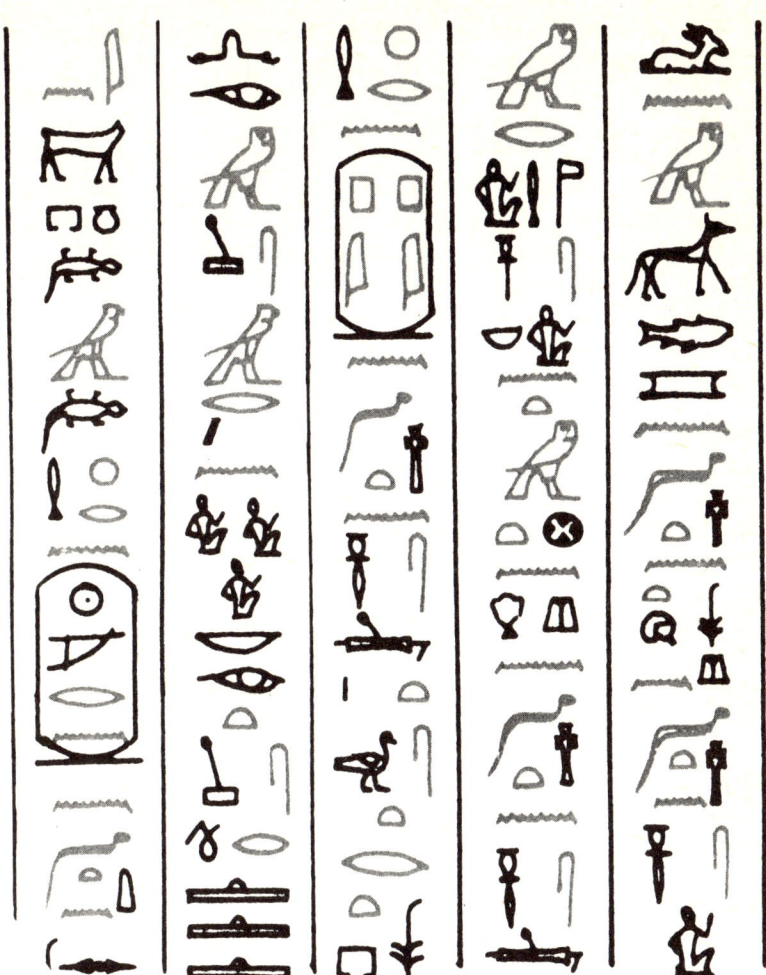

Abb. 78: Mischung aus alphabetischen Zeichen (grau) und Ideogrammen (schwarz) auf einer ägyptischen Inschrift der 6. Dynastie (um 2300 v. Chr.). In den Schreibsystemen des Abendlandes ist nur das Alphabet erhalten geblieben (nach Ziegler bei André-Leicknam und Ziegler, 1982).

Komponente. «Die Natur lehrt die Formen», wie der Bildhauer seine Tonfigur modelliert. Die Vorstellung des menschlichen Verhaltens, wie es sich zunächst dem Gehirn der Wissenschaftler darstellt, wird in elementare Mechanismen umgeformt, die mit ihr nichts zu tun haben und einer ganz anderen Organisationsebene angehören. Das Selektionsschema dagegen macht sich eine zusätzliche Überlegung zunutze. Es geht in zwei Schritten vor. Außerdem liegt ihm das Bestreben zugrunde, einen materiellen Mechanismus zu finden, der frei von jedem «intentionalen» Aspekt ist. Da dieses Schema komplizierter und schwerer anzuwenden ist, leuchtet es ein, daß es in der Geschichte des wissenschaftlichen Denkens stets erst an zweiter Stelle kam.

Seit der Entwicklung der Schrift gibt es ein aus dem Gehirn ausgelagertes Gedächtnis, das die Vorstellungen und Begriffe in beständigeren Materialien festhält, als es Neuronen und Synapsen sein können. Die Schrift fixiert und ergänzt ein umfangreiches Material an Ereignissen und «kulturellen Objekten», Symbolen, Sitten und Traditionen, die von jeder Generation neu gelernt und weitergereicht werden, ohne im Genom verankert zu sein. Dadurch ist Vorstellungsbildern und Konzepten eine weit höhere Lebensdauer beschieden als dem Gehirn, das sie irgendwann in ein paar Sekundenbruchteilen hervorgebracht hat. Wie findet diese Speicherung im kulturellen Gedächtnis statt? Die Antwort würde den Rahmen dieses Buches sprengen. Sie betrifft die faszinierenden, aber noch wenig erforschten Verbindungen zwischen den Neurowissenschaften auf der einen und der soziologischen Anthropologie und der Ethnologie auf der anderen Seite.

Das allgemeine Problem der zeitlichen Stabilität von Ereignissen und kulturellen oder biologischen Objekten führt uns zu einem Thema zurück, das in engerem Zusammenhang mit dem Gehirn steht – zu der Beziehung zwischen «Struktur» und «Funktion». Bei der Erörterung der geistigen Objekte habe ich gezeigt, wie die gemeinsame Aktivität von Neuronenkomplexen zu ihrer Kopplung durch eine Veränderung der Synapsenleistung führt, die ihrerseits als eine Regulation der Molekulareigenschaften der Synapse interpretiert werden kann. Genauso reguliert der Aktivitätszustand des in der Entwicklung befindlichen Neuronennetzes während der im Anschluß an die Geburt stattfindenden Epigenese die Stabilisierung bestimmter Synapsen und die Rückbildung anderer. Ein funktioneller Zustand, die Aktivität eines Augenblicks, hinterläßt also eine Spur in der Struktur, wird selbst zur Struktur. A. D. Ritchie (1936) schreibt dazu: «Der Strukturbegriff bietet sich an, wenn wir den Organismus in einem abstrakten Augenblick betrachten. Die Abstraktion ist legitim, weil es in der Geschichte des Organismus Ereignisse gibt, die relativ beständig sind und sich nicht sonderlich verändern. Sie werden Struktur genannt. Im Gegensatz dazu gibt es unbeständige Ereignisse, die Funktion genannt werden. Letztlich ist die Unterscheidung quantitativ und hängt von dem zeitlichen Maßstab ab, für den man sich entscheidet.»

Stellt dieser Gedanke die Unterscheidung in Frage, die im allgemeinen zwischen «organischen» und «funktionellen» Störungen des Nervensystems getroffen wird? Die Frage ist gewiß bedenkenswert. Die Vielfalt der neurologischen oder «geistigen» Störungen läßt jedoch keine eindeutige Antwort zu. Ich möchte mich auf einige sehr allgemeine Überlegungen beschränken, weil das Thema wiederum den Rahmen dieses Buches sprengen würde. Das Nervensystem ist eines der wenigen Organe unseres Körpers, dessen Zellbestand schon bei der Geburt vorliegt. Kein zerstörtes Neuron kann ersetzt werden. Allerdings zeigen Axone und Dendriten auch beim Erwachsenen noch eine erstaunliche Regenerationsfähigkeit. Nach einer Läsion bilden sich neue Wachstumskegel und dringen in die Gebiete ein, die zuvor von den zerstörten Nerven besetzt waren. Diese Möglichkeit der funktionellen Wiederherstellung[7] ist in der Jugend sehr ausgeprägt und wird im Alter zunehmend geringer.

In einigen eingehend erforschten Fällen (neuro-muskuläre Verbindung) durchläuft die Regeneration, wie die normale Entwicklung, ein Durchgangsstadium der Redundanz, auf das eine selektive Stabilisierung folgt.[8] Abermals reguliert der Aktivitätszustand des Systems diese Entwicklung und trägt so zur Wiedererlangung der Funktion, und sei sie auch nur partiell, bei. Dazu genügt nicht irgendeine beliebige Aktivität. Bestimmte Impulsfrequenzen haben bahnende Wirkung, andere hemmende. Das gleiche läßt sich während der normalen Entwicklung beobachten. Eine «pathologische» Umwelt kann ihre Spuren in den Neuronen und Synapsen einer normalen Person hinterlassen. Die Regenerationsfähigkeit bleibt zwar bestehen, schwächt sich aber zunehmend ab. Veränderungen der Synapsenleistung lassen sich natürlich viel leichter wiederherstellen als fehlende Synapsen, allerdings hängt auch das von der im Netz zirkulierenden Aktivität ab.

Damit stellt sich erneut die Frage nach der Wechselbeziehung zwischen Gesellschaft und Gehirn. Das Gehirn des *Homo sapiens sapiens* hat sich wahrscheinlich in den Savannen Afrikas ausdifferen-

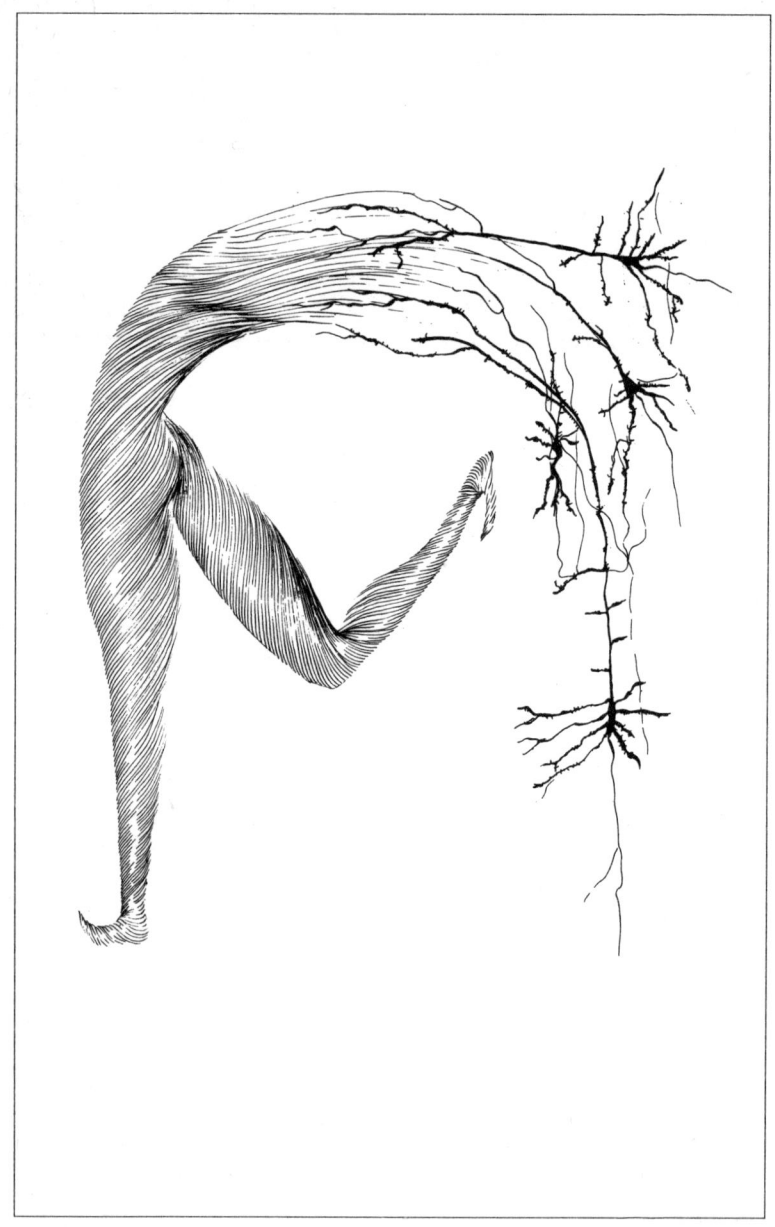

Abb. 79: «Neuronale Apokalypse»: Das Gehirn des Menschen von der Umwelt zerrissen, die er geschaffen hat (Originalzeichnung S. Carcassonne).

ziert, als dort einige hunderttausend Menschen lebten. Heute haben Milliarden von Menschen ihren Planeten erobert und versuchen sogar, zu neuen Planeten aufzubrechen. Sind Organisation und Flexibilität unseres Gehirns einer Veränderung unserer Umwelt gewachsen, die es nur noch sehr partiell unter Kontrolle hat? Bahnt sich nicht ein fatales Ungleichgewicht zwischen dem Gehirn des Menschen und der Welt an, die ihn umgibt? Die Frage drängt sich auf. Die Architektur, in der der Mensch lebt, die Arbeitsbedingungen, denen er unterworfen ist, die Gefahr der totalen Vernichtung, mit der er seinesgleichen bedroht, von der Unterernährung ganz zu schweigen, zu der er die Mehrzahl seiner Artgenossen verurteilt – ist all das einer harmonischen Entwicklung und Arbeit seines Gehirns zuträglich? Das ist zu bezweifeln. Ist der Mensch, nachdem er seine Umwelt verwüstet hat, im Begriff, sein Gehirn zu verwüsten? Eine einzige Zahl beweist, wie dringlich das Problem ist: die Verkaufszahl einer der beliebtesten Arzneimittelarten der Welt, der Benzodiazepine. Diese schwachen Tranquilizer wirken im Gehirn auf den Rezeptor eines inhibitorischen Neurotransmitters ein, der γ-Aminobuttersäure. Durch eine Steigerung von deren Wirkung dämpfen sie Ängste und fördern den Schlaf. Sieben Millionen Packungen werden allein in Frankreich pro Monat verkauft, und ähnliche Zahlen werden aus den meisten Industriestaaten gemeldet. Jeder vierte Erwachsene stellt sich chemisch «ruhig». Muß sich der moderne Mensch einschläfern, um die Umwelt auszuhalten, die er geschaffen hat? Es ist höchste Zeit, das Problem ernsthaft ins Auge zu fassen. Freilich müssen wir dazu in unserem Gehirn eine Vorstellung des Menschen bilden, «eine Idee des Menschen ... auf die wir als ein Musterbild der menschlichen Natur hinschauen können»[9] und die seiner Zukunft gerecht wird!

Anhang

Anmerkungen

Vorwort

1 F. Sulloway, 1982.
2 In: Aus den Anfängen der Psychoanalyse. Frankfurt am Main 1975: S. Fischer
3 Vgl. G. Edelman und V. Mountcastle, 1978.
4 Eine gute Gesamtdarstellung bieten E. Kandel und J. Schwartz, 1981.
5 E. Morin und M. Piatelli-Palmarini, 1974.
6 B. Pascal, Über die Religion ... (Pensées), Fragment 434.

1. Das «Organ der Seele» – vom alten Ägypten bis zur Gründerzeit

1 J. Breasted, 1930; C. Elsberg, 1945.
2 Zur Geschichte der Hirnforschung von der Antike bis in heutige Zeit vgl. J. Soury, 1899; E. Clarke und C. O'Malley, 1968; E. Clarke und K. Dewhurst, 1975, und vor allem H. Hecaen und G. Lanteri-Laura, 1977, sowie A. Luria, 1978.
3 Eine eingehende Analyse des Werks von Gall und seinen Nachfolgern findet der Leser bei H. Hecaen und G. Lanteri-Laura, 1977; und bei R. Young, 1970; vgl. auch H. Hecaen und J. Dubois, 1969, sowie H. Hecaen, 1978.
4 Zur historischen Analyse und zu Literaturhinweisen vgl. H. van der Loos, 1967; E. Clarke und C. O'Malley, 1968; M. Brazier (1978).
5 G. Palade und S. Palay (1954); J. Robertson (1956).
6 Zu den Zitaten vgl. M. Brazier, 1977, und J. Eccles, 1964.
7 F. McIntosh, 1941; W. Feldberg, 1948.
8 B. Falk u. a., 1962; A. Dahlström und K. Fuxe, 1964; A. Dahlström u. a., 1964; U. Ungerstedt, 1971.

2. Das Gehirn in seinen Einzelteilen

1 Vgl. S. Gould, 1983.
2 P. Tobias, 1975.
3 Vgl. G. von Bonin, 1937.
4 T. Meynert, 1867, 1884; W. E. Lewis und H. Clarke, 1878.
5 S. Palay, 1978.
6 E. Jones, 1975, 1981; S. Ramon y Cajal, 1909.
7 J.-P. Changeux, 1980 und 1983.

8 N. Brécha u. a., 1979, 1981.
9 B. Zipser und R. MacKay, 1981.
10 K. Brodmann, 1909; C. von Economo, 1927.
11 E. Gray, 1959; J. Sloper u. a., 1979; M. Colonnier, 1981.
12 J. Sloper u. a., 1979.
13 C. Gilbert und T. Wiesel, 1981; E. Jones, 1981.
14 V. Mountcastle, 1957, 1979.
15 Zitiert bei: D. Hubel und T. Wiesel, 1977.
16 Zitiert bei: S. Le Vay u. a., 1980.
17 D. Hubel u. a., 1978.
18 J. Eccles u. a., 1967.
19 H. Wässle u. a., 1981.
20 J.-P. Changeux, 1980, 1983.

3. Die «animalischen Geister»

1 S. Ramon y Cajal, 1909.
2 E. Adrian, 1946.
3 M. Jouvet, 1979.
4 J. Desmedt, 1977.
5 J. Eccles, 1964.
6 E. Kandel, 1976.
7 I. Prigogine, 1961; I. Prigogine und R. Balescu, 1956.
8 F. Strumwasser, 1965; R. Meech, 1979; M. Berridge und P. Raff, 1979.
9 A. Hudspeth und D. Corey, 1977.
10 V. Whittaker u. a., 1964; N. Morel u. a., 1977.
11 B. Katz, 1966; S. Kuffler und J. Nichols, 1976.
12 H. Korn u. a., 1981.
13 Zitiert bei: F. Bloom, 1981; R. Acher, 1981.
14 T. Hökfelt u. a., 1980.
15 J.-P. Changeux, 1981.
16 D. Nachmansohn, 1959.
17 C. Y. Lee und C. Chang, 1966.
18 J.-P. Changeux u. a., 1970.
19 J. Monod, J.-P. Changeux, F. Jacob, 1963; J. Monod, J. Wyman, J.-P. Changeux, 1965.

4. Vom Nervenimpuls zum Verhalten

1 Y. Leroy, 1964; D. Bentley und R. Hoy, 1974; R. Bentley, 1971.
2 J.-P. Changeux, P. Courrège und A. Danchin, 1973.
3 G. Stent u. a., 1978.
4 D. Faber und H. Korn, 1978.
5 B. Rolls und E. Rolls; E. Stricker u. a., 1976.
6 V. von Euler und J. Gaddum, 1931.

7 T. Hökfelt u. a., 1980.
8 L. Terenius, 1973; C. Pert und S. Snyder, 1973; E. Simon u. a., 1973.
9 J. Hugues u. a., 1975.
10 B. Roques u. a., 1976.
11 J. Henry, 1980; L. Terenius, 1981; J. Besson u. a., 1982.
12 R. Wise, 1980.
13 D. Diderot, 1769.
14 C. Fox und G. Knaggs, 1969; C. Fox und B. Fox, 1971.
15 M. Murphy u. a., 1979; M. Murphy, 1981.
16 C. Woolsey, 1958.
17 J. Kaas u. a., 1979, 1981.
18 Vgl. B. Kolb und I. Wishaw, 1980; H. Hecaen und M. Albert, 1978.
19 P. McLean, 1970.

5. Die geistigen Objekte

1 H. Atlan, 1979; A. Bourguignon, 1981 b.
2 J. Fodor, 1975, 1981.
3 M. Denis, 1979; S. Kosslyn, 1980.
4 R. Shepard und J. Metzler, 1971; R. Shepard und S. Judo, 1976.
5 L. Wittgenstein, 1921.
6 J. Bouveresse, 1981.
7 J. McGaugh, 1973.
8 Vgl. A. Luria, 1978; H. Hecaen und M. Albert, 1978.
9 C. von der Malsburg und D. Willshaw, 1981; C. von der Malsburg, 1981.
10 J.-P. Changeux, P. Courrège und A. Danchin, 1973; J.-P. Changeux, 1981 b, 1983 a, b.
11 D. Hebb, 1949.
12 G. Edelman, 1978.
13 R. Thom, 1980.
14 R. Thom, 1980.
15 F. de Saussure, 1915.
16 E. Hilgard und D. Marquis, 1940; R. Lorente de Nó, 1938.
17 B. Katz und S. Thesleff, 1957.
18 J.-P. Changeux, 1981.
19 T. Heidmann und J.-P. Changeux, 1982.
20 F. Morel, 1947.
21 C. Pull und M.-C. Pull, 1981.
22 H. Hecaen und M. Albert, 1978.
23 S. Peroutka und S. Snyder, 1979.
24 D. Burt u. a.; P. Whitaker und P. Seeman, 1978.
25 H. Ey u. a., 1975.

27 M. Jouvet, 1979.
28 G. Moruzzi und H. Magoun, 1949; H. Magoun, 1954.
29 B. Falk u. a., 1962; A. Dahlstrom und K. Fuxe, 1964; T. Hökfelt u. a., 1980.
30 M. Monnier und L. Hösli, 1964; Ma. Sallanon u. a., 1981.
31 P. Boyer, 1981; S. Schwartz, 1982.
32 S. Hillyard u. a., 1978; R. Galambos und S. Hillyard, 1981.
33 Literaturhinweise bei U. Ungerstedt, 1971; A. Thiery u. a., 1973; H. Simon, 1981.
34 J. Bouyer u. a., 1980; P. Buser, 1980.
35 J.-P. Mialet, 1981.
36 G. Edelman, 1978, 1981.
37 Vgl. D. Ferrier, 1880; B. Kolb und J. Wishaw, 1980.
38 A. Luria, 1978.
39 C. Jacobsen, 1935; C. Jacobsen und H. Nissen, 1937.
40 R. Sperry, 1968; M. Gazzaniga, 1970; S. Springer und G. Deutsch, 1981.
41 S. Kéty und C. Schmidt, 1945; N. Lassen, 1959.
42 L. Sokoloff u. a., 1977.

6. Die Macht der Gene

1 R. Guillery u. a., 1975.
2 R. Guillery, 1974.
3 H. de Vries, 1901.
4 C. Sotelo und A. Privat, 1978; J.-P. Changeux und K. Mikoshiba, 1978; V. Caviness und P. Rakič, 1979.
5 J. Lejeune u. a., 1959; J. Lejeune, 1977; F. Gullotta u. a., 1981.
6 T. Morgan u. a., 1923.
7 S. Benzer, 1967, 1973.
8 Y. Jan und L. Jan, 1978; J. Hall, 1978.
9 Y. Le Roy, 1964; D. Bentley, 1971; D. Bentley und R. Hoy, 1974.
10 W. Quinn u. a., 1974; Y. Dudai, 1981.
11 D. Byers u. a., 1981.
12 W. Bodner und L. Cavalli-Sforza, 1976.
13 J. Mendlewicz u. a., 1979, 1980; J. Mendlewicz, 1980.
14 J. Monod, 1971.
15 F. Jacob und J. Monod, 1961; F. Gros u. a., 1961.
16 Literaturhinweise in: J. Watson, 1976.
17 Vgl. J. Gurdon, 1974; L. Hood u. a., 1975.
18 P. Kourilsky und P. Chambon, 1973; R. Breathnach und P. Chambon, 1981.
19 R. Scheller u. a., 1982.
20 W. Hahn u. a., 1978; J. van Ness u. a., 1979.

21 Vgl. F. Jacob, 1979.
22 T. Wright, 1970; J. Postlethwait und H. Schneiderman, 1973; G. Morata und P. Lawrence, 1977.
23 E. Hadorn, 1967, 1968.
24 D. Bennett, 1975; H. Shin u. a., 1982.
25 S. Strickland und V. Mahdavi, 1978.
26 S. Levine, 1966; C. Aron, 1974; B. MacEwen, 1976; R. Gorski, 1979; Y. Arai, 1981.
27 Literaturhinweise bei: E. Sullerot, 1978.
28 C. de Lacoste-Utamsing und R. Holloway, 1982; vgl. auch R. Holloway, 1980; P. Tobias, 1975.
29 Literaturhinweise bei: D. Pfaff, 1980.
30 Literaturhinweise bei: P. Rakič und P. Goldman-Rakič, 1982.
31 J. Angevine und R. Sidman, 1971; P. Rakič, 1974.
32 C. Shatz und P. Rakič, 1981.
33 J. Lund u. a., 1977; R. Boothe u. a., 1979.
34 J. Conel, 1939/1963.
35 H. van der Loos und T. Woolsey, 1973.
36 J. Scholes, 1979; vgl. auch N. Bodick und C. Levinthal, 1980.
37 K. Martin und H. Perry, 1983.

7. Epigenese

1 J.-P. Changeux, 1972, 1983a, b; J.-P. Changeux, P. Courrège, A. Danchin, 1973; J.-P. Changeux und A. Danchin, 1976; J.-P. Changeux u. a., 1981; J.-L. Gouzé u. a., 1983.
2 E. Macagno u. a., 1973.
3 F. Levinthal u. a., 1976.
4 R. Wimer u. a., 1976.
5 B. Mintz, 1974.
6 R. Mullen, 1977; M. Oster-Granite und J. Gearhart, 1981; D. Goldowitz und E. Mullen, 1982.
7 R. Campenot, 1977.
8 W. Cowan, 1979; R. Pittman und R. Oppenheim, 1979.
9 P. Redfern, 1970; M. Bennett und A. Pettigrew, 1974; P. Benoit und J.-P. Changeux, 1975, 1978; M. Brown u. a., 1976; J. Gouzé u. a., 1981.
10 F. Crépel u. a., 1976; J. Mariani und J.-P. Changeux, 1981; J. Mariani, 1983.
11 J. Lund u. a., 1977; R. Boothe u. a., 1979.
12 G. Innocenti, 1981a, b; G. Ivy und H. Killackey, 1982; D. O'Leary u. a., 1981.
13 V. Hamburger; R. Ripley und R. Provine, 1972.
14 C. Dreyfus-Brisac, 1979; D. Jouvet-Mounier, 1968.
15 R. Marty und J. Scherrer, 1964.

16 Literaturhinweise bei: J.-P. Changeux, 1981.
17 Literaturhinweise bei: D. Fambrough, 1979; J.-P. Changeux, 1981; M. Dennis, 1981.
18 A. Michler und B. Sakmann, 1980; J. Steinbach, 1981; C. Reiness und G. Weinberg, 1981.
19 Literaturhinweise bei: G. Fischbach u. a., 1976.
20 J.-P. Changeux, P. Courrège und A. Danchin, 1973.
21 Literaturhinweise bei: J.-P. Changeux, 1981, 1983; P. Nelson und D. Brenneman, 1982; W. Harris, 1981.
22 G. Giacobini u. a., 1973; S. Burden, 1977a, b; J.-P. Bourgeois u. a., 1978.
23 R. Pittman und R. Oppenheim, 1979; R. Oppenheim und R. Nunez, 1982.
24 P. Benoit und J.-P. Changeux, 1975, 1978; W. Thompson u. a., 1979.
25 R. O'Brien u. a., 1977, 1978.
26 J. Gouzé, J. Lasry und J.-P. Changeux, 1983.
27 Vgl. C. Henderson u. a., 1981; C. Henderson, 1983.
28 Literaturhinweise bei: S. Le Vay u. a., 1980.
29 Vgl. auch M. Imbert und P. Buisseret, 1975, sowie M. Imbert, 1979, zur Wirkung der Aktivität auf die Entwicklung der selektiven Orientierung der Neuronen in der Sehrinde (Kap. 2).
30 Vgl. C. Trevarthen, 1973, 1980; S. Springer und G. Deutsch, 1981.
31 Matthäus 25, 31.
32 D. Rife, 1940; M. Corballis und M. Morgan, 1978; M. Morgan und M. Corballis, 1978.
33 K. Hummel und D. Chapman, 1959; W. Lyton, 1976.
34 D. Teszner u. a., 1972; J. Chi u. a., 1972; J. Wada u. a., 1975.
35 D. Rife, 1940, 1950; H. Gordon, 1920; R. Howard und A. Brown, 1970.
36 E. Lenneberg, 1972.
37 B. Woods und H. Teuber, 1973; H. Teuber, 1975.
38 H. Hecaen, 1976.
39 M. Dennis und H. Whitaker, 1976.
40 Vgl. auch J. Mehler, 1974.
41 P. Marler, 1970.
42 K. Miyawaki u. a., 1975; P. Eimas, 1975.
43 J. Elman u. a., 1981.
44 R. Cameron u. a., 1971.
45 A. Damasio u. a., 1976.
46 A. Tzavaras u. a., 1981.
47 G. Stent, 1981.

8. Die Entwicklung des Menschen

1 J. de Grouchy u. a., 1972; J. de Grouchy, 1982.
2 W. Beermann und U. Clever, 1964.
3 M. King und A. Wilson, 1975.
4 Literaturhinweise bei: J. Ruffié, 1976, 1982.
5 Y. Coppens, 1981; P. Tobias, 1975, 1980; R. Holloway, 1975.
6 S. O'Brien und W. Nash, 1982.
7 S. Gould, 1977.
8 L. Bolk, 1926.
9 W. Leutenegger, 1972.
10 J. Catel, 1953.
11 S. Packer und K. Gibson, 1979.
12 J. Piaget, 1972/73; B. Inhelder und J. Piaget, 1973.
13 S. Saint-Anne Dargassies, 1962.
14 F. Jacob, 1979; U. Rutishauser u. a., 1982.
15 Vgl. auch M. King und A. Wilson, 1975.
16 G. Snell, 1929; M. Wintzerith u. a., 1974.
17 P. Evrard u. a., 1982.
18 F. Gullotta u. a., 1982.
19 G. Isaac, 1978.
20 M. Godelier, 1982.
21 J. Neel u. a., 1964.
22 S. Mellen, 1981.
23 Vgl. J. Piveteau, 1956.

9. Das Gehirn – Repräsentation der Welt

1 M. Piattelli-Palmarini, 1979; M. Bunge, 1980; S. Rose, 1980; J. Fodor, 1981.
2 J. Fodor, 1975.
3 J. Fodor, 1975.
4 E. Mayr, 1974; T. Dobzhansky, 1977; R. Lewontin, 1974; M. White, 1978; M. Blanc, 1982; S. Gould, 1983.
5 B. André-Leicknam und C. Ziegler, 1982.
6 N. Jerne, 1967; J.-P. Changeux, 1972; J. Young, 1973; G. Edelmann, 1978.
7 M. Jeannerod und H. Hecaen, 1979.
8 Vgl. P. Benoit und J.-P. Changeux, 1978.
9 B. Spinoza, Ethik, 4, S. 193.

Dank

Dieses Buch wäre nicht möglich gewesen ohne die Tatkraft und die Sorgfalt von Odile Jacob, die seine Entstehung aufmerksam und mit großer Sachkenntnis verfolgt hat. Profitiert hat es von einzigartigen wissenschaftlichen Kontakten – Vorträgen und Diskussionen – unter der Schirmherrschaft des Neuroscience Research Program, das zunächst von F. O. Schmitt in Boston geleitet wurde, später von G. Edelman und V. Mountcastle in New York. Eine siebenjährige Lehrtätigkeit am Collège de France vor einer stets kritischen und wißbegierigen Zuhörerschaft hat mir sehr geholfen bei der Suche nach geeigneten Unterlagen, bei der Auswahl der Beispiele und natürlich auch bei der Formulierung der Grundgedanken.

Schließlich gebührt mein Dank P. Benoît, C. Bertheleu, S. Carcassonne, H. Condamine, J. Costentin, H. Hecaen und A. Klarsfeld für die kritische Durchsicht des Manuskripts und ihre konstruktiven Anregungen, sowie J. Cartaud, M. Donskoff, M. Fardeau, J. Gaillard, C. Sotelo, A. Trautmann und S. Tsuji für das wertvolle Bildmaterial. Für die Qualität der Illustrationen sorgte P. Lemoine, der sich mit großer Sorgfalt um die fotografischen Aufnahmen und Abzüge kümmerte.

Glossar

Acetylcholin: Einer der ersten bekannten Neurotransmitter, dessen Wirkung an der neuro-muskulären Verbindung durch das Curare blockiert wird.

Agnosie: Mangelnde Fähigkeit, einen Sinnesreiz wahrzunehmen – ohne Funktionsstörung der Sinnesorgane und ohne Beeinträchtigung der Aufmerksamkeit.

Aminosäure: Organisches Molekül, dessen Funktionen durch die beiden namengebenden Gruppen bedingt sind und das die Eiweiße der Proteine aufbaut, aber auch andere Funktionen hat, etwa die von Neurotransmittern. Beispiel: Glutaminsäure, Asparaginsäure, γ-Aminobuttersäure (GABA).

Aphasie: Infolge einer Hirnläsion beeinträchtigte Fähigkeit, zu sprechen und/oder Gesprochenes und/oder Geschriebenes zu verstehen (Abb. 40).

Aplysia: Seehase, eine im Meer lebende Nacktschnecke der Überordnung Hinterkiemer mit sehr einfachem Nervensystem, das häufig zur Untersuchung von Neuronenstrukturen herangezogen wurde (Abb. 26).

ATP oder Adenosintriphosphat: Kleines Molekül, das vor allem von der Zellatmung erzeugt wird. Es dient als «Zellbrennstoff» zur Energiespeicherung und -übertragung.

Axon: Einziger Fortsatz der Nervenzelle, in dem die Nervenimpulse vom Soma zum Endpunkt der Faser fließen; es ist die Ausgangsleitung der Nervenzelle und endet in einer Verzweigung, die zur Synapsenbildung beiträgt (Abb. 7 und 8).

Basalganglien: Gruppe großer Kerne im Boden des Vorderhirns (Abb. 13).

Catecholamine: Familie chemischer Substanzen aus einer Catechol- und einer funktionellen Amingruppe. Zahlreiche Catecholamine wirken als Neurotransmitter. Beispiel: Noradrenalin und Dopamin (Abb. 11 und 44).

Chromosom: Fadenförmiges Gebilde im Zellkern, Träger von Erbinformation. Wird unter dem Mikroskop bei der Zellteilung sichtbar (Abb. 72).

Colliculi superiores: Kernpaar im dorsalen Bereich des Mittelhirns, auf die ein Teil der Sehbahnen projiziert.

Corpus callosum (Balken): Wichtiger Faserstrang, der die beiden Hemisphären des Großhirnkortex verbindet (Abb. 3 und 5).

Corpus geniculatum laterale (lateraler Kniehöcker): Thalamuskern, der als Umschaltstation für die Sehbahnen dient (Abb. 50).

Dendriten: Vielfältige und sehr verzweigte Fortsätze der Nervenzelle, die zahlreiche synaptische Verbindungen mit axonalen Endigungen bilden. Sie nehmen die dort erzeugten Signale auf und übermitteln sie an den Zellkörper – das Soma – des Neurons (Abb. 8).

DNS (Desoxyribonukleinsäure): Materieller Träger des Erbguts, der aus linear verketteten Nukleotiden besteht. Diese sind ihrerseits auf der Grundlage einer Kette organischer Moleküle aneinandergereiht, nämlich einer

Kette aus einem Zucker (Desoxyribose) und Phosphat. Meist ordnen sich zwei komplementäre DNS-Stränge zu einer spiralförmigen Doppelhelix an.

Dopamin: Neurotransmitter aus der Familie der Catecholamine, der in einer biologischen Theorie der Schizophrenie eine wichtige Rolle spielt (Abb. 44).

Enkephalin: Zu den Peptiden gehörender Neurotransmitter, der als «endogenes Morphin» wirkt. Kommt in zwei Formen vor: NH_2-Tyrosin-Glycin-Glycin-Phenylalanin-Metionin und NH_2-Tyrosin-Glycin-Glycin-Phenylalanin-Leucin (Abb. 36).

Formatio reticularis (Netzkörper): Komplexes Gebilde aus Nervenfasern und Zellkörpern im ventralen Bereich des Hirnstamms zwischen Rückenmark und Thalamus (Abb. 44). Die Struktur setzt sich aus verschiedenen Neuronengruppen zusammen, deren bekannteste mit Katecholaminen wie dem Noradrenalin (Abb. 11) oder dem Dopamin (Abb. 44) arbeiten.

GABA: γ-Aminobuttersäure: Aminosäure, die als inhibitorischer Neurotransmitter wirkt.

Gen: DNS-Abschnitt mit festgelegter Funktion. Die Strukturgene kodieren die Proteine. Die Regulatorgene regulieren die Aktivität der Strukturgene (indem sie sie aktivieren oder hemmen).

Genom: Gesamtheit des genetischen Materials (der DNS) in der Zelle.

Genotyp: genetische Konstitution eines Individuums.

Glia: Gewebe aus den sogenannten «Gliazellen», des Nervensystems, die sich von den Nervenzellen unterscheiden, sie stützen und ernähren.

Großhirnrinde oder Neokortex: Schicht aus grauer Substanz, die die Wand der Großhirnhemisphären bildet und sich bei den Säugetieren im Lauf der Stammesgeschichte immer stärker ausprägt (Abb. 3, 13, 14, 15 und 16).

Hippocampus: Vorn und innen gelegene Windung des Schläfenlappens; ursprünglich der alte Kortex der Reptilien und primitiven Säugetiere, der sich bei den höheren Säugetieren nach innen verlagert hat. Besteht nicht aus sechs Schichten wie der Neokortex (Abb. 14, 37).

Hirnstamm: Wichtige Gehirnregion zwischen verlängertem Mark und Thalamus; in weiterem Sinne auch das ganze primitive Wirbeltiergehirn ohne die Rindengebiete (Abb. 5, 13, 44).

Homöotisch: Bezeichnet Gene, deren Mutation bei wirbellosen Tieren zur Ersetzung eines Organs durch ein anderes führt. Beispiel: Durch die Mutation *Ophtalmoptera* wächst bei *Drosophila* anstelle des Auges ein Flügel.

Hypothalamus: Struktur aus 22 kleinen Nervenzentren (Ganglien) im Vorderhirn unter den Thalamusganglien; spielt trotz seiner bescheidenen Ausmaße eine wichtige Rolle für die lebenswichtigen Funktionen Essen, Trinken, sexuelles Verhalten, Schlaf, Temperaturregelung, emotionales Verhalten, Hormonregulierung, Bewegung usw. (Abb. 13).

Ion: Atom oder Molekül mit elektrischer Ladung. Beispiel: das Natriumion ^+Na oder das Chlorion ^-Cl.

Ionenkanal: Ort, an dem die Ionen die Zellmembran durchqueren. Es gibt mehrere Kategorien von Kanälen, die sich in erster Linie durch ihre Selektivität gegenüber den Ionen und durch ihre Reaktion auf das elektrische

Glossar

Potential unterscheiden. Bei der Ausbreitung des Nervenimpulses werden die selektiven Kanäle des Natriums aktiviert (Abb. 30).

Isogenetisch: Bezeichnet Individuen gleichen Genotyps, zum Beispiel eineiige Zwillinge (Abb. 58).

Kategorie: Sehr eng definierte Gruppe von Zellen mit gleicher Morphologie und Biochemie (Abb. 15).

Kleinhirn (Cerebellum): Stammesgeschichtliche alte Struktur des Hinterhirns, die auf die motorische Koordination spezialisiert ist (Abb. 3, 13, 21). Das Kleinhirn enthält nur eine geringe Zahl von Neuronenkategorien, darunter die Purkinje-Zellen und die Körnerzellen.

Klon: Alle Individuen (oder Zellen), die durch ungeschlechtliche Vermehrung aus einem Individuum (oder einer Zelle) entstanden sind (Abb. 58).

Limbisches System: Gebilde aus primitiven Strukturen; wesentlich beteiligt an der Kontrolle affektiver Verhaltensweisen; umfaßt den Hippocampus, das Septum pellucidum, das Corpus amygdaloideum (Mandelkern), die Riechkolben usw. (Abb. 37).

Locus caeruleus: Kern aus dem Mittelteil des Hirnstamms, besteht aus adrenergen Neuronen, das heißt aus Neuronen, die Noradrenalin enthalten (Abb. 11).

Mauthner-Zelle: Riesenneuron des Fisches; liegt nur in zwei Exemplaren im verlängerten Mark vor, ist am Fluchtreflex beteiligt (Abb. 34).

Membranpotential: An der Zellmembran bestehende elektrische Potentialdifferenz, die auf Grund des Konzentrationsgefälles von Ionen zwischen innerem und äußerem Milieu der Zelle zustande kommt.

Mutation: Spontane oder künstlich erzeugte erbliche Veränderung in der Struktur des Genmaterials, der DNS.

Myelin (Markscheide): Aus Lipiden bestehende Substanz, die bestimmte Nervenfasern umhüllt.

Neuron: Nervenzelle mit einem Zellkörper oder Soma, das den Kern enthält, und mit Fortsätzen oder Neuriten zweierlei Art: den Dendriten, die im Soma zusammenlaufen, und dem nur einmal vorhandenen Axon, das vom Soma fortführt (Abb. 8).

Neurotransmitter: Chemische Substanz, die an der Übertragung des Nervensignals über eine chemische Synapse hinweg beteiligt ist. Es gibt mehrere Dutzend Neurotransmitter im Gehirn (Abb. 11).

Noradrenalin oder Norepinephrin: Neurotransmitter aus der Gruppe der Catecholamine mit vielfältigen Aufgaben im zentralen (Abb. 11) und im peripheren Nervensystem.

Peptid: Ein Peptid besteht wie ein Protein aus linear verbundenen Aminosäuren (ungefähr zwei bis zwanzig). Beispiele: Enkephaline, Substanz P, LHRH.

Phänotyp: Die Gesamtheit der erkennbaren Merkmale eines Individuums, die sich aus der Wechselwirkung zwischen Genotyp und Umwelt ergeben.

Planum temporale: Hinter den auditiven Feldern gelegenes Rindenfeld (Abb. 69).

Pleiotrop: Bezeichnet die Fähigkeit eines Gens, mehrere verschiedene Merkmale des Phänotyps zu beeinflussen. Beispiel: Das Albinismus-Gen wirkt sich sowohl auf die Pigmentierung des Körpers als auch auf die anatomische Struktur der Sehbahnen im Gehirn aus.

Postsynaptisch: Zum «hinteren» Synapsenteil gehörig, das heißt in der Membran des Zielorgans einer Nervenzelle (des Dendriten, des Muskels oder der Drüse) gelegen (Abb. 9, 17, 30).

Präsynaptisch: Zum «Vorderteil» der Synapse gehörig, das heißt von der Membran der axonalen Nervenendigung gebildet (Abb. 9, 17).

Protein (Eiweiß): Die Proteine sind die chemischen Verbindungen, die die Zellen hauptsächlich aufbauen. Es sind sogenannte Makromoleküle, das heißt sehr große Moleküle, die durch die lineare Verkettung einer beträchtlichen Zahl (20 bis 1000) von Aminosäuren entstehen. Die jeweilige Aminosäuresequenz (insgesamt kommen zwanzig Aminosäuren vor) charakterisiert die einzelnen Proteinsorten. Beispiel: Enzyme, Rezeptoren, Kanalmoleküle, Antikörper sind alle Proteine (Abb. 31).

Pumpe: Enzym, das unter Verwendung von ATP Ionen transportiert und dadurch für ein Konzentrationsgefälle zu beiden Seiten der Zellmembran sorgt.

Purkinje-Zelle: Wichtigste Zellkategorie der Kleinhirnrinde; Merkmal: eine üppige «spalierbaumartige» Verzweigung der Dendriten (Abb. 21, 51, 62, Umschlagfoto).

Pyramidenzelle: Wichtige Neuronenkategorie der Großhirnrinde mit Axonen, die aus dieser austreten (Abb. 15).

RNS (Ribonukleinsäure): Der DNS ähnelndes Makromolekül, das an der Übersetzung der DNS-Gene in Proteine beteiligt ist.

Repressor: Allosterisches Protein, das die Übersetzung der Strukturgene in Proteine reguliert.

Rezeptor: Ein Terminus mit zwei Bedeutungen; zum einen bezeichnet er die *Zellen* der Sinnesorgane, die den Sinnesreiz aufnehmen (Beispiel: die Zapfen und Stäbchen der Netzhaut); zum anderen versteht man darunter die *Moleküle,* die einen Neurotransmitter oder ein Hormon erkennen und sich mit ihm verbinden (Beispiel: der Rezeptor des Acetylcholins, vgl. Abb. 31).

Rindenfeld (Area): Begrenzte Fläche auf der Großhirnrinde, sowohl an ihrer Zellarchitektur als auch an ihrer Funktion zu erkennen (vgl. Brodmanns Karte der Rindenfelder, Abb. 6). Traditionell unterscheidet man zwischen *primären sensorischen Feldern* und motorischen Feldern, die Ort der Projektion der Sinnesorgane beziehungsweise verantwortlich für die Motorik sind, und den *Assoziationsfeldern,* die sich an erstere anschließen (Abb. 6, 38, 39).

Septum pellucidum: Einer der Kerne des limbischen Systems (Abb. 37).

Serotonin: Neurotransmitter, Derivat einer essentiellen Aminosäure, des Tryptophan.

Singularität: Unterscheidet jede zu einer bestimmten Kategorie gehörige Zelle von den anderen Zellen dieser Kategorie durch das genaue Inventar der Verbindungen, die sie herstellt und empfängt.

Soma: Zellkörper des Neurons; enthält Kern und Zytoplasma sowie Mitochondrien und verschiedene molekulare Vorrichtungen der Biosynthese.

Sternzelle: Unter dieser Bezeichnung werden mehrere Neuronenkategorien des Kortex zusammengefaßt, deren Axone *nicht* aus diesem austreten (Abb. 15).

Substanz P: Neurotransmitter aus der Peptidgruppe; beteiligt an der Übermittlung von Schmerzsignalen im Bereich des Rückenmarks.

Synapse: Verbindungsstelle zwischen Neuronen, aber auch zwischen Neuronen und anderen Zellkategorien (Muskelzellen, Drüsenzellen). An der Synapse rücken die Zellmembran der axonalen Nervenendigung und die innervierte Fläche dicht zusammen, ohne jedoch miteinander zu verschmelzen. Man unterscheidet zwischen elektrischen Synapsen, an denen die elektrischen Signale direkt weitergeleitet werden, und chemischen Synapsen, bei denen der synaptische Spaltraum mit Hilfe eines Neurotransmitters überwunden wird (Abb. 9, 17).

Thalamus: Gebilde aus Strukturen des Vorderhirns, unterhalb des Neokortex gelegen; für die meisten der zum Kortex hinführenden und von ihm fortführenden Bahnen dient der Thalamus als Umschaltstation (Abb. 3, 13, 18).

Zellkristall: Komplex von Nervenzellen einer bestimmten Kategorie, die in der Fläche regelmäßig angeordnet sind; Beispiel: die Purkinje-Zellen im Kleinhirn (Abb. 21, 22).

Zellmembran: Häutchen aus einer Doppelschicht von Lipiden und Proteinen, das jede Zelle, also auch die Nervenzelle, eingrenzt und umschließt. Zu den Proteinen, aus denen sie aufgebaut ist, gehören die Kanalmoleküle, die Enzympumpen und die Rezeptoren der Neurotransmitter.

Zyklisches AMP: Kleines zyklisches Molekül, Derivat des ATP; sorgt für Signalübertragungen in der Zelle.

Bibliographie

Acher, R. (1981). Evolution of neuropeptides. Trends Neurosci., september 1981, 225–229.
Adrian, E. (1946). The physical background of perception. Oxford: Clarendon Press.
Afzélius, B. (1976). A human syndrome caused by immotile cilia. Science *193*, 317–319.
Altman, J. (1967). Postnatal growth and differentiation of the mammalian brain with implication for a neurological theory of memory. In The Neurosciences (Quarton, G. et al., eds.); New York: Rockefeller University Press; pp. 723–743.
Alving, B. O. (1968). Spontaneous activity in isolated somata of *Aplysia* pacemaker neurons. J. Gen. Physiol. *51*, 29–45.
André-Leicknam, B. & Ziegler, C. (1982). Catalogue de l'Exposition «Naissance de l'Écriture – Cunéiformes et hiéroglyphes». Paris, Éditions Réunion Musées Nationaux.
Angevine, J. & Sidman, R. (1961). Autoradiography study of cell migrations during histogenesis of cerebral cortex in the mouse. Nature *192*, 766–768.
Annett, M. (1972). The distribution of manual asymmetry. Brit. J. Psychol. *63*, 343–358.
Arai, Y. (1981). Synaptic correlates of sexual differentiation. Trends Neurosci., december 1981, 291–293.
Aron, C. (1974). Facteurs neurohormonaux du comportement sexuel chez la ratte. In «Problèmes actuels d'endocrinologie et de nutrition» série *18*, «Le cerveau et les hormones», 191–232.
Atlan, H. (1979). Entre le cristal et la fumée. Paris: le Seuil.
Avery, O., McLeod, C. & McCarthy, M. (1944). Studies on the chemical nature of the substance inducing transformation of pneumococcal types. Induction of transformation by a deoxyribonucleic acid fraction isolated from *Pneumococcus* type III. J. Exp. Med. *79*, 137–158.
von Baer, K. (1828–1837). Entwicklungsgeschichte der Tiere: Beobachtung und Reflexion. Königsberg: Bornträger.
Baillarger, J. (1840). Recherches sur la structure de la couche corticale des circonvolutions du cerveau. Mém. Acad. Roy. Méd. Paris *8*, 149–183.
Bain, A. (1855). The senses and the intellect. London.
Bauchot, R. & Stéphan, H. (1969). Encéphalisation et niveau évolutif chez les Simiens. Mammalia *33*, 228–275.
Beadle, G. & Tatum, E. (1941). Genetic control of biochemical reactions in *Neurospora*. Proc. Nat. Acad. Sci. USA *27*, 499–506.
Beerman, W. & Clever, U. (1964). The Chromosomic puffs. Sc. Amer. *210* (4), 50–65.

Benoît, P. & Changeux, J.-P. (1975). Consequences of tenotomy on the evolution of multi-innervation in developing rat soleus muscle. Brain Res. *99*, 354–358.
Benoît, P. & Changeux, J.-P. (1978). Consequences of blocking nerve activity on the evolution of multi-innervation at the regenerating neuromuscular junction of the rat. Brain Res. *149*, 89–96.
Bentley, D. (1971). Genetic control of an insect neuronal network. Science *174*, 1139–1141.
Bentley, D. & Hoy, R. (1974). The neurobiology of the cricket song. Sc. Amer. *231* (2), 34–44.
Benzer, S. (1967). Behavioral mutants of *Drosophila* isolated by countercurrent distribution. Proc. Nat. Acad. Sci. USA *58*, 1112–1119.
Benzer, S. (1973). Genetic dissection of behavior. Sc. Amer. 229 (6), 24–37.
Bennett, D. (1975). The locus T of the mouse. Cell *6*, 441–454.
Bennett, M. & Pettigrew, A. (1974a). The formation of synapses in striated muscle during development. J. Physiol. (London) *241*, 515–545.
Bennet, M. & Pettigrew, A. (1974b). The formation of synapses in reinnervated and cross-innervated striated muscle during development. J. Physiol. (London) *241*, 547–573.
Berger, H. (1969). Hans Berger on the electroencephalogram of man. The fourteen original reports on the human electroencephalogram. Electroenceph. Clin. Neurophysiol., suppl. 28.
Bergstrøm, R. (1969). Electrical parameters of the brain during ontogeny. In «Brain and early behavior» (Robinson, R. J., ed.). New York: Academic Press; pp. 15–42.
Bernard, C. (1857). Leçons sur les effets des substances toxiques et médicamenteuses. Paris: Baillière.
Bernstein, H. (1902). Untersuchungen zur Thermodynamik der bioelektrischen Ströme. Pflügers Arch. *92*, 521–562.
Berridge, M. & Rapp, P. (1979). A comparative survey of the function, mechanism and control of cellular oscillations. J. Exp. Biol. *81*, 217–280.
von Bertalanffy, L. (1973). Théorie générale des systèmes. Paris: Dunod.
Besson, J.-M., Guilbaud, G., Abdelnoumène, M. & Chaouch, A. (1982). Physiologie de la nociception. J. Physiol. (Paris) *78*, 7–107.
Bindmann, L. & Lippold, O. (1981). The neurophysiology of the cerebral cortex. London: Arnold.
Binet, A. (1886). La Psychologie du raisonnement. Paris: Alcan.
Blanc, M. (1982). Les théories de l'évolution aujourd'hui. La Recherche *129*, 26–41.
Bleuler, E. (1911). *Dementia praecox* oder Gruppe der Schizophrenien. Leipzig.
Bloom, F. (1981). Neuropeptides. Sc. Amer. *245* (4), 114–123.
Bodian, D. (1952). Introductory survey of neurons. Cold Spring Harbor Symp. Quant. Biol. *17*, 1–13.
Bodik, N. & Levinthal, C. (1980). Growing optic nerve fibers follow neighbors during embryogenesis. Proc. Nat. Acad. Sci; USA *77*, 4374–4378.
Bodmer, W. & Cavalli-Sforza, L. (1976). Genetics, evolution and man. San Francisco: Freeman.

Bolk, L. (1926). On the problem of anthropogenesis. Proc. Section Sciences Kon. Akad. Wetens. Amsterdam *29*, 465–475.
von Bonin, G.(1937). Brain weight and body weight in mammals. J. Gen.Psychol. *16*, 379–389.
Bon, F., Lebrun, E., Gomal, J., van Rapenbusch, R., Cartaud, J., Popot, J.-L. & Changeux, J.-P. (1982). Orientation relative de deux oligomères constituant la forme lourde du récepteur de l'acétylcholine chez la Torpille marbrée. C. R. Acad. Sci. Paris *295*, 199–205.
Boothe, R., Greenough, W. Lund, J. & Wrege, K. (1979). A quantitative investigation of spine and dendrite development of neurons in visual cortex (area 17) of *Macaca nemestrina* monkeys. J. Comp. Neurol. *186*, 473–490.
Bourgeois, J.-P., Betz, H. & Changeux, J.-P. (1978). Effets de la paralysie chronique de l'embryon de poulet par le flaxédil sur le développement de la jonction neuromusculaire. C. R. Acad. Sci. Paris *286* D, 773–776.
Bourguignon, A. (1981a). Quelques problèmes épistémologiques posés dans le champ de la psychanalyse freudienne. Psychanalyse à l'Université *6*, 381–414.
Bourguignon, A. (1981b). Fondements neurobiologiques pour une théorie de la psychopathologie. Un nouveau modèle – Psychiatrie de l'enfant, *24*, 445–540.
Bouveresse, J. (1979). «Le tableau me dit soi-même …». La théorie de l'image dans la philosophie de Wittgenstein. Macula *5/6*, 150–164.
Bouyer, J., Montaron, M., Rougeul-Buser, A. & Buser, P. (1980). A thalamocortical rhythmic system accompanying high vigilance levels in the cat. In «Rhythmic EEG activities and cortical functioning» (Pfurtscheller, G. et al., eds.). Amsterdam: Elsevier.
Boyer, P. (1981). Les troubles du langage en psychiatrie. Paris: Presses Universitaires de France.
Brazier, M. (1977). La neurobiologie, du vitalisme au matérialisme. La Recherche *83*, 965–972.
Brazier, M. (1978). Architectonics of the cerebral cortex: Research in the 19th century. In «Architectonics of the cerebral cortex» (Brazier, M. & Petsche, H., eds.). New York: Raven Press.
Breasted, J. H. (1930). The Edwin Smith surgical papyrus. Chicago: Chicago University Press (2 vols.).
Breathnach, R. & Chambon, P. (1981). Organization and expression of eukaryotic split genes coding for proteins. Ann. Rev. Biochem. *50*, 349–383.
Brecha, N., Karten, H. & Laverack, C. (1979). Enkephalin-containing amacrine cells in the avian retina: immunohistochemical localization. Proc. Nat. Acad. Sci. USA *76*, 3010–3014.
Brecha, N., Karten, H. & Schenker, C. (1981). Neurotensin-like and somatostatin-like immunoreactivity within amacrine cells of the retina. Neuroscience *6*, 1329–1340.
Bremer, F. (1935). Cerveau isolé et physiologie du sommeil. C. R. Séances Soc. Biol. *118*, 1235–1241.
Brodmann, K. (1909). Vergleichende Lokalisationslehre der Großhirnrinde. Leipzig: Borth.

Broussais, F. (1836). Cours de phrénologie. Paris: Baillière.
Brown, M. C., Jansen, J. K. S. & van Essen, D. (1976). Polyneural innervation of skeletal muscle in newborn rats and its elimination during maturation. J. Physiol. (London) 261, 387-422.
Buisseret, P. & Imbert, M. (1976). Visual cortical cells: their developmental properties in normal and dark-reared kittens. J. Physiol. (London) 255, 511-525.
Bünge, M. (1980). The mid-body problem. Oxford: Pergamon Press.
Burden, S. (1977a). Development of neuromuscular junction in the chick embryo: the number, distribution and stability of acetylcholine receptors. Dev. Biol. 57, 317-329.
Burden, S. (1977b). Acetylcholine receptors at the neuromuscular junction: developmental change in receptor turnover. Dev. Biol. 61, 79-85.
Burt, D., Creese, I. & Snyder, S. (1976). Binding interactions of lysergic acid diethylamide and related agents with dopamine receptors in the brain. Mol. Pharmacol. 12, 631-638.
Buser, P. (1980). Attention: a brief survey of some of its electrophysiological correlates. In «Functional states of the brain: their determinants». (Koukkou, M. et al., eds.). Amsterdam: Elsevier.
Byers, D., Davis, R. & Kiger, J. (1981). Defect in cyclic AMP phosphodiesterase due to the *dunce* mutation of learning in *Drosophila melanogaster*. Nature 289, 79-81.
Cabanis, P. (1824). Rapports du physique et du moral de l'homme. Paris: Béchet.
Cameron, R., Currier, R. & Haeper, A. (1971). Aphasia and literacy. Br. J. Dis. Comm. 6, 161-163.
Campenot, R. (1977). Local control of neurite development by nerve growth factor. Proc. Nat. Acad. Sci. USA 74, 4516-4519.
Catel, J. (1953). Ein Beitrag zur Frage von Hirnentwicklung und Menschwerdung. Klin. Wschr. 31, 473-475.
Caton, R. (1875). The electric currents of the brain. Brit. Med. J. ii, 278.
Caviness, V. & Rakic, P. (1978). Mechanisms of cortical development: a view from mutation in mice. Ann. Rev. Neurosci. 1, 297-326.
Changeux, J.-P. (1972). Le cerveau et l'événement. Communications 18, 37-47.
Changeux, J.-P. (1980). Résumé du cours: «Effets de l'interaction avec l'environnement sur le développement de l'organisation fonctionnelle du système nerveux». Annuaire Collège de France, 80e année, pp. 309-326.
Changeux, J.-P. (1981). The acetylcholine receptor: an allosteric membrane protein. Harvey Lectures 1981, 85-254.
Changeux, J.-P. (1981). Les progrès des sciences du système nerveux concernent-ils les philosophes? Bull. Soc. Fr. Philosophie. 75, 73-105.
Changeux, J.-P. (1983). Concluding remarks: about the «singularity» of nerve cells and ists ontogenesis. Prog. Brain Res. 58, 465-478.
Changeux, J.-P. (1983). Remarques sur la complexité du système nerveux et sur son ontogénèse, sous presse.
Changeux, J.-P., Benedetti, L., Bourgeois, J.-P., Brisson, A., Cartaud, J., De-

vaux, P., Grünhagen, H., Moreau, M., Popot, J.-L., Sobel A., Weber, M. (1976). Some structural properties of the cholinergic receptor protein in its membrane environment relevant toits function as a pharmacological receptor. Cold Spring Harbor Symp. Quant. Biol. *40*, 211– 230.
Changeux, J.-P., Courrège, P. & Danchin, A. (1073). A theory of the epigenesis of neural networks by selective stabilization of synapses. Proc. Nat. Acad. Sci. USA *70*, 2974–2978.
Changeux, J.-P., Courrège, P., Danchin, A. & Lasry, J.-M. (1981). Un mécanisme biochimique pour l'épigégenèse de la jonction neuromusculaire. C. R. Acad. Sci. Paris *292*, 449–453.
Changeux, J.-P. & Danchin, A. (1974). Apprendre par stabilisation sélective de synapses en cours de développement. In «L'unité de l'Homme» (Morin, E. & Piattelli, M., eds.). Paris: Le Seuil; pp. 320–357.
Changeux, J.-P. & Danchin, A. (1976). Selective stabilization of developing synapses as a mechanism for the specification of neuronal networks. Nature *264*, 705–712.
Changeux, J.-P., Kasai, M. & Lee, C. Y. (1970). The use of a snake venom toxin to characterize the cholinergic receptor protein – Proc. Nat. Acad. Sc. *67*, 1241–1247.
Changeux, J.-P. & Mikoshiba, M. (1978). Genetic and «epigenetic» factors regulating synapse formation in vertebrate cerebellum and neuromuscular junction. Prog. Brain Res. *48*, 43–64.
Chi, J., Dooling, E., Giles, F. (1972). Left-right asymmetries of the temporal speech areas of the human fetus. Arch. Neurol. *34*, 346–348.
Chomsky, N. (1979). In «Théories du langage – théories de l'apprentissage» (Piattelli-Palmarini, M., ed.). Paris: Le Seuil; pp. 65–87.
Chu-Wang, I. & Oppenheim, R. (1978). Cell death of motoneurons in the chick embryo spinal cord. J. Comp. Neurol. *177*, 33–112.
Clarke, E. & Dewhurst, K. (1975). Histoire illustrée de la fonction cérébrale. Paris: Da Costa.
Clarke, E. & O'Malley, C. (1968). The human brain and spinal cord. A historical study illustrated by writings from Antiquity to the twentieth century. Berkeley: University of California Press.
Cohen, G. (1977). The psychology of cognition. London: Academic Press.
Collin, R. (1906). Recherches cytologiques sur le développement de la cellule nerveuse. Névraxe *8*, 181–308.
Colonnier, M. (1981). The electron microscopic analysis of the neuronal organization of the cerebral cortex. In «The organization of the cerebral cortex» (Schmitt, F. *et al.*, eds.). Cambridge, Mass.: MIT Press, pp. 125–152.
Conel, J.-L. (1939–1963). Post-natal development of the human cerebral cortex. Cambridge, Mass.: Harvard University Press (Vols. I à VI).
Coppens, Y. (1976). Origines de l'homme: catalogue de l'exposition. Paris: Musée de l'Homme.
Coppens, Y. (1981). Exposé sur le cerveau: le cerveau des hommes fossiles. C. R. Acad. Sci. *292*, Vie académique, suppl. avril, 3–24.
Corballis, M. & Morgan, M. (1978). On the biological basis of human later-

ality: 1. Evidence fo a maturational left-right gradient. Behavior. Brain Sciences *1*, 261–269.
Couteaux, R. (1981). Structure of the subsynaptic sarcoplasm in the interfolds of the frog neuromuscular junction. J. Neurocytol. *10*, 947–962.
Cowan, W. (1979). Selection and control in neurogenesis. In «The Neurosciences: Fourth study program» (Schmitt, F. & Worden, F., eds.). Cambridge, Mass.: MIT Press; pp. 59–81.
Cragg, B. (1975). The development of synapses in the visual cortex of the cat. J. Comp. Neurol. *160*, 147–166.
Craik, K. (1943). The nature of explanation. Cambridge: Cambridge University Press.
Crepel, F., Mariani, F. & Delhaye-Bouchaud, N. (1976). Evidence for a multiple innervation of Purkinje cells by climbing fibres in the immature rat cerebellum. J. Neurobiol. *7*, 567–578.
Creuzfeldt, O. (1978). The neocortical link: thoughts on the generality of structure and function of the neocortex. In «Architectonics of the cerebral cortex» (Brazier, M. & Petsche, H., eds.). New York: Raven Press; pp. 357–383.
Crum-Brown, A. & Frazer, T. R. (1868). On the connection between chemical constitution and physiological action. 1. On the physiological action of the salts of the ammonium bases, derived from strychnia, brucia, thebaia, codeia, morphia and nicotina. Trans. R. Soc. Edinburgh *25*, 151–203.
Crum-Brown, A. & Frazer, T. R. (1869). On the connection between chemical constitution and physiological action. 2. On the physiological action of ammonium bases derived from atropia and conia. Trans. R. Soc. Edinburgh. *25*, 693–739.
Dahlström, A. & Fuxe, K. (1964). Evidence for the existence of monoamine-containing neurons in the central nervous system. Acta Physiol. Scand. *62*, suppl. n° 232, 1–55.
Dahlström, A., Fuxe, K., Olson, L. & Ungerstedt, U. (1964). Ascending systems of catecholamine neurons from the lower brain system. Acta Physiol. Scand. *62*, 485–486.
Dale, H. (1953). Adventures in Physiology. Oxford: Pergamon Press.
Damasio, A., Castro-Caldas, A., Grosso, J. & Ferro, J. (1976). Brain specialisation for language does not depend on literacy. Arch. Neurol. *33*, 300–301.
Darwin, C. (1871/72). Die Abstammung des Menschen und die geschlechtliche Zuchtwahl. Stuttgart: Schweizerbart.
Davidson, J. M. (1980). The psychobiology of sexual experience. In «The psychobiology of consciousness» (Davidson, J. & Davidson, R., eds.). New York: Plenum Press; pp. 271–332.
Deiters, O. (1865). Untersuchungen über Gehirn und Rückenmark des Menschen und der Säugetiere. Braunschweig: Vieweg und Sohn.
Dement, W. (1965). An essay on dreams: the role of physiology in understanding their nature. In «New directions in psychology» *2*. New York: Holt; pp. 135–257.
Denis, M. (1979). Les images mentales. Paris: Presses Universitaires de France.

Dennis, M. (1981). Development of the neuromuscular junction: inductive interaction between cells. Ann. Rev. Neurosci. *4*, 43–68.

Dennis, M. & Whitaker, H. (1976). Language acquisition following hemidecortication: linguistic superiority of the left over the right hemisphere. Brain and Language *3*, 404–433.

Desmedt, J. (1977). Attention, voluntary contraction of event-related cerebral potentials. Bâle: S. Karger.

Dickinson, A. (1980). Contemporary animal learning theory. Cambridge: Cambridge University Press.

Diderot, D. (1769). Der Traum d'Alemberts. Stuttgart 1923.

Dobzhansky, T. (1958). Die Entwicklung zum Menschen. Hamburg/Berlin: Parey.

Dreyfus-Brisac, C. (1979). Ontogenesis of brain bioelectrical activity and sleep organization in neonates and infants. In «Human growth» *3* (Faulkner, F. & Tanner, J., eds.); pp. 157–182.

Dubois-Reymond, E. (1848–1884). Untersuchungen über tierische Elektrizität. Berlin: Reimer (2 Bde.).

Dudai, Y. (1981). L'intelligence de la mouche. La Recherche *12*, 58–71.

Dutrillaux, B. (1979). Chromosomal evolution in primates: tentative phylogeny from *Microcebus murinus* (prosimian) to man. Hum. Genet. *48*, 251–314.

Dutrillaux, B. (1980). Chromosomal evolution of the great apes and man. In «The great apes of Africa» (Short, R. V. & Weir, B., eds.). Colchester & Londres: Journals of Reproduction and Fertility Ltd.

Dutrochet, H. (1906). Physiologische Untersuchungen über die Beweglichkeit der Pflanzen und der Tiere. Leipzig: Engelmann.

Eaton, R. C., Farley, R. D., Kimmel, C. B. & Schabtach, E. (1977). Functional development in the Mautner cell system of embryos and larvae of the zebra fish. J. Neurobiol. *8*, 151–172.

Eccles, J. (1964). The physiology of synapses. Berlin: Springer Verlag.

Eccles, J., Ito, M. & Szentagothai, J. (1967). The cerebellum as a neuronal machine. Berlin: Springer Verlag.

von Economo, C. (1927). Zellaufbau der Großhirnrinde des Menschen. Berlin: Springer.

Edelman, G. (1981). Group selection as the basis for higher brain function. In «The organization of the cerebral cortex» (Schmitt, F., ed.). Cambridge, Mass.: MIT Press; pp. 535–563.

Edelman, G. & Mountcastle, V. (1978). The mindful brain. Cortical organization and the group-selective theory of higher brain function. Cambridge, Mass.: MIT Press.

Eimas, P. (1975). Auditory and phonetic coding of the cues for speech: discrimination of the [r-l] distinction by young infants. Perception & Psychophysics *18*, 341–347.

Elman, J., Takahashi, K. & Tohsaku, Y.-H. (1981). Asymmetries for the categorization of Kanji nouns, adjectives and verbs presented to the left and right visual fields. Brain and Language *13*, 290–300.

Elliott, T. (1904). On the action of adrenalin. J. Physiol. (London) *31*, 20 P.

Elsberg, C. A. (1945). The anatomy and surgery of the Edwin Smith surgical papyrus. J. Mt. Sinai Hosp. *12*, 141–151.
von Euler, U. & Gaddum, J. (1931). An unidentified depressor substance in certain tissue extracts. J. Physiol. (London) 72, 74–87.
Evarts, E. (1975). Activity of cerebral neurons in relation to movement. In «The nervous system» (Tower, D. B., ed.) vol. I: The basic neurosciences. New York: Raven Press; pp. 221–234.
Evarts, E. (1981). Functional studies of the motor cortex. In «The organization of the cerebral cortex» (Schmitt, F. *et al.*, eds.). Cambridge, Mass.: MIT Press; pp. 263–284.
Evrard, P., Gadisseux, J.-F. & Lyon, G. (1982). Les malformations du système nerveux central. In «Naissance du cerveau». Monaco: Nestlé-Guigoz; pp. 49–74.
Ey, H., Lairy, G., de Barros-Ferreira, M. & Goldsteinas, L. (1975). Psychophysiologie du sommeil et psychiatrie. Paris: Masson.
Faber, D. & Korn, H. (1978). Electrophysiology of the Mautner cell: basic properties, synaptic mechanisms and associated networks. *In:* «Neurobiology of the Mautner cell» (Faber, D. & Korn, H., eds.). New York: Raven Press; pp. 47–131.
Faber, D. & Korn, H. (1982). Binary mode of transmitter release at central synapses. Trends Neurosci. *5*, May 1982, 157–159.
Falck, B., Hillarp, N., Thieme, G. & Torp, A. (1962). Fluorescence of catecholamines and related compounds condensed with formaldehyde. J. Histochem. Cytochem. *10*, 348–354.
Fambrough, D. M. (1979). Control of acetylcholine receptor in skeletal muscle. Physiol. Rev. *59*, 165–227.
Feldberg, W. & Vogt, M. (1948). Acetylcholine synthesis in different regions of the central nervous system. J. Physiol. (London) *107*, 372–381.
Ferrier, D. (1880). De la localisation des maladies cérébrales. Paris: Baillière.
Finot, A. (1890). Faune de la France. Insectes, orthoptères. Paris: Deyrolle.
Fischbach, G. D., Berg, D. K., Cohen, S. A. & Frank, E. (1976). Enrichment of nerve-muscle synapses in spinal cord – muscle cultures and identification of relative peaks of ACh sensitivity at sites of transmitter release. In «The synapse», Cold Spring Harbor Symp. Quant. Biol. *40*, 347–357.
Fischer, E. (1894). Einfluss der Konfiguration auf die Wirkung der Enzyme. Berichte der deutschen chemischen Gesellschaft *27*, 2985–2986.
Fischer, E. (1898). Bedeutung der Stereochemie für die Physiologie. Hoppe-Seylers Zeitschrift für physiologische Chemie *26*, 62–63.
Fodor, J. (1975). The language of thought. Hassocks: Harvester.
Fodor, J. (1981). Representations. Cambridge, Mass.: MIT Press.
Fodor, J. (1981). The mind-body problem. Sc. Amer. *244*(1), 114–123.
Forel, A. (1887). Einige Hirnanatomische Betrachtungen und Ergebnisse. Arch. Psychiat. Nerv. Krankh. *18*, 162–198.
Fox, J. (1977). Estradiol and testosterone binding in normal and mutant mouse cerebellum: biochemical and cellular specificities. Brain Res. *128*, 263–273.

Fox, C. & Fox, B. (1971). A comparative study of coital physiology with special reference to the sexual climax. J. Reprod. Fert. *24*, 319–336.
Fox, C. & Knaggs, G. (1969). Milk ejection activity (oxytocin) in peripheral veinous blood in man during lactation and in association with coitus. J. Endocr. *45*, 145–146.
Freud, S. (1920). Jenseits des Lustprinzips. G. W., Bd. 13.
Fritsch, G. & Hitzig, E. (1870). Ueber die elektrische Erregbarkeit des Grosshirns. Arch. Anat., Physiol. und Wissensch. Med. *37*, 300–332.
Fuster, J. (1980). The prefrontal cortex. New York: Raven Press.
Galambos, R. & Hillyard, S. (1981). Electrophysiological approaches to human cognitive processing. Neurosci. Res. Orig. Bull. *20*, 1241–1265.
Gall, F. J. (1822–1825). Sur les fonctions du cerveau et sur celles de chacune de ses parties. Paris: Baillière (6 vols).
Galvani, L. (1791). Abhandlung über die Kräfte der thierischen Elektrizität auf die Bewegung der Muskeln. Leipzig: Engelmann 1894.
Gazzaniga, M. (1970). The bisected brain. New York: Appleton Press.
von Gerlach, J. (1872). Ueber die Struktur der grauen Substanz des menschlichen Grosshirns. Vorläufige Mitteilungen. Zbl. Med. Wiss. *10*, 273–275.
Geschwind, N. & Levitsky, W. (1968). Human brain: left-right asymmetries in temporal speech region. Science *161*, 186–187.
Giacobini, G., Filogamo, G., Weber, M., Boquet, P. & Changeux, J.-P. (1973). Effects of a snake alpha-neurotoxin on the development on innervated motor muscles in chick embryo. Proc. Nat. Acad. Sci. USA *70*, 1708–1712.
Gilbert, C. & Wiesel, T. (1981). Laminar specialization and intracortical connections in cat primary visual cortex. In «The organization of the cerebral cortex» (Schmitt, F. *et al.*, eds.). Cambridge, Mass.: MIT Press; pp. 163–191.
Glisson, F. (1654). Anatomia hepatis. London: Pullein.
Glisson, F. (1672). Tractatus de natura substantiae energetica. London: Brome & Hooke.
Glisson, F. (1677). Tractatus de ventriculo et intestinis. London: Brome.
Goldowitz, D. & Mullen, R. (1982). Granule cell as a site of gene action in the weaver mouse cerebellum. Evidence from heterozygous mutant chimerae. J. Neurosci. *2*, 1474–1485.
Golgi, C. (1883–1884). Recherches sur l'histologie des centres nerveux. Arch. Ital. Biol. *3*, 285–317; *4*, 92–123.
Golgi, C. (1908). La doctrine du neurone. Les prix Nobel en 1906. Stockholm: Norstedt & Söner.
Gordon, H. (1920). Left-handedness and mirror writing especially among defective children. Brain *43*, 313–368.
Gorski, R. (1979). Hormonal modulation of neuronal structure. The Neurosciences: Fourth study program (Schmitt, F. & Worden, F., eds.). Cambridge, Mass.: MIT Press; pp. 969–982.
Gould, S. (1977). Ontogeny and phylogeny. Cambridge, Mass.: Harvard University Press.
Gould, S. J. (1983). Der falsch vermessene Mensch. Irrwege der Bestimmung von Intelligenz. Stuttgart: Birkhäuser.

Gould, S. (1982). Darwinism and the expansion of evolutionary theory. Science 216, 380–387.
Gouzé, J.-L., Lasry, J.-M. & Changeux, J.-P. (1983). Selective stabilization of muscle innervation during development: a mathematical model. Biol. Cybern., sous presse.
Gray, E. (1959). Axosomatic and axodendritic synapses of the cerebral cortex: an electron microscopy study. J. Anat. 93, 420–433.
Graybill, A. & Berson, D. (1981). On the relation between transthalamic and transcortical pathways in the visual system. In «The organization of the cerebral cortex» (Schmitt, F. et al., eds.). Cambridge, Mass.: MIT Press; pp. 285–322.
Gros, F., Gilbert, W., Hiatt, H., Kurland, C., Risebrough, R. & Watson, J. (1961). Unstable ribonucleic acid revealed by pulselabelling of Escherichia coli. Nature 90, 581–585.
de Grouchy, J. (1982). Les facteurs génétiques de l'évolution. Colloques internationaux du CNRS 599, les processus d'hominisation, 283–293. Paris: Ed. CNRS.
Guillery, R. (1974). Visual pathways in albinos. Sc. Amer. 230(5), 44–54.
Guillery, R. W., Okoro, A. N. & Witkop, C. J. (1975). Abnormal visual pathways in the brain of a human albino. Brain Res. 96, 373–377.
Gullotta, F., Rehder, H. & Gropp, A. (1982). Descriptive neuropathology of chromosomal disorders in man. Hum. Genet. 57, 337–344.
Gurdon, J. (1974). The control of gene expression in animal development. Oxford: Clarendon Press.
Hadorn, E. (1967). Dynamics of determination. Symp. Soc. Dev. Biol. 25, 85–104.
Hadorn, E. (1968). Transdetermination in cells. Sc. Amer. 219(5), 110–123.
Haeckel, E. (1874). Natürliche Schöpfungs-Geschichte. Berlin: G. Reiner 1911.
Hahn, W., van Ness, J. & Maxwell, I. (1978). Complex population of mRNA sequences in large polyadenylated nuclear RNA molecules. Proc. Nat. Acad. Sci. USA 75, 5544–5547.
Hall, J. (1978). Behavioral analysis in Drosophila mosaics. In «Genetic mosaics and cell differentiation» (Gehring, W., ed.). Berlin: Springer Verlag; pp. 259–306.
Hamburger, V. (1970). Embryonic motility in vertebrates. In «The Neurosciences: Second study program» (Quarton, G. et al., ed.). New York: Rockefeller University Press; pp. 141–151.
Hamburger, V. (1975). Cell death in the development of the lateral motor column of the chick embryo. J. Comp. Neurol. 160, 535–546.
Hamer, D. & Leder, P. (1979). Splicing and the formation of stable RNA. Cell 18, 1299–1302.
Harris, W. (1981). Neural activity and development. Ann. Rev. Physiol. 43, 689–710.
Harrson, R. (1907). Observations on the living developing nerve fiber. Anat. Rec. 1, 116–118

Harrison, R. (1908). Embryonic transplantation and development of the nervous system. Anat. Rec. 2, 385-410.
Heath, R. (1972). Pleasure and brain activity in man. J. Nervous Mental Disease *154*, 3-18.
Hebb, D. (1949). The organization of behavior. New York: Wiley.
Hebb, D. (1968). Concerning imagery. Psychol. Rev. *75*, 466-477.
Hebb, D. (1980). Essay on mind. Hillsdale: Lawrence Erlbaum.
Hecaen, H. (1976). Acquired aphasia in children and the ontogenesis of hemispheric functional specialization. Brain Lang. *3*, 114-134.
Hecaen, H. (1978). La dominance cérébrale. Paris: Mouton.
Hecaen, H. & Albert, M. (1978). Human neuropsychology. New York: Wiley.
Hecaen, H. & Dubois, J. (1969). La naissance de la neuropsychologie du langage (1825-1865). Paris: Flammarion.
Hecaen, H. & Lanteri-Laura, G. (1977). Évolution des connaissances et des doctrines sur les localisations cérébrales. Paris: Desclée de Brouwer.
Heidmann, T. et Changeux, J.-P. (1980). Interaction of afluorescent agonist with the membrane-bound acetylcholine receptor from *Torpedo marmorata* in the millisecond time range. Biochem. Biophys. Res. Comm. *97*, 889-896.
Heidmann, T. et Changeux, J.-P. (1982). Un modèle moléculaire de régulation d'efficacitè au niveau postsynaptique d'une synapse chimique. C. R. Acad. Sc. *295*, 665-670.
Henderson, C. (1983). Role for retrograde factors in synapse formation at the nerve-muscle junction. Prog. Brain Res. *58*, 369-373.
Henderson, C., Huchet, M. & Changeux, J.-P. (1981). Neurite outgrowth from embryonic chicken spinal neurones in promoted by media conditioned by muscle cells. Proc. Nat. Acad. Sci. USA *78*, 2625-2629.
Henry, J. (1980). Substance P and pain: an updating. Trends Neurosci., april 1980, 95-99.
Henry, J. & Ely, D. (1976). Biological correlates of psychosomatic illness. *In* «Biological foundations of psychiatry» (Grenell, R. & Galay, S., eds.). New York: Raven Press; pp. 945-981.
Hickey, T. & Guillery, R. (1979). Variability of laminar patterns in the human lateral geniculate body. J. Comp. Neurol. *183*, 221-246.
Hilgard, E. & Marquis, D. (1940). Conditioning and learning. New York: Appleton-Century.
Hillyard, S. (1981). *In* «Electrophysiological approaches to human cognitive processing». Neurosci. Res. Prog. Bull. *20*, 240-246.
Hillyard, S., Picton, T. & Regan, D. (1978). Sensation, perception and attention: analysis using ERPs. *In* «Event-related brain potentials in man» (Callaway, E. *et al.*, eds.). New York: Academic Press; pp. 223-231.
His, W. (1887). Zur Geschichte des menschlichen Rückenmarkes und der Nervenwurzeln. Abh. K. Säch. Ges. Wiss., Math.-Phys. Klasse *13*, 477-514.
Hodgkin, A. L. (1964). The conduction of the nervous impulse. Liverpool: Liverpool University Press.
Hodgkin, A. & Huxley, A. (1952). A quantitative description of menbrane cur-

rent and its application to conduction and excitation in nerve. J. Physiol. (London) *117*, 500–544.
Hökfelt, T., Johansson, O., Ljungdahl, A., Lundberg, J. & Schultzberg, M. (1980). Peptidergic neurones. Nature *284*, 515–521.
Holloway, R. (1975). Early hominid endocasts: volumes, morphology and significance for hominid evolution: In «Primates functional morphology and evolution» (Tuttle, R., ed.). Paris: Mouton; pp. 393–410.
Holloway, R. (1980). Am. J. Phys. Anthropol. *53*, 109.
Hood, L., Wilson, J. & Hood, W. (1975). Molecular biology of eukaryotic cells. Menlo Park (California): Benjamin.
Howard, R. & Brown, A. (1970). Twinning: a marker for biological insults. Child Dev. *4*, 519–530.
Hubel, P. & Wiesel, T. (1977). Functional architecture of macaque monkey visual cortex. Ferrier Lecture. Proc. Roy. Soc. Lond. B *198*, 1–59.
Hubel, D., Wiesel, T. & Stryker, M. (1978). Anatomical demonstration of orientation columns in macaque monkey. J. Comp. Neurol. *177*, 361–379.
Hudspeth, A. & Corey, D. (1977). Sensitivity, polarity and conductance change in the response of vertebrate brain cells to controlled mechanical stimuli. Proc. Nat. Acad. Sci. USA *74*, 2407–2411.
Hugues, J., Smith, T., Kosterlitz, H., Fothergill, L., Morgan, B. & Morris, H. (1975). Identification of methionine-enkephalin structure. Nature *258*, 577–579.
Hummel, K. & Chapman, D. (1959). Visceral inversion and associated anomalies in the mouse. J. Heredity *50*, 9–13.
Huxley, T. (1863). Zeugnisse für die Stellung des Menschen in der Natur. Stuttgart: G. Fischer (1963).
Imbert, M. (1979). Le développement du système visuel: rôle de l'expérience précoce. J. Physiol. (Paris) *75*, 207–217.
Imbert, M. & Buisseret, P. (1975). Receptive field characteristics and plastic properties of visual cortical cells in kittens reared with or without visual experience. Exp. Brain. Res. *22*, 25–36.
Ingvar, D. (1977). L'idéogramme cérébral. Encéphale *3*, 5–33.
Ingvar, D. (1982). Mental illness and regional brain metabolism. Trends Neurosci., June 1982, 199–203.
Innocenti, G. (1981a). The development of interhemispheric connection. Trends Neurosci., June 1981, 142–145.
Innocenti, G. (1981b). Growth and reshaping of axons in the establishment of visual callosal connections. Science *212*, 824–827.
Innocenti, G. & Frost, D. (1979). Abnormal visual experience stabilizes juvenile patterns of interhemispheric connections. Nature *280*, 231–234.
Isaac, G. (1978). Food sharing and human evolution: archeological evidence from the plio-pleistocene of East Africa. J. Anthropol. Res. *34*, 311–325.
Isaac, G. (1978). The food-sharing behavior of protohuman hominids. Sc. Amer. *238*, 90–109.
Ivy, G. & Killackey, H. (1982). Ontogenetic changes in the projection of neocortical neurons. J. Neurosci. *2*, 735–743.

Bibliographie

Jacob, F. (1972). Die Logik des Lebenden. Von der Urzeugung zum genetischen Code. Frankfurt am Main: S. Fischer.
Jacob, F. (1979). Cell surface and early stages of mouse embryogenesis. Cur. Top. Dev. Biol. *13*, 117–135.
Jacob, F. & Monod, J. (1961). Genetic regulatory mechanisms in the synthesis of proteins. J. Mol. Biol. *3*, 318–356.
Jacobsen, C. (1931). A study of cerebral function in learning: The frontal lobes. J. Comp. Neurol. *52*, 271–340.
Jacobsen, C. & Nissen, H. (1937). Studies of cerebral function in primates. IV. The effects of frontal lobe lesions on the delayed alternation habit in monkeys. J. Comp. Physiol. Psychol. *23*, 101–112.
Jakobson, R. (1969). Kindersprache, Aphasie und allgemeine Lautgesetze. Frankfurt am Main: Suhrkamp.
Jan, Y. N. & Jan, L. Y. (1978). Two mutations of synaptic transmission in Drosophila. Proc. Roy. Soc. Lond. B *198*, 87–168.
Jeannerod, M. & Hecaen, H. (1979). Adaptation et restauration des fonctions nerveuses. Villeurbanne: Simep.
Jerne, N. (1967). Antibodies and learning: selection versus instruction. In «The neurosciences» (Quarton, G. *et. al.*, eds.). New York: Rockefeller University Press.
Jessel, T. & Iversen, L. (1977). Opiate analgesis inhibits substance P release from rat trigeminal nucleus. Nature *268*, 549–551.
Jones, E. (1975). Varieties and distribution of non-pyramidal cells in the somatic sensory cortex of the squirrel monkey. J. Comp. Neurol. *160*, 205–268.
Jones, E. (1981). Anatomy of cerebral cortex: columnar input: output organization. In «The organization of the cerebral cortex» (Schmitt, F. *et al.*, eds.) Cambridge, Mass.: MIT Press; pp. 199–235.
Jones, E. & Powell, T. (1970). Anatomical study of converging sensory pathways within the cerebral cortex of the monkey. Brain *93*, 793–820.
Jouvet, M. (1979). Le comportement onirique. Pour la Science *25*, 136–153.
Jouvet-Mounier, D. (1968). Ontogenèse des états de vigilance chez quelques mammifères. Lyon: Imprimerie des Beaux-Arts.
Kaas, J., Nelson, R., Sur, M. & Merzenich, M. (1979). Multiple representation of the body within the primary somatosensory cortex of primates. Science *204*, 521–523.
Kaas, J., Nelson, R., Sur, M. & Merzenich M. (1981). Organization of somatosensory cortex in primates. In «Organization of the cerebral cortex» (Schmitt, F. *et al.*, eds.). Cambridge, Mass: MIT Press; pp. 237–261.
Kandel, E. (1976). Cellular basis of behavior. An introduction to behavioral neurobiology. San Francisco: Freeman.
Kandel, E. (1979). Cellular insights into behaviour and learning. Harvey Lectures *73*, 19–92.
Kandel, E. & Schwartz J. (1981). Principles of neural science. Amsterdam: Elsevier-North-Holland.
Katz, B. (1971). Nerv, Muskel und Synapse. Stuttgart: Thieme.
Katz, B. & Miledi, R. (1972). The statistical nature of the acetylcholine potential and its molecular components. J. Physiol. (London) *224*, 665–699.

Katz, B. & Thesleff, S. (1957). A study of the «desensitization» produced by acetylcholine at the motor end plate. J. Physiol. (London) *138*, 63–80.

Kéty, S. & Schmidt, C. (1945). The determination of cerebral blood flow in man by the use of nitrous oxide in low concentrations. Ann. J. Physiol. *143*, 53–66.

King, M.-C. & Wilson, A. C. (1975). Evolution at two levels in humans and chimpanzees. Science *188*, 107–116.

Klüver, H. & Bucy, P. (1939). Preliminary analysis of functions of the temporal lobes in monkeys. Arch. Neurol. Psych. *42*, 979–1000.

Koestler, A. (1968). Das Gespenst in der Maschine. Wien: Molden.

Kolb, B. & Wishaw, I. (1980). Fundamentals of human neuropsychology. San Francisco: Freeman.

Korn, H., Triller, A., Mallet, A. & Faber, D. (1981). Fluctuating responses ar a central synapse: n of binomial fit predicts number of stained presynaptic boutons. Science *213*, 898–1201.

Kosslyn, S. (1980). Image and mind. Cambridge, Mass.: Harvard University Press.

Kourilsky, P. & Chambon, P. (1978). The ovalbumin gene: an amazing gene in eight pieces. Trends Biochem. Sci. *3*, 244–247.

Kraepelin, E. (1896–1915). Psychiatrie. Leipzig: Abel.

Kuffler, J. Nicholls, J. (1976). From neuron to brain: a cellular approach to the function of the nervous system. Sunderland, Mass.: Sinauer Ass.

Kuffler, S. & Yoshikami, D. (1975 a). The distribution of acetylcholine sensitivity at the post-synaptic membrane of vertebrate skeletal twitch muscle: iontophoretic mapping in the micron range. J. Physiol. (London) *244*, 703–710.

Kuffler, S. & Yoshikami, D. (1975 b). The number of transmitter molecules in a quantum: an estimate from iontophoretic application of acetylcholine at the vertebrate neuromuscular synapse. J. Physiol. (London) *251*, 465–482.

de Lacoste-Utamsing, C. & Holloway, R. (1982). Sexual dimorphism in the human *corpus callosum*. Science *216*, 1431–1432.

Laing, N. et Prestige, M., (1978). Prevention of spontaneous motoneurone death in chick embryo. J. Physiol. (London) *282*, 33 P.

de Lamarck, J.-B. (1809). Zoologische Philosophie. Jena: Dabis (1876).

Langley, J. N. (1905). On the reaction of cells and of nerve-endings to certain poisons, chiefly as regards the reaction of striated muscle to nicotine and to curare. J. Physiol. (London) *33*, 374–413.

Langley, J. N. (1906). On nerve-endings and on special excitable substances in cells. Proc. Roy. London B *78*, 170–194.

Langley, J. N. (1907). On the contraction of muscle, chiefly in relation to the presence of «receptive» substances. Part. I. J. Physiol. (London) *36*, 347–384.

Lashley, K. S. (1929). Brain mechanisms and intelligence: a quantitative study of injuries to the brain. Chicago: University of Chicago Press.

Lassen, N. (1959), Cerebral blood flow and oxygen consumption in man. Physiol. Rev. *39*, 183–238.

Layton, W. M. (1976). Random determination of a developmental process. J. Heredity 67, 336-338.

Lee, C. Y. & Chang, C. C. (1966). Modes of action of purified toxins from venoms on neuromuscular transmission. Mem. Inst. Butantan Simp. Internac. *33*, 555- 572.

van Leeuwenhoek, A. (1719). *In* «Epistolae physiologicae super compluribus naturae arcanis». Delft: Beman.

Lejeune, J. (1977). On the mechanism of mental deficiency in chromosomal diseases. Hereditas *86*, 9-14.

Lejeune, J., Gautier, M. & Turpin, R. (1959). Étude des chromosomes somatiques de neuf enfants mongoliens. C. R. Acad. Sci. Paris *248*, 1721-1722.

Le May, M. (1982). Morphological aspects of human brain asymmetry. An evolutionary perspective. Trends Neurosci., August 1982, 273-275.

Lenneberg, E. (1972). Biologische Grundlagen der Sprache. Frankfurt am Main: Suhrkamp.

Leroy, Y. (1964). Transmission du paramètre fréquence dans le signal acoustique des hybrides F_1 et PxF_1 de deux grillons: *Teleogryllus commodus* Walker et *T. oceanicus* Le Guillou (Orthoptères, Ensifères). C. R. Acad. Sci. Paris *259*, 892-895.

Leuret, F. (1839). et Gratiolet, L. (1857). Anatomie complète du système nerveux considérée dans ses rapports avec l'intelligence. Tomes I et II. Paris: Baillière.

Leutenegger, W. (1972). Newborn size and pelvic dimensions of *Australopitheus*. Nature *240*, 568-569.

Levay, S., Wiesel, T. & Hubel, D. (1980). The development of ocular dominance columns in normal and visually deprived monkeys. J. Comp. Neurol. *191*, 1-51.

Levi-Montalcini, R. (1975). NGF: an uncharted route. The Neurosciences: Paths of discovery. Cambridge, Mass.: MIT Press; pp. 245-265.

Levine, S. (1966). Sex differences in the brain. Sc. Amer. *214* (4), 84-90.

Levinthal, F., Macagno, E. & Levinthal, L. (1976). Anatomy and development of identified cells in isogenic organisms. Cold Spring Harbor Symp. Quant. Biol. *40*, 321-331.

Levitan, I., Harmar, A. & Adams, W. (1979). Synaptical hormonal modulation of a neuronal oscillator: a search for molecular mechanisms. J. Exp. Biol. *81*, 131- 151.

Lewis, W. B. & Clarke, H. (1878). The cortical lamination of the motor area of the brain. Proc. Roy. Soc. London B. *27*, 38-49.

Lewontin, R. C. (1974). The genetic basis of evolutionary change. New York: Columbia University Press.

Lindvall, O. & Björklund, A. (1974). The organization of the ascending catecholamine neuron systems in the rat brain as revealed by the glyoxylic acid fluorescence method. Acta Physiol. Scand. suppl. *412*, 1-48.

Linné, C. (1770). Botanische Philosophie, Wien.

Livingstone, M. & Hubel, D. (1981). Effects of sleep and arousal on the processing of visual information in the cat. Nature *291*, 554-561.

van der Loos, H. (1967). The history of the neuron. *In* «The neuron» (Hyden, H., ed.). Amsterdam: Elsevier; pp. 1–47.
van der Loos, H. & Woosey, T. (1973). Somatosensory cortex: structural alterations following early injury to sense organs. Science *179*, 395–398.
Lorente de No, R. (1938). Analysis of the activity of the chains of internuncial neurons. J. Neurophysiol. *1*, 207–244.
Lorente de No, R. (1943). Cerebral cortex: architecture, intracortical connections, motor projections. *In* «Physiology of the nervous system» (Fulton, J., ed.). London: Oxford University Press; pp. 274–301.
Lund, J. S., Boothe, R. G. & Lund, R. G. (1977). Development of neurons in the visual cortex (area 17) of the monkey (*Macaca nemestrina*): a Golgi study from fetal day 127 to postnatal maturity. J. Comp. Neurol. *176*, 149–188.
Luria, A. (1978). Les fonctions corticales supérieures de l'homme. Paris: Presses Universitaires de France.
Macagno, E., Lopresti, U. & Levinthal, C. (1973). Structural development of neuronal connections in isogenic organisms: variations and similarities in the optic system of *Daphnia magna*. Proc. Nat. Acad. Sci. USA *70*, 57–61.
McEwen, B. (1976). Interactions between hormones and nerves tissue. Sc. Amer. *235* (1), 48–58.
McGaugh, J. (1973). Learning and memory, and introduction. San Francisco: Albion Press.
McIntosh, F. (1941). The distribution of acetylcholine in the peripheral and the central nervous system. J. Physiol. (London) *99*, 436–442.
McLean, P. (1952). Some psychiatric implications of physiological studies on frontotemporal portion of limbic system (visceral brain). Electroenceph. Clin. Neurophysiol. *4*, 407–418.
McLean, P. (1970). The triune brain, emotions and scientific bias. *In* «The Neurosciences: Second study program» (Schmitt, F., ed.). New York: Rokkefeller University Press; pp. 336–349.
Magoun, H. W. (1954). The ascending reticular system and wakefulness. *In* «Brain mechanisms and consciousness» (Delafresnaye, J.-F., ed.). Springfield: Thomas; pp. 1–20.
von der Malsburg, C. (1981). The correlation theory of brain function. Internal report 81–2, July 1981, Department of Neurobiology, Max Planck Institute for Biophysical Chemistry, Göttingen.
von der Malsburg, C. & Willshaw, D. (1981). Co-operativity and brain organization. Trends Neurosci., April 1981, 80–83.
Mariani, J. (1983). Elimination of synapses during the development of the central nervous system. Prog. Brain Res. *58*, 383–392.
Mariani, J. & Changeux, J.-P. (1981). Ontogenesis of olivocerebellar relationships. J. Neurosci. *1*, 696–709.
Marler, P. (1970). Bird song and speech development: could there be parallels? Am. Sci. *58*, 669–673.
Marler, P. & Peters, S. (1982). Developmental overproduction and selective attrition: new process in the epigenesis of bird song. Dev. Psychobiol. *15*, 369–378.
Martin, K. & Perry, H. (1983). The role of fiber ordering and axon collatera-

lization in the formation of topographic projections. Prog. Brain Res. *58*, 321–337.
Marty, R. & Scherrer, J. (1964). Critères de maturation des systèmes afférents corticaux. Prog. Brain Res. *4*, 222–236.
Matteucci, C. (1838). Sur le courant électrique ou presque de la grenouille. Bibl. Univ. Genève *7*, 156–168.
Matteucci, C. (1840). Essai sur les phénomènes électriques des animaux. Paris: Carilliau, Gœury et Dalmont.
Mayr, E. (1967). Artbegriff und Evolution. Hamburg/Berlin: Parey.
Mazziotta, J., Phelps, M., Carson, R. & Kuhl, D. (1982). Tomographic mapping of human cerebral metabolism: auditory stimulation. Neurology *32*, 921–937.
Meech, R. (1979). Membrane potential oscillations in molluscan «burster» neurons. H. Exp. Biol. *81*, 93–112.
Mehler, J. (1974). Connaître par désapprentissage. In «L'unité de l'homme» (Morin, E. & Piatelli-Palmarini, M., eds.). Paris: Le Seuil; pp. 187– 319.
Mellen, S. (1981). The evolution of love. San Francisco: Freeman.
Mendlewicz, J., Linkowski, P. & Wilmotte, J. (1980a). Linkage between glucose-6-phosphate dehydrogenase deficiency and manic depressive psychosis. Brit. J. Psychiat. *137*, 337–342.
Mendlewicz, J. (1980b). Les facteurs génétiques dans les syndromes dépressifs. Riv. di Psichiatria *15*, 62–73.
Mendlewicz, J., Linkowski, P., Guroff, J. & van Praag, H. (1979). Color blindness linkage to bipolar manic-depressive illness. Arch. Gen. Psychiat. *36*, 1442–1447.
Meynert, T. (1867–1868). Der Bau der Grosshirnrinde und seine örtlichen Verschiedenheiten, nebst einem pathologisch-anatomistischen Korollarium. Vjschr. Psychiatr. Wien *1*, 77–93, 198–217; *2*, 88–113.
Meynert, T. (1884). Psychiatrie. Wien: Braumüller.
Mialet, J.-P. (1981). Les troubles de l'attention dans la schizophrénie. In «Actualités de la schizophrénie» (Pichot, P., éd.). 195–226.
Michler, A. & Sakmann, B. (1980). Receptor stability and channel conversation in the subsynaptic membrane of the developing mammalian neuromuscular junction. Dev. Biol. *80*, 1–17.
Mintz, B. (1974). Gene control on mammalian differentiation. Ann. Rev. Genetics *8*, 411–470.
Miyawaki, K., Strange, W., Verbrugge, R., Libermann, A., Jenkins, J. & Fujimura, O. (1975). An effect of linguistic experience: the discrimination of (r) and (l) by native speakers of Japanese and English. Perception & Psychophysics *18*, 331–340.
Monnier, M. & Hösli, L. (1964). Dialysis of sleep and waking factors in blood of the rabbit. Science *146*, 796–798.
Monod, J. (1971). Zufall und Notwendigkeit. München: Piper.
Monod, J., Changeux, J.-P. & Jacob, F. (1963). Allosteric proteins and cellular control systems. J. Mol. Biol. *6*, 306–328.
Monod, J., Wyman, J. & Changeux, J.-P. (1965). On the nature of allosteric transitions: a plausible model. J. Mol. Biol. *12*, 88–118.

Morata, G. & Lawrence, B. (1977). Homeotic genes, compartments and cell determination in *Drosophila*. Nature 263, 211–216.
Moreau de Tours, M. (1855). De l'identité de l'état de rêve et de la folie. Ann. Méd. Psych. 361–468.
Morel, F. (1947). Introduction à la psychiatrie neurologique. Paris: Masson.
Morel, N., Israël, M., Manaranche, R. & Mastour-Frachon, P. (1977). Isolation of pure cholinergic nerve-endings from *Torpedo* electric organ. J. Cell Biol. 75, 43–55.
Morgan, M. & Corballis, M. (1978). On the biological basis of human laterality: 2. The mechanism of inheritance. Behavior. Brain Sci. 1, 270–336.
Morgan, T., Sturtevant, A., Muller, H. & Bridges, C. (1923). Le mécanisme de l'hérédité mendélienne. Bruxelles: Lamertin.
Morin, E. & Piattelli-Palmarini, M. (1974). L'unité de l'homme. Paris: Le Seuil.
Moruzzi, G. et Magoun, H. (1949). Brain stem reticular formation and activation of the EEG. Electroencephalogr. Clin. Neurophysiol. 1, 455–473.
Mountcastle, V. (1957). Modality and topographic properties of single neurons of cat's somatic sensory cortex. J. Neurophysiol. 20, 408–434.
Mountcastle, V. (1975). The world around us: neural command function for selective attention. Neurosci. Res. Prog. Bull. 14, suppl. April 1976.
Mountcastle, V. (1978). An organizing principle for cerebral function: the unit module and the distributed system. In «The mindful brain» (Edelman, G. & Mountcastle, V., eds.). Cambridge, Mass.: MIT Press; pp. 7–50.
Mullen, R. (1977). Genetic dissection of the central nervous system: mutant vs normal mouse and rat chimeras. In «Society for Neuro-Science Symposium, vol. 2: Approaches to the cell biology of beurons» (Cowan, W. & Ferrendelli, J., eds.). Bethesda: Soc. for Neurosci.
Murphy, M. (1981). Evidence for the involvement of endogenous opiates in male sexual behavior. Proc. 5th World Congress on Sexology, Jerusalem.
Murphy, M., Bowie, D. & Pert, C. (1979). Society Neuroscience Abstracts, p. 470.
Nachmannsohn, D. (1959). Chemical and molecular basis of nerve activity. New York: Academic Press.
Neel, J., Salzano, F., Junqueira, P., Keiter, F. & Maybury-Lewis, D. (1964). Studies on the Xavante Indians of the brazilian Mato Grosso. Hum. Genet. 16, 52–140.
Nelson, P. & Brenneman, D. (1982). Electrical activity of neurons and development of the brain. Trends Neurosci., July 1982, 229–232.
van Ness, J., Maxwell, I. & Hahn, W. (1979). Complex population of non-polyadenylated messenger RNA in mouse brain. Cell 18, 1341–1349.
Neubig, R. et Cohen, J. (1980). Permeability control by Cholinergic receptors in *Torpedo* postsynaptic membranes: agonist dose-response curve relations measured at second and millisecond times. Biochemistry 19, 2770–2779.
O'Brien, S. & Nash, W. (1982). Genetic mapping in mammals: chromosome map of domestic cat. Science 216, 257–265.
O'Brien, R., Östberg, A. & Vrbova, G. (1978). Observation on the elimina-

tion of polyneuronal innervation in developing mammalian skeletal muscle. J. Physiol. (London) *282*, 571–587.
O'Brien, R., Purves, R. & Vrbova, G. (1977). Effect of activity on the elimination of multiple innervation in soleus muscle of rats. J. Physiol. (London) *271*, 54–55P.
Olds, J. & Milner, P. (1954). Positive reinforcement producted by electrical stimulation of septal area and other regions of rat brain. J. Comp. Physiol. Psychol. *47*, 419–427.
O'Leary, D., Stanfield, B. & Cowan, W. (1981). Evidence that the early postnatal restriction of the cells of origin of the callosal projection is due to the elimination of axonal collaterals rather than to the death of neurons. Dev. Brain Res. *1*, 607–617.
Oppenheim, R. & Nunez, R. (1982). Electrical stimulation of hindlimb increases neuronal cell death in chick embryo. Nature *295*, 57–59.
O'Rahilly, R. (1973). Developmental stages in human embryos. Part A: Embryos of the first three weeks (stages 1 to 9). Washington: Carnegie Institution, Publication 631.
Oster-Granite, M. & Gearhart, J. (1981). Cell lineage analysis of cerebellar Purkinje cells in mouse chemiras. Dev. Biol. *85*, 199–208.
Overton, E. (1902). Beiträge zur allgemeinen Muskel- und Nervenphysiologie. Pflüger's Arch. *92*, 115–280, 346–386.
Packer, S. & Gibson, K. (1979). A developmental model of the evolution of language and intelligence in early hominids. Behavior. Brain Science *2*, 367–408.
Palade, G. & Palay, S. (1954). Electron microscopy observations of interneuronal and neuromuscular synapses. Anat. Rec. *118*, 335.
Palay, S. (1978). The Meynert cell, an unusual cortical pyramidal cell. *In* «Architectonics of the cerebral cortex» (Brazier, M. & Petsche, H., eds.). New York: Raven Press; pp. 31–42.
Papez, J. (1937). A proposed mechanism of emotion. Arch. Neurol. & Psychiat. *38*, 725–744.
Pavlov, I. (1949). Œuvres complètes. Moscou.
Pellionisz, A. & Llinas, R. (1982). Tensor theory of brain function: the cerebellum as a space-time metric. *In* «Competition and cooperation in neural nets» (Amari, S. & Arbib, M., eds.). Berlin: Springer Verlag; pp. 294–417.
Penfield, W. & Rasmussen, T. (1957). The cerebral cortex of man. New York: McMillian.
Perky, C. (1910). An experimental study of imagination. Amer. J. Psychol. *21*, 422–452.
Peroutka, S. & Snyder, S. (1919). Multiple seretonin receptors: diffcrential binding of ^{3}H-spiroperidol. Mol. Pharmacol. *16*, 687–699.
Pert, C. & Snyder, S. (1973). Properties of opiate receptor binding in rat brain. Proc. Nat. Acad. Sci. USA *70*, 2243–2247.
Pfaff, D. (1980). Estrogens and brain function. New York: Springer Verlag.
Phelps, M. E., Kuhl, D. & Mazziotta, J. (1981). Metabolic mapping of the brain's response to visual stimulation: studies in humans. Science *21*, 1445–1447.

Phelps, M. E., Mazziotta, J. & Huang, S. C. (1982). Study of cerebral function with positron-computed tomography. J. Cereb. Blood Flow & Metabol. 2, 113–162.
Piaget, J. (1972/73). Die Entwicklung des Erkennens. Stuttgart: Klett-Cotta.
Piaget, J. & Inhelder, B. (1973): Die Entwicklung der elementaren logischen Strukturen. Düsseldorf: Schwann.
Piattelli-Palmarini, M. (1979). Structure distale et sensation proximale: critère de co-traduisibilité; communications 31, 171– 188.
Piéron, H. (1913). Problèmes physiologiques du sommeil. Paris: Masson.
Pittman, R. & Oppenheim, R. (1979). Cell death of motoneurons in the chick embryo spinal cord. J. Comp. Neurol. 187, 425–446.
Piveteau, J. (1956). Traité de paléontologie humaine. Paris: Masson.
Popot, J.-L., Cartaud, J. & Changeux, J.-P. (1981). Reconstitution of a functional acetylcholine receptor. Incorporation into artificial lipid vesicles pharmacology of the agonist controlled permeability changes. Eur. J. Biochem. 118, 203– 214.
Postlethwait, J. & Schneiderman, H. (1973). Developmental genetics of Drosophila imaginal discs. Ann. Rev. Genetics 7, 381–433.
Powell, T. P. & Mountcastle, V. (1959). Some aspects of the functional organization of the cortex of the post-central gyrus of the monkey: a correlation of findings obtained in a single unit analysis with cytoarchitecture. Bull. Johns Hopkins Hosp. 105, 133–162.
Preyer, W. (1885). Spezielle Physiologie des Embryos. Leipzig: L. Fernau, Grieben.
Prigogine, I. (1961). Introduction to the thermodynamics of irreversible processes. New York: Interscience.
Prigogine, I. & Balescu, R. (1956). Phénomènes cycliques dans la thermodynamique des processus irréversibles. Bull. Acad. R. Belg. Clin. Sci. 42, 256–632.
Pull, C. & Pull, M.-C. (1981). Des critères pour le diagnostic de schizophrénie. In «Actualité de la schizophrénie» (Pichot, P., éd.). Paris: Presses Universitaires de France; pp. 23–55.
Quinn, W., Harris, W. & Benzer, S. (1974). Conditioned behavior in Drosophila melanogaster. Proc. Nat. Acad. Sci. USA 71, 708–712.
Raichle, M. (1980). Cerebral blood flow and metabolism in man: past, present and future. Trends Neurosci., August 1980, 6–10.
Rakič, P. (1974). Neurons in rhesus monkey visual cortex: systematic relation between time of origin and eventual disposition. Science 183, 425–427.
Rakič, P. (1976). Prenatal genesis of connections subserving ocular dominance in the rhesus monkey. Nature 261, 467–471.
Rakič, P. (1977). Prenatal development of the visual system in the rhesus monkey. Phil. Trans. R. Soc. London B 278, 245–260.
Rakič, P. (1979). Genetical and epigenic determinants of local neuronal circuits in the mammalian central nervous system. In «The Neurosciences: Fourth study program» (Schmitt, F. & Worden, F., eds.). Cambridge, Mass.: MIT Press; pp. 109–127.

Rakič, P. & Goldman-Rakič, P. (1982). Development and modifiability of the cerebral cortex. Neurosci. Res. Prog. Bull. *20* (4), 429–611.
Ramon y Cajal, S. (1909–1911). Histologie du système nerveux de l'homme et des vertébrés. Paris: Malojne (2 vols.).
Ramon y Cajal, S. (1933). Neuronismo o reticularismo? Las pruebas objectivas de la unidad anatomica de las celulas nerviosas. Archos. Neurobiol. *13*, 217–291.
Ranvier, L. (1875). Traité technique d'histologie. Paris: F. Savy.
Redfern, P. A. (1970). Neuromuscular transmission in newborn rats. J. Physiol. (London) *209*, 701–709.
Reiness, G. & Weinberg, G. (1981). Metabolic stabilization of acetylcholine receptors at newly formed neuromuscular junctions in rat. Dev. Biol. *84*, 247–254.
Rife, D. (1940). Handedness with special reference to twins. Genetics *25*, 178–186.
Rife, D. (1950). Applications of gene frequency analysis to the interpretation of data from twins. Hum. Biol. *22*, 136–145.
Ripley, K. & Provine, R. (1972). Neural correlates of embryonic motility in the chick. Brain Res. *45*, 127–134.
Ritchie, A. D. (1936). Histoire naturelle de l'esprit.
Rizley, R. & Rescorla, R. (1972). Associations in second-order conditioning and sensory preconditioning. J. Comp. Physiol. Psychol. *81*, 1–11.
Robertson, J. (1956). The ultrastructure of a reptilian myoneural junction. J. Biophys. Biochem. Cytol. *2*, 381–394.
Roch-Lecours, A. (1983). Keeping your brain in mind. In «Neonate cognition: beyond the buzzing, blooming confusion» (Mehler, J. & Fox, R., eds.). Hillsdale: Lawrence Erlbaum.
Rockell, A., Hiorns, R. & Powell, T. (1980). The basic uniformity in structure of the neocortex. Brain *103*, 221–224.
Roland, P. (1981). Somatotopical turning of post-central gyrus during focal attention in man. A regional cerebral blood flow study. J. Neurophysiol. *46*, 744–754.
Rolls, B. J. & Rolls, E. T. (1981). The control of drinking. Brit. Med. Bull. *37*, 127–130.
Romer, A. S. (1959). Vergleichende Anatomie der Wirbeltiere. Hamburg/Berlin: Parey.
Roques, B., Garbay-Jaureguiberry, C., Oberlin, R., Anteunis, M. & Lala, A. (1976). Conformation of Met-5-enkephalin determined by high field PMR spectroscopy. Nature *262*, 778–779.
Rosch, E. (1975). Cognitive reference points. Cognit. Psychol. *7*, 532–547.
Rose, G. (1980). Can the neurosciences explain the mind. Trends Neurosci., May 1980, 1–4.
Roux, W. (1895). Entwicklungsmechanik der Organismen. Leipzig.
Ruffié, J. (1976). De la biologie à la culture. Paris: Flammarion.
Ruffié, J. (1982). Traité du vivant. Paris: Fayard.
de Rusconibus, G. (1520). Congestorium artificiosae memoriae. Venise.

Russell, B. (1980). Die Philosophie des Logischen Atomismus. München: DTV (1979).
Rutishauser, U., Hoffmann, S. & Edelman, G. (1982). Binding properties of cell adhesion molecule from neural tissue. Proc. Nat. Acad. Sci. USA 79, 685–689.
Saban, R. (1977). Les impressions vasculaires pariétales endocrâniennes dans la lignée des Hominidés. C. R. Acad. Sci. Paris 284 D, 803– 806.
Saban, R. (1980a). Le système des veines méningées moyennes chez Homo erectus d'après le moulage endocrânien. C. R. 105e Congrès national des Sociétés Savantes, Caen III, 61–73.
Saban, R. (1980b). Le tracé des veines méningées moyennes sur le moulage endocrânien d'Homo habilis (KNM-ER 1470). C. R. Acad. Sci. Paris 290 D, 405–408.
Saban, R. (1980c). Le système des veines méningées chez deux néanderthaliens : l'homme de la Chapelle-aux-Saints et l'homme de la Quina, d'après le moulage endocrânien. C. R. Acad. Sci. Paris 290 D, 1297–1300.
Saint-Anne Dargassies, S. (1961). Le premier sourire du nourrisson. Dev. Med. and Child Neurol. 4, 531–533.
Sallonon, M., Buda, C., Janin, M. & Jouvet, M. (1981). L'insomnie provoquée par la p-chlorophénylamine chez le chat. Sa réversibilité par l'injection intraventriculaire de liquide céphalorachidien prélevé chez des chats privés de sommeil paradoxal. C. R. Acad. Sci. Paris 291, 1063–1066.
Salzarulo, P. (1975). Relationship between phasic events recorded in striate cortex and by surface techniques during sleep in humans. In «The experimental study of human sleep: methodological problems» (Salzarulo, P., ed.). Amsterdam: Elsevier; pp. 37–49.
Sasanuma, S. (1975). Kana and Kanji processing in Japanese aphasics. Brain and Language 2, 369–383.
de Saussure, F. (1915). Grundfragen der allgemeinen Sprachwissenschaft. Berlin/Leipzig: de Gruyter (1931).
Savi, P. (1844). Études anatomiques sur le système nerveux et sur l'organe électrique de la Torpille. Paris: Fortin, Masson.
Scheller, R., Jackson, J., McAllister, L., Schwartz, J., Kandel, E. & Axel, R. (1982). A family of genes that codes for ELH, a neuropeptide eliciting a stereotyped pattern of behavior in Aplysia. Cell 28, 707–719.
Scholes, J. (1979). Nerve fibre topography in the retinal projection to the tectum. Nature 278, 620–625.
Schwartz, S. (1982). Is there a schizophrenic language? Behav. Brain Sc. 5, 579–626.
Segal, S. & Fusella, V. (1970). Influence of imaged pictures and sounds on detection of visual and auditory signals. J. Esp. Psychol. 83, 458–464.
Sharpless, S. & Jasper, H. (1956). Habituation of the arousal reaction. Brain 79, 655–680.
Shatz, C. & Rakic, P. (1981). The genesis of efferent connections from the visual cortex of the rhesus monkey. J. Comp. Neurol. 196, 287–307.
Shepard, R. (1978). The mental image. Amer. Psychologist, Feb. 1978. 125–137.

Shepard, R. & Judo, S. (1976). Perceptual illusion of rotation of three-dimensional objects. Science *191*, 952–954.
Shepard, R. & Metzler, J. (1971). Mental rotation of three-dimensional objects. Science *171*, 701–703.
Sherrington, C. S. (1897). In «Forster's textbook of physiology», 7ᵉ édition. New York: McMillan.
Shin, H., Stavnezer, J., Artz, K. & Bennett, D. (1982). Genetic structure and origin of t haplotypes of mice, analyzed with H-2 cDNA probes. Cell *29*, 969–976.
Sidman, R. (1970). Cell proliferation, migration and interaction in the developing mammalian central nervous system. In «The Neuroscience: Second study program» (Schmitt, F., ed.). New York: Rockefeller University Press; pp. 100–107.
Simon, H. (1981). Neurones dopaminergiques A10 et système frontal. J. Physiol. (Paris) *77*, 81–95.
Simon, E., Hiller, J. & Edelman, I. (1973). Stereospecific binding of the potent narcotic analgesic ³H-etorphine to rat brain homogenates. Proc. Nat. Acad. Sci. USA *70*, 1947–1949.
Singer, W. (1979). Central core control of visual cortex function. In «The Neurosciences. Fourth study program» (Schmitt, F. & Worden, F., eds.). Cambridge, Mass.: MIT Press; pp. 1093–1110.
Slater, E. & Cowie, V. (1971). The genetics of mental disorders. London: Oxford University Press.
Sloper, J., Hiorns, R. & Powell, T. (1979). A qualitative and quantitative electron microscopic study of the neurons in the primate motor and somatic sensory cortices. Phil. Trans. Roy. Soc. London B *285*, 141–171.
Snell, G. D. (1929). Dwarf, a new mendelian recessive character of the house mouse. Proc. Nat. Acad. Sci. USA *15*, 733–734.
Sokoloff, L., Reivich, M., Kennedy, C., Des Rosiers, M., Patlak, C., Pettigrew, K., Sakurada, U. & Shinohara, M. (1977). The ¹⁴C-deoxyglucose method for the measurement of local cerebral glucose utilization: theory, procedure and normal values in the conscious and anesthetized albino rat. J. Neurochem. *28*, 897–916.
Sokolov, E. (1963). Perception and the conditioned reflex. New York: McMillan.
Sotelo, C. & Privat, A. (1978). Synaptic remodeling of the cerebellar circuitry in mutant mice and experimental cerebellar malformations. Acta Neuropath. *43*, 19–34.
Soury, J. (1899). Le système nerveux central. Paris: Carré et Naud.
Spann, W. & Dustmann, H. O. (1965). Das menschliche Hirngewicht und seine Abhängigkeit von Lebensalter, Körperlänge, Todesursache und Beruf. Deutsche Zeitsch. für Gerichtliche Med. *56*, 299–317.
Sperry, R. (1968). Hemisphere deconnection and unity of consciousness. Amer. Psychologist *23*, 723–733.
Spinoza, B. (1843). Die Ethik. Stuttgart: Kröner (1948).
Springer, S. & Deutsch, G. (1981). Left brain, right brain. San Francisco: Freeman.

Starck, D. & Kummer, B. (1962). Zur Ontogenese des Schimpansenschädels. Anthrop. Anz. *25*, 204–215.
Steinbach, J. (1981). Developmental changes in acetylcholine receptor aggregates at rat neuromuscular junction. Dev. Biol. *84*, 267–276.
Stent, G. (1981). Strength and weakness of the genetic approach to the development of the nervous system. Ann. Rev. Neurosci. *4*, 163–194.
Stent, G., Kristian, W., Friesen, W., Ort, C., Poon, M. & Calabrese, R. (1978). Neuronal generation of the leech swimming movement. Science *200*, 1348–1357.
Stephan, H. (1972). Evolution of primate brains: a comparative anatomical investigation. In «The functional and evolutionary biology of primates» (Tuttle, R., ed.). Chicago: Adline; pp. 155–174.
Streeter, G.L. (1951). Developmental horizons in human embryos. Age groups XI to XXIII. Washington: Carnegie Institution Publications.
Stricker, E., Bradshaw, W. & McDonald, R.H. (1976). The reninangiotensin system and thirst: a reevaluation. Science *194*, 1169–1171.
Strickland, S. & Mahdavi, V. (1978). The induction of differentiation in teratocarcinoma stem cells by retinoic acid. Cell *18*, 393–403.
Sturmwasser, F. (1965). The demonstration and manipulation of a circadian Rhythm in a single neuron. In «Circadian clocks» (Aschott, J., ed.). Amsterdam: North-Holland; pp. 442–462.
Sullerot, E. (1978). Le fait féminin (ouvrage collectif). Paris: Fayard.
Sulloway, Frank J. (1982). Freud, Biologie der Seele. Jenseits der psychoanalytischen Legende. Köln-Lövenich: Edition Maschke «Hohenheim».
Terenius, L. (1973). Characteristics of the receptor for narcotic analgesics in synaptic plasma membrane fraction from rat brain. Acta Pharmacol. Toxicol. *32*, 377–384.
Terenius, L. (1981). Médiateurs biochemiques de la douleur. Triangle *21*, 103–110.
Teszner, D., Tzavaras, A., Gruner, J. & Hecaen, H. (1971). L'asymétrie droite-gauche du *planum temporale*: à propos de l'étude anatomique de cent cerveaux. Rev. Neurol. *126*, 444–448.
Teuber, H. (1975). Recovery of function after brain injury in man. In «Outcomes of severe damage of the nervous system». Ciba Found Symp. *34*, Amsterdam: Elsevier.
Thierry, A.-M., Blanc, G., Sobel, A., Stinus, L. & Glowinski, J. (1973). Dopamine terminals in the rat cortex. Science *182*, 499–501.
Thom, R. (1980). Modèles mathématiques de la morphogénèse. Paris: Bourgeois.
Thompson, W., Kuffler, D.P. & Jansen, J.K.S. (1979). The effect of prolonged reversible block of nerve impulses on the elimination of polyneuronal innervation of newborn rat skeletal muscle fibres. Neuroscience *4*, 271–281.
Tobias, P. (1975). Brain evolution in the hominoidea. In «Primate functional morphology and evolution» (Tuttle, R., ed.). Paris: Mouton; pp. 353–392.
Tobias, P. (1980). L'évolution du cerveau humain. La Recherche *109*, 282–292.
Trevarthen, C. (1973). Behavioral embryology. In «Handbock of perception»,

vol. III: Biology of perceptual systems. New York: Academic Press; pp. 89-117.
Trevarthen, C. (1980). Neurological development and the growth of psychological functions. In «Developmental Psychology and Society» (Sauts, J., ed.). London: McMillan Press; pp. 48-95.
Trevarthen, C. (1982). Social cognition: studies of the development of understanding (Butterworth, G. & Light, P., eds.). Brighton: Harvester Press; pp. 77-109.
Trimble, M. (1981). Visual and auditory hallucinations. Trends Neurosci. 4, December 1981, 1-3.
Tzavaras, A., Kaprinis, G. & Gatzoyas, A. (1981). Literacy and specialization for language: digit dichotic listening in illiterates. Neuropsychologia 19, 565-570.
Ungerstedt, U. (1971). Stereotaxic mapping of the monoamine pathways in the rat brain. Acta Physiol. Scand. Suppl. 367, 1-48.
Vesale, A. (1543). De humani corporis fabrica libri septem. Bâle: Oporinus.
Vignolo, L. (1979). Utilita e limiti della tomographia computerizzata in neurologia. Ital. J. Neurol. Sci. Suppl. 1, 64-72.
de Vinci, L. (1961). Dessins anatomiques. Choix et présentation de P. Huard. Paris: Da Costa.
Vogt, M. (1954). The concentration of sympathin in different parts of the central nervous system under normal conditions and after the administration of drugs. J. Physiol. (London) 123, 451-481.
de Vries, H. (1901). Die Mutations-Theorie. Leipzig.
Wada, T., Clark, R. & Hamm, A. (1975). Cerebral hemispheric asymmetry in humans: cortical speech zones in hundred adult and hundred infant brains. Arch. Neurol. 32, 239-246.
Wada, T., Clark, R. & Rasmussen, T. (1960). Intracarotid injection of sodium amytal for the lateralization of cerebral speech dominance: experimental and clinical observations. J. Neurosurg. 17, 266-282.
von Waldeyer-Harz, H. (1891). Über einige neuere Forschungen im Gebiete der Anatomie des Zentralnervensystems. Dt. Med. Wschr. 17, 1213-1356.
Wässle, H., Peichl, L. & Boycott, B. (1981). Dendritic territories of cat retinal ganglion cells. Nature 292, 344-345.
Watson, J. (1913). Psychology as the behaviorist views it. Psychol. Rev. 20, 158-177.
Watson, J. (1976). Molecular biology of the gene. 3ᵉ édition. Menlo Park (California): Benjamin.
Whitaker, P. & Seeman, P. (1978). Proc. Nat. Acad. USA, 75, 5783-5787.
White, E. (1981). Thalamocortical synaptic relations. In «The organization of the cerebral cortex» (Schmitt, F. et al., eds.). Cambridge, Mass.: MIT Press; pp. 153-162.
White, M. J. D. (1978). Hodes of speciation. San Francisco: Freeman.
Whittaker, U., Michaelson, I. & Kirkland, R. (1964). The separation of synaptic vesicles from nerve-ending particles («synaptosomes») Biochem. J. 90, 293-303.
Willis, T. (1672). De anima brutorum. Londres: Davis.

Wimer, R., Wimer, C., Vaughn, J., Barber, R., Balvanz, B. & Chernow, C. (1976). The genetic organization of neuron number in Ammon's horns of house mice. Brain Res. *118*, 219–243.
Wintzerith, M., Sarlièvre, L. & Mandel, P. (1974). Brain nucleic acids and protein in hereditary pituitary dwarf mice. Brain Res. *80*, 538–542.
Wise, R. (1980). The dopamine synapse and the notion of «pleasure center» in the brain. Trends Neurosci., April 1980, 91–95.
Wittgenstein, L. (1921). Tractatus logico-philosophicus. Frankfurt am Main: Suhrkamp 1960.
Wolpert, L. & Lewis, J. (1975). Towards a theory of development. Fed. Proc. *34*, 14–20.
Woods, B. & Teuber, H. (1973). Early onset of complementary specialization of cerebral hemispheres in man. Trnas. Amer. Neurol. Ass. *98*, 113–117.
Woolsey, C. (1958). Organization of somatic sensory and motor areas of the cerebral cortex. In «Biological and biochemical bases of behavior». (H. Harlow et C. Woolsey ed.) Madison: University of Wisconsin Press; pp. 63–82.
Wright, T. R. (1970). The genetics of embryogenesis in *Drosophila*. Adv. Genet. *15*, 261–395.
Yasargil, G. & Diamond, J. (1968). Startle-response in teleost fish: an elementary circuit for neural determination. Nature *220*, 241–243.
Young, J. Z. (1960). A model of the brain. Oxford: Clarendon Press.
Young, J. Z. (1973). Memory as a selective process. Austral. Acad. of Sci. Report: Symp. on Biol. Memory, 25–45.
Young, R. (1970). Mind, brain and adaption in the 19th century. Oxford: Clarendon Press.
Yunis, J. & Prakash, O. (1982). The origin of man: a chromosomal pictorial legacy. Science *215*, 1525–1530.
Zemb, J.-M. (1981). Discussion séance du 28 février 1981. Bull. Soc. Franc. Philosophie *75*, 105.
Zipser, B. (1982). Complete distribution patterns of neurons with characteristic antigens in the leech central nervous system. J. Neurosci. *2*, 1453–1464.
Zipser, B. & McKay, R. (1981). Monoclonal antibodies distinguish identifiable neurons in the leech. Nature *289*, 549–554.

Personenregister

Afzélius, B. 297
Albert, M. 177
Annett, M. 296
Aristoteles 16, 17, 18, 22
Atlan, H. 183, 243
Augustinus 19

Baer, Karl Ernst von 324
Baillarger, J. 65
Bain, Alexandre 142
Bauchot, R. 60, 63
Benzer, S. 226, 227
Berger, Hans 92
Bergson, Henri 34, 166
Bergstrøm, R. 278
Bernard, Claude 48, 111
Bernstein, H. 101
Berson, D. 178
Bertalanffy, Ludwig von 244
Bleuler, Eugen 201
Bouillaud 30, 32
Breasted, James 13
Broca, Paul de 30, 32, 57, 156
Brodman, K. 32
Bucy, P. 144

Cabanis, P. J. G. 35, 197
Cajal, Santiago Ramon y 39, 42, 55, 69, 91, 252, 269, 273, 274, 332
Caton, R. 47, 92
Celsus 17
Chomsky, Noam 231
Collin, R. 273
Condillac 26
Coppens, Y. 320, 321, 336
Craik, K. 175
Crum-Brown, A. 111

Dale, Henry 111, 118, 119
Darwin, Charles 219, 314
Davidson, J. M. 146
Deiters, O. 37
Dement, William 195
Demokrit 14, 15, 19
Descartes, René 22, 24, 43, 50, 174
Dickinson, A. 176
Diderot, Denis 129, 144, 146
Dubois, Eugéne 319
Dubois-Reymond, Emil 45, 46, 47, 98, 346
Dustman, H. O. 57
Dutrochet, H. 37

Ehrlich, Paul 119
Elliot, T. 48, 50, 111
Epikur 16, 17, 165
Erasistratos 17, 19
Esquirol, J. E. D. 230
Euler, U. von 50
Evarts, E. 160

Falck, B. 50
Fischer, Emil 119
Flourens, M. J. P. 28, 29, 46
Fodor, Jerry 165, 174
Forel, Auguste 40
Frazer, T. R. 111
Fresnel 19
Freud, Sigmund 40, 91, 344
Fritsch, G. 46, 47, 97, 155
Frost, D. 294
Fusella, V. 171

Galen 17, 18, 19, 24
Gall, Franz Joseph 25, 26, 28, 47
Galvani, Luigi 44, 47, 98
Gassendi, Petrus 24
Gerlach, J. von 39
Geschwind, N. 297
Glisson, Francis 43
Golgi, Camillo 39, 40
Goltz, B. 191
Gould, S. 324
Gratiolet, L. 29
Graybill, A. 178
Gros, F. 231
Guillemin 118
Guillery, R. 221

Haeckel, Ernst 320, 323, 324, 335
Hahn, W. 235
Haldane 334
Haller, Albrecht von 43
Hamburger, V. 273
Hamer, D. 235
Harlow 202, 203
Harrison, R. 270
Head, Henry 34
Heath, R. 146, 147
Hebb, D. 143
Hecaen, H. 177
Helmholtz, Hermann von 46, 346
Herophilos 17, 19
Hesiod 190
Hess, Walter Rudolf 143
Hickey, T. 221
Hillarp, N. 50
Hillyard, S. 198
Hippokrates 15
His, Wilhelm 40
Hitzig, E. 46, 47, 97, 155
Hodgkin, A. 101
Hofmann, Albert 190
Homer 14, 15, 16
Hooke, Robert 35
Hubel, D. 81, 192, 292
Hume, David 173
Huxley, A. 101
Huxley, Thomas 314

Ingvar, D. 209, 212
Iversen, L. 139

Jacob, François 231, 243, 244
Jacobsen, C. 204
Jackson, J. H. 34, 207
Jakobson, R. 302
Jessel, T. 139
Jones, E. 178
Jouvet, M. 195, 196

Kandel, E. 185
King, M. C. 318
Kluver, H. 144
Kosslyn, S. 169
Kraepelin, Emil 201, 230

Lamarck, Jean Baptiste de 261, 313, 314
Lamettrie, J. O. de 25, 50, 149
Lamy, Guillaume 24
Langley, John N. 111, 119
Leder, P. 235
Leeuwenhoek, Antoni van 35, 36
Leonardo da Vinci 19
Leukipp 14
Leuret, F. 29
Lévi-Montalcini, R. 270
Levinthal, F. 263, 265
Levitsky, W. 297
Lewis, J. 240
Lewis, Louis 190
Livingstone, M. 192
Locke, John 26, 174
Lukrez 7, 14, 24
Lund, J. 275

MacIntosh, F. 115
Marler, P. 302
Mayr, E. 334, 336
Meynert, T. 67, 70
Mill, J. S. 345
Milner, P. 142
Monod, Jacques 123, 231, 234, 313, 335
Morgan, Thomas H. 226
Mountcastle, V. 80, 158

Nemesius 19, 21, 22, 24, 28
Newton, Isaac 43
Nó, Lorente de 82

Oakley 214
Olds, J. 142
Oppenheim, R. 288
Orta, Garçía de 147
Overton, E. 101

Papez, I. 143
Parmenides 14

Personen-/Sachregister

Pawlow, Iwan P. 74, 198
Penfield, W. 151
Perky, C. 170
Peters, S. 302
Phelps, M. E. 212
Piaget, Jean 328
Piéron, Henri 192
Platon 16, 18
Powell, T. P. 71, 74, 178
Preyer, W. 277
Prigogine, Ilya 104

Rakič, P. 292
Rasmussen, T. 151, 295
Rescorla, R. 176
Ritchie, A. D. 352
Rizley, R. 176
Roch-Lecours, A. 300
Rosch, E. 172
Russell, Bertrand 180

Sartre, Jean-Paul 203
Sasanuma, S. 305
Schreider, Eugène 57
Segal, S. 171
Shepard, R. 168
Sherrington, Charles S. 42, 110
Singer, W. 199
Smith, Edwin 13
Sokoloff, L. 198, 210
Spann, W. 57
Spinoza 343
Stent, G. 243
Stéphan, H. 60, 63
Szilard, Léo 343

Trevarthen, C. 294

Valéry 345
Vanini, Lucilio 314
Varolio 19

Vaucanson, Jacques de 55
Vesal 19
Vogt, M. 50, 115
Volta, Allessandro 44, 47
Vulipan 48

Wada, T. 295
Waldeyer, Wilhelm 42
Watson, John B. 129, 167
Wernicke, A. 156
Wiener, Norbert 50
Wiesel, T. 81, 292
Willis, Thomas 22, 24
Wilson, A. C. 318
Wittgenstein, Ludwig 175
Wolpert, L. 240
Wrens, Christopher 23

Young, J. Z. 130, 150

Zemb, J. M. 345

Sachregister

Ablation 29
Acetylcholin 48, 112, 379
Adrenalin 48
Agnosie 177, 379
Aktionspotential 46, 98
Albinismus 221, 222
Aminosäure 379
Aphasie 30, 299, 300, 379
Aplysia 379
Apoplexie (Epilepsie) 15
Aspirin 138
Assoziationsfelder 150, 151, 153
Atomisten 24
ATP 379
Aufmerksamkeit 198, 199
Australopithecus 320, 321, 323, 334
Axon 379

Basalganglien 61, 379
Bewußtsein 180 ff

Catecholamine 379
Chimärenmethode 266, 267
Chromosom 225, 231, 315, 317, 318, 379
Colliculi superiores 379
Corpus callosum 379
Corpus geniculatum laterale 379
Corpus striatum 24
Curare 48

Dendriten 37, 65, 379
Denken 170 ff

Determination 236, 257, 266, 267
Diversifizierung 240, 331
DNS 231 ff, 379
Diskontinuität 71
Dopamin 143, 380
Durst 136, 137

Eigenstrom 45
Elektrizität 43
– metallische 44
– tierische 44
– zerebrale 93 ff
Elektroenzephalogramm (EEG) 47, 92, 93
Embryo-System 243 ff
Engramm 213
Endorphine 139, 147, 148
Enkephalin 139, 340
Enzyklopädisten 25
Epigenese 262
Erregungsleitung 110 ff
Evolution 313, 314
– des Nervensystems 330, 331
– u. Sprache 335
– u. Ernährung 335
– u. Mord 336
evoziertes Potential 47, 97, 108

Formatio reticularis 191, 199, 202, 340

GABA 340
Gedächtnis 213

Gefühle 143, 144, 202 ff
Gehirn
 -gewicht 58, 59
 -volumen 57, 327, 336
 -wachstum 331, 332, 334
 – anatomische Unterschiede 298
 – Geschlechtsdifferenzierung 247, 248
Gehirnentwicklung
 – embryonal 239, 240, 249, 250
 – postnatal 252, 253
 – und Systemtheorie 244
Gene 219 ff, 340
 – u. anatomische Organisation 221–225
 – u. Hormone 233, 247, 248
 – u. neuronale Aktivität 228, 229
 – u. Verhalten 225–229
Gene, homeotische 241, 242, 243
Gene, offene 233, 235
Genom 231 ff, 340
Genotyp 340
Genregulation 232, 233
Glia 340
Großhirnrinde 380
Golgi-Färbung 39

Händigkeit 295, 296, 297
Halluzinationen 189, 190
Hemisphärenspezialisierung 207, 208, 299, 300, 305

Sachregister

Hippocampus 380
Hirnstamm 380
Holisten 32
Hominiden 319, 323
Homo erectus 320, 321, 337
Homo habilis 320, 321
Homo sapiens 320, 321
Homo sapiens sapiens 320
Homöotisch 380
Homunkulus 151, 152, 153
Hybridisierung 318
Hypothalamus 61, 380

Ideographie 209
Ion 380
Ionenkanal 380
Ionenpumpe 100, 101
Isogenetisch 381

kardiozentrisch 14, 17, 18
Kategorie 381
Kleinhirn 84, 381
Klon 381
Kommunikationsgene 329, 330, 332
Körnerzellen 84
Komplexität 231 ff
Konzept 170 ff
kortikale Organisation
– und Umwelt 335, 336, 337
– Variabilität 221, 304, 305
Kortikalisierung 319, 320, 321, 322, 335
Kortikogenese 248 ff
Kranioskopie 28
Kugelkorpusteln 37

Läsion 18, 30, 34
Limbisches System 144, 381
Locus caeruleus 191, 381
Lokalisation 19, 22, 24, 26, 28, 32, 50, 203
LSD 190
Lust 142, 143

Mauthner-Zelle 133, 381
Membranpotential 381
Meynert-Zellen 67
Mutation 221 ff, 381, → Gene
Myelin 36, 381

Neokortex
– Differenzierung 64
– Efferenz 67
– Evolution 61 ff
– Funktion 150
– Neuronenzahl 70, 71
– Rindentyp 70
– zelluläre Architektur 65, 67, 69, 78
Nerven

– motorisch 17
– sensorisch 17
Nervenimpuls 97 ff
Nervensubstanz 37
Neuralplatte 238
Neuralrohr 330
Neuroglia 37
neuro-muskuläre Verbindung 282, 288, 289, 291, 292
Neuron 35 ff, 381
Neuronenaktivität 15, 46, 92 ff, 192, 194, 208, 209, 278, 280
– und Entwicklung 288, 289, 292, 294
– und Gene 228, 229
Neuronenkategorien 69
Neuronenkopplung 184 ff
Neuronensterben 273
Neuronentheorie 42
Neuronenverbände 144, 148, 149, 183 ff
Neuronenzahl 70, 71, 250
Neuronisten 39
Neurotransmitter 50, 112 ff, 134, 185, 381
Noradrenalin, Norepinephrin 50, 381

Objekt, geistiges 165 ff, 173, 179
– u. Kortexaktivität 212
Ontogenese 324, 325, 327, 328
Orgasmus 147 ff
Oszillator 103 ff

Peptid 381
Perzept 170 ff
Phänotyp 381
Phrenologie 25 ff
Phylogenese 324, 325, 327, 329
Planum temporale 381
pleiotrop 381
Polarität 110, 111
postsynaptisch 382
Prä-Australopithecus 320
Präpräsentation 181
präsynaptisch 382
Progressionskoeffizient 64
Projektion 150 ff, 255
Protein 382
Proteinsynthese 231 ff
Purkinje-Zelle 42, 84, 382
Pyramidenzelle 65, 69, 75, 77, 382

Redundanz 273 ff, 330
Regeneration 353
Regression 273 ff

Repräsentation 149 ff
Repressor 232, 382
Retikularisten 39, 40, 41
Rezeptor 119, 120, 186, 281, 282, 288, 382
Rindenfeld 382
RNS 232, 382
Ruhepotential 99

Schizophrenie 201
Schlaf 93, 191, 192, 196, 197
Schmerz 137
Seele 16, 18, 19, 22, 24, 29
Selbstorganisation 166
Septum pellucidum 382
Serotonin 190, 382
Singularität 87, 158, 382
Soma 382
Spines 65, 72
Spontanaktivität 106, 108
Sprache 155 ff
Spracherwerb 304
Sprachverlust, -störung 30, 299, 300
Stabilisierung, selektive 284 ff
Sternzelle 67, 69, 383
Stirnlappen 203, 204, 205, 206
Substanz P 138, 383
Synapse 42, 47, 48, 50, 71, 72, 111 ff, 281, 383
– chemisch 112 ff
– elektrisch 112 ff
– exzitatorisch 134
– inhibitorisch 134
Systemtheorie 244

Thalamus 61, 74, 75, 383
Tracer-Technik 77, 78
Traum 195, 196

Vererbung 225 ff
Ventrikel 17
Verhalten 160 ff
Vernetzung 71 ff, 270, 272
– Variabilität 265 ff, 287
Vorstellung 179

Wachstumskegel 269 ff

Zellautomat 237 ff
Zelldifferenzierung 238, 240
Zellkristall 84, 85, 383
Zellmembran 383
Zephalisationskoeffizient 60
zephalozentrisch 16
Zirbeldrüse 22, 24
zyklisches AMP 229, 246, 383